Python编程500例

快速构建可执行高质量代码

李永华◎编著

清華大學出版社
北京

内容简介

本书通过500个实例，为读者提供较为详细的练习题目，以便读者举一反三，深度学习。本书实例涉及的算法包括搜索、回溯、递归、排序、迭代、贪心、分治和动态规划等；涉及的数据结构包括字符串、数组、指针、区间、队列、矩阵、堆栈、链表、哈希表、线段树、二叉树、二叉搜索树和图结构等。书中所有实例均以问题描述、问题示例、代码实现及运行结果的形式来编排。

本书语言简洁，通俗易懂，适合作为Python编程人员的入门参考书，也适合作为高等院校相关专业"Python算法实现"课程的参考教材。

图书在版编目(CIP)数据

Python编程500例：快速构建可执行高质量代码/李永华编著. —北京：清华大学出版社，2023.6
(2024.8重印)
(清华开发者书库)
ISBN 978-7-302-60632-1

Ⅰ. ①P… Ⅱ. ①李… Ⅲ. ①软件工具－程序设计 Ⅳ. ①TP311.561

中国版本图书馆CIP数据核字(2022)第064531号

策划编辑： 盛东亮
责任编辑： 钟志芳
封面设计： 李召霞
责任校对： 时翠兰
责任印制： 宋　林

出版发行： 清华大学出版社
网　　址： https://www.tup.com.cn，https://www.wqxuetang.com
地　　址： 北京清华大学学研大厦A座　　**邮　　编：** 100084
社 总 机： 010-83470000　　**邮　　购：** 010-62786544
投稿与读者服务： 010-62776969，c-service@tup.tsinghua.edu.cn
质量反馈： 010-62772015，zhiliang@tup.tsinghua.edu.cn
课件下载： https://www.tup.com.cn，010-83470236
印 装 者： 三河市铭诚印务有限公司
经　　销： 全国新华书店
开　　本： 186mm×240mm　　**印　　张：** 36.75　　**字　　数：** 825千字
版　　次： 2023年6月第1版　　**印　　次：** 2024年8月第3次印刷
印　　数： 2501～3700
定　　价： 135.00元

产品编号：096772-01

前言

PREFACE

Python语言是国内外广泛使用的计算机程序设计语言，是高等院校相关专业重要的基础语言课程。由于Python语言具有功能丰富、表达力强、使用灵活方便、应用面广、目标程序效率高、可移植性好等特点，20世纪90年代以来，在全世界被迅速推广。目前，Python仍然是全世界优秀的程序设计语言之一。

本书是作者为适应当前教育教学改革的创新要求，更好地践行语言类课程，注重实践教学与创新能力培养的需要，组织编写的教材。本书融合了同类教材的优点，采取创新方式，精选了500个趣味性、实用性强的应用实例，对不同难度、不同类型和不同数据结构的实际算法进行总结，希望起到抛砖引玉的作用。

本书的主要内容和素材来自网络上流行的各大互联网公司的面试题库（如LintCode、LeetCode等）和作者所在学校近几年承担的科研项目成果。作者所指导的研究生，在学习和研究的过程中，对应用的算法进行了总结，通过人工智能科研项目的实施，完成了整个科研项目，不仅学到了知识，提高了能力，而且为本书提供了第一手素材和相关资料。

本书内容由总到分，先启发学生思考后进行实践，算法描述与代码实现相结合，可作为从事网络开发、机器学习和算法实现等专业人员的技术参考书，也可作为大学信息与通信工程及相关专业本科生Python算法实现的教材、程序员的算法提高使用手册，还可为人工智能算法分析、算法设计、算法实现提供帮助。

本书的编写得到了教育部电子信息类专业教学指导委员会、信息工程专业国家第一类特色专业建设项目、信息工程专业国家第二类特色专业建设项目、教育部CDIO工程教育模式研究与实践项目、教育部本科教学工程项目、信息工程专业北京市特色专业建设、北京市教育教学改革项目、北京邮电大学研究生教育教学改革项目（2022Y005）等的大力支持，在此表示感谢！

由于作者经验与水平有限，书中疏漏及不当之处在所难免，衷心希望各位读者多提宝贵意见及具体的修改建议，以便作者进一步修改和完善。

李永华

2023年3月于北京邮电大学

目录

CONTENTS

第 1 章

入门 100 例

例 1　反转一个 3 位整数

1. 问题描述

反转一个只有 3 位数的整数。

2. 问题示例

输入 number＝123，输出 321；输入 number＝900，输出 9。

3. 代码实现

相关代码如下。

```
class Solution:
    #参数 number: 一个 3 位整数
    #返回值: 反转后的数字
    def reverseInteger(self, number):
        h = int(number/100)
        t = int(number % 100/10)
        z = int(number % 10)
        return(100 * z + 10 * t + h)
#主函数
if __name__ == '__main__':
    solution = Solution()
    num = 123
    ans = solution.reverseInteger(num)
    print("输入:", num)
    print("输出:", ans)
```

4. 运行结果

```
输入: 123
输出: 321
```

例 2 合并排序数组 I

1. 问题描述

合并两个升序的整数数组 A 和 B,形成一个新的数组,新数组也要有序。

2. 问题示例

输入 $A=[1]$,$B=[1]$,输出[1,1],返回合并后的数组。输入 $A=[1,2,3,4]$,$B=[2,4,5,6]$,输出[1,2,2,3,4,4,5,6],返回合并所有元素后的数组。

3. 代码实现

相关代码如下。

```
class Solution:
    #参数 A: 有序整数数组 A
    #参数 B: 有序整数数组 B
    #返回值: 一个新的有序整数数组
    def mergeSortedArray(self, A, B):
        i, j = 0, 0
        C = []
        while i < len(A) and j < len(B):
            if A[i] < B[j]:
                C.append(A[i])
                i += 1
            else:
                C.append(B[j])
                j += 1
        while i < len(A):
            C.append(A[i])
            i += 1
        while j < len(B):
            C.append(B[j])
            j += 1
        return C
#主函数
if __name__ == '__main__':
    A = [1,4]
    B = [1,2,3]
    D = [1,2,3,4]
    E = [2,4,5,6]
    solution = Solution()
    print("输入:", A, " ", B)
    print("输出:", solution.mergeSortedArray(A,B))
    print("输入:", D, " ", E)
    print("输出:", solution.mergeSortedArray(D,E))
```

4. 运行结果

```
输入: [1, 4]  [1, 2, 3]
输出: [1, 1, 2, 3, 4]
输入: [1, 2, 3, 4]  [2, 4, 5, 6]
输出: [1, 2, 2, 3, 4, 4, 5, 6]
```

例3 旋转字符串

1. 问题描述

给定一个字符串(以字符数组的形式)和一个偏移量,根据偏移量原地从左向右旋转字符串。

2. 问题示例

输入 str="abcdefg",offset = 3,输出"efgabcd"。输入 str="abcdefg",offset = 0,输出"abcdefg"。输入 str="abcdefg",offset = 1,输出"gabcdef",返回旋转后的字符串。输入 str="abcdefg",offset =2,输出"fgabcde",返回旋转后的字符串。

3. 代码实现

相关代码如下。

```
class Solution:
    #参数 s:字符列表
    #参数 offset:整数
    #返回值:无
    def rotateString(self, s, offset):
        if len(s) > 0:
            offset = offset % len(s)
        temp = (s + s)[len(s) - offset : 2 * len(s) - offset]
        for i in range(len(temp)):
            s[i] = temp[i]
#主函数
if __name__ == '__main__':
    s = ["a","b","c","d","e","f","g"]
    offset = 3
    solution = Solution()
    solution.rotateString(s, offset)
    print("输入:s = ", ["a","b","c","d","e","f","g"], " ", "offset = ",offset)
    print("输出:s = ", s)
```

4. 运行结果

```
输入: s = ['a', 'b', 'c', 'd', 'e', 'f', 'g']  offset = 3
输出: s = ['e', 'f', 'g', 'a', 'b', 'c', 'd']
```

例 4 相对排名

1. 问题描述

根据 N 名运动员的得分，找到相对等级和获得最高分前 3 名的人，分别获得金牌、银牌和铜牌。N 是正整数，并且不超过 10 000。所有运动员的成绩都保证是独一无二的。

2. 问题示例

输入[5，4，3，2，1]，输出["Gold Medal"，"Silver Medal"，"Bronze Medal"，"4"，"5"]，前 3 名运动员得分较高，根据得分依次获得金牌、银牌和铜牌。对于后两名运动员，根据分数输出相对等级。

3. 代码实现

相关代码如下。

```
class Solution:
    #参数 nums: 整数列表
    #返回值: 排序列表
    def findRelativeRanks(self, nums):
        score = {}
        for i in range(len(nums)):
            score[nums[i]] = i
        sortedScore = sorted(nums, reverse = True)
        answer = [0] * len(nums)
        for i in range(len(sortedScore)):
            res = str(i + 1)
            if i == 0:
                res = 'Gold Medal'
            if i == 1:
                res = 'Silver Medal'
            if i == 2:
                res = 'Bronze Medal'
            answer[score[sortedScore[i]]] = res
        return answer
#主函数
if __name__ == '__main__':
    num = [5,4,3,2,1]
    s = Solution()
    print("输入:",num)
    print("输出:",s.findRelativeRanks(num))
```

4. 运行结果

```
输入: [5, 4, 3, 2, 1]
输出: ['Gold Medal', 'Silver Medal', 'Bronze Medal', '4', '5']
```

例5　二分查找Ⅰ

1. 问题描述

给定一个排序的整数数组(升序)和一个要查找的目标整数 target,查找到 target 第 1 次出现的下标(从 0 开始),如果 target 不存在于数组中,返回－1。

2. 问题示例

输入数组[1,4,4,5,7,7,8,9,9,10]和目标整数 1,输出其所在的位置为 0,即第 1 次出现在第 0 个位置。输入数组[1, 2, 3, 3, 4, 5, 10]和目标整数 3,输出 2,即第 1 次出现在第 2 个位置。输入数组[1, 2, 3, 3, 4, 5, 10]和目标整数 6,输出－1,即没有出现过 6,返回－1。

3. 代码实现

相关代码如下。

```
class Solution:
    #参数 nums 为整数数组
    #参数 target 为目标整数
    #返回值为目标整数的下标
    def binarySearch(self, nums, target):
        return nums.index(target) if target in nums else -1
#主函数
if __name__ == '__main__':
    my_solution = Solution()
    nums = [1,2,3,4,5,6]
    target = 3
    targetIndex = my_solution.binarySearch(nums, target)
    print("输入:nums =", nums, " ", "target =",target)
    print("输出:",targetIndex)
```

4. 运行结果

```
输入: nums = [1, 2, 3, 4, 5, 6]  target = 3
输出: 2
```

例6　下一个更大的数

1. 问题描述

两个不重复的数组 nums1 和 nums2,其中 nums1 是 nums2 的子集。在 nums2 的相应位置找到 nums1 所有元素的下一个更大数字。

nums1 中数字 x 的下一个更大数字是 nums2 中 x 右边第 1 个更大的数字。如果它不存在,则为此数字输出－1。nums1 和 nums2 中的所有数字都是唯一的,nums1 和 nums2

的长度不超过 1000。

2. 问题示例

输入 nums1 = [4,1,2],nums2 = [1,3,4,2],输出[-1,3,-1]。对于第 1 个数组中的数字 4,在第 2 个数组中找不到下一个更大的数字,因此输出-1;对于第 1 个数组中的数字 1,第 2 个数组中的下一个更大数字是 3;对于第 1 个数组中的数字 2,第 2 个数组中没有下一个更大的数字,因此输出-1。

3. 代码实现

相关代码如下。

```
class Solution:
    #参数 nums1: 整数数组
    #参数 nums2: 整数数组
    #返回值: 整数数组
    def nextGreaterElement(self, nums1, nums2):
        answer = {}
        stack = []
        for x in nums2:
            while stack and stack[-1] < x:
                answer[stack[-1]] = x
                del stack[-1]
            stack.append(x)
        for x in stack:
            answer[x] = -1
        return [answer[x] for x in nums1]
#主函数
if __name__ == '__main__':
    s = Solution()
    nums1 = [4,1,2]
    nums2 = [1,3,4,2]
    print("输入 1:",nums1)
    print("输入 2:",nums2)
    print("输出 :",s.nextGreaterElement(nums1,nums2))
```

4. 运行结果

```
输入 1: [4, 1, 2]
输入 2: [1, 3, 4, 2]
输出: [-1, 3, -1]
```

例 7 字符串中的单词数

1. 问题描述

计算字符串中的单词数,其中一个单词定义为不含空格的连续字符串。

2. 问题示例

输入"Hello, my name is John",输出 5。

3. 代码实现

相关代码如下。

```
class Solution:
    #参数 s: 字符串
    #返回值: 整数
    def countSegments(self, s):
        res = 0
        for i in range(len(s)):
            if s[i] != ' ' and (i == 0 or s[i - 1] == ' '):
                res += 1
        return res
#主函数
if __name__ == '__main__':
    s = Solution()
    n = "Hello, my name is John"
    print("输入:",n)
    print("输出:",s.countSegments(n))
```

4. 运行结果

```
输入: Hello, my name is John
输出: 5
```

例 8　勒索信

1. 问题描述

给定一个表示勒索信内容的字符串和另一个表示杂志内容字符串,写一个方法判断能否通过剪下杂志中的内容构造出这封勒索信,若可以,返回 True,否则返回 False。注:杂志字符串中的每一个字符仅能在勒索信中使用一次。

2. 问题示例

输入 ransomNote="aa",magazine="aab",输出 True,勒索信的内容可以从杂志内容剪辑而来。

3. 代码实现

相关代码如下。

```
class Solution:
    #参数 ransomNote: 字符串
    #参数 magazine: 字符串
    #返回值: 布尔类型
```

```
    def canConstruct(self, ransomNote, magazine):
        arr = [0] * 26
        for c in magazine:
            arr[ord(c) - ord('a')] += 1
        for c in ransomNote:
            arr[ord(c) - ord('a')] -= 1
            if arr[ord(c) - ord('a')] < 0:
                return False
        return True
#主函数
if __name__ == '__main__':
    s = Solution()
    ransomNote = "aa"
    magazine = "aab"
    print("输入勒索信:",ransomNote)
    print("输入杂志内容:",magazine)
    print("输出:",s.canConstruct(ransomNote,magazine))
```

4. 运行结果

```
输入勒索信: aa
输入杂志内容: aab
输出: True
```

例9 不重复的两个数

1. 问题描述

给定一个数组 a[],其中除了2个数,其他均出现2次,请找到不重复的2个数并返回。

2. 问题示例

给出 a=[1,2,5,5,6,6],返回[1,2],除1和2外其他数都出现了2次,因此返回[1,2]。给出 a=[3,2,7,5,5,7],返回[2,3],除了2和3其他数都出现了2次,因此返回[2,3]。

3. 代码实现

相关代码如下。

```
#参数arr: 输入的待查数组
#返回值: 内容没有重复的两个值的列表
class Solution:
    def theTwoNumbers(self, a):
        ans = [0, 0]
        for i in a:
            ans[0] = ans[0] ^ i
        c = 1
        while c & ans[0] != c:
```

```
            c = c << 1
        for i in a:
            if i & c == c:
                ans[1] = ans[1] ^ i
        ans[0] = ans[0] ^ ans[1]
        return ans
if __name__ == '__main__':
    arr = [1, 2, 5, 1]
    solution = Solution()
    print("数组:", arr)
    print("两个没有重复的数字:", solution.theTwoNumbers(arr))
```

4. 运行结果

```
数组: [1, 2, 5, 1]
两个没有重复的数字: [2, 5]
```

例 10 双胞胎字符串

1. 问题描述

给定两个字符串 s 和 t,每次可以任意交换 s 的奇数位或偶数位上的字符,即奇数位上的字符能与其他奇数位的字符互换,偶数位上的字符也能与其他偶数位的字符互换,问能否经过若干次交换,使 s 变成 t?

2. 问题示例

输入 s="abcd",t="cdab",输出"Yes",第 1 次 a 与 c 交换,第 2 次 b 与 d 交换。输入 s="abcd",t="bcda",输出"No",无论如何交换,都无法得到 bcda。

3. 代码实现

相关代码如下。

```
#参数 s 和 t: 一对字符串
#返回值: 字符串,表示能否根据规则转换
class Solution:
    def isTwin(self, s, t):
        if len(s) != len(t):
            return "No"
        oddS = []
        evenS = []
        oddT = []
        evenT = []
        for i in range(len(s)):
            if i & 1:
                oddS.append(s[i])
```

```
                oddT.append(t[i])
            else :
                evenS.append(s[i])
                evenT.append(t[i])
        oddS.sort()
        oddT.sort()
        evenS.sort()
        evenT.sort()
        for i in range(len(oddS)) :
            if oddS[i] != oddT[i]:
                return "No"
        for i in range (len(evenS)) :
            if evenS[i] != evenT[i]:
                return "No"
        return "Yes"
if __name__ == '__main__':
    s = "abcd"
    t = "cdab"
    solution = Solution()
    print("s 与 t 分别为:", s, t)
    print("是否为双胞胎:", solution.isTwin(s, t))
```

4. 运行结果

```
s 与 t 分别为: abcd cdab
是否为双胞胎: Yes
```

例 11　最接近 target 的值

1. 问题描述

给出一个数组，在数组中找到 2 个数，使得它们的和最接近但不超过目标值，返回它们的和。

2. 问题示例

输入 target=15，array=[1,3,5,11,7]，输出 14，11+3=14。

3. 代码实现

相关代码如下。

```
#参数 array: 输入列表
#参数 target: 目标值
#返回值: 整数
class Solution:
    def closestTargetValue(self, target, array):
        n = len(array)
```

```
        if n < 2:
            return -1
        array.sort()
        diff = 0x7fffffff
        left = 0
        right = n - 1
        while left < right:
            if array[left] + array[right] > target:
                right -= 1
            else:
                diff = min(diff, target - array[left] - array[right])
                left += 1
        if diff == 0x7fffffff:
            return -1
        else:
            return target - diff
if __name__ == '__main__':
    array = [1,3,5,11,7]
    target = 15
    solution = Solution()
    print(" 输入数组:", array,"目标值:", target)
    print(" 最近可以得到的值:", solution.closestTargetValue(target, array))
```

4. 运行结果

```
输入数组: [1, 3, 5, 11, 7]    目标值: 15
最近可以得到的值: 14
```

例 12　点积

1. 问题描述

给出 2 个数组，求它们的点积。

2. 问题示例

输入 $A=[1,1,1]$和 $B=[2,2,2]$，输出 6，$1\times2+1\times2+1\times2=6$。输入 $A=[3,2]$和 $B=[2,3,3]$，输出-1，没有点积。

3. 代码实现

相关代码如下。

```
#参数 A 和 B: 输入列表
#返回值: 整数,是点积
class Solution:
    def dotProduct(self, A, B):
        if len(A) == 0 or len(B) == 0 or len(A) != len(B):
```

```
            return - 1
        ans = 0
        for i in range(len(A)):
            ans += A[i] * B[i]
        return ans
if __name__ == '__main__':
    A = [1,1,1]
    B = [2,2,2]
    solution = Solution()
    print(" A与B分别为:", A, B)
    print(" 点积为:", solution.dotProduct(A, B))
```

4. 运行结果

```
A与B分别为: [1, 1, 1] [2, 2, 2]
点积为: 6
```

例 13　函数运行时间

1. 问题描述

给定一系列描述函数进入和退出的时间,问每个函数的运行时间是多少?

2. 问题示例

输入 s=["F1 Enter 10","F2 Enter 18","F2 Exit 19","F1 Exit 20"],则输出["F1|10","F2|1"],即 F1 从 10 时刻进入,20 时刻退出,运行时长为 10,F2 从 18 时刻进入,19 时刻退出,运行时长为 1。

输入 s=["F1 Enter 10","F1 Exit 18","F1 Enter 19","F1 Exit 20"],则输出["F1|9"],即 F1 从 10 时刻进入,18 时刻退出;又从 19 时刻进入,20 时刻退出,总运行时长为 9。

3. 代码实现

相关代码如下。

```
#参数 s: 输入原始字符串
#返回值: 字符串,意为对应名字的函数运行时长
class Solution:
    def getRuntime(self, a):
        map = {}
        for i in a:
            count = 0
            while not i[count] == ' ':
                count = count + 1
            fun = i[0 : count]
            if i[count + 2] == 'n':
                count = count + 7
```

```
                v = int(i[count:len(i)])
                if fun in map.keys():
                    map[fun] = v - map[fun]
                else:
                    map[fun] = v
            else:
                count = count + 6
                v = int(i[count:len(i)])
                map[fun] = v - map[fun]
        res = []
        for i in map:
            res.append(i)
        res.sort()
        for i in range(0,len(res)):
            res[i] = res[i] + '|' + str(map[res[i]])
        return res
if __name__ == '__main__':
    s = ["F1 Enter 10","F2 Enter 18","F2 Exit 19","F1 Exit 20"]
    solution = Solution()
    print("输入运行时间:", s)
    print("每个输出时间:", solution.getRuntime(s))
```

4. 运行结果

```
输入运行时间 : ['F1 Enter 10', 'F2 Enter 18', 'F2 Exit 19', 'F1 Exit 20']
每个输出时间: ['F1|10', 'F2|1']
```

例14 查询区间

1. 问题描述

给定一个包含若干个区间的 List 数组，长度是 1000，如[500，1500]、[2100，3100]。给定一个 number，判断 number 是否在这些区间内，返回 True 或 False。

2. 问题示例

输入 List=[[100，1100]，[1000，2000]，[5500，6500]]和 number=6000，输出 True，因为 6000 在区间[5500，6500]。输入 List=[[100，1100]，[2000，3000]]和 number=3500，输出 False，因为 3500 不在 List 的任何一个区间中。

3. 代码实现

相关代码如下。

```
#参数 List: 区间列表
#参数 number: 待查数字
#返回值: 字符串,True 或者 False
```

```
class Solution:
    def isInterval(self, intervalList, number):
        high = len(intervalList) - 1
        low = 0
        while high >= low:
            if 0 < (number - intervalList[(high + low)//2][0]) <= 1000:
                return 'True'
            elif 1000 < number - intervalList[(high + low)//2][0]:
                low = (high + low) // 2 + 1
            elif 0 > number - intervalList[(high + low)//2][0]:
                high = (high + low) // 2 - 1
        return 'False'
if __name__ == '__main__':
    number = 6000
    intervalList = [[100,1100],[1000,2000],[5500,6500]]
    solution = Solution()
    print("区间 List:", intervalList)
    print("数字:", number)
    print("是否在区间中:", solution.isInterval(intervalList, number))
```

4. 运行结果

```
区间 List: [[100, 1100], [1000, 2000], [5500, 6500]]
数字: 6000
是否在区间中: True
```

例 15 飞行棋

1. 问题描述

一维棋盘，起点在棋盘的最左侧，终点在棋盘的最右侧，棋盘上有几个位置和其他位置相连，如果 A 与 B 相连，但连接是单向的，即当棋子落在位置 A 时，可以选择不投骰子，直接移动棋子从 A 到 B，但不能从 B 移动到 A。给定这个棋盘的长度(length)和位置的相连情况(connections)，用六面的骰子(点数 1～6)，问最少需要投几次才能到达终点？

2. 问题示例

输入 length=10 和 connections=[[2,10]]，输出为 1，可以 0->2(投骰子)，2->10(直接相连)。输入 length=15 和 connections=[[2,8],[6,9]]，输出为 2，因为可以 0->6(投骰子)，6->9(直接相连)，9->15(投骰子)。

3. 代码实现

相关代码如下。

```
#参数 length: 棋盘长度(不包含起始点)
#参数 connections: 跳点集合
```

```
#返回值: 整数,代表最小步数
class Solution:
    def modernLudo(self, length, connections):
        ans = [i for i in range(length + 1)]
        for i in range(length + 1):
            for j in range(1,7):
                if i - j >= 0:
                    ans[i] = min(ans[i], ans[i - j] + 1)
            for j in connections:
                if i == j[1]:
                    ans[i] = min(ans[i], ans[j[0]])
        return ans[length]
#SPFA 解法
class Solution:
    def modernLudo(self, length, connections):
        dist = [1000000000 for i in range(100050)]
        vis = [0 for i in range(100050)]
        Q = [0 for i in range(100050)]
        st = 0
        ed = 0
        dist[1] =0
        vis[1] = 1
        Q[ed] = 1;
        ed += 1
        while(st < ed) :
            u = Q[st]
            st += 1
            vis[u] = 0
            for roads in connections :
                if(roads[0] != u):
                    continue
                v = roads[1]
                if(dist[v] > dist[u]):
                    dist[v] = dist[u]
                    if(vis[v] == 0) :
                        vis[v] = 1
                        Q[ed] = v
                        ed += 1
            for i in range(1, 7):
                if (i + u > length):
                    break
                v = i + u
                if(dist[v] > dist[u] + 1) :
                    dist[v] = dist[u] + 1
                    if(vis[v] == 0):
```

```
                    vis[v] = 1
                    Q[ed] = v
                    ed += 1
        return dist[length]
if __name__ == '__main__':
    length = 15
    connections = [[2, 8],[6, 9]]
    solution = Solution()
    print(" 棋盘长度:", length)
    print(" 连接:", connections)
    print(" 最小需要:", solution.modernLudo(length, connections))
```

4. 运行结果

```
棋盘长度: 15
连接: [[2, 8], [6, 9]]
最小需要: 2
```

例 16　移动石子

1. 问题描述

在 x 轴上分布着 n 个石子,用 arr 数组表示它们的位置。把这些石子移动到 1,3,5,7,$2n-1$ 或者 2,4,6,8,$2n$。也就是说,这些石子移动到从 1 开始连续的奇数位,或从 2 开始连续的偶数位上。返回最少的移动次数。每次只可以移动 1 个石子,只能把石子往左移动 1 个单位或往右移动 1 个单位。同一个位置不能同时有 2 个石子。

2. 问题示例

[5,4,1],只需要把 4 移动 1 步到 3,所以输出是 1。arr=[1,6,7,8,9],最优的移动方案为把 1 移动到 2,把 6 移动到 4,把 7 移动到 6,把 9 移动到 10,所以输出是 5。

3. 代码实现

相关代码如下。

```
#参数 arr: 一个列表
#返回值: 整数,为最小移动次数
class Solution:
    def movingStones(self, arr):
        arr = sorted(arr)
        even = 0
        odd = 0
        for i in range(0,len(arr)):
            odd += abs(arr[i] - (2 * i + 1))
            even += abs(arr[i] - (2 * i + 2))
        if odd < even:
```

```
            return odd
        return even
if __name__ == '__main__':
    arr = [1, 6, 7, 8, 9]
    solution = Solution()
    print(" 数组:", arr)
    print(" 最少移动次数:", solution.movingStones(arr))
```

4. 运行结果

```
数组: [1, 6, 7, 8, 9]
最少移动次数: 5
```

例 17 数组剔除元素后的乘积

1. 问题描述

给定一个整数数组 A。定义 $B[i]=A[0]\times\cdots\times A[i-1]\times A[i+1]\times\cdots\times A[n-1]$，即 $B[i]$为剔除 $A[i]$元素之后所有数组元素之积，计算数组 B 的时候请不要使用除法，输出数组 B。

2. 问题示例

输入 $A=[1,2,3]$，输出$[6,3,2]$，即 $B[0]=A[1]\times A[2]=6$；$B[1]=A[0]\times A[2]=3$；$B[2]=A[0]\times A[1]=2$。输入 $A=[2,4,6]$，输出$[24,12,8]$。

3. 代码实现

相关代码如下。

```
class Solution:
    #参数 A: 整数数组 A
    #返回值: 整数数组 B
    def productExcludeItself(self, A):
        length ,B = len(A) ,[]
        f = [ 0 for i in range(length + 1)]
        f[ length ] = 1
        for i in range(length - 1 , 0 , -1):
            f[ i ] = f[ i + 1 ] * A[ i ]
        tmp = 1
        for i in range(length):
            B.append(tmp * f[ i + 1 ])
            tmp *= A[ i ]
        return B
#主函数
if __name__ == '__main__':
    solution = Solution()
    A = [1, 2, 3, 4]
    B = solution.productExcludeItself(A)
```

```
    print("输入:", A)
    print("输出:", B)
```

4. 运行结果

```
输入: [1, 2, 3, 4]
输出: [24, 12, 8, 6]
```

例 18 键盘的一行

1. 问题描述

给定一个单词列表，返回可以在键盘(如图 1-1 所示)的一行上使用字母键输入的单词。可以多次使用键盘中的一个字符，输入字符串仅包含字母表的字母。

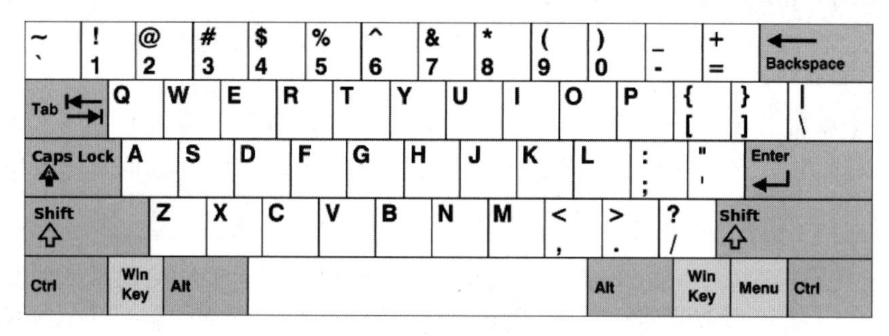

图 1-1 键盘示意图

2. 问题示例

输入["Hello", "Alaska", "Dad", "Peace"]，输出["Alaska", "Dad"]，即这两个单词可以在键盘的第 3 行输出。

3. 代码实现

相关代码如下。

```
class Solution:
    #参数 words: 字符串列表
    #返回值: 字符串列表
    def findWords(self, words):
        res = []
        s = ["qwertyuiop", "asdfghjkl", "zxcvbnm"]
        for w in words:
            for j in range(3):
                flag = 1
                for i in w:
                    if i.lower() not in s[j]:
                        flag = 0
                        break
```

```
                if flag == 1:
                    res.append(w)
                    break
        return res
#主函数
if __name__ == '__main__':
    word = ["Hello", "Alaska", "Dad", "Peace"]
    s = Solution()
    print("输入:",word)
    print("输出:",s.findWords(word))
```

4. 运行结果

```
输入: ['Hello', 'Alaska', 'Dad', 'Peace']
输出: ['Alaska', 'Dad']
```

例 19　第 *n* 个数位

1. 问题描述

找出无限正整数数列 1,2,…中的第 *n* 个数位。

2. 问题示例

输入 11,输出 0,表示数字序列 1,2,…中的第 11 位是 0。

3. 代码实现

相关代码如下。

```
class Solution:
    #参数 n: 整数
    #返回值: 整数
    def findNthDigit(self, n):
        # 初始化一位数的个数为 9,从 1 开始
        length = 1
        count = 9
        start = 1
        while n > length * count:
            # 以此类推,二位数的个数为 90,从 10 开始
            n -= length * count
            length += 1
            count *= 10
            start *= 10
        # 找到第 n 位数所在的整数 start
        start += (n - 1) // length
        return int(str(start)[(n - 1) % length])
#主函数
```

```
if __name__ == '__main__':
    s = Solution()
    n = 11
    print("输入:",n)
    print("输出:",s.findNthDigit(n))
```

4. 运行结果

输入: 11
输出: 0

例20 找不同

1. 问题描述

给定两个只包含小写字母的字符串 s 和 t。字符串 t 由随机打乱字符顺序的字符串 s 在随机位置添加一个字符生成,找出在 t 中添加的字符。

2. 问题示例

例如,输入 s="abcd",t="abcde",输出 e,e 是加入的字符。

3. 代码实现

相关代码如下。

```
class Solution:
    #参数 s: 字符串
    #参数 t: 字符串
    #返回值: 字符
    def findTheDifference(self, s, t):
        flag = 0
        for i in range(len(s)):
            # 计算不同字符的 ASCII 码之差
            flag += (ord(t[i]) - ord(s[i]))
        flag += ord(t[-1])
        return chr(flag)
#主函数
if __name__ == '__main__':
    s = Solution()
    n =  "abcd"
    t = "abcde"
    print("输入字符串 1:",n)
    print("输入字符串 2:",t)
    print("输出插入字符:",s.findTheDifference(n,t))
```

4. 运行结果

输入字符串 1: abcd

输入字符串 2: abcde
输出插入字符: e

例 21　第 k 个组合

1. 问题描述

有 n 个人，编号分别为 1,2,…,n,n 为偶数。选择其中的一半人，有 $C(n,n/2)$种组合方式，每一种组合方式按照编号从小到大排序，再将已排序的组合方式按照字典序排序，求第 k 种组合方式。

字典序的定义：首先比较两个字符串的长度，长度小的字典序更小，如果长度相同，则从字符串左边开始逐位比较，找到第一位不同的字符，对应字符小的字符串，字典序更小。

2. 问题示例

给出 $n=2,k=1$，返回[1]，所有组合方式按照字典序排序：[1],[2]。给出 $n=4,k=2$，返回[1,3]，所有组合方式按照字典序排序[1,2],[1,3],[1,4],[2,3],[2,4],[3,4]。

3. 代码实现

相关代码如下。

```
#参数 k: 寻找的组数
#参数 n: 有多少人
#返回值: 列表,是目标数组里的按序排列
class Solution:
    def getCombination(self, n, k):
        C = [[0] * (n + 1) for _ in range(n + 1)]
        for i in range(n + 1):
            C[i][0] = 1
            C[i][i] = 1
        for i in range(1, n + 1):
            for j in range(1, i):
                C[i][j] = C[i - 1][j - 1] + C[i - 1][j]
        ans = []
        curr_index = 1
        for i in range(1, n // 2 + 1):
            base = C[n - curr_index][n // 2 - i]
            while k > base:
                curr_index = curr_index + 1
                base = base + C[n - curr_index][n // 2 - i]
            base = base - C[n - curr_index][n // 2 - i]
            k = k - base;
            ans.append(curr_index)
            curr_index = curr_index + 1
```

```
        return ans
if __name__ == '__main__':
    n = 8
    k = 11
    solution = Solution()
    print(" 人数:", n, " 找第 k 组:", k)
    print(" 第 k 组:", solution.getCombination(n, k))
```

4. 运行结果

人数: 8　找第 k 组: 11
第 k 组: [1, 2, 5, 7]

例 22　平面列表

1. 问题描述

给定一个列表,该列表中有的元素是列表,有的元素是整数。将其变成只包含整数的简单列表。

2. 问题示例

输入[[1,1],2,[1,1]],输出[1,1,2,1,1]; 输入[1,2,[1,2]],输出[1,2,1,2]; 输入[4,[3,[2,[1]]]],输出[4,3,2,1],即将输入列表变成只包含整数的简单列表。

3. 代码实现

相关代码如下。

```
class Solution(object):
    #参数 nestedList: 一个列表,列表中的每个元素都可以是一个列表或整数
    #返回值: 一个整数列表
    def flatten(self, nestedList):
        stack = [nestedList]
        flatten_list = []
        while stack:
            top = stack.pop()
            if isinstance(top, list):
                for elem in reversed(top):
                    stack.append(elem)
            else:
                flatten_list.append(top)

        return flatten_list
#主函数
if __name__ == '__main__':
    solution = Solution()
    nums = [[1,2],2,[1,1,3]]
```

```
    flatten_list = solution.flatten(nums)
    print("输入:", nums)
    print("输出:", flatten_list)
```

4. 运行结果

```
输入: [[1, 2], 2, [1, 1, 3]]
输出: [1, 2, 2, 1, 1, 3]
```

例 23　子域名访问计数

1. 问题描述

诸如 school. bupt. edu 这样的域名由各种子域名构成。最顶层是 edu,下一层是 bupt. edu,最底层是 school. bupt. edu。当访问 school. bupt. edu 时,会隐式访问子域名 bupt. edu 和 edu。给出域名的访问计数格式为"计数 地址",给出计数列表,返回每个子域名(包含父域名)的访问次数(与输入格式相同,顺序随机)。

2. 问题示例

例如,输入["9001 school. bupt. edu"],输出["9001 school. bupt. edu", "9001 bupt. edu", "9001 edu"],只有一个域名:"school. bupt. edu"。如题所述,子域名"bupt. edu"和"edu"也会被访问,所以需要访问 9001 次。

3. 代码实现

相关代码如下。

```
class Solution:
    # 利用哈希表,对子域名计数,注意对字符串的划分
    def subdomainVisits(self, cpdomains):
        count = {}
        for domain in cpdomains:
            visits = int(domain.split()[0])
            domain_segments = domain.split()[1].split('.')
            top_level_domain = domain_segments[-1]
            sec_level_domain = domain_segments[-2] + '.' + domain_segments[-1]
            count[top_level_domain] = count[top_level_domain] + visits if top_level_
domain in count.keys() else visits
            count[sec_level_domain] = count[sec_level_domain] + visits if sec_level_
domain in count.keys() else visits
            if domain.count('.') == 2:
                count[domain.split()[1]] = count[domain.split()[1]] + visits if domain
.split()[1] in count.keys() else visits
        return [str(v) + ' ' + k for k,v in count.items()]
if __name__ == '__main__':
    solution = Solution()
    inputnum = ["1201 school.bupt.edu"]
```

```
    print("输入:",inputnum)
    print("输出:",solution.subdomainVisits(inputnum))
```

4. 运行结果

```
输入: ['1201 school.bupt.edu']
输出: ['1201 edu', '1201 bupt.edu', '1201 school.bupt.edu']
```

例 24　最长 AB 子串

1. 问题描述

给出一个只由字母 A 和 B 组成的字符串 S，找一个最长的子串，要求这个子串里面 A 与 B 的数目相等，输出该子串的长度。

2. 问题示例

输入 S="ABAAABBBA"，输出 8，因为子串 $S[0,7]$和子串 $S[1,8]$满足条件，长度为 8。输入 S="AAAAAA"，输出 0，因为 S 中除了空字符串，不存在 A 和 B 数目相等的子串。

3. 代码实现

相关代码如下。

```
#参数 S: 待查字符串
#返回值: 整数,是最大字符串长度
class Solution:
    def getAns(self, S):
        ans = 0
        arr = [0 for i in range(len(S))]
        sets = {}
        if S[0] == 'A':
            arr[0] = 1
            sets[1] = 0
        else:
            arr[0] = -1
            sets[-1] = 0
        for i in range(1, len(S)):
            if S[i] == 'A':
                arr[i] = arr[i - 1] + 1
                if arr[i] == 0:
                    ans = i + 1
                    continue
                if arr[i] in sets:
                    ans = max(ans, i - sets[arr[i]])
                else:
                    sets[arr[i]] = i
            else:
                arr[i] = arr[i - 1] - 1
```

```
            if arr[i] == 0:
                ans = i + 1
                continue
            if arr[i] in sets:
                ans = max(ans, i - sets[arr[i]])
            else:
                sets[arr[i]] = i
        return ans
if __name__ == '__main__':
    S = "ABABAB"
    solution = Solution()
    print("AB 字符串:", S)
    print("最长 AB 出现次数相同的子字符串长度:", solution.getAns(S))
```

4. 运行结果

```
AB 字符串: ABABAB
最长 AB 出现次数相同的子字符串长度: 6
```

例 25 删除字符

1. 问题描述

输入两个字符串 s 和 t，判断 s 能否在删除一些字符后得到 t。

2. 问题示例

输入 s="abc"，t="c"，输出 True，s 删除 a 和 b 可以得到 t。输入 s="a"，t="c"，输出 False，s 无法在删除一些字符后得到 t。

3. 代码实现

相关代码如下。

```
#参数 s: 待删除字符的原字符串
#参数 t: 目标字符串
#返回值: 布尔值,意为能否由 s 删除一些字符得到 t
class Solution:
    def canGetString(self, s, t):
        pos = 0
        for x in t:
            while pos < len(s) and s[pos] != x:
                pos += 1
            if pos == len(s):
                return False
            pos += 1
        return True
if __name__ == '__main__':
    s = "abc"
    t = "c"
```

```
    solution = Solution()
    print("原 string 和目标 string 分别为:", s, t)
    print("能否实现:", solution.canGetString(s, t))
```

4. 运行结果

```
原 string 和目标 string 分别为: abc c
能否实现: True
```

例 26　字符串写入的行数

1. 问题描述

把字符串 S 中的字符从左到右写入行中，每行最大宽度为 100，如果往后新写一个字符导致该行宽度超过 100，则写入下一行。

其中，一个字符的宽度由一个给定数组 widths 决定，widths[0]是字符 a 的宽度，widths[1]是字符 b 的宽度，…，widths[25]是字符 z 的宽度。

把字符串 S 全部写完，至少需要多少行？最后一行用去的宽度是多少？将结果作为整数列表返回。

2. 问题示例

输入：

```
widths = [10,10,10,10,10,10,10,10,10,10,10,10,10,10,10,10,10,10,10,10,10,10,10,10,10,10]
S = "abcdefghijklmnopqrstuvwxyz"
```

输出：[3, 60]

每个字符的宽度都是 10，为了把这 26 个字符都写进去，需要两个整行和一个长度 60 的行。

3. 代码实现

相关代码如下。

```
class Solution(object):
    def numberOfLines(self, widths, S):
        #参数 widths: 数组
        #参数 S: 字符串
        #返回值: 数组
        line = 1
        space = 0
        flag = False
        for c in S:
            if flag:
                line += 1
                flag = False
            space += widths[ord(c) - 97]
```

```
            if space > 100:
                line += 1
                space = widths[ord(c) - 97]
            elif space == 100:
                space = 0
                flag = True
        return [line, space]
if __name__ == '__main__':
    solution = Solution()
width = [10,10,10,10,10,10,10,10,10,10,10,10,10,10,10,10,10,10,10,10,10,10,10,10,10,10]
    s = "abcdefghijklmnopqrstuvwxyz"
    print("输入字符宽度:",width)
    print("输入的字符串:",s)
    print("输出:",solution.numberOfLines(width,s))
```

4. 运行结果

```
输入字符宽度: [10, 10, 10, 10, 10, 10, 10, 10, 10, 10, 10, 10, 10, 10, 10, 10, 10, 10, 10, 10,
10, 10, 10, 10, 10, 10]
输入的字符串: abcdefghijklmnopqrstuvwxyz
输出: [3, 60]
```

例 27 独特的莫尔斯码

1. 问题描述

莫尔斯码定义了一种标准编码,把每个字母映射到一系列点和短画线,例如:a —> . —, b —> —...,c —>—. —. 。26 个字母的完整编码表格如下:

[". —","—...","—. —.","—..",".","..—.","——.","....","..",". ———","—. —",". —..","——","—.","———",". ——.","——. —",". —.","...","—","..—","...—",". ——","—..—","—. ——","——.."]

给定一个单词列表,单词中每个字母可以写成莫尔斯码。例如,将 cab 写成—. —. —....—,(把 c,a,b 的莫尔斯码串接起来),即为一个词的转换。返回所有单词中不同变换的数量。

2. 问题示例

例如,输入 words = ["gin", "zen", "gig", "msg"],输出 2,每一个单词的变换是:

"gin" —> "——...—."

"zen" —> "——...—."

"gig" —> "——...——."

"msg" —> "——...——."

也就是有两种不同的变换结果:"——...—."和"——...——."。

3. 代码实现

相关代码如下。

```
class Solution:
    def uniqueMorseRepresentations(self, words):
        #参数 words: 列表
        #返回值: 整数
        #用 set 保存出现过的莫尔斯码即可
        morse = [".-","-...","-.-.","-..",".","..-.","--.","....","..",".---",
"-.-",".-..","--",
                "-.","---",".--.","--.-",".-.","...","-","..-","...-",".--",
"-..-","-.--","--.."]
        s = set()
        for word in words:
            tmp = ''
            for w in word:
                tmp += morse[ord(w) - 97]
            s.add(tmp)
        return len(s)
if __name__ == '__main__':
    solution = Solution()
    inputnum = ["gin", "zen", "gig", "msg"]
    print("输入:",inputnum)
    print("输出:",solution.uniqueMorseRepresentations(inputnum))
```

4. 运行结果

```
输入: ['gin', 'zen', 'gig', 'msg']
输出: 2
```

例 28　比较字符串

1. 问题描述

比较两个字符串 A 和 B，字符串 A 和 B 中的字符都是大写字母，确定 A 中是否包含 B 中所有的字符。

2. 问题示例

例如，给出 A="ABCD"，B="ACD"，返回 True；给出 A="ABCD"，B="AABC"，返回 False。

3. 代码实现

相关代码如下。

```
class Solution:
    #参数 A : 包括大写字母的字符串
    #参数 B : 包括大写字母的字符串
```

```
    #返回值: 如果字符串 A 包含 B 中的所有字符,返回 True,否则返回 False
    def compareStrings(self, A, B):
        if len(B) == 0:
            return True
        if len(A) == 0:
            return False
        #trackTable 首先记录 A 中所有的字符以及它们的个数,然后遍历 B,如果出现 trackTable[i]
        #小于 0 的情况,说明 B 中该字符出现的次数大于在 A 中出现的次数
        trackTable = [0 for _ in range(26)]
        for i in A:
            trackTable[ord(i) - 65] += 1
        for i in B:
            if trackTable[ord(i) - 65] == 0:
                return False
            else:
                trackTable[ord(i) - 65] -= 1
        return True
#主函数
if __name__ == '__main__':
    solution = Solution()
    A = "ABCD"
    B = "ACD"
    print("输入:", A, B)
    print("输出:", solution.compareStrings(A,B))
```

4. 运行结果

```
输入: ABCD ACD
输出: True
```

例 29　能否转换

1. 问题描述

给定两个字符串 S 和 T,判断 S 能否通过删除一些字母(包括 0 个)变成 T。

2. 问题示例

输入 S="longterm" 和 T="long",输出 True。

3. 代码实现

相关代码如下。

```
#参数 S 和 T: 原始字符串和目标字符串
#返回值: 布尔值,代表能否转换
class Solution:
    def canConvert(self, s, t):
```

```
        j = 0
        for i in range(len(s)):
            if s[i] == t[j]:
                j += 1
                if j == len(t):
                    return True
        return False
if __name__ == '__main__':
    s = "longterm"
    t = "long"
    solution = Solution()
    print(" S 与 T 分别为:", s, t)
    print(" 能否删除得到:", solution.canConvert(s, t))
```

4. 运行结果

```
S 与 T 分别为: longterm long
能否删除得到: True
```

例 30　经典二分查找问题

1. 问题描述

在一个排序数组中找目标数，返回该目标数出现的任意一个位置，如果不存在，则返回−1。

2. 问题示例

输入 nums=[1,2,2,4,5,5]，目标数 target=2，输出 1 或者 2；输入 nums=[1,2,2,4,5,5]，目标数 target=6，输出−1。

3. 代码实现

相关代码如下。

```
#参数 nums: 整型排序数组
#参数 target: 任意整型数
#返回值: 整型数,若 nums 存在,返回该数位置;若不存在,返回 - 1
class Solution:
    def findPosition(self, nums, target):
        if len(nums) is 0:
            return - 1
        start = 0
        end = len(nums) - 1
        while start + 1 < end :
            mid = start + (end - start)//2
            if nums[mid] == target:
                end = mid
            elif nums[mid] < target:
```

```
                start = mid
            else:
                end = mid
        if nums[start] == target:
            return start
        if nums[end] == target:
            return end
        return -1
#主函数
if __name__ == '__main__':
    generator = [1,2,2,4,5,5]
    target = 2
    solution = Solution()
    print("输入:", generator)
    print("输出:", solution.findPosition(generator, target))
```

4. 运行结果

```
输入: [1, 2, 2, 4, 5, 5]
输出: 1
```

例 31　抽搐词

1. 问题描述

正常单词不会有连续 2 个以上相同的字母,如果出现连续 3 个以上的字母,那么这是一个抽搐词。给出该单词,从左至右求出所有抽搐字母的起始点和结束点。

2. 问题示例

输入 str="whaaaaatttsup",输出[[2,6],[7,9]],"aaaa"和"ttt"是抽搐字母;输入 str="whooooisssbesssst",输出[[2,5],[7,9],[12,15]],"ooo""sss""ssss"都是抽搐字母。

3. 代码实现

相关代码如下。

```
class Solution:
    def twitchWords(self, str):
        n = len(str)
        c = str[0]
        left = 0
        ans = []
        for i in range(n):
            if str[i] != c:
                if i - left >= 3:
                    ans.append([left, i - 1])
                c = str[i]
                left = i
```

```
        if n - left >= 3:
            ans.append([left, n - 1])
        return ans
#主函数
if __name__ == '__main__':
    str = "whooooisssbesssst"
    solution = Solution()
    print(" 输入:", str)
    print(" 输出:", solution.twitchWords(str))
```

4. 运行结果

```
输入: whooooisssbesssst
输出: [[2, 5], [7, 9], [12, 15]]
```

例 32 排序数组中最接近元素

1. 问题描述

在一个排好序的数组 A 中找到 i，使得 $A[i]$（数组 A 中第 i 个数）最接近目标数 target，输出 i。

2. 问题示例

输入[1,2,3]，目标数 target=2，输出 1，即 $A[1]$与目标数最接近；输入[1,4,6]，目标数 target=3，输出 1，即 $A[1]$与目标数最接近。

3. 代码实现

相关代码如下。

```
#参数 nums: 整型排序数组
#参数 target: 整型数
#返回值: 这个数组中最接近 target 的整数
class Solution:
    def findPosition(self, A, target):
        if not A:
            return -1
        start, end = 0, len(A) - 1
        while start + 1 < end:
            mid = start + (end - start)//2
            if A[mid]< target:
                start = mid
            elif A[mid]> target:
                end = mid
            else:
                return mid
        if target - A[start]< A[end] - target:
            return start
```

```
        else:
            return end
#主函数
if __name__ == '__main__':
    generator = [1,4,6]
    target = 3
    solution = Solution()
    print("输入:", generator,",target = ",target)
    print("输出:", solution.findPosition(generator, target))
```

4. 运行结果

```
输入: [1, 4, 6],target = 3
输出: 1
```

例 33　构造矩形

1. 问题描述

对于一个 Web 开发者,如何设计页面大小很重要。给定一个矩形大小,设计其长(L)、宽(W),使其满足如下要求:矩形区域大小需要和给定目标相等;宽度 W 不大于长度 L,即 $L \geqslant W$;长和宽的差异尽可能小;返回设计好的长度 L 和宽度 W。

2. 问题示例

输入为 4,输出为[2, 2],目标面积为 4,所有可能的组合有[1,4],[2,2],[4,1],[2,2]是最优的,$L = 2$,$W = 2$。

给定区域面积不超过 10 000 000,而且是正整数,页面宽度和长度必须是正整数。

3. 代码实现

相关代码如下。

```
class Solution:
    #参数 area: 整数
    #返回值: 整数
    def constructRectangle(self, area):
        import math
        W = math.floor(math.sqrt(area))
        while area % W != 0:
            W -= 1
        return [area // W, W]
#主函数
if __name__ == '__main__':
    s = Solution()
    area = 4
    print("输入面积:",area)
    print("输出长宽:",s.constructRectangle(area))
```

4. 运行结果

```
输入面积: 4
输出长宽: [2, 2]
```

例 34　两个排序数组合的第 k 小元素

1. 问题描述

给定两个排好序的数组 A,B,定义集合 sum$=a+b$,其中 a 来自数组 A,b 来自数组 B,求 sum 中第 k 小的元素。

2. 问题示例

给出 $A=[1,7,11]$,$B=[2,4,6]$,sum$=[3,5,7,9,11,13,13,15,17]$,当 $k=3$,返回 7;当 $k=4$,返回 9;当 $k=8$,返回 15。

3. 代码实现

相关代码如下。

```
#参数 A,B: 整型排序数组
#参数 k: 整型数,表示第 k 小
#返回值: 数组中第 k 小的整数
import heapq class Solution:
    def kthSmallestSum(self, A, B, k):
        if not A or not B:
            return None
        n, m = len(A), len(B)
        minheap = [(A[0] + B[0], 0, 0)]
        visited = set([0])
        num = None
        for _ in range(k):
            num, x, y = heapq.heappop(minheap)
            if x + 1 < n and (x + 1) * m + y not in visited:
                heapq.heappush(minheap, (A[x + 1] + B[y], x + 1, y))
                visited.add((x + 1) * m + y)
            if y + 1 < m and x * m + y + 1 not in visited:
                heapq.heappush(minheap, (A[x] + B[y + 1], x, y + 1))
                visited.add(x * m + y + 1)
        return num
#主函数
if __name__ == '__main__':
    generator_A = [1,7,11]
    generator_B = [2,4,6]
    k = 4
    solution = Solution()
    print("输入:", generator_A,generator_B)
```

```
    print("k = ",k)
    print("输出:", solution.kthSmallestSum(generator_A,generator_B, k))
```

4. 运行结果

```
输入: [1, 7, 11] [2, 4, 6]
k = 4
输出: 9
```

例 35　玩具工厂

1. 问题描述

工厂模式是一种常见的设计模式，实现一个玩具工厂 ToyFactory，用来生产不同的玩具类型。假设只有猫和狗两种玩具。

2. 问题示例

输入：

ToyFactory tf = ToyFactory();

Toy toy = tf.getToy('Dog');

toy.talk();

输出：Wow

输入：

ToyFactory tf = ToyFactory();

toy = tf.getToy('Cat');

toy.talk();

输出：Meow

3. 代码实现

相关代码如下。

```
#参数 type: 字符串,表示不同玩具类型
#返回值: 不同类型对应的玩具对象
class Toy:
    def talk(self):
        raise NotImplementedError('This method should have implemented.')
class Dog(Toy):
    def talk(self):
        print ("Wow")
class Cat(Toy):
    def talk(self):
        print ("Meow")
class ToyFactory:
    def getToy(self, type):
```

```
        if type == 'Dog':
            return Dog()
        elif type == 'Cat':
            return Cat()
        return None
#主函数
if __name__ == '__main__':
    ty = ToyFactory()
    type = 'Dog'
    type1 = 'Cat'
    toy = ty.getToy(type)
    print("输入:type = Dog,输出:")
    toy.talk()
    toy = ty.getToy(type1)
    print("输入:type = Cat,输出:")
    toy.talk()
```

4. 运行结果

```
输入: type = Dog
输出: Wow
输入: type = Cat
输出: Meow
```

例 36　形状工厂

1. 问题描述

实现一个形状工厂 ShapeFactory 创建不同形状，假设只有三角形、正方形和矩形 3 种形状。

2. 问题示例

输入：

```
ShapeFactory sf = new ShapeFactory();
Shape shape = sf.getShape("Square");
shape.draw();
```

输出：

```
 ----
|    |
|    |
 ----
```

输入：

```
ShapeFactory sf = new ShapeFactory();
shape = sf.getShape("Triangle");
```

```
shape.draw();
```

输出：

```
   /\
  /  \
 /____\
```

输入：

```
ShapeFactory sf = new ShapeFactory();
shape = sf.getShape("Rectangle");
shape.draw();
```

输出：

```
 ----
|    |
 ----
```

3. 代码实现

相关代码如下。

```
#参数 shapeType: 字符串,表示不同形状
#返回值: 不同对象,Triangle,Square,Rectangle
class Shape:
    def draw(self):
        raise NotImplementedError('This method should have implemented.')
class Triangle(Shape):
        def draw(self):
            print("  /\\")
            print(" /  \\")
            print("/____\\")
class Rectangle(Shape):
    def draw(self):
        print(" ---- ")
        print("|    |")
        print(" ---- ")
class Square(Shape):
    def draw(self):
        print( " ---- ")
        print( "|    |")
        print( "|    |")
        print( " ---- ")
class ShapeFactory:
    def getShape(self, shapeType):
        if shapeType == "Triangle":
            return Triangle()
        elif shapeType == "Rectangle":
```

```
            return Rectangle()
        elif shapeType == "Square":
            return Square()
        else:
            return None
#主函数
if __name__ == '__main__':
    sf = ShapeFactory()
    shapeType = 'Triangle'
    shape = sf.getShape(shapeType)
    print("输入:type = Triangle,\n 输出:")
    shape.draw()
    shapeType1 = 'Rectangle'
    shape = sf.getShape(shapeType1)
    print("输入:type = Rectangle,\n 输出:")
    shape.draw()
    shapeType2 = 'Square'
    shape = sf.getShape(shapeType2)
    print("输入:type = Square,\n 输出:")
    shape.draw()
```

4. 运行结果

```
输入: type = Triangle
输出:
   /\
  /  \
 /____\
输入: type = Rectangle
输出:
 ----
|    |
 ----
输入: type = Square
输出:
 ----
|    |
|    |
 ----
```

例 37 二叉树最长连续序列

1. 问题描述

给定一棵二叉树，找到最长连续路径的长度，即任何序列起始节点到树中任一节点都必须遵循父-子关系，最长的连续路径必须是从父节点到子节点。

2. 问题示例

输入{1,#,3,2,4,#,#,#,5},输出3,二叉树如下所示:

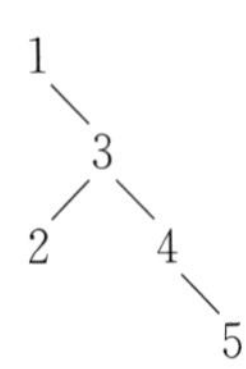

最长连续序列是3—4—5,所以返回3。

3. 代码实现

相关代码如下。

```
#参数root:一个二叉树的根
#返回值:此二叉树中最长连续序列
class TreeNode:
    def __init__(self, val):
        self.val = val
        self.left = None
        self.right = None
class Solution:
    def longestConsecutive(self, root):
        return self.helper(root, None, 0)
    def helper(self, root, parent, len):
        if root is None:
            return len
        if parent != None and root.val == parent.val + 1:
            len += 1
        else:
            len = 1
        return max(len, max(self.helper(root.left, root, len), \
                            self.helper(root.right, root, len)))
#主函数
if __name__ == '__main__':
    root = TreeNode(1)
    root.right = TreeNode(3)
    root.right.left = TreeNode(2)
    root.right.right = TreeNode(4)
    root.right.right.right = TreeNode(5)
    solution= Solution()
    print("输入:{1,#,3,2,4,#,#,#,5}")
    print("输出:", solution.longestConsecutive(root))
```

4. 运行结果

```
输入:{1,#,3,2,4,#,#,#,5}
输出:3
```

▶例 38　首字母大写

1. 问题描述

输入一个英文句子，将每个单词的首字母改成大写。

2. 问题示例

输入 s="i want to go home"，输出"I Want To Go Home"。输入 s="we want to go to school"，输出"We Want To Go To School"。

3. 代码实现

相关代码如下。

```
class Solution:
    #参数 s: 字符串
    #返回值: 字符串
    def capitalizesFirst(self, s):
        n = len(s)
        s1 = list(s)
        if s1[0] >= 'a' and s1[0] <= 'z':
            s1[0] = chr(ord(s1[0]) - 32)
        for i in range(1, n):
            if s1[i - 1] == ' ' and s1[i] != ' ':
                s1[i] = chr(ord(s1[i]) - 32)
        return ''.join(s1)
if __name__ == '__main__':
    s = "i am from bupt"
    solution = Solution()
    print("输入:",s)
    print("输出:",solution.capitalizesFirst(s))
```

4. 运行结果

```
输入: i am from bupt
输出: I Am From Bupt
```

▶例 39　七进制

1. 问题描述

给定一个整数，返回其七进制的字符串表示。

2. 问题示例

输入 num=100，输出 202。输入 num=−7，输出−10。

3. 代码实现

相关代码如下。

```
class Solution:
    # 参数 num: 十进制整数
    # 返回值: 七进制整数
    # 不断执行对 7 取模和取整操作,直到商小于 7
    def convertToBase7(self, num):
        if num < 0:
            return '-' + self.convertToBase7(-num)
        if num < 7:
            return str(num)
        return self.convertToBase7(num // 7) + str(num % 7)
if __name__ == '__main__':
    num = 777
    solution = Solution()
    print("输入:",num)
    print("输出:",solution.convertToBase7(num))
```

4. 运行结果

```
输入: 777
输出: 2160
```

例 40 查找数组中没有出现的所有数字

1. 问题描述

给定一个整数数组,其中 $1 \leqslant a[i] \leqslant n$($n$ 为数组的大小),一些元素出现两次,其他元素出现一次。找到$[1,n]$中所有未出现在此数组中的元素。

2. 问题示例

输入[4,3,2,7,8,2,3,1],输出[5,6]。

3. 代码实现

相关代码如下。

```
class Solution:
    # 参数 nums: 整数列表
    # 返回值: 整数列表
    def findDisappearedNumbers(self, nums):
        n = len(nums)
        s = set(nums)
        res = [i for i in range(1, n+1) if i not in s]
        return res
# 主函数
```

```
if __name__ == '__main__':
    s = Solution()
    n = [4,3,2,7,8,2,3,1]
    print("输入:",n)
    print("输出:",s.findDisappearedNumbers(n))
```

4. 运行结果

```
输入: [4, 3, 2, 7, 8, 2, 3, 1]
输出: [5, 6]
```

例 41 回旋镖的数量

1. 问题描述

在平面中给定 n 个点，每一对点都是不同的，回旋镖是点的元组(i，j，k)，其中，点 i 和点 j 之间的距离与点 i 和点 k 之间的距离相同(i,j,k 的顺序不同，为不同元组)。找到回旋镖的数量。n 最多为 500，并且点的坐标都在[−10 000, 10 000]。

2. 问题示例

输入[[0,0],[1,0],[2,0]]，输出 2，两个回旋镖是[[1,0], [0,0], [2,0]]和[[1,0], [2,0], [0,0]]。

3. 代码实现

相关代码如下。

```
class Solution(object):
    def getDistance(self, a, b):
        dx = a[0] - b[0]
        dy = a[1] - b[1]
        return dx * dx + dy * dy
    def numberOfBoomerangs(self, points):
        #参数 points: 整数列表
        #返回值: 整数
        if points == None:
            return 0
        ans = 0
        for i in range(len(points)):
            disCount = {}
            for j in range(len(points)):
                if i == j:
                    continue
                distance = self.getDistance(points[i], points[j])
                count = disCount.get(distance, 0)
                disCount[distance] = count + 1
            for distance in disCount:
```

```
                ans += disCount[distance] * (disCount[distance] - 1)
        return ans
#主函数
if __name__ == '__main__':
    s = Solution()
    n = [[0,0],[1,0],[2,0]]
    print("输入:",n)
    print("输出:",s.numberOfBoomerangs(n))
```

4. 运行结果

```
输入: [[0, 0], [1, 0], [2, 0]]
输出: 2
```

例 42　合并排序数组 Ⅱ

1. 问题描述

合并两个排序的整数数组 A 和 B，变成一个新的排序数组。

2. 问题示例

输入[1, 2, 3]及元素个数 3，输入[4,5]及元素个数 2，输出[1,2,3,4,5]，经过合并新的数组为[1,2,3,4,5]。输入[1,2,5]及元素个数 3，输入[3,4]及元素个数 2，输出[1,2,3,4,5]，经过合并新的数组为[1,2,3,4,5]。

3. 代码实现

相关代码如下。

```
class Solution:
    #参数 A: 已排序整数数组 A 有 m 个元素,A 的大小是 m + n
    #参数 m: 整数
    #参数 B: 已排序整数数组 B,有 n 个元素
    #参数 n: 整数
    #返回值: 无
    def mergeSortedArray(self, A, m, B, n):
        i, j = m - 1, n - 1
        t = len(A) - 1
        while i >= 0 or j >= 0:
            if i < 0 or (j >= 0 and B[j] > A[i]):
                A[t] = B[j]
                j -= 1
            else:
                A[t] = A[i]
                i -= 1
            t -= 1
#主函数
if __name__ == '__main__':
```

```
    solution = Solution()
    A = [1,2,3,0,0]
    m = 3
    B = [4,5]
    n = 2
    solution.mergeSortedArray(A, m, B, n)
    print("输入:A = [1,2,3,0,0],  3,  B = [4,5],  2")
    print("输出:", A)
```

4. 运行结果

```
输入: A = [1,2,3,0,0],  3,  B = [4,5],  2
输出: [1, 2, 3, 4, 5]
```

例 43 最小路径和 I

1. 问题描述

给定一个只含非负整数的 $m \times n$ 网格,找到一条从左上角到右下角的路径,使数字的和最小。

2. 问题示例

输入[[1,3,1],[1,5,1],[4,2,1]],输出 7,路线为 1 −> 3 −> 1 −> 1 −> 1。输入[[1,3,2]],输出 6,路线是 1 −> 3 −> 2。

3. 代码实现

相关代码如下。

```
class Solution:
    #参数 grid: 二维整数数组
    #返回值: 一个整数,从左上角到右下角的路径上的所有数字之和中最小的一个
    def minPathSum(self, grid):
        for i in range(len(grid)):
            for j in range(len(grid[0])):
                if i == 0 and j > 0:
                    grid[i][j] += grid[i][j - 1]
                elif j == 0 and i > 0:
                    grid[i][j] += grid[i - 1][j]
                elif i > 0 and j > 0:
                    grid[i][j] += min(grid[i - 1][j], grid[i][j - 1])
        return grid[len(grid) - 1][len(grid[0]) - 1]
#主函数
if __name__ == '__main__':
    solution = Solution()
    grid = [[1,3,1],[1,5,1],[4,2,1]]
    length = solution.minPathSum(grid)
    print("输入:", grid)
    print("输出:", length)
```

4. 运行结果

```
输入: [[1, 4, 5], [2, 7, 6], [6, 8, 7]]
输出: 7
```

例 44 大小写转换 I

1. 问题描述

将一个字符由小写字母转换为大写字母。

2. 问题示例

输入 a，输出 A；输入 b，输出 B。

3. 代码实现

相关代码如下。

```
class Solution:
    #参数 character: 字符
    #返回值: 字符
    def lowercaseToUppercase(self, character):
        #ASCII 码中小写字母与对应的大写字母相差 32
        return chr(ord(character) - 32)
#主函数
if __name__ == '__main__':
    solution = Solution()
    ans = solution.lowercaseToUppercase('a')
        print("输入: a")
        print("输出:", ans)
```

4. 运行结果

```
输入: a
输出: A
```

例 45 原子的数量

1. 问题描述

给定化学式(以字符串形式给出)，返回每种元素原子的数量。原子始终以大写字符开头，以零或多个小写字母表示名称。

2. 问题示例

输入化学式为 H2O，输出 H2O，原子个数分别为：H，2 个；O，1 个。

3. 代码实现

相关代码如下。

```
import re
import collections
class Solution(object):
    def countOfAtoms(self, formula):
        parse = re.findall(r"([A-Z][a-z]*)(\d*)|(\()|(\))(\d*)", formula)
        stack = [collections.Counter()]
        for name, m1, left_open, right_open, m2 in parse:
            if name:
              stack[-1][name] += int(m1 or 1)
            if left_open:
              stack.append(collections.Counter())
            if right_open:
                top = stack.pop()
                for k in top:
                  stack[-1][k] += top[k] * int(m2 or 1)
        return "".join(name + (str(stack[-1][name]) if stack[-1][name] > 1 else '') for
name in sorted(stack[-1]))
#主函数
if __name__ == '__main__':
    solution = Solution()
    Test_in = "H2O"
    Test_out = solution.countOfAtoms(Test_in)
    print("输入:",Test_in)
    print("输出:",Test_out)
```

4. 运行结果

```
输入: H2O
输出: H2O
```

例 46 矩阵中的最长递增路径

1. 问题描述

给定整数矩阵,找到最长递增路径的长度。从每个单元格可以向上、下、左、右 4 个方向移动,不能沿对角线移动或移动到边界之外,不允许环绕。

2. 问题示例

```
nums = [
  [9,9,4],
  [6,6,8],
  [2,1,1]
]
```

返回 4,最长递增路径是 [1, 2, 6, 9]。

3. 代码实现

相关代码如下。

```
DIRECTIONS = [(1, 0), (-1, 0), (0, -1), (0, 1)]
class Solution:
    #参数 matrix: 整数矩阵
    #返回值: 整数
    def longestIncreasingPath(self, matrix):
        if not matrix or not matrix[0]:
            return 0
        sequence = []
        for i in range(len(matrix)):
            for j in range(len(matrix[0])):
                sequence.append((matrix[i][j], i, j))
        sequence.sort()
        check = {}
        for h, x, y in sequence:
            cur_pos = (x, y)
            if cur_pos not in check:
                check[cur_pos] = 1
            cur_path = 0
            for dx, dy in DIRECTIONS:
                if self.is_valid(x+dx, y+dy, matrix, h):
                    cur_path = max(cur_path, check[(x+dx, y+dy)])
            check[cur_pos] += cur_path
        vals = check.values()
        return max(vals)
    def is_valid(self, x, y, matrix, h):
        row, col = len(matrix), len(matrix[0])
        return x >= 0 and x < row and y >= 0 and y < col and matrix[x][y]< h
#主函数
if __name__ == '__main__':
    solution = Solution()
    Test_in = [
      [9,9,4],
      [6,6,8],
      [2,1,1]
    ]
    Test_out = solution.longestIncreasingPath(Test_in)
    print("输入:",Test_in)
    print("输出:",Test_out)
```

4. 运行结果

```
输入: [[9, 9, 4], [6, 6, 8], [2, 1, 1]]
输出: 4
```

例 47 大小写转换 Ⅱ

1. 问题描述

将一个字符串中的小写字母转换为大写字母,不是字母的字符不发生变化。

2. 问题示例

输入 str="abc",输出 ABC;输入 str="aBc",输出 ABC;输入 str="abC12",输出 ABC12。

3. 代码实现

相关代码如下。

```
class Solution:
    #参数 str: 字符串
    #返回值: 字符串
    def lowercaseToUppercase2(self, str):
        p = list(str)
        #遍历整个字符串,将所有的小写字母转成大写字母
        for i in range(len(p)):
            if p[i] >= 'a' and p[i] <= 'z':
                p[i] = chr(ord(p[i]) - 32)
        return ''.join(p)
#主函数
if __name__ == '__main__':
    solution = Solution()
    s1 = "abC12"
    ans = solution.lowercaseToUppercase2(s1)
    print("输入:", s1)
    print("输出:", ans)
```

4. 运行结果

```
输入: abC12
输出: ABC12
```

例 48 水仙花数

1. 问题描述

水仙花数是指一个 N 位正整数($N \geqslant 3$),每位数字的 N 次幂之和等于它本身。例如,一个 3 位的十进制整数 153 就是一个水仙花数。因为 $153 = 1^3 + 5^3 + 3^3$。一个 4 位的十进制数 1634 也是一个水仙花数,因为 $1634 = 1^4 + 6^4 + 3^4 + 4^4$。给出 N,找到所有的 N 位十进制水仙花数。

2. 问题示例

输入 1,输出[0,1,2,3,4,5,6,7,8,9]; 输入 2,输出[],没有 2 位数字的水仙花数。

3. 代码实现

相关代码如下。

```
class Solution:
    #参数 n: 数字的位数
    #返回值: 所有 n 位数的水仙花数
    def getNarcissisticNumbers(self, n):
        res = []
        for x in range([0, 10 ** (n-1)][n > 1], 10 ** n):
            y, k = x, 0
            while x > 0:
                k += (x % 10) ** n
                x //= 10
            if k == y: res.append(k)
        return res
#主函数
if __name__ == '__main__':
    solution = Solution()
    n = 4
    ans = solution.getNarcissisticNumbers(n)
    print("输入:", n)
    print("输出:", ans)
```

4. 运行结果

```
输入: 4
输出: [1634, 8208, 9474]
```

例 49　余弦相似度

1. 问题描述

余弦相似性是指内积空间两个向量之间的相似性度量,计算它们之间角度的余弦。0°的余弦为 1,对于任何其他角度,余弦小于 1。用公式可表示为:

$$\text{similarity}=\cos(\theta)=\frac{\boldsymbol{A}\cdot\boldsymbol{B}}{\|\boldsymbol{A}\|\ \|\boldsymbol{B}\|}=\frac{\sum_{i=1}^{n}\boldsymbol{A}_i\times\boldsymbol{B}_i}{\sqrt{\sum_{i=1}^{n}(\boldsymbol{A}_i)^2\times\sum_{i=1}^{n}(\boldsymbol{B}_i)^2}}$$

给定两个向量 $\boldsymbol{A}$ 和 $\boldsymbol{B}$,求出它们的余弦相似度。如果余弦相似不合法(例如 $\boldsymbol{A}=[0]$,$\boldsymbol{B}=[0]$),返回 2。

2. 问题示例

输入 $\boldsymbol{A}=[1]$,$\boldsymbol{B}=[2]$,输出 1.0000。

3. 代码实现

相关代码如下。

```
import math
#参数A,B: 整型数组,表示两个向量
#返回值: 2个输入矢量的余弦相似度
class Solution:
    def cosineSimilarity(self, A, B):
        if len(A) != len(B):
            return 2
        n = len(A)
        up = 0
        for i in range(n):
            up += A[i] * B[i]
        down = sum(a * a for a in A) * sum(b * b for b in B)
        if down == 0:
            return 2
        return up / math.sqrt(down)
#主函数
if __name__ == '__main__':
        generator_A = [1,4,0]
        generator_B = [1,2,3]
        solution = Solution()
        print("输入: A = ", generator_A)
        print("输入: B = ", generator_B)
        print("输出: ", solution.cosineSimilarity(generator_A,generator_B))
```

4. 运行结果

```
输入: A = [1, 4, 0]
输入: B = [1, 2, 3]
输出: 0.583 383 351 196 948
```

▶例50 链表节点计数

1. 问题描述

计算链表中有多少个节点。

2. 问题示例

输入 1—>3—>5—>null,输出 3。返回链表中节点个数,也就是链表的长度为 3。

3. 代码实现

相关代码如下。

```
#参数 head: 链表的头部
#返回值: 链表的长度
class ListNode(object):
    def __init__(self, val, next = None):
        self.val = val
        self.next = next
class Solution:
    def countNodes(self, head):
        cnt = 0
        while head is not None:
            cnt += 1
            head = head.next
        return cnt
#主函数
if __name__ == '__main__':
    node1 = ListNode(1)
    node2 = ListNode(2)
    node3 = ListNode(3)
    node4 = ListNode(4)
    node1.next = node2
    node2.next = node3
    node3.next = node4
    solution = Solution()
    print("输入: ", node1.val,node2.val,node3.val,node4.val)
    print("输出: ", solution. countNodes(node1))
```

4. 运行结果

```
输入: 1 2 3 4
输出: 4
```

例 51 最高频的 k 个单词

1. 问题描述

给一个单词列表,求出这个列表中出现频次最高的 k 个单词。

2. 问题示例

输入:

```
[
    "yes", "long", "code",
    "yes", "code", "baby",
    "you", "baby", "chrome",
    "safari", "long", "code",
    "body", "long", "code"
```

]

k = 3

输出：["code", "long", "baby"]

输入：

[

"yes", "long", "code",

"yes", "code", "baby",

"you", "baby", "chrome",

"safari", "long", "code",

"body", "long", "code"

]

k = 4

输出：["code", "long", "baby", "yes"]

3. 代码实现

相关代码如下。

```
#参数 words：字符串数组
#参数 k 代表第 k 高频率出现
#返回值：字符串数组,表示出现频率前 k 高的字符串
class Solution:
    def topKFrequentWords(self, words, k):
        dict = {}
        res = []
        for word in words:
            if word not in dict:
                dict[word] = 1
            else:
                dict[word] += 1
        sorted_d = sorted(dict.items(), key = lambda x:x[1], reverse = True)
        for i in range(k):
            res.append(sorted_d[i][0])
        return res
#主函数
if __name__ == '__main__':
    generator = ["yes", "long", "code",
                 "yes", "code", "baby",
                 "you", "baby", "chrome",
                 "safari", "long", "code",
                 "body", "long", "code"]
    k = 4
    solution = Solution()
    print("输入：", generator)
```

```
print("输入：","k = ", k)
print("输出：", solution.topKFrequentWords(generator,k))
```

4. 运行结果

```
输入：['yes', 'long', 'code', 'yes', 'code', 'baby', 'you', 'baby', 'chrome', 'safari','long', 'code',
'body', 'long', 'code']
输入：k = 4
输出：['code', 'long', 'yes', 'baby']
```

例 52 单词的添加与查找

1. 问题描述

设计 addWord(word)，search(word)操作的数据结构。addWord(word)会在数据结构中添加一个单词，search(word)则支持普通的单词查询或只包含"."和"a～z"的简易正则表达式的查询。其中，一个"."可以代表任何的字母。

2. 问题示例

输入：
addWord("a")
search(".")
输出：True
输入：
addWord("bad")
addWord("dad")
addWord("mad")
search("pad")
search("bad")
search(".ad")
search("b..")
输出：
False
True
True
True

3. 代码实现

相关代码如下。

```
#参数 word：要添加的单词
#返回值：布尔值，查找单词成功则返回 True，否则返回 False
```

```
class TrieNode:
    def __init__(self):
        self.children = {}
        self.is_word = False
class WordDictionary:
    def __init__(self):
        self.root = TrieNode()
    def addWord(self, word):
        node = self.root
        for c in word:
            if c not in node.children:
                node.children[c] = TrieNode()
            node = node.children[c]
        node.is_word = True
    def search(self, word):
        if word is None:
            return False
        return self.search_helper(self.root, word, 0)
    def search_helper(self, node, word, index):
        if node is None:
            return False
        if index >= len(word):
            return node.is_word
        char = word[index]
        if char != '.':
            return self.search_helper(node.children.get(char), word, index + 1)
        for child in node.children:
            if self.search_helper(node.children[child], word, index + 1):
                return True
        return False
#主函数
if __name__ == '__main__':
    solution = WordDictionary()
    solution.addWord("bad")
    solution.addWord("dad")
    solution.addWord("mad")
    print('输入: addWord("bad"),addWord("dad"),addWord("mad")')
    print('输入: search("pad"),search("dad"),search(".ad"),search("b..")')
    print("输出: ",
    solution.search("pad"),
    solution.search("bad"),
    solution.search(".ad"),
    solution.search("b.."))
```

4. 运行结果

输入: addWord("bad"),addWord("dad"),addWord("mad")

输入：search("pad"),search("dad"),search(".ad"),search("b..")
输出：False True True True

例 53 石子归并

1. 问题描述

石子归并的游戏。有 n 堆石子排成一列，目标是将所有的石子合并成一堆。合并规则如下：每一次可以合并相邻位置的两堆石子；每次合并的代价为所合并的两堆石子的重量之和；求出最小的合并代价。

2. 问题示例

输入[3,4,3]，输出 17，合并第 1 堆和第 2 堆=>[7,3]，score=7；合并两堆=>[10]，score=17。

输入：[4,1,1,4]，输出 18，合并第 2 堆和第 3 堆=>[4,2,4]，score=2，合并前两堆=>[6,4]，score=8；合并剩余的两堆=>[10]，score=18。

3. 代码实现

相关代码如下。

```
#参数 A: 整型数组
#返回值: 整数,表示最小的合并代价
import sys
class Solution:
    def stoneGame(self, A):
        n = len(A)
        if n < 2:
            return 0
        dp = [[0] * n for _ in range(n)]
        cut = [[0] * n for _ in range(n)]
        range_sum = self.get_range_sum(A)
        for i in range(n - 1):
            dp[i][i + 1] = A[i] + A[i + 1]
            cut[i][i + 1] = i
        for length in range(3, n + 1):
            for i in range(n - length + 1):
                j = i + length - 1
                dp[i][j] = sys.maxsize
                for mid in range(cut[i][j - 1], cut[i + 1][j] + 1):
                    if dp[i][j] > dp[i][mid] + dp[mid + 1][j] + range_sum[i][j]:
                        dp[i][j] = dp[i][mid] + dp[mid + 1][j] + range_sum[i][j]
                        cut[i][j] = mid
        return dp[0][n - 1]
    def get_range_sum(self, A):
        n = len(A)
```

```
        range_sum = [[0] * n for _ in range(len(A))]
        for i in range(n):
            range_sum[i][i] = A[i]
            for j in range(i + 1, n):
                range_sum[i][j] = range_sum[i][j - 1] + A[j]
        return range_sum
#主函数
if __name__ == '__main__':
    generator = [3,4,3]
    solution = Solution()
    print("输入:", generator)
    print("输出:", solution.stoneGame(generator))
```

4. 运行结果

```
输入: [3, 4, 3]
输出: 17
```

例 54 简单计算器

1. 问题描述

给出整数 a、b 以及操作符(operator)+、-、*、/,然后得出简单计算结果。

2. 问题示例

输入 $a = 1$,$b = 2$,operator = +,返回 1 + 2 的结果,输出 3。输入 $a = 10$,$b = 20$,operator = *,返回 10 * 20 的结果,输出 200。输入 $a = 3$,$b = 2$,operator = /,返回 3 / 2 的结果,输出 1。输入 $a = 10$,$b = 11$,operator = -,返回 10 - 11 的结果,输出-1。

3. 代码实现

相关代码如下。

```
#参数 a,b: 2 个任意整数
#operator: 运算符 +, -, *, /
#返回值: 浮点型运算结果
class Solution:
    def calculate(self, a, operator, b):
        if operator == '+':
            return a + b
        elif operator == '-':
            return a - b
        elif operator == '*':
            return a * b
        elif operator == '/':
            return a / b
#主函数
if __name__ == '__main__':
```

```
    a = 8
    b = 3
    operator1 = ' + '
    operator2 = ' - '
    operator3 = ' * '
    operator4 = '/'
    solution = Solution()
    print("输入:", a ,operator1 ,b)
    print("输出:", solution.calculate(a,operator1,b))
    print("输入:", a ,operator2 ,b)
    print("输出:", solution.calculate(a,operator2,b))
    print("输入:", a ,operator3 ,b)
    print("输出:", solution.calculate(a,operator3,b))
    print("输入:", a ,operator4 ,b)
    print("输出:", solution.calculate(a,operator4,b))
```

4. 运行结果

```
输入: 8 + 3
输出: 11
输入: 8 - 3
输出: 5
输入: 8 * 3
输出: 24
输入: 8 / 3
输出: 2.6666666666666665
```

例 55　数组第 2 大数

1. 问题描述

在一个数组中找到第 2 大的数。

2. 问题示例

输入[1,3,2,4],数组中第 2 大的数是 3,输出 3。输入[1,2],数组中第 2 大的数是 1,输出 1。

3. 代码实现

相关代码如下。

```
#参数 nums: 整型数组
#返回值: 数组中第 2 大数
class Solution:
    def secondMax(self, nums):
        maxValue = max(nums[0], nums[1])
        secValue = min(nums[0], nums[1])
        for i in range(2, len(nums)):
```

```
            if nums[i] > maxValue:
                secValue = maxValue
                maxValue = nums[i]
            elif nums[i] > secValue:
                secValue = nums[i]
        return secValue
#主函数
if __name__ == '__main__':
    generator = [3,4,7,9]
    solution = Solution()
    print("输入: ", generator)
    print("输出: ", solution.secondMax(generator))
```

4. 运行结果

```
输入: [3, 4, 7, 9]
输出: 7
```

例 56　二叉树叶子节点之和

1. 问题描述

叶子节点是一棵树中没有子节点(度为 0)的节点,简单地说就是一个二叉树任意一个分支上的终端节点。计算二叉树的叶子节点之和。

2. 问题示例

输入:

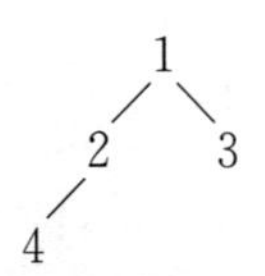

输出:7

输入:

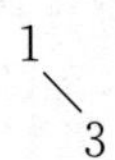

输出:3

3. 代码实现

相关代码如下。

```
#参数 root: 二叉树的根
#返回值: 整数,表示叶子节点之和
class TreeNode:
    def __init__(self, val):
        self.val = val
```

```
        self.left, self.right = None, None
class Solution:
    def leafSum(self, root):
        p = []
        self.dfs(root, p)
        return sum(p)
    def dfs(self, root, p):
        if root is None:
            return
        if root.left is None and root.right is None:
            p.append(root.val)
        self.dfs(root.left, p)
        self.dfs(root.right, p)
#主函数
if __name__ == '__main__':
    root = TreeNode(1)
    root.left = TreeNode(2)
    root.right = TreeNode(3)
    root.left.left = TreeNode(4)
    solution = Solution()
    print("输入:", root.val,root.left.val,root.right.val,root.left.left.val)
    print("输出:", solution.leafSum(root))
```

4. 运行结果

```
输入: 1 2 3 4
输出: 7
```

例 57　二叉树的某层节点之和

1. 问题描述

计算二叉树的某层节点之和。

2. 问题示例

输入二叉树，深度 depth= 2，输出 5，也就是二叉树层深为 2 的所有节点之和为 2+3=5。如果深度输入为 depth= 3，则输出 4+5+6+7=22。

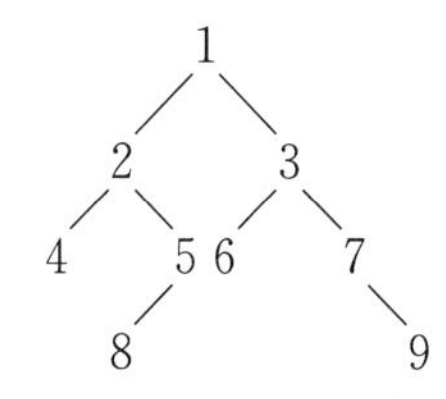

3. 代码实现

相关代码如下。

```
#参数 root: 二叉树的根
#参数 level: 树的目标层的深度
#返回值: 整数,表示该 level 叶子节点之和
class TreeNode:
    def __init__(self, val):
        self.val = val
        self.left, self.right = None, None
class Solution:
    def levelSum(self, root, level):
        p = []
        self.dfs(root, p, 1, level)
        return sum(p)
    def dfs(self, root, p, dep, level):
        if root is None:
            return
        if dep == level:
            p.append(root.val)
            return
        self.dfs(root.left, p, dep + 1, level)
        self.dfs(root.right, p, dep + 1, level)
#主函数
if __name__ == '__main__':
    root = TreeNode(1)
    root.left = TreeNode(2)
    root.right = TreeNode(3)
    root.left.left = TreeNode(4)
    root.left.right = TreeNode(5)
    root.right.left = TreeNode(6)
    root.right.right = TreeNode(7)
    root.left.right.right = TreeNode(8)
    root.right.right.right = TreeNode(9)
    depth = 3
    solution = Solution()
    print("输入:",root.val,root.left.val,root.right.val,root.left.left.val,
          root.left.right.val,root.right.left.val,root.right.right.val,
          root.left.right.right.val,root.right.right.right.val)
    print("输入: depth= ", depth)
    print("输出:",solution.levelSum(root,depth))
```

4. 运行结果

```
输入: 1 2 3 4 5 6 7 8 9
输入: depth = 3
输出: 22
```

例 58 判断尾数

1. 问题描述

有一个 01 字符串 str，只会出现 3 个单词，两字节的单词 10 或者 11，一字节的单词 0，判断字符串中最后一个单词的字节数。

2. 问题示例

输入 str="100"，输出 1，因为 str 由两个单词构成，10 和 0。输入 str="1110"，输出 2，因为 str 由两个单词构成 11 和 10。

3. 代码实现

相关代码如下。

```
#参数 str: 输入 01 字符串
#返回值: 整数,代表最后一个单词的长度
class Solution:
    def judgeTheLastNumber(self, str):
        if str[-1] == 1:
            return 2
        for i in range(-2, -len(str) - 1, -1):
            if str[i] == 0:
                return -1 * ((i * -1 + 1) % 2) + 2
        return -1 * (len(str) % 2) + 2
if __name__ == '__main__':
    str = "111110"
    solution = Solution()
    print(" 原 01 串:", str)
    print(" 最后一个单词长度:", solution.judgeTheLastNumber(str))
```

4. 运行结果

```
原 01 串: 111110
最后一个单词长度: 2
```

例 59 两个字符串是变位词

1. 问题描述

写出一个函数，判断两个字符串是否可以通过改变字母的顺序，变成一样的字符串。

2. 问题示例

输入 s="ab"，t="ab"，输出 true；输入 s="abcd"，t="dcba"，输出 True；输入 s="ac"，t="ab"，输出 False。

3. 代码实现

相关代码如下。

```
class Solution:
    #参数s: 第1个字符串
    #参数t: 第2个字符串
    #返回值: True或False
    def anagram(self, s, t):
        set_s = [0] * 256
        set_t = [0] * 256
        for i in range(0, len(s)):
            set_s[ord(s[i])] += 1
        for i in range(0, len(t)):
            set_t[ord(t[i])] += 1
        for i in range(0, 256):
            if set_s[i] != set_t[i]:
                return False
        return True
#主函数
if __name__ == '__main__':
    solution = Solution()
    s = "abcd"
    t = "dcba"
    ans = solution.anagram(s, t)
    print("输入:", s, t)
    print("输出:", ans)
```

4. 运行结果

```
输入: abcd dcba
输出: True
```

▶例60 最长单词

1. 问题描述

给一个词典,找出其中最长的单词。

2. 问题示例

输入{"dog", "google", "facebook", "internationalization", "blabla"},输出:["internationalization"]。输入{"like", "love", "hate", "yes"},输出["like", "love", "hate"]。

3. 代码实现

相关代码如下。

```
class Solution:
```

```
    #参数 dictionary: 字符串数组
    #返回值: 字符串数组
    def longestWords(self, dictionary):
        answer = []
        maxLength = 0
        for item in dictionary:
            if len(item) > maxLength:
                maxLength = len(item)
                answer = [item]
            elif len(item) == maxLength:
                answer.append(item)
        return answer
#主函数
if __name__ == '__main__':
    solution = Solution()
    dic = ["dog","google","facebook","internationalization","blabla"]
    answer = solution.longestWords(dic)
    print("输入:", dic)
    print("输出:", answer)
```

4. 运行结果

```
输入: ['dog', 'google', 'facebook', 'internationalization', 'blabla']
输出: ['internationalization']
```

例 61 机器人能否返回原点

1. 问题描述

机器人位于坐标原点(0, 0)处，给定一系列动作，判断该机器人的移动轨迹是否是一个环，即最终能否回到原来的位置。移动的顺序由字符串表示，每个动作都由一个字符表示。有效的机器人移动是 R(右)、L(左)、U(上)和 D(下)。输出为 True 或 False，表示机器人是否回到原点。

2. 问题示例

输入 UD，输出 True，即上下各一次，回到原点。

3. 代码实现

相关代码如下。

```
class Solution:
    #参数 moves: 字符串
    #返回值: 布尔类型
    def judgeCircle(self, moves):
        count_RL = count_UD = 0
        for c in moves:
```

```
            if c == 'R':
                count_RL += 1
            if c == 'L':
                count_RL -= 1
            if c == 'U':
                count_UD += 1
            if c == 'D':
                count_UD -= 1
        return count_RL == 0 and count_UD == 0
if __name__ == '__main__':
    solution = Solution()
    moves = "UD"
    print("输入:",moves)
    print("输出:",solution.judgeCircle(moves))
```

4. 运行结果

```
输入: UD
输出: True
```

例 62 链表倒数第 n 个节点

1. 问题描述

找到单链表倒数第 n 个节点,保证链表中节点的最少数量为 n。

2. 问题示例

输入 list = 3->2->1->5->null,n = 2,输出 1;输入 list = 1->2->3->null,n = 3,输出 1。

3. 代码实现

相关代码如下。

```
#定义链表节点
class ListNode(object):
    def __init__(self, val):
        self.val = val
        self.next = None
class Solution:
    #参数 head: 链表的第一个节点
    #参数 n: 整数
    #返回值: 单链表的第 n 到最后一个节点
    def nthToLast(self, head, n):
        if head is None or n < 1:
            return None
        cur = head.next
        while cur is not None:
```

```
            cur.pre = head
            cur = cur.next
            head = head.next
        n -= 1
        while n > 0:
            head = head.pre
            n -= 1
        return head
#主函数
if __name__ == '__main__':
    solution = Solution()
    l0 = ListNode(3)
    l1 = ListNode(2)
    l2 = ListNode(1)
    l3 = ListNode(5)
    l0.next = l1
    l1.next = l2
    l2.next = l3
    ans = solution.nthToLast(l0, 2).val
    print("输入：3->2->1->5->null,  n = 2")
    print("输出：", ans)
```

4. 运行结果

```
输入：3->2->1->5->null,  n = 2
输出：1
```

例 63 链表求和 I

1. 问题描述

有两个用链表代表的整数，其中每个节点包含一个数字。数字存储按照原来整数中相反的顺序，使得第一个数字位于链表的开头。写出一个函数将两个整数相加，用链表形式返回和。

2. 问题示例

输入 7—>1—>6—>null，5—>9—>2—>null，输出 2—>1—>9—>null，即 617 + 295 = 912，912 转换成链表 2—>1—>9—>null。输入 3—>1—>5—>null，5—>9—>2—>null，输出 8—>0—>8—>null，即 513 + 295 = 808，808 转换成链表 8—>0—>8—>null。

3. 代码实现

相关代码如下。

```
#定义链表节点
class ListNode(object):
    def __init__(self, val):
```

```
        self.val = val
        self.next = None
class Solution:
    def addLists(self, l1, l2) -> list:
        dummy = ListNode(None)
        tail = dummy
        carry = 0
        while l1 or l2 or carry:
            num = 0
            if l1:
                num += l1.val
                l1 = l1.next
            if l2:
                num += l2.val
                l2 = l2.next
            num += carry
            digit, carry = num % 10, num // 10
            node = ListNode(digit)
            tail.next, tail = node, node
        return dummy.next
#主函数
if __name__ == '__main__':
    solution = Solution()
    l0 = ListNode(7)
    l1 = ListNode(1)
    l2 = ListNode(6)
    l0.next = l1
    l1.next = l2
    l3 = ListNode(5)
    l4 = ListNode(9)
    l5 = ListNode(2)
    l3.next = l4
    l4.next = l5
    ans = solution.addLists(l0, l3)
    a = [ans.val, ans.next.val, ans.next.next.val]
    print("输入: 7->1->6->null,  5->9->2->null")
    print("输出: 2->1->9->null")
```

4. 运行结果

```
输入: 7->1->6->null,  5->9->2->null
输出: 2->1->9->null
```

▶例 64　删除元素

1. 问题描述

给定一个数组和一个值,在原地删除与值相同的数字,返回新数组的长度。元素的顺序可以改变,对新的数组不会有影响。

2. 问题示例

输入[0,4,4,0,0,2,4,4],value = 4,输出 4,即删除后的数组为[0,0,0,2],有 4 个元素,数组的长度为 4。

3. 代码实现

相关代码如下。

```
class Solution:
    #参数 A: 整数列表
    #参数 elem: 整数
    #返回值: 移除后的长度
    def removeElement(self, A, elem):
        j = len(A) - 1
        for i in range(len(A) - 1, -1, -1):
            if A[i] == elem:
                A[i], A[j] = A[j], A[i]
                j -= 1
        return j + 1
#主函数
if __name__ == '__main__':
    solution = Solution()
    A = [0,4,4,0,0,2,4,4]
    e = 4
    ans = solution.removeElement(A, e)
    print("输入: [0,4,4,0,0,2,4,4],  value = 4")
    print("输出:", ans)
```

4. 运行结果

```
输入: [0,4,4,0,0,2,4,4],  value = 4
输出: 4
```

例 65 克隆二叉树

1. 问题描述

深度复制一个二叉树。给定一个二叉树,返回其克隆品。

2. 问题示例

输入{1,2,3,4,5},输出{1,2,3,4,5},二叉树如下所示:

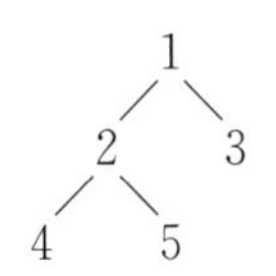

3. 代码实现

相关代码如下。

```
#树的节点结构
#参数 val: 节点值
class TreeNode:
    def __init__(self, val):
        self.val = val
        self.left, self.right = None, None
#参数{TreeNode} root: 二进制树的根
#返回值 clone_root: 复制后新树的根
class Solution:
    def cloneTree(self, root):
        if root is None:
            return None
        clone_root = TreeNode(root.val)
        clone_root.left = self.cloneTree(root.left)
        clone_root.right = self.cloneTree(root.right)
        return clone_root
#主函数
if __name__ == '__main__':
    root = TreeNode(1)
    root.left = TreeNode(2)
    root.right = TreeNode(3)
    root.left.left = TreeNode(4)
    root.left.right = TreeNode(5)
    solution = Solution()
    print("输入:",
        root.val,root.left.val,root.right.val,root.left.left.val,root.left.right.val)
    print("输出: ",
      solution.cloneTree(root).val,solution.cloneTree(root).left.val,solution
      .cloneTree(root).right.val,solution.cloneTree(root).left.left.val,solution
      .cloneTree(root).left.right.val)
```

4. 运行结果

```
输入: 1 2 3 4 5
输出: 1 2 3 4 5
```

▶例 66 合并两个排序链表

1. 问题描述

将两个排序链表合并为一个新的排序链表。

2. 问题示例

输入 list1 = 1->3->8->11->15->null，list2 = 2->null，输出 1->2->3->

8—>11—>15—>null。

3. 代码实现

相关代码如下。

```
#定义链表节点
class ListNode(object):
    def __init__(self, val):
        self.val = val
        self.next = None
class Solution(object):
    #参数 l1: 链表头节点
    #参数 l2: 链表头节点
    #返回值: 链表头节点
    def mergeTwoLists(self, l1, l2):
        dummy = ListNode(0)
        tmp = dummy
        while l1 != None and l2 != None:
            if l1.val < l2.val:
                tmp.next = l1
                l1 = l1.next
            else:
                tmp.next = l2
                l2 = l2.next
            tmp = tmp.next
        if l1 != None:
            tmp.next = l1
        else:
            tmp.next = l2
        return dummy.next
#主函数
if __name__ == '__main__':
    solution = Solution()
    l0 = ListNode(1)
    l1 = ListNode(3)
    l2 = ListNode(8)
    l0.next = l1
    l1.next = l2
    l5 = ListNode(2)
    l6 = ListNode(4)
    l5.next = l6
    ans = solution.mergeTwoLists(l0, l5)
    a = [ans.val, ans.next.val, ans.next.next.val,
         ans.next.next.next.val, ans.next.next.next.next.val]
    print("输入: list1 = 1->3->8->null,  list2 = 2->4->null")
    print("输出: 1->2->3->4->8->null")
```

4. 运行结果

```
输入: list1 = 1->3->8->null,  list2 = 2->4->null
输出: 1->2->3->4->8->null
```

例 67　反转整数

1. 问题描述

将一个整数中的数字进行颠倒,当颠倒后的整数溢出时,返回 0(标记为 32 位整数)。

2. 问题示例

输入 234,输出 432。

3. 代码实现

相关代码如下。

```
#参数 n: 整数
#返回值: 反转的整数
class Solution:
    def reverseInteger(self, n):
        if n == 0:
            return 0
        neg = 1
        if n < 0:
            neg, n = -1, -n
        reverse = 0
        while n > 0:
            reverse = reverse * 10 + n % 10
            n = n // 10
        reverse = reverse * neg
        if reverse < -(1 << 31) or reverse > (1 << 31) - 1:
            return 0
        return reverse
#主函数
if __name__ == '__main__':
    generator = 1234
    solution = Solution()
    print("输入:", generator)
    print("输出:", solution.reverseInteger(generator))
```

4. 运行结果

```
输入: 1234
输出: 4321
```

例 68　报数

1. 问题描述

报数序列是指一个整数序列，按照顺序报数，根据报数得到下一个数。规律如下：第 1 个数为 1，读作“一个一”，即 11，也就是第 2 个数是 11；11 读作“两个一”，即 21，也就是第 3 个数是 21。21 被读作“一个二，一个一”，即 1211，也就是第 4 个数是 1211。给定一个正整数 n，输出报数序列的第 n 项。注意：整数顺序将表示为一个字符串。

2. 问题示例

输入 5，输出 111221。

3. 代码实现

相关代码如下。

```
#参数 n: 正整数
#返回值: n 所表示的报数序列
class Solution:
    def countAndSay(self, n):
        string = '1'
        for i in range(n - 1):
            a = string[0]
            count = 0
            s = ''
            for ch in string:
                if a == ch:
                    count += 1
                else:
                    s += str(count) + a
                    a = ch
                    count = 1
            s += str(count) + a
            string = s
            a = string[0]
        return string
#主函数
if __name__ == '__main__':
    generator = 5
    solution = Solution()
    print("输入:", generator)
    print("输出:", solution.countAndSay(generator))
```

4. 运行结果

```
输入: 5
输出: 111221
```

▶例 69　完全二叉树

1. 问题描述

完全二叉树的特点是：只允许最后一层有空缺节点且空缺在右边，即叶子节点只能在层次最大的两层上出现；对任一节点，如果其右子树的深度为 j，则其左子树的深度必为 j 或 $j+1$，即度为 1 的点只有 1 个或 0 个。判断一个二叉树是否是完全二叉树。

2. 问题示例

输入二叉树为{1,2,3,4}，输出 True，如下所示是完全二叉树。

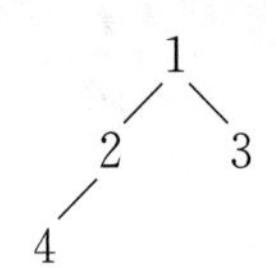

输入{1,2,3,#,4}，输出 False，如下所示不是完全二叉树。

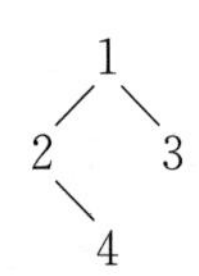

3. 代码实现

相关代码如下。

```
#参数 root: 二叉树的根
#返回值: 布尔值,输入数据完全二叉树时返回 True,否则返回 False
class TreeNode:
    def __init__(self, val):
        self.val = val
        self.left = None
        self.right = None
class Solution:
    def isComplete(self, root):
        if root is None:
            return True
        queue = [root]
        index = 0
        while index < len(queue):
            if queue[index] is not None:
                queue.append(queue[index].left)
                queue.append(queue[index].right)
            index += 1
        while queue[-1] is None:
            queue.pop()
        for q in queue:
            if q is None:
```

```
                return False
            return True
#主函数
if __name__ == '__main__':
    root = TreeNode(1)
    root.left = TreeNode(2)
    root.right = TreeNode(3)
    root.left.left = TreeNode(4)
    solution = Solution()
    print("输入：", root.val,root.left.val,root.right.val,root.left.left.val)
    print("输出：", solution.isComplete(root))
```

4. 运行结果

```
输入：1 2 3 4
输出：True
```

▶例 70　对称二叉树

1. 问题描述

如果一棵二叉树和其镜像二叉树一样，那么它就是对称的。判断一个二叉树是否是对称二叉树。

2. 问题示例

输入{1,2,2,3,4,4,3}，输出 True，即如下所示的二叉树是对称的。

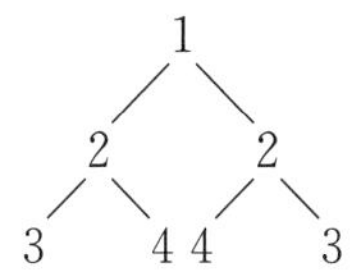

输入{1,2,2,#,3,#,3}，输出 False，即如下所示的二叉树不对称。

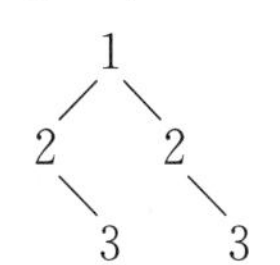

3. 代码实现

相关代码如下。

```
#参数 root：二叉树的根
#返回值：布尔值，输入数据是对称二叉树时返回 True，否则返回 False
class TreeNode:
    def __init__(self, val):
        self.val = val
        self.left = None
        self.right = None
```

```
class Solution:
    def help(self, p, q):
        if p == None and q == None: return True
        if p and q and p.val == q.val:
            return self.help(p.right, q.left) and self.help(p.left, q.right)
        return False
    def isSymmetric(self, root):
        if root:
            return self.help(root.left, root.right)
        return True
#主函数
if __name__ == '__main__':
    root = TreeNode(1)
    root.left = TreeNode(2)
    root.right = TreeNode(2)
    root.right.right = TreeNode(3)
    root.right.left = TreeNode(4)
    root.left.right = TreeNode(4)
    root.left.left = TreeNode(3)
    solution = Solution()
    print("输入: ", root.val,root.left.val,root.right.val,root.left.left.val,root.left
.right.val,root.right.left.val, root.right.right.val)
    print("输出: ", solution.isSymmetric(root))
```

4. 运行结果

```
输入: 1 2 2 3 4 4 3
输出: True
```

例71 扭转后等价的二叉树

1. 问题描述

检查两棵二叉树在经过若干次扭转后是否可以等价。扭转的定义是,交换任意节点的左右子树。等价的定义是,两棵二叉树必须为相同的结构,并且对应位置上的节点值要相等。

2. 问题示例

输入{1,2,3,4},{1,3,2,#,#,#,4},输出True,即如下两个二叉树,扭转第2层节点左右子树可以变换为等价的。

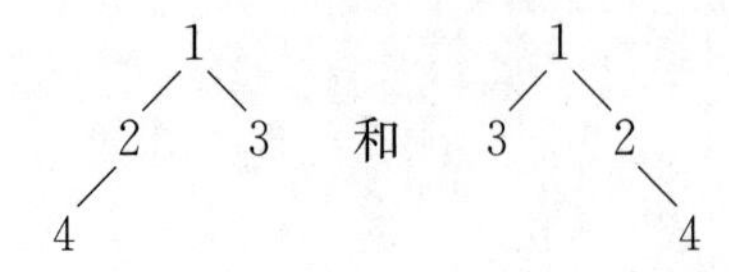

输入{1,2,3,4},{1,3,2,4},输出False,即如下两个二叉树,扭转第2层节点左右子树

不能变换为等价的。

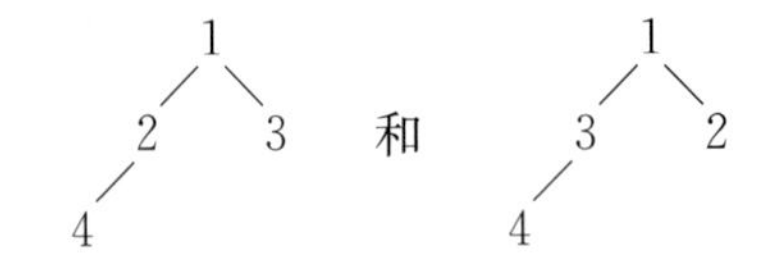

3. 代码实现

相关代码如下。

```
#参数a、b: 二叉树的根
#返回值: 布尔值,当输入二叉树经若干次扭转后可以等价时返回 True,否则返回 False
class TreeNode:
    def __init__(self, val):
        self.val = val
        self.left = None
        self.right = None
class Solution:
    def isTweakedIdentical(self, a, b):
        if a == None and b == None: return True
        if a and b and a.val == b.val:
            return self.isTweakedIdentical(a.left, b.left) and \
                self.isTweakedIdentical(a.right, b.right) or \
                self.isTweakedIdentical(a.left, b.right) and \
                self.isTweakedIdentical(a.right, b.left)
        return False
#主函数
if __name__ == '__main__':
    root = TreeNode(1)
    root.left = TreeNode(2)
    root.right = TreeNode(3)
    root.left.left = TreeNode(4)
    root1 = TreeNode(1)
    root1.right = TreeNode(2)
    root1.left = TreeNode(3)
    root1.right.right = TreeNode(4)
    solution = Solution()
    print("输入: ", root.val,root.left.val,root.right.val,root.left.left.val," , ",root1.
    val,root1.left.val,root1.right.val,root1.right.right.val)
    print("输出: ", solution.isTweakedIdentical(root,root1))
```

4. 运行结果

```
输入: 1 2 3 4, 1 3 2 4
输出: True
```

例 72　岛屿的个数

1. 问题描述

给定一个 01 矩阵,0 代表海,1 代表岛,如果两个 1 相邻,那么这两个 1 属于同 1 个岛。只考虑上下左右为相邻,求不同岛屿的个数。

2. 问题示例

输入的矩阵如下所示,输出 3,即有 3 个岛。

[
[1,1,0,0,0],
[0,1,0,0,1],
[0,0,0,1,1],
[0,0,0,0,0],
[0,0,0,0,1]
]

3. 代码实现

相关代码如下。

```
from collections import deque
#参数 grid: 01 矩阵
#返回值: 岛屿的个数
class Solution:
    def numIslands(self, grid):
        if not grid or not grid[0]:
            return 0
        islands = 0
        for i in range(len(grid)):
            for j in range(len(grid[0])):
                if grid[i][j]:
                    self.bfs(grid, i, j)
                    islands += 1
        return islands
    def bfs(self, grid, x, y):
        queue = deque([(x, y)])
        grid[x][y] = False
        while queue:
            x, y = queue.popleft()
            for delta_x, delta_y in [(1, 0), (0, -1), (-1, 0), (0, 1)]:
                next_x = x + delta_x
                next_y = y + delta_y
                if not self.is_valid(grid, next_x, next_y):
                    continue
```

```
                queue.append((next_x, next_y))
                grid[next_x][next_y] = False
    def is_valid(self, grid, x, y):
        n, m = len(grid), len(grid[0])
        return 0 <= x < n and 0 <= y < m and grid[x][y]
#主函数
if __name__ == '__main__':
    generator = [
                [1,1,0,0,0],
                [0,1,0,0,1],
                [0,0,0,1,1],
                [0,0,0,0,0],
                [0,0,0,0,1]
                ]
    solution = Solution()
    print("输入:", generator)
    print("输出:", solution.numIslands(generator))
```

4. 运行结果

```
输入: [[1, 1, 0, 0, 0], [0, 1, 0, 0, 1], [0, 0, 0, 1, 1], [0, 0, 0, 0, 0], [0, 0, 0, 0, 1]]
输出: 3
```

例 73　判断是否为平方数之和

1. 问题描述

给出一个整数 c，判断是否存在两个整数 a 和 b，使得 $a^2+b^2=c$。

2. 问题示例

输入 $n=5$，输出 True，因为 $1\times1+2\times2=5$。

3. 代码实现

相关代码如下。

```
import math
class Solution:
    #参数 num: 整数
    #返回值: 布尔类型
    def checkSumOfSquareNumbers(self, num):
        # write your code here
        if num < 0:
            return False
        for i in reversed(range(0, int(math.sqrt(num)) + 1)):
            if i * i == num:
                return True
            j = num - i * i
```

```
            k = int(math.sqrt(j))
            if k * k == j:
                return True
        return False
if __name__ == '__main__':
    solution = Solution()
    num = 5
    print("输入:", num)
    print("输出:", solution.checkSumOfSquareNumbers(num))
```

4. 运行结果

输入: 5
输出: True

例 74 滑动窗口内数的和

1. 问题描述

给定一个大小为 n 的整型数组和一个大小为 k 的滑动窗口，将滑动窗口从头移到尾，每次移动一个整数输出从开始到结束每个时刻滑动窗口内数的和。

2. 问题示例

输入 array=[1,2,7,8,5]，$k=3$，输出[10,17,20]，表示第 1 个窗口 1+2+7=10，第 2 个窗口 2+7+8=17，第 3 个窗口 7+8+5=20。

3. 代码实现

相关代码如下。

```
class Solution:
    # nums: 整数数组
    # k: 滑动窗口大小
    # 返回值: 每个窗口的数字和
    def winSum(self, nums, k):
        n = len(nums)
        if n < k or k <= 0:
            return []
        sums = [0] * (n - k + 1)
        for i in range(k):
            sums[0] += nums[i];
        for i in range(1, n - k + 1):
            sums[i] = sums[i - 1] - nums[i - 1] + nums[i + k - 1]
        return sums
# 主函数
if __name__ == '__main__':
    inputnum = [1,2,7,8,5]
```

```
    k = 3
    print("输入数组:",inputnum)
    print("输入窗口:",k)
    solution = Solution()
    print("输出数组:",solution.winSum(inputnum,k))
```

4. 运行结果

```
输入数组: [1, 2, 7, 8, 5]
输入窗口: 3
输出数组: [10, 17, 20]
```

例 75 总汉明距离

1. 问题描述

2个整数之间的汉明距离是相应二进制数位上不同的个数。找到所有给定数字对之间的总汉明距离。

2. 问题示例

输入[4,14,2],输出6,因为在二进制形式中,4是0100,14是1110,2是0010(只显示在这种情况下相关的4个位),汉明距离(4,14)+汉明距离(4,2)+汉明距离(14,2)=2+2+2=6。

3. 代码实现

相关代码如下。

```
class Solution:
    #参数 nums: 整数
    #返回值: 整数
    def totalHammingDistance(self, nums):
        return sum(b.count('0') * b.count('1') for b in zip( * map('{:032b}'.format, nums)))
#主函数
if __name__ == '__main__':
    s = Solution()
    n = [4,14,2]
    print("输入:",n)
    print("输出:",s.totalHammingDistance(n))
```

4. 运行结果

```
输入: [4, 14, 2]
输出: 6
```

例 76 硬币摆放

1. 问题描述

有 n 枚硬币,摆放成阶梯形状,即第 k 行恰好有 k 枚硬币。给出 n,找到可以形成的完整楼梯行数。n 是一个非负整数,且在 32 位有符号整数范围内。

2. 问题示例

样例 1:

输入 $n = 5$,输出 2,硬币可以形成以下行:

¤

¤ ¤

¤ ¤

第 3 行不完整,返回 2。

样例 2:

输入 $n = 8$,输出 3,硬币可以形成以下行:

¤

¤ ¤

¤ ¤ ¤

¤ ¤

第 4 行不完整,返回 3。

3. 代码实现

相关代码如下。

```
import math
class Solution:
    #参数 n: 整数
    #返回值: 整数
    # n = (1 + x) * x / 2, 求得 x = (-1 + sqrt(8 * n + 1)) / 2, 对 x 取整
    def arrangeCoins(self, n):
        return math.floor((-1 + math.sqrt(1 + 8 * n)) / 2)
if __name__ == '__main__':
    n = 10
    solution = Solution()
    print("输入:",n)
    print("输出:",solution.arrangeCoins(n))
```

4. 运行结果

```
输入: 10
输出: 4
```

例 77 字母大小写转换

1. 问题描述

给定一个字符串 S,可以将其中所有的字符任意切换大小写,得到一个新的字符串。将

所有可生成的新字符串以一个列表的形式输出。

2. 问题示例

输入 S=a1b2,输出["a1b2", "a1B2", "A1b2", "A1B2"]。

3. 代码实现

相关代码如下。

```
class Solution(object):
    def letterCasePermutation(self, S):
        #参数S: 字符串
        #返回值: 字符串列表
        #利用二进制对应字符串,其中0表示大小写不变,1表示改变大小写
        res = []
        indices = []
        indices = [i for i,_ in enumerate(S) if S[i].isalpha()]
        for i in range(0, pow(2,len(indices))):
            if i == 0:
                res.append(S)
            else:
                j = i;bpos = 0;nsl = list(S)
                while j > 0:
                    ci2c = indices[bpos]
                    if j&1 and S[ci2c].islower():
                        nsl[ci2c] = S[ci2c].upper()
                    elif j&1 and S[ci2c].isupper():
                        nsl[ci2c] = S[ci2c].lower()
                    bpos += 1
                    j = j >> 1
                res.append("".join(nsl))
        return res
if __name__ == '__main__':
    solution = Solution()
    S = "a1b2"
    print("输入:",S)
    print("输出:",solution.letterCasePermutation(S))
```

4. 运行结果

```
输入: a1b2
输出: ['a1b2', 'A1b2', 'a1B2', 'A1B2']
```

▶例78 二进制表示中质数个计算置位

1. 问题描述

计算置位代表二进制形式中1的个数。给定2个整数L和R,找到闭区间$[L,R]$,计算

置位位数为质数的整数个数。例如 21 的二进制形式 10101 有 3 个计算置位，3 是质数。

2. 问题示例

输入 $L=6$，$R=10$，输出 4，6 —> 110（2 个计算置位，2 是质数），7 —> 111（3 个计算置位，3 是质数），9 —> 1001（2 个计算置位，2 是质数），10 —> 1010（2 个计算置位，2 是质数）。

3. 代码实现

相关代码如下。

```
class Solution(object):
    def countPrimeSetBits(self, L, R):
        # L, R 在[1, 10^6]
        # 可能的质数为 2, 3, 5, 7, 11, 13, 17, 19
        # 统计 1 的个数再进行质数判定，因为二进制 1 的个数不会超过 20 个，枚举质数即可
        # 返回值: 整数
        k = 0
        for n in range(L, R + 1):
            if bin(n).count('1') in [2, 3, 5, 7, 11, 13, 17, 19]:
                k = k + 1
        return k
if __name__ == '__main__':
    solution = Solution()
    L = 6
    R = 10
    print("输入:[",L,R,"]")
    print("输出:",solution.countPrimeSetBits(L,R))
```

4. 运行结果

```
输入: [ 6 10 ]
输出: 4
```

例 79 最少费用的爬台阶方法

1. 问题描述

在楼梯上，每一层台阶都有各自的费用，即第 i 层（台阶从 0 层索引）台阶有非负成本 cost[i]。一旦支付了费用，可以爬 1～2 步。需要找到最低成本来到达最高层。从索引为 0 的台阶开始，也可以从索引为 1 的台阶开始。

2. 问题示例

输入 cost=[10,15,20]，输出 15，最便宜的方法是从第 1 层台阶起步，支付费用并直接到达顶层。

输入 cost=[1,100,1,1,1,100,1,1,100,1]，输出 6，最便宜的方法是从第 0 层台阶起

步，只走费用为 1 的台阶并且跳过第 3 层台阶。

3. 代码实现

相关代码如下。

```
class Solution:
    #参数 cost: 数组
    #返回值: 最小费用
    #状态转移方程
    dp[i] = min(dp[i-1] + cost[i-1],dp[i-2] + cost[i-2])
    def minCostClimbingStairs(self, cost):
        a, b = 0, 0
        for i in range(2, len(cost) + 1):
            c = min(a + cost[i - 2], b + cost[i - 1])
            a, b = b, c
        return b
if __name__ == '__main__':
    solution = Solution()
    cost = [1, 100, 1, 1, 1, 100, 1, 1, 100, 1]
    print("输入:",cost)
    print("输出:",solution.minCostClimbingStairs(cost))
```

4. 运行结果

```
输入: [1, 100, 1, 1, 1, 100, 1, 1, 100, 1]
输出: 6
```

例 80 中心索引

1. 问题描述

给定一个整数数组 nums，编写一个返回此数组“中心索引”的方法。中心索引左边的数字之和等于右边的数字之和。

如果不存在这样的中心索引，返回－1。如果有多个中心索引，则返回最左侧的那个。

2. 问题示例

输入 nums=[1,7,3,6,5,6]，输出 3，表示索引 3(nums[3]=6)左侧所有数字之和等于右侧数字之和，并且 3 是满足条件的第 1 个索引。

3. 代码实现

相关代码如下。

```
class Solution(object):
    def pivotIndex(self, nums):
        left, right = 0, sum(nums)
        for index, num in enumerate(nums):
```

```
                right -= num
                if left == right:
                    return index
                left += num
            return - 1
if __name__ == '__main__':
    solution = Solution()
    words = [1,7,3,6,5,6]
    print("输入:",words)
    print("输出:",solution.pivotIndex(words))
```

4. 运行结果

```
输入: [1, 7, 3, 6, 5, 6]
输出: 3
```

例 81 词典中最长的单词

1. 问题描述

给出一系列字符串单词,表示一个英语词典,找到字典中最长的单词,这些单词可以通过字典中其他单词每次增加一个字母构成。如果有多个可能的答案,则返回字典顺序最小的那个。如果没有答案,则返回空字符串。

2. 问题示例

输入 words = ["w","wo","wor","worl", "world"],输出"world",单词"world"可以通过 "w"、"wo"、"wor"和"worl"每次增加一个字母构成。

输入 words = ["a", "banana", "app", "appl", "ap", "apply", "apple"],输出"apple",单词"apply"和"apple"都能够通过字典里的其他单词构成。但是,"apple"的字典序比"apply"小。

输入中的所有字符串只包含小写字母,words 的长度范围为[1, 1000],words[i] 的长度范围为[1, 30]。

3. 代码实现

相关代码如下。

```
class Solution(object):
    def longestWord(self, words):
        words.sort()
        words.sort(key = len, reverse = True)
        res = []
        for word in words:
            temp = word
            i = 1
            for i in range(len(temp)):
```

```
                if temp[:len(temp) - i] in words:
                    if i == len(temp) - 1:
                        return temp
                    continue
                else:
                    break
        return ''
if __name__ == '__main__':
    solution = Solution()
    words = ["w","wo","wor","worl", "world"]
    print("输入字典:",words)
    print("输出单词:",solution.longestWord(words))
```

4. 运行结果

```
输入字典: ['w', 'wo', 'wor', 'worl', 'world']
输出单词: world
```

例 82　重复字符串匹配

1. 问题描述

给定两个字符串 A 和 B,找到 A 必须重复的最小次数,以使得 B 是它的子字符串。如果没有这样的解决方案,返回−1。

2. 问题示例

输入 A="abcd",B="cdabcdab",输出 3,因为将 A 重复 3 次以后为"abcdabcdabcd",B 将成为它的一个子串,而如果 A 只重复 2 次("abcdabcd"),B 并非是它的一个子串。

3. 代码实现

相关代码如下。

```
class Solution:
    #参数 A: 字符串
    #参数 B: 字符串
    #返回值: 整数
    def repeatedStringMatch(self, A, B):
        C = ""
        for i in range(int(len(B)/len(A) + 3)):
            if B in C:
                return i
            C += A
        return -1
if __name__ == '__main__':
    solution = Solution()
    A = "abcd"
    B = "cdabcdab"
```

```
    print("输入字符串 A:",A)
    print("输入字符串 B:",B)
    print("需要重复次数:",solution.repeatedStringMatch(A,B))
```

4. 运行结果

```
输入字符串 A: abcd
输入字符串 B: cdabcdab
需要重复次数: 3
```

例83 不下降数组

1. 问题描述

一个数组中,如果 array[i] $\leqslant$ array[$i+1$] 对于每一个 i ($1 \leqslant i < n$) 都成立,则该数组是不下降的。给定一个包含 n 个整数的数组,检测在改变至多 1 个元素的情况下,它是否可以变成不下降的数组。

2. 问题示例

输入[4,2,3],输出 True,因为可以把第 1 个 4 修改为 1,从而得到一个不下降数组。输入[4,2,1],输出 False,因为在修改至多 1 个元素的情况下,无法得到一个不下降数组。

3. 代码实现

相关代码如下。

```
class Solution:
    #参数 nums: 数组
    #返回值: 布尔类型
    def checkPossibility(self, nums):
        count = 0
        for i in range(1, len(nums)):
            if nums[i] < nums[i - 1]:
                count += 1
                if i >= 2 and nums[i] < nums[i - 2]:
                    nums[i] = nums[i - 1]
                else:
                    nums[i - 1] = nums[i]
        return count <= 1
if __name__ == '__main__':
    solution = Solution()
    nums = [4,2,3]
    print("输入:",nums)
    print("输出:",solution.checkPossibility(nums))
```

4. 运行结果

```
输入: [4, 2, 3]
输出: True
```

例 84 最大的回文乘积

1. 问题描述

找到由两个 n 位数字的乘积构成的最大回文数。由于结果可能非常大，返回最大的回文数以 1337 取模。

2. 问题示例

输入 2，输出 987，即 $99 \times 91 = 9009$，9009 以 1337 取模为 987。

3. 代码实现

相关代码如下。

```
class Solution:
    #参数 n: 整数
    #返回值: 整数
    def largestPalindrome(self, n):
        if n == 1:
            return 9
        elif n == 7:
            return 877
        elif n == 8:
            return 475
        maxNum, minNum = 10 ** n - 1, 10 ** (n - 1)
        for i in range(maxNum, minNum, -1):
            candidate = str(i)
            candidate = candidate + candidate[::-1]
            candidate = int(candidate)
            j = maxNum
            while j * j > candidate:
                if candidate % j == 0:
                    return candidate % 1337
                j -= 1
#主函数
if __name__ == '__main__':
    s = Solution()
    n = 2
    print("输入:",n)
    print("输出:",s.largestPalindrome(n))
```

4. 运行结果

```
输入: 2
输出: 987
```

例 85 补数

1. 问题描述

给定一个正整数，输出它的补数。补数是将原数字的二进制形式按位取反，再转回十进制后得到的新数。

2. 问题示例

输入 5，输出 2。因为 5 的二进制形式为 101(不包含前导零)，补数为 010，所以输出 2。

3. 代码实现

相关代码如下。

```
class Solution:
    #参数 num: 整数
    #返回值: 整数
    def findComplement(self, num):
        return num ^ ((1 << num.bit_length()) - 1)
#主函数
if __name__ == '__main__':
    s = Solution()
    n = 5
    print("输入:",n)
    print("输出:",s.findComplement(n))
```

4. 运行结果

```
输入: 5
输出: 2
```

例 86 加热器

1. 问题描述

设计一个具有固定加热半径的加热器。已知所有房屋和加热器所处的位置，它们均分布在一条水平线上。找出最小的加热半径，使得所有房屋都处在至少一个加热器的加热范围内。输入是所有房屋和加热器所处的位置，输出为加热器最小的加热半径。

2. 问题示例

输入房屋位置为[1,2,3]，加热器位置为[2]，输出半径为 1，因为唯一的一个加热器被放在 2 的位置，那么只要加热半径为 1，加热范围就能覆盖到所有房屋了。

3. 代码实现

相关代码如下。

```
class Solution:
    #参数 houses: 数组
    #参数 heaters: 整数
    #返回值: 整数
    def findRadius(self, houses, heaters):
        heaters.sort()
        ans = 0
        for house in houses:
            ans = max(ans,self.closestHeater(house,heaters))
        return ans
    def closestHeater(self,house,heaters):
        start = 0
        end = len(heaters) - 1
        while start + 1 < end:
            m = start + (end - start) // 2
            if heaters[m] == house:
                return 0
            elif heaters[m] < house:
                start = m
            else:
                end = m
        return min(abs(house - heaters[start]), abs(heaters[end] - house))
#主函数
if __name__ == '__main__':
    s = Solution()
    n = [1,2,3]
    m = [2]
    print("输入房间位置:",n)
    print("输入加热器位置:",m)
    print("输出加热半径:",s.findRadius(n,m))
```

4. 运行结果

```
输入房间位置: [1, 2, 3]
输入加热器位置: [2]
输出加热半径: 1
```

例 87　将火柴摆放成正方形

1. 问题描述

判断是否可以利用所有火柴棍制作一个正方形。不破坏任何火柴棍，将它们连接起来，并且每个火柴棍必须使用一次。输入是火柴棍的长度，输出为真或假，表示是否可以制作一个正方形。

2. 问题示例

输入火柴棍的长度[1,1,2,2,2]，输出 True，因为用 3 个长度为 2 的火柴棍形成 3 个边,用 2 个长度为 1 的火柴棍作为第 4 个边,能够组成正方形。

3. 代码实现

相关代码如下。

```
class Solution:
    #参数 nums: 数组
    #返回值: 布尔类型
    def makesquare(self, nums):
        def dfs(nums, pos, target):
            if pos == len(nums):
                return True
            for i in range(4):
                if target[i] >= nums[pos]:
                    target[i] -= nums[pos]
                    if dfs(nums, pos + 1, target):
                        return True
                    target[i] += nums[pos]
            return False
        if len(nums) < 4 :
            return False
        numSum = sum(nums)
        nums.sort(reverse = True)
        if numSum % 4 != 0:
            return False
        target = [numSum / 4] * 4;
        return dfs(nums, 0, target)
#主函数
if __name__ == '__main__':
    s = Solution()
    n = [1,1,2,2,2]
    print("输入:",n)
    print("输出:",s.makesquare(n))
```

4. 运行结果

```
输入: [1, 1, 2, 2, 2]
输出: True
```

例 88 可怜的猪

1. 问题描述

在 1000 个桶中仅有 1 个桶里面装了毒药,其他装的是水。这些桶从外面看上去完全相同。如果一头猪喝了毒药,它将在 15 分钟内死去。在 1 小时内,至少需要多少头猪才能判断出哪一个桶里装的是毒药呢?

2. 问题示例

输入 buckets=1000,minutesToDie=15,minutesToTest=60,输出 5。一头猪在测试时间内有 5 种情况,15 分钟时死亡,30 分钟时死亡,45 分钟时死亡,60 分钟时死亡,60 分钟时存活,因此一头猪最多可以判断 5 桶水。两头猪则最多可以判断 25 桶水,将 25 桶水进行二维矩阵 xy 坐标编码,每行分别混合,产生 5 桶水,一头猪求毒药的 x 坐标;同理每列分别混合产生 5 桶水,另一头猪求毒药的 y 坐标。同理可知,n 头猪最多可以判断 5^n 桶水。

3. 代码实现

相关代码如下。

```
class Solution:
    #参数 buckets: 整数
    #参数 minutesToDie: 整数
    #参数 minutesToTest: 整数
    #返回值: 整数
    def poorPigs(self, buckets, minutesToDie, minutesToTest):
        pigs = 0
        while (minutesToTest / minutesToDie + 1) ** pigs < buckets:
            pigs += 1
        return pigs
#主函数
if __name__ == '__main__':
    s = Solution()
    n = 1000
    m = 15
    p = 60
    print("输入总桶数:",n)
    print("输入中毒时间:",m)
    print("输入测试时间:",p)
    print("输出:",s.poorPigs(n,m,p))
```

4. 运行结果

```
输入总桶数: 1000
输入中毒时间: 15
输入测试时间: 60
输出: 5
```

例 89 循环数组中的环

1. 问题描述

一个数组包含正整数和负整数。如果某个位置为正整数 n,从这个位置出发正向(向右)移动 n 步;反之,如果某个位置为负整数 $-n$,则从这个位置出发反向(向左)移动 n 步。数组被视为首尾相连的,即第 1 个元素视为在最后一个元素的右边,最后一个元素视为在第

1个元素的左边。判断其中是否包含环,即从某一个确定的位置出发,在经过若干次移动后仍能回到这个位置。环必须包含1个以上的元素,且必须是单向(不是正向就是反向)移动的。

2. 问题示例

输入[2, −1, 1, 2, 2],输出 True,表示存在一个环,其下标可以表示为0 −> 2 −> 3 −> 0。

3. 代码实现

相关代码如下。

```
class Solution:
    #参数 nums: 数组
    #返回值: 布尔类型
    def get_index(self, i, nums):
        n = (i + nums[i]) % len(nums)
        return n if n >= 0 else n + len(nums)
    def circularArrayLoop(self, nums):
        for i in range(len(nums)):
            if nums[i] == 0:
                continue
            j, k = i, self.get_index(i, nums)
            while nums[k] * nums[i] > 0 and nums[self.get_index(k, nums)] * nums[i] > 0:
                if j == k:
                    if j == self.get_index(j, nums):
                        break
                    return True
                j = self.get_index(j, nums)
                k = self.get_index(self.get_index(k, nums), nums)
            j = i
            while nums[j] * nums[i] > 0:
                next = self.get_index(j, nums)
                nums[j] = 0
                j = next

        return False
#主函数
if __name__ == '__main__':
    s = Solution()
    n = [2,-1,1,2,2]
    print("输入:",n)
    print("输出:",s.circularArrayLoop(n))
```

4. 运行结果

```
输入: [2, -1, 1, 2, 2]
输出: True
```

例 90 分饼干

1. 问题描述

给每个孩子至多分 1 块饼干，每块饼干都有一个尺寸，同时每一个孩子都有一个贪吃指数，代表满足最小尺寸的饼干。如果饼干尺寸大于孩子的贪吃指数，那么就可以将饼干分给该孩子使他得到满足。目标是使最多的孩子得到满足，输出能够满足孩子数的最大值。

2. 问题示例

输入孩子的贪吃指数为[1,2,3]，输入饼干的尺寸为[1,1]，输出为 1。因为 3 个孩子的贪吃指数为 1、2、3，2 块饼干的尺寸均为 1，只能有 1 个孩子得到满足。

3. 代码实现

相关代码如下。

```
class Solution(object):
    def findContentChildren(self, g, s):
        #参数 g: 整数列表
        #参数 s: 整数列表
        #返回值: 整型
        g.sort()
        s.sort()
        i, j = 0, 0
        while i < len(g) and j < len(s):
            if g[i] <= s[j]:
                i += 1
            j += 1
        return i
#主函数
if __name__ == '__main__':
    s = Solution()
    n = [1,2,3]
    m = [1,1]
    print("输入贪吃指数:",n)
    print("输入饼干尺寸:",m)
    print("输出:",s.findContentChildren(n,m))
```

4. 运行结果

```
输入贪吃指数: [1, 2, 3]
输入饼干尺寸: [1, 1]
输出: 1
```

例 91 翻转字符串中的元音字母

1. 问题描述

写一个方法，输入给定字符串，翻转字符串中的元音字母。

2. 问题示例

输入 s="hello",输出"holle"。

3. 代码实现

相关代码如下。

```
class Solution:
    #参数 s: 字符串
    #返回值: 字符串
    def reverseVowels(self, s):
        vowels = set(["a", "e", "i", "o", "u", "A", "E", "I", "O", "U"])
        res = list(s)
        start, end = 0, len(res) - 1
        while start <= end:
            while start <= end and res[start] not in vowels:
                start += 1
            while start <= end and res[end] not in vowels:
                end -= 1
            if start <= end:
                res[start], res[end] = res[end], res[start]
                start += 1
                end -= 1
        return "".join(res)
#主函数
if __name__ == '__main__':
    s = Solution()
    x = "hello"
    print("输入:",x)
    print("输出:",s.reverseVowels(x))
```

4. 运行结果

```
输入: hello
输出: holle
```

例 92 翻转字符串

1. 问题描述

写一个方法,输入给定字符串,返回将这个字符串的字母逐个翻转后的新字符串。

2. 问题示例

输入"hello",输出"olleh"。

3. 代码实现

相关代码如下。

```
class Solution:
    #参数 s: 字符串
    #返回值: 字符串
    def reverseString(self, s):
        return s[::-1]
#主函数
if __name__ == '__main__':
    s = Solution()
    x = "hello"
    print("输入:",x)
    print("输出:",s.reverseString(x))
```

4. 运行结果

```
输入: hello
输出: olleh
```

例 93　使数组元素相同的最少步数 I

1. 问题描述

给定一个大小为 n 的非空整数数组，找出使得数组中所有元素相同的最少步数。其中一步被定义为将数组中 $n-1$ 个元素加 1。

2. 问题示例

输入[1,2,3]，输出 3，因为每一步将其中 2 个元素加 1，[1,2,3]=>[2,3,3]=>[3,4,3]=>[4,4,4]，只需要 3 步即可。

3. 代码实现

相关代码如下。

```
class Solution(object):
    def minMoves(self, nums):
        #参数 nums: 整数列表
        #返回值: 整数
        sumNum = sum(nums)
        minNum = min(nums)
        return sumNum - minNum * len(nums)
#主函数
if __name__ == '__main__':
    s = Solution()
    n = [1,2,3]
    print("输入:",n)
    print("输出:",s.minMoves(n))
```

4. 运行结果

```
输入: [1, 2, 3]
输出: 3
```

例 94 加油站

1. 问题描述

汽车在一条笔直的道路上行驶，开始有 original 单位的汽油。这条笔直的道路上有 n 个加油站，第 i 个加油站距离汽车出发位置的距离为 distance[i]单位距离，可以给汽车加 apply[i]单位汽油。汽车每行驶 1 单位距离会消耗 1 单位的汽油。假设汽车的油箱可以装无限多的汽油，目的地距离汽车出发位置的距离为 target，请问汽车能否到达目的地？如果可以，返回最少的加油次数，否则返回 −1。

2. 问题示例

给出 target = 25，original = 10，distance = [10,14,20,21]，apply = [10,5,2,4]，返回 2，因为需要在第 1 个和第 2 个加油站加油。给出 target = 25，original = 10，distance = [10,14,20,21]，apply = [1,1,1,1]，返回 −1，表示汽车无法到达目的地。

3. 代码实现

相关代码如下。

```
#参数 distance: 每个加油站距汽车出发位置的距离
#参数 apply: 每个加油站的加油量
#参数 original: 开始的汽油量
#参数 target: 需要开的距离
#返回值: 整数,代表至少需要加油的次数
class Solution:
    def getTimes(self, target, original, distance, apply):
        import queue
        que = queue.PriorityQueue()
        ans, pre = 0, 0
        if(target > distance[len(distance) - 1]):
            distance.append(target)
            apply.append(0)
        cap = original
        for i in range(len(distance)):
            if(distance[i] >= target):
                distance[i] = target
            d = distance[i] - pre
            while(cap < d and que.qsize() != 0):
                cap += (que.get()[1])
                ans += 1
            if (d <= cap):
                cap -= d
            else:
                ans = -1
                break
```

```
                que.put((-apply[i], apply[i]))
                pre = distance[i]
                if(pre == target):
                    break
        return ans
if __name__ == '__main__':
    target = 25
    original = 10
    distance = [10,14,20,21]
    apply = [10,5,2,4]
    solution = Solution()
    print("每个加油站距汽车出发位置的距离分别:", distance)
    print("每个加油站的加油量:", apply)
    print("一开始有汽油:", original)
    print("需要开的距离:", target)
    print("至少需要加油次数:", solution.getTimes(target, original, distance, apply))
```

4. 运行结果

```
每个加油站距汽车出发位置的距离分别: [10, 14, 20, 21]
每个加油站的加油量: [10, 5, 2, 4]
一开始有汽油: 10
需要开的距离: 25
至少需要加油次数: 2
```

例 95　春游

1. 问题描述

有 n 组小朋友准备去春游，数组 a 表示每一组的人数，保证每一组不超过 4 个人。现在有若干辆车，每辆车最多只能坐 4 个人，同一组的小朋友必须坐在同一辆车上，同时每辆车可以不坐满，问最少需要多少辆车才能满足小朋友们的出行需求？

2. 问题示例

给定 $a=[1,2,3,4]$，即有 4 组，每组分别有 1、2、3、4 个小朋友，输出为 3，具体方案为第 1 组与第 3 组拼车，其他组各自组一辆车。给定 $a=[1,2,2,2]$，即有 4 组，每组分别有 1、2、2、2 个小朋友，输出为 2，具体方案为第 1、2 组拼车，第 3、4 组拼车。

3. 代码实现

相关代码如下。

```
#参数 a: 小朋友组链
#返回值: 整数,表示至少需要多少辆车
class Solution:
    def getAnswer(self, a):
        count = [0 for i in range(0, 5)]
```

```
        for i in range(0, len(a)):
            count[a[i]] = count[a[i]] + 1
        count[1] = count[1] - count[3]
        if count[2] % 2 == 1:
            count[2] = count[2] + 1
            count[1] = count[1] - 2
        res = count[4] + count[3] + count[2] / 2
        if count[1] > 0:
            res = res + count[1] / 4
            if not count[1] % 4 == 0:
                res = res + 1
        return int(res)
if __name__ == '__main__':
    a = [1,2,3,4]
    solution = Solution()
    print(" 小朋友分组:", a)
    print(" 至少需要:", solution.getAnswer(a), "辆车")
```

4. 运行结果

```
小朋友分组:[1,2,3,4]
至少需要:3 辆车
```

例 96　合法数组

1. 问题描述

如果数组中只包含 1 个出现了奇数次的数,那么数组合法,否则数组不合法。输入一个只包含正整数的数组 a,判断该数组是否合法,如果合法返回出现奇数次的数,否则返回−1。

2. 问题示例

输入 $a=[1,1,2,2,3,4,4,5,5]$,输出 3,因为该数组只有 3 出现了奇数次,数组合法,返回 3。输入 $a=[1,1,2,2,3,4,4,5]$,输出−1,因为该数组中 3 和 5 都出现了奇数次,因此数组不合法,返回−1。

3. 代码实现

相关代码如下。

```
#参数 a:待查数组
#返回值:数值,代表出现奇数次的值或者数组不合法
class Solution:
    def isValid(self, a):
        countSet = {}
        for i in a:
```

```
            if i in countSet:
                countSet[i] = countSet[i] + 1
            else:
                countSet[i] = 1
        isHas = False
        for key in countSet:
            if countSet[key] % 2 == 1:
                if isHas:
                    return -1
                else:
                    isHas = True
                    ans = key
        if isHas:
            return ans
        return -1
if __name__ == '__main__':
    a = [1,1,2,2,3,3,4,4,5,5]
    solution = Solution()
    print("数组:", a)
    ans = solution.isValid(a)
    if ans != -1:
        print("数组奇数个的值是:", ans)
    else:
        print("数组不合法:", ans)
```

4. 运行结果

```
数组: [1, 1, 2, 2, 3, 3, 4, 4, 5, 5]
数组不合法: -1
```

例 97　删除排序数组中的重复数字

1. 问题描述

给定一个排序数组，删除其中的重复元素，使得每个数字最多出现 2 次，返回新数组的长度。如果一个数字出现超过 2 次，则保留最后 2 个。

2. 问题示例

输入[1,1,1,2,2,3]，输出 5，表示新数组长度为 5，新数组为[1,1,2,2,3]。

3. 代码实现

相关代码如下。

```
class Solution:
    #参数 A: 整数列表
    #返回值: 整数
    def removeDuplicates(self, A):
```

```
        B = []
        before = None
        countb = 0
        for number in A:
            if(before != number):
                B.append(number)
                before = number
                countb = 1
            elif countb < 2:
                B.append(number)
                countb += 1
        p = 0
        for number in B:
            A[p] = number
            p += 1
        return p
#主函数
if __name__ == '__main__':
    solution = Solution()
    A = [1,1,1,2,2,3]
    p = solution.removeDuplicates(A)
    print("输入:", A)
    print("输出:", p)
```

4. 运行结果

```
输入: [1, 1, 2, 2, 3, 3]
输出: 5
```

例98 字符串的不同排列

1. 问题描述

给定一个字符串,找出它的所有排列,注意同一个字符串只能出现一次。

2. 问题示例

输入"abb",输出["abb", "bab", "bba"]。输入 "aabb",输出["aabb", "abab", "baba", "bbaa", "abba", "baab"]。

3. 代码实现

相关代码如下。

```
class Solution:
    #参数str: 一个字符串
    #返回值: 所有排列
    def stringPermutation2(self, str):
        result = []
```

```
        if str == '':
            return ['']
        s = list(str)
        s.sort()
        while True:
            result.append(''.join(s))
            s = self.nextPermutation(s)
            if s is None:
                break
        return result
    def nextPermutation(self, num):
        n = len(num)
        i = n - 1
        while i >= 1 and num[i - 1] >= num[i]:
            i -= 1
        if i == 0: return None
        j = n - 1
        while j >= 0 and num[j] <= num[i - 1]:
            j -= 1
        num[i - 1], num[j] = num[j], num[i - 1]
        num[i:] = num[i:][::-1]
        return num
#主函数
if __name__ == '__main__':
    solution = Solution()
    s1 = "aabb"
    ans = solution.stringPermutation2(s1)
    print("输入:", s1)
    print("输出:", ans)
```

4. 运行结果

```
输入: aabb
输出: ['aabb', 'abab', 'abba', 'baab', 'baba', 'bbaa']
```

例 99　全排列 I

1. 问题描述

给定一个数字列表,返回其所有可能的排列。

2. 问题示例

输入[1],输出[[1]]; 输入[1,2,3],输出[[1,2,3], [1,3,2], [2,1,3], [2,3,1], [3,1,2], [3,2,1]]。

3. 代码实现

相关代码如下。

```
class Solution:
    #参数 nums: 一个整数列表
    #返回值: 排列后的列表
    def permute(self, nums):
        def _permute(result, temp, nums):
            if nums == []:
                result += [temp]
            else:
                for i in range(len(nums)):
                    _permute(result, temp + [nums[i]], nums[:i] + nums[i+1:])
        if nums is None:
            return []
        if nums is []:
            return [[]]
        result = []
        _permute(result, [], sorted(nums))
        return result
#主函数
if __name__ == '__main__':
    nums = [1,2,3]
    solution = Solution()
    result = solution.permute(nums)
    print("输入:", nums)
    print("输出:", result)
```

4. 运行结果

```
输入: [1, 2, 3]
输出: [[1, 2, 3], [1, 3, 2], [2, 1, 3], [2, 3, 1], [3, 1, 2], [3, 2, 1]]
```

▶例 100 带重复元素的排列

1. 问题描述

给出一个含有重复数字的列表,找出列表所有的排列。

2. 问题示例

输入[1,1],输出[[1,1]]; 输入[1,2,2],输出[[1,2,2], [2,1,2], [2,2,1]]。

3. 代码实现

相关代码如下。

```
class Solution:
    #参数 nums: 整数数组
    #返回值: 唯一排列的列表
    def permuteUnique(self, nums):
        def _permute(result, temp, nums):
```

```
            if nums == []:
                result += [temp]
            else:
                for i in range(len(nums)):
                    if i > 0 and nums[i] == nums[i-1]:
                        continue
                    _permute(result, temp + [nums[i]], nums[:i] + nums[i+1:])
        if nums is None:
            return []
        if len(nums) == 0:
            return [[]]
        result = []
        _permute(result, [], sorted(nums))
        return result
#主函数
if __name__ == '__main__':
    solution = Solution()
    nums = [1,2,2]
    result = solution.permuteUnique(nums)
    print("输入:", nums)
    print("输出:", result)
```

4. 运行结果

```
输入: [1, 2, 2]
输出: [[1, 2, 2], [2, 1, 2], [2, 2, 1]]
```

第 2 章 提高 200 例

例 101 插入区间

1. 问题描述

给出一个无重叠、按照区间起始端点排序的列表。在列表中插入一个新的区间，确保列表中的区间仍然有序且不重叠(如果有必要，可以合并区间)。

2. 问题示例

输入(2, 5)，插入[(1,2), (5,9)]，输出[(1,9)]；输入(3, 4)，插入[(1,2), (5,9)]，输出[(1,2), (3,4), (5,9)]。

3. 代码实现

相关代码如下。

```
class Interval(object):
    def __init__(self, start, end):
        self.start = start
        self.end = end
    def get(self):
        str1 = "(" + str(self.start) + "," + str(self.end) + ")"
        return str1
    def equals(self, Intervalx):
        if self.start == Intervalx.start and self.end == Intervalx.end:
            return 1
        else:
            return 0
class Solution:
    #参数 intervals: 已排序的非重叠区间列表
    #参数 newInterval: 新的区间
    #返回值: 一个新的排序非重叠区间列表与新的区间
    def insert(self, intervals, newInterval):
        results = []
        insertPos = 0
```

```
        for interval in intervals:
            if interval.end < newInterval.start:
                results.append(interval)
                insertPos += 1
            elif interval.start > newInterval.end:
                results.append(interval)
            else:
                newInterval.start = min(interval.start, newInterval.start)
                newInterval.end = max(interval.end, newInterval.end)
        results.insert(insertPos, newInterval)
        return results
#主函数
if __name__ == '__main__':
    solution = Solution()
    interval1 = Interval(1,2)
    interval2 = Interval(5,9)
    interval3 = Interval(2,5)
    results = solution.insert([interval1,interval2], interval3)
    print("输入:[",interval1.get(),",", interval2.get(),"]","", interval3.get())
    print("输出:[", results[0].get(), "]")
```

4. 运行结果

```
输入: [ (1,2) , (5,9) ]  (2,5)
输出: [ (1,9) ]
```

例 102　*n* 皇后问题 I

1. 问题描述

根据 n 皇后问题,返回 n 皇后不同解决方案的数量,而不是具体的放置布局。

2. 问题示例

输入 $n=4$,输出 2,两种方案如下。

第 1 种方案:

0 0 1 0

1 0 0 0

0 0 0 1

0 1 0 0

第 2 种方案:

0 1 0 0

0 0 0 1

1 0 0 0

0 0 1 0

3. 代码实现

相关代码如下。

```
class Solution:
    #参数 n: 皇后的数量
    #返回值: 不同解的总数
    total = 0
    n = 0
    def attack(self, row, col):
        for c, r in self.cols.items():
            if c - r == col - row or c + r == col + row:
                return True
        return False
    def search(self, row):
        if row == self.n:
            self.total += 1
            return
        for col in range(self.n):
            if col in self.cols:
                continue
            if self.attack(row, col):
                continue
            self.cols[col] = row
            self.search(row + 1)
            del self.cols[col]
    def totalNQueens(self, n):
        self.n = n
        self.cols = {}
        self.search(0)
        return self.total
#主函数
if __name__ == '__main__':
    solution = Solution()
    solution.totalNQueens(4)
    print("输入:", solution.n)
    print("输出:", solution.total)
```

4. 运行结果

```
输入: 4
输出: 2
```

▶例 103 主元素 I

1. 问题描述

给定一个整型数组,找到主元素,该主元素在数组中的出现次数大于数组元素个数的 1/3。

2. 问题示例

输入[99,2,99,2,99,3,3],输出99;输入[1, 2, 1, 2, 1, 3, 3],输出1。

3. 代码实现

相关代码如下。

```
class Solution:
    #参数 nums: 整数数组
    #返回值: 主元素
    def majorityNumber(self, nums):
        nums.sort()
        i = 0;j = 0
        while i <= len(nums):
            j = nums.count(nums[i])
            if j > len(nums)//3:
                return nums[i]
            i += j
        return
#主函数
if __name__ == '__main__':
    solution = Solution()
    nums = [99,2,99,2,99,3,3]
    n = solution.majorityNumber(nums)
    print("输入:", "[99,2,99,2,99,3,3]")
    print("输出:", n)
```

4. 运行结果

```
输入: [99,2,99,2,99,3,3]
输出: 99
```

例104 字符大小写排序

1. 问题描述

给定一个只包含字母的字符串,按照先小写字母后大写字母的顺序进行排序。

2. 问题示例

输入"abAcD",输出"abcAD";输入"ABC",输出"ABC"。

3. 代码实现

相关代码如下。

```
class Solution:
    #参数 chars: 需要排序的字母数组
    #返回值: 字母数组
    def sortLetters(self, chars):
```

```
        chars.sort(key = lambda c: c.isupper())
#主函数
if __name__ == '__main__':
    solution = Solution()
    str1 = "abAcD"
    arr = list(str1)
    solution.sortLetters(arr)
    print("输入:", str1)
    print("输出:", ''.join(arr))
```

4. 运行结果

输入: abAcD
输出: abcAD

例 105　上一个排列

1. 问题描述

给定一个整数数组表示排列，找出以字典为顺序的上一个排列。

2. 问题示例

输入[1,3,2,3]，输出[1,2,3,3]；输入[1,2,3,4]，输出[4,3,2,1]。

3. 代码实现

相关代码如下。

```
class Solution:
    #参数 num: 整数列表
    #返回值: 整数列表
    def previousPermuation(self, num):
        for i in range(len(num) - 2, - 1, - 1):
            if num[i] > num[i + 1]:
                break
        else:
            num.reverse()
            return num
        for j in range(len(num) - 1, i, - 1):
            if num[j] < num[i]:
                num[i], num[j] = num[j], num[i]
                break
        for j in range(0, (len(num) - i)//2):
            num[i + j + 1], num[len(num) - j - 1] = num[len(num) - j - 1], num[i + j + 1]
        return num
#主函数
if __name__ == '__main__':
    solution = Solution()
    num = [1,3,2,3]
    print("输入:", num)
```

```
    num1 = solution.previousPermuation(num)
    print("输出:", num1)
```

4. 运行结果

```
输入: [1,3,2,3]
输出: [1, 2, 3, 3]
```

例 106 下一个排列 I

1. 问题描述

给定一个整数数组表示排列,找出以字典为顺序的下一个排列。

2. 问题示例

输入[1,3,2,3],输出[1,3,3,2]; 输入[4,3,2,1],输出[1,2,3,4]。

3. 代码实现

相关代码如下。

```
class Solution:
    #参数 num: 整数列表
    #返回值: 整数列表
    def nextPermutation(self, num):
        for i in range(len(num) - 2, -1, -1):
            if num[i] < num[i + 1]:
                break
        else:
            num.reverse()
            return num
        for j in range(len(num) - 1, i, -1):
            if num[j] > num[i]:
                num[i], num[j] = num[j], num[i]
                break
        for j in range(0, (len(num) - i)//2):
            num[i + j + 1], num[len(num) - j - 1] = num[len(num) - j - 1], num[i + j + 1]
        return num
#主函数
if __name__ == '__main__':
    solution = Solution()
    num = [1,3,2,3]
    print("输入:", nnum)
    num1 = solution.nextPermutation(num)
    print("输出:", num1)
```

4. 运行结果

```
输入: [1, 3, 2, 3]
输出: [1, 3, 3, 2]
```

例107 二叉树的层次遍历

1. 问题描述

给出一棵二叉树，返回其节点值，自底向上的层次遍历，即按从叶节点所在层到根节点所在层遍历，然后逐层从左向右遍历。

2. 问题示例

输入{1,2,3}，输出[[2,3],[1]]，如下二叉树从底层开始遍历。

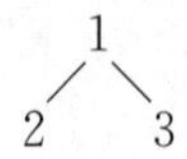

输入{3,9,20,#,#,15,7}，输出[[15,7], [9,20], [3]]，如下二叉树从底层开始遍历。

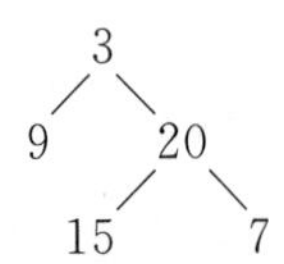

3. 代码实现

相关代码如下。

```
class TreeNode:
    def __init__(self, val = None, left = None, right = None):
        self.val = val
        self.left = left                                   #左子树
        self.right = right                                 #右子树
class Solution:
    #参数 root: 二叉树的根
    #返回值: 自底向上的层次遍历
    def levelOrderBottom(self, root):
        self.results = []
        if not root:
            return self.results
        q = [root]
        while q:
            new_q = []
            self.results.append([n.val for n in q])
            for node in q:
                if node.left:
                    new_q.append(node.left)
                if node.right:
                    new_q.append(node.right)
            q = new_q
```

```
        return list(reversed(self.results))
#主函数
if __name__ == '__main__':
    solution = Solution()
    root = TreeNode(1,TreeNode(2),TreeNode(3))
    results = solution.levelOrderBottom(root)
    print("输入: {1,2,3}")
    print("输出:", results)
```

4. 运行结果

```
输入: {1,2,3}
输出: [[2, 3], [1]]
```

例 108 最长公共子串

1. 问题描述

给出两个字符串,找到最长公共子串,并返回其长度。

2. 问题示例

输入"ABCD"和"CBCE",输出 2,最长公共子串是"BC"。输入"ABCD"和"EACB",输出 1,最长公共子串是'A'或'C'或'B'。

3. 代码实现

相关代码如下。

```
class Solution:
    #参数 A, B: 两个字符串
    #返回值: 最长公共子串的长度
    def longestCommonSubstring(self, A, B):
        ans = 0
        for i in range(len(A)):
            for j in range(len(B)):
                l = 0
                while i + l < len(A) and j + l < len(B) \
                    and A[i + l] == B[j + l]:
                    l += 1
                if l > ans:
                    ans = l
        return ans
#主函数
if __name__ == '__main__':
    solution = Solution()
    A = "ABCD"
    B = "CBCE"
    ans = solution.longestCommonSubstring(A, B)
```

```
    print("输入:","A =",A,"B =",B)
    print("输出:", ans)
```

4. 运行结果

```
输入: A = ABCD B = CBCE
输出: 2
```

例 109 最近公共祖先

1. 问题描述

最近公共祖先是两个节点的公共祖先节点且具有最大深度。给定一棵二叉树，找到两个节点的最近公共父节点(LCA)。

2. 问题示例

输入给定的二叉树：

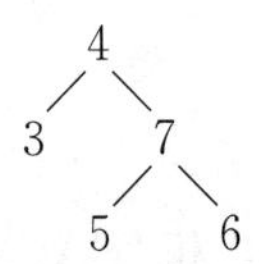

则 LCA(3, 5) = 4,LCA(5, 6) = 7,LCA(6, 7) = 7。

3. 代码实现

相关代码如下。

```
#定义树节点
class TreeNode:
    def __init__(self, val = None, left = None, right = None):
        self.val = val
        self.left = left      #左子树
        self.right = right    #右子树

class Solution:
    #参数 root: 二叉搜索树的根
    #参数 A: 二叉树的一个节点
    #参数 B: 二叉树的一个节点
    #返回值: 返回两个节点的最低公共祖先(LCA)
    def lowestCommonAncestor(self, root, A, B):
        if root is None:
            return None
        if root == A or root == B:
            return root
        left_result = self.lowestCommonAncestor(root.left, A, B)
        right_result = self.lowestCommonAncestor(root.right, A, B)
        # A 和 B 一边一个
```

```
        if left_result and right_result:
            return root
        # 左子树有一个点或者左子树有 LCA
        if left_result:
            return left_result
        # 右子树有一个点或者右子树有 LCA
        if right_result:
            return right_result
        return None
#主函数
if __name__ == '__main__':
    tree = TreeNode(4, TreeNode(3), TreeNode(7, TreeNode(5), TreeNode(6)))
    solution = Solution()
    result = solution.lowestCommonAncestor(tree, tree.left, tree.right.left)
    print("输入:{4,3,7,#,#,5,6},  LCA(3,5)")
    print("输出:", result.val)
```

4. 运行结果

```
输入:{4,3,7,#,#,5,6},  LCA(3,5)
输出:4
```

例 110 *k* 数和

1. 问题描述

给定 n 个不同的正整数,整数 $k(1 \leqslant k \leqslant n)$及一个目标数字。在这 n 个数里面找出 k 个数,使得这 k 个数的和等于目标数字。试找出所有满足要求的方案。

2. 问题示例

输入[1,2,3,4],$k=2$,目标值为 target=5,输出[[1,4],[2,3]]。输入[1,3,4,6],$k=3$,目标值为 target=8,输出[[1,3,4]]。

3. 代码实现

相关代码如下。

```
class Solution:
    def kSumII(self, A, k, target):
        anslist = []
        self.dfs(A, k, target, 0, [], anslist)
        return anslist
    def dfs(self, A, k, target, index, onelist, anslist):
        if target == 0 and k == 0:
            anslist.append(onelist)
            return
        if len(A) == index or target < 0 or k < 0:
            return
```

```
            self.dfs(A, k, target, index + 1, onelist, anslist)
            self.dfs(A, k - 1, target - A[index],  index + 1 , onelist + [A[index]], anslist)
#主函数
if __name__ == '__main__':
    solution = Solution()
    A = [1,2,3,4]
    k = 2
    target = 5
    anslist = solution.kSumII(A, k, target)
    print("输入:A = [1,2,3,4]   k = 2   target = 5")
    print("输出:", anslist)
```

4. 运行结果

```
输入: A = [1,2,3,4]  k = 2  target = 5
输出: [ [1, 4],[2, 3]]
```

▶例 111 有序链表转换为二分查找树

1. 问题描述

给出一个所有元素以升序排列的单链表,将它转换成一棵高度平衡的二分查找树。

2. 问题示例

例如:

```
                      2
1—>2—>3   =>         / \
                    1   3
```

3. 代码实现

相关代码如下。

```
#定义链表节点
class ListNode(object):
    def __init__(self, val, next = None):
        self.val = val
        self.next = next
#定义树节点
class TreeNode:
    def __init__(self, val):
        self.val = val
        self.left, self.right = None, None
class Solution:
    #参数 head: 链表的第 1 个节点
    #返回值: 树节点
    def sortedListToBST(self, head):
        num_list = []
        while head:
```

```
            num_list.append(head.val)
            head = head.next
        return self.create(num_list, 0, len(num_list) - 1)
    def create(self, nums, start, end):
        if start > end:
            return None
        if start == end:
            return TreeNode(nums[start])
        root = TreeNode(nums[(start + end) // 2])
        root.left = self.create(nums, start, (start + end) // 2 - 1)   #注意是-1
        root.right = self.create(nums, (start + end) // 2 + 1, end)
        return root
#主函数
if __name__ == '__main__':
    solution = Solution()
    listnode = ListNode(1, ListNode(2, ListNode(3)))
    root = solution.sortedListToBST(listnode)
    print("输入: 1=>2=>3")
    print("输出:", "{", root.val, root.left.val, root.right.val, "}")
```

4. 运行结果

输入: 1=>2=>3
输出: { 2 1 3 }

例 112　最长连续序列

1. 问题描述

给定一个未排序的整数数组,找出最长连续序列的长度。

2. 问题示例

给出数组[100, 4, 200, 1, 3, 2],其中最长的连续序列是[1, 2, 3, 4],返回其长度 4。

3. 代码实现

相关代码如下。

```
class Solution:
    #参数 num: 整数数组
    #返回值: 整数
    def longestConsecutive(self, num):
        dict = {}
        for x in num:
            dict[x] = 1
        ans = 0
        for x in num:
            if x in dict:
```

```
                len = 1
                del dict[x]
                l = x - 1
                r = x + 1
                while l in dict:
                    del dict[l]
                    l -= 1
                    len += 1
                while r in dict:
                    del dict[r]
                    r += 1
                    len += 1
                if ans < len:
                    ans = len
        return ans
#主函数
if __name__ == '__main__':
    solution = Solution()
    num = [100, 4, 200, 1, 3, 2]
    ans = solution.longestConsecutive(num)
    print("输入:", num)
    print("输出:", ans)
```

4. 运行结果

```
输入: [100, 4, 200, 1, 3, 2]
输出: 4
```

▶例 113 背包问题 I

1. 问题描述

在 n 个物品中挑选若干物品装入背包，最多能装入的物品体积最大是多少？假设背包的大小为 m，每个物品的大小由数组 A 给出，其中每个物品只能选择一次，且物品大小均为正整数。

2. 问题示例

对于物品体积数组 $A=[3,4,8,5]$，假设背包体积为 $m=10$，最大能够装入的价值为 9，也就是体积为 4 和 5 的物品，体积最大为 9。

3. 代码实现

```
class Solution:
    def backPack(self, m, A):
        dp = [0] * (m + 1)
        dp[0] = True
        for i in range(len(A)):
```

```
            for j in range(m, -1, -1):
                if j - A[i] >= 0:
                    dp[j] = dp[j] or dp[j - A[i]]
        for i in range(m, -1, -1):
            if dp[i]:
                return i
        return 0
#主函数
if __name__ == '__main__':
    solution = Solution()
    m = 10
    A = [3,4,8,5]
    result = solution.backPack(m, A)
print("输入: \n","m = ",m, "\n A = ", A)
print("输出: ", result)
```

4. 运行结果

```
输入:
 m = 10
 A = [3, 4, 8, 5]
输出: 9
```

例 114 拓扑排序

1. 问题描述

给定一个有向图,图节点的拓扑排序定义如下:(1)对于图中的每一条有向边 $A \rightarrow B$,在拓扑排序中 A 一定在 B 之前;(2)拓扑排序中的第 1 个节点可以是图中的任何一个没有其他节点指向它的节点。针对给定的有向图找到任意一种拓扑排序的顺序。

2. 问题示例

如图 2-1 所示的拓扑排序可以为:

[0, 1, 2, 3, 4, 5]

[0, 2, 3, 1, 5, 4]

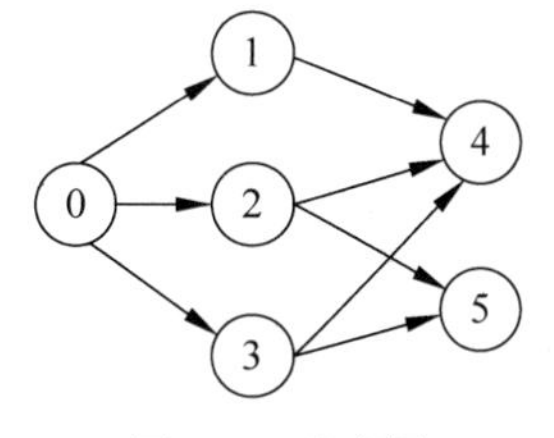

图 2-1 有向图

3. 代码实现

相关代码如下。

```
#定义有向图节点
class DirectedGraphNode:
    def __init__(self, x):
        self.label = x
        self.neighbors = []
class Solution:
     #参数 graph: 有向图节点列表
```

```
    #返回值：整数列表
    def topSort(self, graph):
        indegree = {}
        for x in graph:
            indegree[x] = 0
        for i in graph:
            for j in i.neighbors:
                indegree[j] += 1
        ans = []
        for i in graph:
            if indegree[i] == 0:
                self.dfs(i, indegree, ans)
        return ans
    def dfs(self, i, indegree, ans):
        ans.append(i.label)
        indegree[i] -= 1
        for j in i.neighbors:
            indegree[j] -= 1
            if indegree[j] == 0:
                self.dfs(j, indegree, ans)
#主函数
if __name__ == '__main__':
    solution = Solution()
    g0 = DirectedGraphNode(0)
    g1 = DirectedGraphNode(1)
    g2 = DirectedGraphNode(2)
    g3 = DirectedGraphNode(3)
    g4 = DirectedGraphNode(4)
    g5 = DirectedGraphNode(5)
    g0.neighbors = [g1, g2, g3]
    g1.neighbors = [g4]
    g2.neighbors = [g4, g5]
    g3.neighbors = [g4, g5]
    graph = [g0, g1, g2, g3, g4, g5]
    result = solution.topSort(graph)
    print("输入:如样例图")
    print("输出:",result)
```

4. 运行结果

输入：如样例图
输出：[0, 1, 2, 3, 4, 5]

▶例 115　克隆图

1. 问题描述

克隆一张无向图，图中的每个节点包含一个 label 和一个列表 neighbors。保证每个节点的 label 均不同。返回一个经过深度复制的新图，这个新图和原图具有同样的结构，并且对新图的任何改动不会对原图造成影响。

2. 问题示例

序列化图{0,1,2#1,2#2,2}共有 3 个节点，包含 2 个分隔符#。第 1 个节点 label 为 0，存在边从节点 0 连接到节点 1 和节点 2；第 2 个节点 label 为 1，存在边从节点 1 连接到节点 2；第 3 个节点 label 为 2，存在边从节点 2 连接到节点 2（本身），从而形成自环。如下所示：

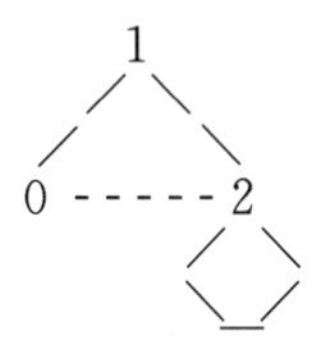

3. 代码实现

相关代码如下。

```
#定义无向图节点
class UndirectedGraphNode:
    def __init__(self, x):
        self.label = x
        self.neighbors = []
class Solution:
    def __init__(self):
        self.dict = {}
    #参数 node: 无向图节点
    #返回值: 无向图节点
    def cloneGraph(self, node):
        if node is None:
            return None
        if node.label in self.dict:
            return self.dict[node.label]
        root = UndirectedGraphNode(node.label)
        self.dict[node.label] = root
        for item in node.neighbors:
            root.neighbors.append(self.cloneGraph(item))
        return root
#主函数
if __name__ == '__main__':
    solution = Solution()
    g0 = UndirectedGraphNode(0)
    g1 = UndirectedGraphNode(1)
    g2 = UndirectedGraphNode(2)
    g0.neighbors = [g1, g2]
    g1.neighbors = [g2]
```

```
    g2.neighbors = [g2]
    ans = solution.cloneGraph(g0)
    a = [ans.label, ans.neighbors[0].label, ans.neighbors[1].label, ans.neighbors[0]
        .neighbors[0].label, ans.neighbors[1].neighbors[0].label]
    print("输入:{0,1,2#1,2#2,2}")
    print("输出:", a)
```

4. 运行结果

```
输入:{0,1,2#1,2#2,2}
输出:[0, 1, 2, 2, 2]
```

▶例116 不同的二叉查找树

1. 问题描述

给定正整数 n,求以 $1\sim n$ 为节点组成不同的二叉查找树有多少种?

2. 问题示例

输入 $n=3$,输出5,表示有5种不同形态的二叉查找树:

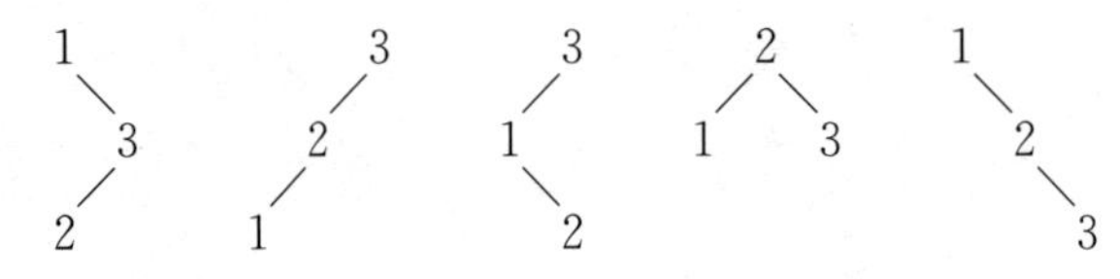

3. 代码实现

相关代码如下。

```
class Solution:
    #参数n:整数
    #返回值:整数
    def numTrees(self, n):
        dp = [1, 1, 2]
        if n <= 2:
            return dp[n]
        else:
            dp += [0 for i in range(n - 2)]
            for i in range(3, n + 1):
                for j in range(1, i + 1):
                    dp[i] += dp[j - 1] * dp[i - j]
            return dp[n]
#主函数
if __name__ == '__main__':
    solution = Solution()
    n = 3
    ans = solution.numTrees(n)
    print("输入:", n)
```

```
print("输出:", ans)
```

4. 运行结果

```
输入: 3
输出: 5
```

例 117　汉诺塔

1. 问题描述

在 A、B、C 三根柱子上，有 n 个不同大小的圆盘，开始都叠在 A 上(如图 2-2 所示)，目标是在最少的合法移动步数内将所有圆盘从 A 塔移动到 C 塔。游戏规则如下：每一步只允许移动 1 个圆盘；移动的过程中，大圆盘不能在小圆盘的上方。

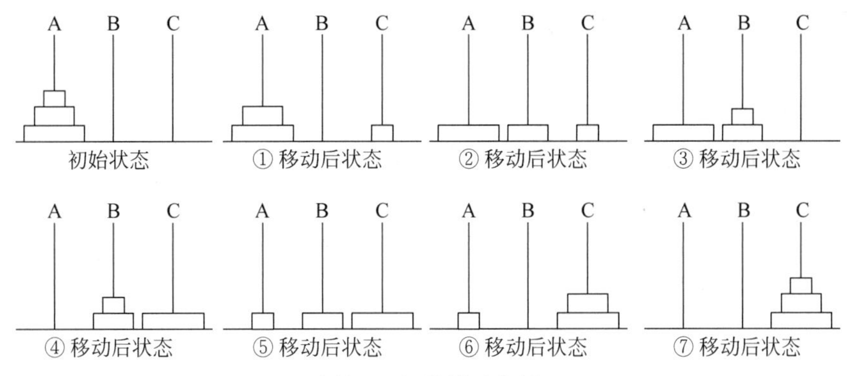

图 2-2　汉诺塔示意图

2. 问题示例

输入 $n=2$，输出["from A to B","from A to C","from B to C"]。输入 $n=3$，输出["from A to C","from A to B","from C to B","from A to C","from B to A","from B to C","from A to C"]。

3. 代码实现

相关代码如下。

```
class Solution:
    def move(self, n, a, b, c, ans):    #n 代表圆盘数,a 代表初始位圆柱,b 代表过渡位圆柱,c 代
表目标位圆柱
        if n == 1:
            ans.append("from " + a + " to " + c)
        else:
            self.move(n - 1,a,c,b,ans)
            ans.append("from " + a + " to " + c)
            self.move(n - 1,b,a,c,ans)
```

```
        return ans
#主函数
if __name__ == '__main__':
    solution = Solution()
    ans = []
    res = solution.move(3, 'A', 'B', 'C', ans)
    print("输入: 3, 'A', 'B', 'C'")
    print("输出:", res)
```

4. 运行结果

```
输入: 3, 'A', 'B', 'C'
输出: ['from A to C', 'from A to B', 'from C to B', 'from A to C', 'from B to A', 'from B to C', 'from
A to C']
```

例 118 图中两个点之间的路线

1. 问题描述

给出一张有向图,设计一个算法判断两个点 s 与 t 之间是否存在路线。

2. 问题示例

如下所示,输入 s=B,t=E,输出 True;输入 s=D,t=C,输出 False。

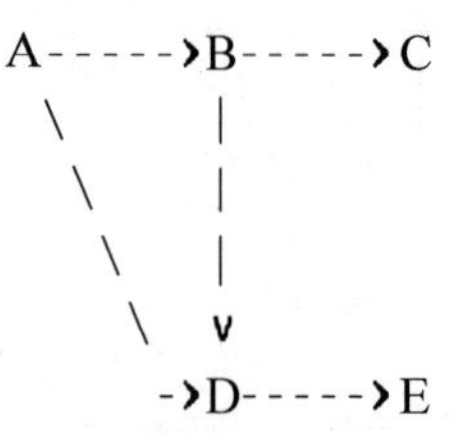

3. 代码实现

相关代码如下。

```
#定义有向图节点
class DirectedGraphNode:
    def __init__(self, x):
        self.label = x
        self.neighbors = []
class Solution:
    def dfs(self, i, countrd, graph, t):
        if countrd[i] == 1:
            return False
        if i == t:
            return True
        countrd[i] = 1
        for j in i.neighbors:
```

```
            if countrd[j] == 0 and self.dfs(j, countrd, graph, t):
                return True
        return False
    #参数 graph: 有向图节点列表
    #参数 s: 起始有向图节点
    #参数 t: 终端有向图节点
    #返回值: 布尔值
    def hasRoute(self, graph, s, t):
        countrd = {}
        for x in graph:
            countrd[x] = 0
        return self.dfs(s, countrd, graph, t)
#主函数
if __name__ == '__main__':
    solution = Solution()
    gA = DirectedGraphNode('A')
    gB = DirectedGraphNode('B')
    gC = DirectedGraphNode('C')
    gD = DirectedGraphNode('D')
    gE = DirectedGraphNode('E')
    gA.neighbors = [gB, gD]
    gB.neighbors = [gC, gD]
    gD.neighbors = [gE]
    graph = [gA, gB, gC, gD, gE]
    ans = solution.hasRoute(graph, gB, gE)
    print("输入: {A,B,C,D,E,A#B,A#D,B#C,B#D,D#E},  B,  E")
    print("输出:", ans)
```

4. 运行结果

```
输入: {A,B,C,D,E,A#B,A#D,B#C,B#D,D#E},B,E
输出: True
```

例 119　丢失的第 1 个正整数

1. 问题描述

给出一个无序的整数数组，找出其中没有出现的最小正整数。

2. 问题示例

输入[1,2,0]，输出 3，即数组中没有出现的最小正整数是 3；输入[3,4,-1,1]，输出 2，即数组中没有出现的最小正整数是 2。

3. 代码实现

相关代码如下。

```
class Solution:
```

```
        #参数A为整数数组
        #返回值: 整数
        def firstMissingPositive(self, A):
            tb = {n for n in range(1, len(A) + 2)}
            for num in A:
                if num in tb:
                    tb.remove(num)
            return min(tb)
#主函数
if __name__ == '__main__':
    solution = Solution()
    A = [3,4,-1,1]
    print("输入:", A)
    ans = solution.firstMissingPositive(A)
    print("输出:", ans)
```

4. 运行结果

```
输入: [1, -1, 3, 4]
输出: 2
```

例120 寻找缺失的数

1. 问题描述

给出一个包含0～N中N个数的序列,找出0～N中没有出现在序列中的那个数。

2. 问题示例

输入[0,1,3],输出2,即在0～3中,序列[0,1,3]中没有出现2;输入[1,2,3],输出0,即在0～3中,序列[1,2,3]中没有出现0。

3. 代码实现

相关代码如下。

```
class Solution:
    def findMissing(self, nums):
        if not nums:
            return 0
        sum = 0
        for _ in nums:
            sum += _
        return int((len(nums) * (len(nums) + 1) / 2)) - sum
#主函数
if __name__ == '__main__':
    solution = Solution()
    nums = [0,1,3]
    ans = solution.findMissing(nums)
```

```
    print("输入:", nums)
    print("输出:", ans)
```

4. 运行结果

```
输入: [0, 1, 3]
输出: 2
```

例 121 排列序号 I

1. 问题描述

给出一个不含重复数字的排列,求这些数字所有排列按字典序排序后的编号。编号从1开始。

2. 问题示例

输入[1,2,4],输出1,因为这个排列是1、2、4三个数字的第1个字典序的排列。输入[3,2,1],输出6,因为这个排列是1、2、3三个数字的第6个字典序的排列。

3. 代码实现

相关代码如下。

```
class Solution:
    #参数 A: 整数数组
    #返回值: 整数
    def permutationIndex(self, A):
        result = 1
        factor = 1
        for i in range(len(A) - 1, -1, -1):
            rank = 0
            for j in range(i + 1, len(A)):
                if A[i] > A[j]:
                    rank += 1
            result += factor * rank
            factor *= len(A) - i
        return result
#主函数
if __name__ == '__main__':
    solution = Solution()
    A = [3,2,1]
    ans = solution.permutationIndex(A)
    print("输入:", A)
    print("输出:", ans)
```

4. 运行结果

```
输入: [3, 2, 1]
输出: 6
```

例 122　排列序号Ⅱ

1. 问题描述

给出一个可能包含重复数字的排列，求这些数字的所有排列按字典序排序后的编号从 1 开始。

2. 问题示例

输入[1,4,2,2]，输出 3，因为这个排列是 1、2、2、4 数字的第 3 个字典序的排列。输入[1,6,5,3,1]，输出 24，这个排列是 1、1、3、5、6 数字的第 24 个字典序的排列。

3. 代码实现

相关代码如下。

```
class Solution:
    #参数 A: 整数数组
    #返回值: 长整数
    def permutationIndexII(self, A):
        if A is None or len(A) == 0:
            return 0
        index, factor, multi_fact = 1, 1, 1
        counter = {}
        for i in range(len(A) - 1, -1, -1):
            counter[A[i]] = counter.get(A[i], 0) + 1
            multi_fact *= counter[A[i]]
            count = 0
            for j in range(i + 1, len(A)):
                if A[i] > A[j]:
                    count += 1
            index += count * factor // multi_fact
            factor *= (len(A) - i)
        return index
#主函数
if __name__ == '__main__':
    solution = Solution()
    A = [1,4,2,2]
    ans = solution.permutationIndexII(A)
    print("输入:", A)
    print("输出:", ans)
```

4. 运行结果

```
输入: [1, 4, 2, 2]
输出: 3
```

例 123 最多有 k 个不同字符的最长子串

1. 问题描述

给定字符串 S,找到最多有 k 个不同字符的最长子串 T,输出子串长度。

2. 问题示例

输入 S="eceba",k=3,输出 4,因为有 3 个不同字符的最长子串为 T="eceb",长度为 4。输入 S="WORLD",k=4,输出 4,因为有 4 个不同字符的最长子串为 T="WORL"或"ORLD",长度为 4。

3. 代码实现

相关代码如下。

```
#参数 s: 字符串
#返回值: 最长子串的长度
class Solution:
    def lengthOfLongestSubstring(self, s):
        res = 0
        if s is None or len(s) == 0:
            return res
        d = {}
        tmp = 0
        start = 0
        for i in range(len(s)):
            if s[i] in d and d[s[i]] >= start:
                start = d[s[i]] + 1
            tmp = i - start + 1
            d[s[i]] = i
            res = max(res, tmp)
        return res
#主函数
if __name__ == '__main__':
    generator = 'eceba'
    solution = Solution()
    print("输入:", generator)
    print("输出:", solution.lengthOfLongestSubstring(generator))
```

4. 运行结果

```
输入: eceba
输出: 4
```

例 124 第 k 个排列

1. 问题描述

给定 n 和 k,求 n 的全排列中字典序第 k 个排列。

2. 问题示例

输入 $n=3,k=4$,输出231,即 $n=3$ 时,按照字典顺序的全排列如下:123、132、213、231、312、321,第4个排列为231。

3. 代码实现

相关代码如下。

```
#参数n: 1~n
#参数k: 所有全排列中的第几个
#返回值: 第k个排列
class Solution:
    def getPermutation(self, n, k):
        fac = [1]
        for i in range(1, n + 1):
            fac.append(fac[-1] * i)
        elegible = list(range(1, n + 1))
        per = []
        for i in range(n):
            digit = (k - 1) // fac[n - i - 1]
            per.append(elegible[digit])
            elegible.remove(elegible[digit])
            k = (k - 1) % fac[n - i - 1] + 1
        return "".join([str(x) for x in per])
#主函数
if __name__ == '__main__':
    k = 4
    n = 3
    solution = Solution()
    print("输入:", "n = ",n,"k = ",k)
    print("输出:", solution.getPermutation(n,k))
```

4. 运行结果

```
输入: n= 3, k= 4
输出: 231
```

例125 飞机数

1. 问题描述

给出飞机起飞和降落的时间列表,用序列interval表示,求天上同时最多有多少架飞机?

2. 问题示例

输入[(1, 10), (2, 3), (5, 8), (4, 7)],输出3。第1架飞机在1时刻起飞,10时刻降落;第2架飞机在2时刻起飞,3时刻降落;第3架飞机在5时刻起飞,8时刻降落;第4架飞机在4时刻起飞,7时刻降落。在5时刻到6时刻,天空中有3架飞机。

3. 代码实现

相关代码如下。

```
#参数 start: 开始时间
#参数 end: 结束时间
class Interval(object):
    def __init__(self, start, end):
        self.start = start
        self.end = end
#参数 airplanes: 一个由时间间隔对象组成的数组
#返回值: 同一时刻天空最多的飞机数
class Solution:
    def countOfAirplanes(self, airplanes):
        points = []
        for airplane in airplanes:
            points.append([airplane.start, 1])
            points.append([airplane.end, -1])
        number_of_airplane, max_number_of_airplane = 0, 0
        for _, count_delta in sorted(points):
            number_of_airplane += count_delta
            max_number_of_airplane = max(max_number_of_airplane,
                                         number_of_airplane)
        return max_number_of_airplane
#主函数
if __name__ == '__main__':
    generator = [Interval(1,10),Interval(5,8),Interval(2,3),Interval(4,7)]
    solution = Solution()
    print("输入:",[(1, 10), (2, 3), (5, 8), (4, 7)] )
    print("输出:", solution.countOfAirplanes(generator))
```

4. 运行结果

```
输入: [(1, 10), (2, 3), (5, 8), (4, 7)]
输出: 3
```

例126 格雷编码

1. 问题描述

格雷编码是一个二进制数字系统。在该系统中,2个连续的数值仅有1个二进制数字的差异。给定一个非负整数 n,表示该代码中所有二进制的位数,试找出其格雷编码顺序。一个格雷编码顺序必须从0开始,并覆盖所有 2^n 个整数。

2. 问题示例

输入2,输出[0, 1, 3, 2],也就是说这几个数字的二进制格雷编码如下:

0 - 00

1 - 01

3 - 11

2 - 10

3. 代码实现

相关代码如下。

```
#参数 n: 整型数
#返回值: 所对应的格雷编码
class Solution:
    def grayCode(self, n):
        if n == 0:
            return [0]

        result = self.grayCode(n - 1)
        seq = list(result)
        for i in reversed(result):
            seq.append((1 << (n - 1)) | i)
        return seq
#主函数
if __name__ == '__main__':
    generator = 2
    solution = Solution()
    print("输入:", generator)
    print("输出:", solution.grayCode(generator))
```

4. 运行结果

```
输入: 2
输出: [0, 1, 3, 2]
```

例 127 迷你 Cassandra

1. 问题描述

Cassandra 是一个 NoSQL 数据库。Cassandra 中的一个单独数据条目由 row_key、column_key、value 三部分构成。row_key 相当于哈希值,不支持范围查询,简化为字符串。column_key 已排序并支持范围查询,简化为整数。value 是一个值,用于存储数据序列转化成的字符串。现在要实现 insert(row_key, column_key, value)和 query(row_key, column_start, column_end),返回条目列表。

2. 问题示例

输入:

insert("google", 1, "abcd")

query("google", 0, 1)

输出：[(1, "abcd")]

输入：

insert("google", 1, "abcd")

insert("baidu", 1, "efgh")

insert("google", 2, "hijk")

query("google", 0, 1)

query("google", 0, 2)

query("go", 0, 1)

query("baidu", 0, 10)

输出：

[(1, "abcd")]

[(1, "abcd"),(2, "hijk")]

[]

[(1, "efgc")]

3. 代码实现

相关代码如下。

```
#参数 raw_key: 字符串,用于哈希算法
#参数 column_key: 整数,支持范围查询
#参数 column_value: 存储字符串的值
#参数 column_start: 开始位置
#参数 column_start: 结束位置
#返回值: 一个由 Column 对象组成的列表
class Column:
    def __init__(self, key, value):
        self.key = key
        self.value = value
from collections import OrderedDict
class Solution:
    def __init__(self):
        self.hash = {}
    def insert(self, raw_key, column_key, column_value):
        if raw_key not in self.hash:
            self.hash[raw_key] = OrderedDict()
        self.hash[raw_key][column_key] = column_value
    def query(self, raw_key, column_start, column_end):
        rt = []
        if raw_key not in self.hash:
            return rt
        self.hash[raw_key] = OrderedDict(sorted(self.hash[raw_key].items()))
        for key, value in self.hash[raw_key].items():
```

```
                if key >= column_start and key <= column_end:
                    rt.append(Column(key, value))
            return rt
#主函数
if __name__ == '__main__':
    generator = Column(1, "abcd")
    generator1 = Column(2, "hijk")
    solution = Solution()
    solution.insert("google",generator.key,generator.value)
    solution.insert("google",generator1.key,generator1.value)
    ls = solution.query("google", 0, 2)
    print('输入: query("google", 0, 2)')
    print("输出: ")
    for i in ls:
        print(i.key,i.value)
```

4. 运行结果

```
输入: query("google", 0, 2)
输出:
1 abcd
2 hijk
```

例 128　网络日志

1. 问题描述

网络日志的记录,实现下面两个过程: hit(timestamp) 建立一个时间戳,get_hit_count_in_last_5_minutes(timestamp),得到最后 5 分钟时间戳的个数。

2. 问题示例

输入:

```
hit(1);
hit(2);
get_hit_count_in_last_5_minutes(3);
hit(300);
get_hit_count_in_last_5_minutes(300);
get_hit_count_in_last_5_minutes(301);
```

输出:

```
2
3
2
```

输入:

```
hit(1)
hit(1)
hit(1)
hit(2)
get_hit_count_in_last_5_minutes(3)
hit(300)
get_hit_count_in_last_5_minutes(300)
get_hit_count_in_last_5_minutes(301)
get_hit_count_in_last_5_minutes(302)
get_hit_count_in_last_5_minutes(900)
```

输出：

```
4
5
2
1
0
0
```

3. 代码实现

相关代码如下。

```
#参数 timestamp: 整数,建立一个时间戳
#返回值: 整数,表示最后 5 分钟时间戳的个数
class WebLogger:
    def __init__(self):
        self.Q = []
    def hit(self, timestamp):
        self.Q.append(timestamp)
    def get_hit_count_in_last_5_minutes(self, timestamp):
        if self.Q == []:
            return 0
        i = 0
        n = len(self.Q)
        while i < n and self.Q[i] + 300 <= timestamp:
            i += 1
        self.Q = self.Q[i:]
        return len(self.Q)
#主函数
if __name__ == '__main__':
    solution = WebLogger()
    print("输入:hit(1),hit(2) ")
    solution.hit(1)
    solution.hit(2)
    print("输出最后 5 分钟时间戳个数:")
    print(solution.get_hit_count_in_last_5_minutes(3))
```

```
    print("输入:hit(300) ")
    solution.hit(300)
    print("输出最后 5 分钟时间戳个数:")
    print(solution.get_hit_count_in_last_5_minutes(300))
    print("输出最后 5 分钟时间戳个数:")
    print(solution.get_hit_count_in_last_5_minutes(301))
```

4. 运行结果

```
输入: hit(1),hit(2)
输出最后 5 分钟时间戳个数: 2
输入: hit(300)
输出最后 5 分钟时间戳个数: 3
输出最后 5 分钟时间戳个数: 2
```

例 129 栅栏染色

1. 问题描述

有一个栅栏,它有 n 个柱子。现在要给柱子染色,有 k 种颜色,不可有超过 2 个相邻的柱子颜色相同,求有多少种染色方案?

2. 问题示例

输入 $n=3,k=2$,输出 6,示例如表 2-1 所示。

表 2-1 栅栏染色方案示例

方　　法	柱子 1	柱子 2	柱子 3
方法 1	0	0	1
方法 2	0	1	0
方法 3	0	1	1
方法 4	1	0	0
方法 5	1	0	1
方法 6	1	1	0

输入 $n=2,k=2$,输出 4,示例如表 2-2 所示。

表 2-2 栅栏染色方案示例

方　　法	柱子 1	柱子 2
方法 1	0	0
方法 2	0	1
方法 3	1	0
方法 4	1	1

3. 代码实现

相关代码如下。

```
#参数 n: 非负整数,代表柱子数
#参数 n: 非负整数,代表颜色数
#返回值: 整数,代表所有的染色方案
class Solution:
    def numWays(self, n, k):
        dp = [0, k, k * k]
        if n <= 2:
            return dp[n]
        if k == 1 and n >= 3:
            return 0
        for i in range(2, n):
            dp.append((k - 1) * (dp[-1] + dp[-2]))
        return dp[-1]
#主函数
if __name__ == '__main__':
    solution = Solution()
    n = 3
    k = 2
    print("输入: n = ",n ,"k = ",k)
    print("输出:",solution.numWays(n,k))
```

4. 运行结果

```
输入: n = 3 k = 2
输出: 6
```

例 130　房屋染色

1. 问题描述

有 n 个房子在一直线上。需要给房屋染色,分别有红色、蓝色和绿色。每个房屋染不同的颜色费用不同,需要设计一种染色方案,使得相邻的房屋颜色不同,并且费用最少。返回最少的费用。

2. 问题示例

费用通过一个 $n\times3$ 的矩阵给出。例如,cost[0][0]表示房屋 0 染红色的费用,cost[1][2]表示房屋 1 染绿色的费用。所有费用都是正整数。

输入[[14,2,11]、[11,14,5]、[14,3,10]],输出 10,也就是 3 个房子分别为蓝色、绿色和红色,2+5+3=10。

输入[[1,2,3]、[1,4,6]],输出 3,也就是两个房子分别为绿色和蓝色,2+1=3。

3. 代码实现

相关代码如下。

```
#参数 costs: n×3 矩阵
```

```
#返回值：整数,刷完所有房子最少花费
class Solution:
    def minCost(self, costs):
        n = len(costs)
        if n == 0:
            return 0
        INF = 0x7fffffff
        f = [costs[0], [INF, INF, INF]]
        for i in range(1, n):
            for j in range(3):
                f[i&1][j] = INF
                for k in range(3):
                    if j != k:
                        f[i&1][j] = min(f[i&1][j], f[(i+1)&1][k] + costs[i][j])
        return min(f[(n-1)&1])
#主函数
if __name__ == '__main__':
    generator = [[14,2,11],[11,14,5],[14,3,10]]
    solution = Solution()
    print("输入：",generator)
    print("输出：",solution.minCost(generator))
```

4. 运行结果

```
输入：[[14, 2, 11], [11, 14, 5], [14, 3, 10]]
输出：10
```

▶例 131　去除重复元素

1. 问题描述

给出一个整数数组，去除重复的元素。要求在原数组上操作；将去除重复之后的元素放在数组的开头；不需要保持原数组的顺序。返回去除重复元素之后的元素个数。

2. 问题示例

输入 nums=[1,3,1,4,4,2]，输出 4，也就是将重复的整数移动到 nums 的尾部，变为 nums=[1,3,4,2,?,?]；返回 nums 中唯一整数的数量 4（事实上并不关心把什么放在了"?"处，只关心不重复的整数的个数）。输入 nums=[1,2,3]，输出 3。

3. 代码实现

相关代码如下。

```
#参数 nums：整型数组
#返回值 result：不重复元素的个数
class Solution:
    def deduplication(self, nums):
```

```
        n = len(nums)
        if n == 0:
            return 0
        nums.sort()
        result = 1
        for i in range(1, n):
            if nums[i - 1] != nums[i]:
                nums[result] = nums[i]
                result += 1
        return result
#主函数
if __name__ == '__main__':
    generator = [1,3,1,4,4,2]
    solution = Solution()
    print("输入:",generator)
    print("输出:",solution.deduplication(generator))
```

4. 运行结果

```
输入: [1, 3, 1, 4, 4, 2]
输出: 4
```

例 132　左填充

1. 问题描述

实现一个 leftpad 方法，在字符串的左侧添加符号。符号可以是空格，也可以是规定的符号。

2. 问题示例

输入 leftpad("foo", 5)，输出"##foo"，也就是要求字符串的总长度是 5，不足之处用空格在左侧填充。输入 leftpad("foobar", 6)，输出"foobar"，字符串总长是 6，则不填充。输入 leftpad("1", 2, "0")，输出"01"，也就是字符串长度是 2，不足之处用字符 0 填充。

3. 代码实现

相关代码如下。

```
#参数 originalStr: 需要添加的字符串
#参数 size: 目标长度
#参数 padchar: 在字符串左边填充的字符
#返回值: 左填充后的字符串
class StringUtils:
    def leftPad(self, originalStr, size, padChar = ' '):
        return padChar * (size - len(originalStr)) + originalStr
#主函数
```

```
if __name__ == '__main__':
    size = 8
    generator = "foobar"
    solution = StringUtils()
    print("输入:",generator)
    print("输出:",solution.leftPad(generator,size))
```

4. 运行结果

输入: foobar
输出: foobar

例 133 负载均衡器

1. 问题描述

为网站设计一个负载均衡器,提供如下 3 个功能:添加 1 台新的服务器到整个集群中 add(server_id)。从集群中删除 1 个服务器 remove(server_id)。在集群中随机(等概率)选择 1 个有效的服务器 pick()。最开始时,集群中没有服务器,每次 pick()调用时,需要在集群中随机返回 1 个 server_id。

2. 问题示例

输入:

```
add(1)
add(2)
add(3)
pick()
pick()
pick()
pick()
remove(1)
pick()
pick()
pick()
```

输出:

```
1
2
1
3
2
3
3
```

pick()的返回值是随机的,也可以是其他的顺序。

输入：

```
add(1)
add(2)
remove(1)
pick()
pick()
```

输出：

```
2
2
```

3. 代码实现

相关代码如下。

```
#参数 server_id: 服务器的 ID
#返回值: 集群中随机的服务器 ID
class LoadBalancer:
    def __init__(self):
        self.server_ids = []
        self.id2index = {}
    def add(self, server_id):
        if server_id in self.id2index:
            return
        self.server_ids.append(server_id)
        self.id2index[server_id] = len(self.server_ids) - 1
    def remove(self, server_id):
        if server_id not in self.id2index:
            return
        # remove the server_id
        index = self.id2index[server_id]
        del self.id2index[server_id]
        # overwrite the one to be removed
        last_server_id = self.server_ids[-1]
        self.id2index[last_server_id] = index
        self.server_ids[index] = last_server_id
        self.server_ids.pop()
    def pick(self):
        import random
        index = random.randint(0, len(self.server_ids) - 1)
        return self.server_ids[index]
#主函数
if __name__ == '__main__':
    solution= LoadBalancer()
    solution.add(1)
    solution.add(2)
```

```
    solution.remove(1)
    print("输入: \nadd(1)\nadd(2)\nremove(1)")
    print("输出:",solution.pick())
    print("输出:",solution.pick())
```

4. 运行结果

```
输入:
add(1)
add(2)
remove(1)
输出: 2
输出: 2
```

例 134 两数和的最接近值

1. 问题描述

给定数组,找到 2 个数字,使它们的和最接近 target,返回 target 与两数之和的差。

2. 问题示例

输入 nums=[-1,2,1,-4],target=4,输出 1,因为 4-(2+1)=1,所以最小的差距是 1。

输入 nums=[-1,-1,-1,-4],target=4,输出 6,因为 4-(-1-1)=6,所以最小的差距是 6。

3. 代码实现

相关代码如下。

```
#参数 nums: 整数数组
#参数 target: 整数
#返回值: target 和两数求和的差距
import sys
class Solution:
    def twoSumClosest(self, nums, target):
        nums.sort()
        i, j = 0, len(nums)  - 1
        diff = sys.maxsize
        while i < j:
            if nums[i] + nums[j] < target:
                diff = min(diff, target - nums[i] - nums[j])
                i += 1
            else:
                diff = min(diff, nums[i] + nums[j] - target)
                j -= 1
        return diff
```

```
#主函数
if __name__ == '__main__':
    generator = [-1,2,-1,4]
    solution = Solution()
    print("target =",target)
    print("输入:",generator)
    print("输出:",solution.twoSumClosest(generator,target))
```

4. 运行结果

```
输入: [-1, 2, -1, 4]
输出: 1
```

例 135　打劫房屋

1. 问题描述

将打劫房屋围成一圈,即第一间房屋和最后一间房屋是挨着的。每个房屋都存放着特定金额的钱。面临的唯一约束条件是:相邻的房屋装着相互联系的防盗系统,且当相邻的两个房屋同一天被打劫时,该系统会自动报警。给定一个非负整数列表,表示每个房屋中存放的钱,算一算,如果今晚去打劫,在不触动报警装置的情况下,最多可以得到多少钱?

2. 问题示例

输入 nums=[3,6,4],输出 6,即只能打劫房屋 2,获得的钱数为 6。输入 nums=[2,3,2,3],输出 6,即只能打劫房屋 2 和 4,获得钱数为 3+3=6。

3. 代码实现

相关代码如下。

```
#参数 nums: 非负整数列表,表示每个房屋中存放的钱
#返回值: 整数,表示可以拿到的钱
class Solution:
    def houseRobber2(self, nums):
        n = len(nums)
        if n == 0:
            return 0
        if n == 1:
            return nums[0]
        dp = [0] * n
        dp[0], dp[1] = 0, nums[1]
        for i in range(2, n):
            dp[i] = max(dp[i - 2] + nums[i], dp[i - 1])
        answer = dp[n - 1]
        dp[0], dp[1] = nums[0], max(nums[0], nums[1])
        for i in range(2, n - 1):
            dp[i] = max(dp[i - 2] + nums[i], dp[i - 1])
```

```
        return max(dp[n - 2], answer)
#主函数
if __name__ == '__main__':
    generator = [2,3,2,3]
    solution = Solution()
    print("输入:",generator)
    print("输出:",solution.houseRobber2(generator))
```

4. 运行结果

```
输入: [2, 3, 2, 3]
输出: 6
```

例 136 左旋右旋迭代器

1. 问题描述

给出两个一维向量,实现一个迭代器,交替返回两个向量的元素。

2. 问题示例

输入 $\boldsymbol{v}1=[1,2]$ 和 $\boldsymbol{v}2=[3,4,5,6]$,输出[1,3,2,4,5,6],因为轮换遍历两个数组,当 $\boldsymbol{v}1$ 数组遍历之后,遍历 $\boldsymbol{v}2$ 数组,所以返回结果为[1,3,2,4,5,6]。输入 $\boldsymbol{v}1=[1,1,1,1]$ 和 $\boldsymbol{v}2=[3,4,5,6]$,输出[1,3,1,4,1,5,1,6]。

3. 代码实现

相关代码如下。

```
#参数 v1,v2 表示两个一维向量
#返回值: 一维数组,交替返回 v1,v2 元素
class ZigzagIterator:
    def __init__(self, v1, v2):
        self.queue = [v for v in (v1, v2) if v]
    def next(self):
        v = self.queue.pop(0)
        value = v.pop(0)
        if v:
            self.queue.append(v)
        return value
    def hasNext(self):
        return len(self.queue) > 0
#主函数
if __name__ == '__main__':
    v1 = [1,2]
    v2 = [3,4,5,6]
    print("输入:")
    print(",".join(str(i) for i in v1))
    print(",".join(str(i) for i in v2))
```

```
    solution, result = ZigzagIterator(v1, v2), []
    while solution.hasNext():
        result.append(solution.next())
    print("输出:",result)
```

4. 运行结果

```
输入: 1,2     3,4,5,6
输出: [1, 3, 2, 4, 5, 6]
```

例 137 *n* 数组第 *k* 大元素

1. 问题描述

在 n 个数组中找到第 k 大元素。

2. 问题示例

输入 $k=3$,[[9,3,2,4,7],[1,2,3,4,8]],输出 7,第三大元素为 7。输入 $k=2$,[[9,3,2,4,8],[1,2,3,4,2]],输出 8,最大元素为 9,第二大元素为 8,第三大元素为 4,等等。

3. 代码实现

相关代码如下。

```
import heapq
#参数 arrays: 一个数组列表
#参数 k: 第 k 大
#返回值: 列表中最大的数
class Solution:
    def KthInArrays(self, arrays, k):
        if not arrays:
            return None
        # 新建列表
        sortedArrays = []
        for arr in arrays:
            if not arr:
                continue
            sortedArrays.append(sorted(arr, reverse = True))
        maxheap = [
                (-arr[0], index, 0)
                for index, arr in enumerate(sortedArrays)
        ]
        heapq.heapify(maxheap)
        num = None
        for _ in range(k):
            num, x, y = heapq.heappop(maxheap)
            num = -num
            if y + 1 < len(sortedArrays[x]):
```

```
                heapq.heappush(maxheap, ( - sortedArrays[x][y + 1], x, y + 1))
        return num
#主函数
if __name__ == '__main__':
    generator = [[2,3,2,4],[3,4,7,9]]
    k = 5
    solution = Solution()
    print("输入:",generator)
    print("k = ",k)
    print("输出:",solution.KthInArrays(generator,k))
```

4. 运行结果

```
输入: [[2, 3, 2, 4], [3, 4, 7, 9]]
k = 5
输出: 3
```

例 138 前 k 大数

1. 问题描述

在一个数组中找到前 k 个最大的数。

2. 问题示例

输入[3,10,1000,−99,4,100]并且 $k=3$,输出[1000,100,10]。输入[8,7,6,5,4,3,2,1]并且 $k=5$,输出[8,7,6,5,4]。

3. 代码实现

相关代码如下。

```
import heapq
#参数 nums: 整数数组
#参数 k: 第 k 大
#返回值: 整型数组,前 k 大的整数组成
class Solution:
    def topk(self, nums, k):
        heapq.heapify(nums)
        topk = heapq.nlargest(k, nums)
        topk.sort()
        topk.reverse()
        return topk
#主函数
if __name__ == '__main__':
    generator = [8, 7, 6, 5, 4, 3, 2, 1]
    k = 4
    solution = Solution()
```

```
    print("输入:",generator)
    print("k = ",k)
    print("输出:",solution.topk(generator,k))
```

4. 运行结果

```
输入: [8, 7, 6, 5, 4, 3, 2, 1]
k = 4
输出: [8, 7, 6, 5]
```

例 139 计数型布隆过滤器

1. 问题描述

实现一个计数型布隆过滤器,支持以下方法: add(string)向布隆过滤器中加入一个字符串; contains(string)检查某字符串是否在布隆过滤器中; remove(string)从布隆计数器中删除一个字符串。

2. 问题示例

输入:

```
CountingBloomFilter(3)
add("long")
add("term")
contains("long")
remove("long")
contains("long")
```

输出:

```
[true,false]
```

输入:

```
CountingBloomFilter(3)
add("lint")
add("lint")
contains("lint")
remove("lint")
contains("lint")
```

输出:

```
[true,true]
```

3. 代码实现

相关代码如下。

```
import random
#参数 str: 字符串,表示一个单词
#返回值: 布尔值,若该单词存在返回 True,否则返回 False
class HashFunction:
    def __init__(self, cap, seed):
        self.cap = cap
        self.seed = seed
    def hash(self, value):
        ret = 0
        for i in value:
            ret += self.seed * ret + ord(i)
            ret % = self.cap
        return ret
class CountingBloomFilter:
    def __init__(self, k):
        self.hashFunc = []
        for i in range(k):
            self.hashFunc.append(HashFunction(random.randint(10000, 20000), i * 2 + 3))
        self.bits = [0 for i in range(20000)]
    def add(self, word):
        for f in self.hashFunc:
            position = f.hash(word)
            self.bits[position] += 1
    def remove(self, word):
        for f in self.hashFunc:
            position = f.hash(word)
            self.bits[position] -= 1
    def contains(self, word):
        for f in self.hashFunc:
            position = f.hash(word)
            if self.bits[position] <= 0:
                return False
        return True
#主函数
if __name__ == '__main__':
    solution = CountingBloomFilter(3)
    solution.add("long")
    solution.add("term")
    print('输入:')
    print('add("long")')
    print('add("term")')
    print('contains("long")')
    print("输出:", solution.contains("long"))
    solution.remove("long")
    print('remove("long")')
    print('contains("long")')
    print("输出:", solution.contains("long"))
```

4. 运行结果

```
输入:
add("long")
add("term")
contains("long")
输出: True
remove("long")
contains("long")
输出: False
```

例 140　字符计数

1. 问题描述

对字符串中的字符进行计数,返回 hashmap。key 为字符,value 是这个字符出现的次数。

2. 问题示例

输入 str="abca",输出{"a":2,"b":1,"c":1}。输入 str="ab",输出{"a":1,"b":1}。

3. 代码实现

相关代码如下。

```python
#参数 str: 任意的字符串
#返回值: 哈希 map
class Solution:
    def countCharacters(self, str):
        map = dict()
        for c in str:
            map[c] = map.get(c, 0) + 1
        return map
#主函数
if __name__ == '__main__':
    generator = "abca"
    solution = Solution()
    print('输入:',generator)
    print("输出:",solution.countCharacters(generator))
```

4. 运行结果

```
输入: abca
输出: {'a': 2, 'b': 1, 'c': 1}
```

例 141　最长重复子序列

1. 问题描述

给出一个字符串,找到最长重复子序列的长度。如果最长重复子序列有 2 个,这 2 个子序列不能在相同位置有同一元素(在 2 个子序列中的第 i 个元素,不能在原来的字符串中有相同的下标)。

2. 问题示例

输入"aab",输出 1,2 个子序列是 a(第 1 个)和 a(第 2 个)。请注意:b 不能被视为子序列的一部分,因为它在两者中都是相同的索引。输入"abc",输出 0,没有重复的序列。

3. 代码实现

相关代码如下。

```
#参数 str: 任意字符串
#返回值: 整数,表示这个字符串最长重复的子序列长度
class Solution:
    def longestRepeatingSubsequence(self, str):
        n = len(str)
        dp = [[0 for j in range(n + 1)] for i in range(n + 1)]
        for i in range(1, n + 1):
            for j in range(1, n + 1):
                if str[i - 1] == str[j - 1] and i != j:
                    dp[i][j] = dp[i - 1][j - 1] + 1
                else:
                    dp[i][j] = max(dp[i][j - 1], dp[i - 1][j])
        return dp[n][n]
#主函数
if __name__ == '__main__':
    solution = Solution()
    generator = "abcaa"
    print('输入:',generator)
    print("输出:",solution. longestRepeatingSubsequence(generator))
```

4. 运行结果

```
输入: abcaa
输出: 2
```

例 142 僵尸矩阵

1. 问题描述

给定一个二维网格,每一个格子都有一个值,2 代表墙,1 代表僵尸,0 代表人类。僵尸每天可以将上下左右最接近的人类感染成僵尸,但不能穿墙。问:将所有人类感染为僵尸需要多久?如果不能感染所有人则返回−1。

2. 问题示例

输入:

```
[[0,1,2,0,0],
[ 1,0,0,2,1],
[ 0,1,0,0,0]]
```

输出：2

输入：

```
[[0,0,0],
[ 0,0,0],
[ 0,0,1]]
```

输出：4

3. 代码实现

相关代码如下。

```python
import collections
#参数 grid：二维整数矩阵
#返回值：整数,表示需要的天数；若不能完成则返回 -1
class Solution:
    def zombie(self, grid):
        if len(grid) == 0 or len(grid[0]) == 0:
            return 0
        m, n = len(grid), len(grid[0])
        queue = collections.deque()
        for i in range(m):
            for j in range(n):
                if grid[i][j] == 1:
                    queue.append((i, j))
        day = 0
        while queue:
            size = len(queue)
            day += 1
            for k in range(size):
                (i, j) = queue.popleft()
                DIR = [(1, 0), (-1, 0), (0, 1), (0, -1)]
                for (di, dj) in DIR:
                    next_i, next_j = i + di, j + dj
                    if next_i < 0 or next_i >= m or next_j < 0 or next_j >= n:
                        continue
                    if grid[next_i][next_j] == 1 or grid[next_i][next_j] == 2:
                        continue
                    grid[next_i][next_j] = 1
                    queue.append((next_i, next_j))
        for i in range(m):
            for j in range(n):
                if grid[i][j] == 0:
```

```
                    return - 1
        return day - 1
#主函数
if __name__ == '__main__':
    solution = Solution()
    generator = [[0,0,0],
                 [0,0,0],
                 [0,0,1]]
    print("输入:",generator)
    print("输出:",solution. zombie(generator))
```

4. 运行结果

```
输入: [[0, 0, 0], [0, 0, 0], [0, 0, 1]]
输出: 4
```

例 143 摊平二维向量

1. 问题描述

设计一个迭代器实现摊平二维向量的功能。

2. 问题示例

输入[[1,2],[3],[4,5,6]],输出[1,2,3,4,5,6];输入[[7,9],[5]],输出[7,9,5]。

3. 代码实现

相关代码如下。

```
class Vector2D(object):
    def __init__(self, vec2d):
        self.vec2d = vec2d
        self.row, self.col = 0, -1
        self.next_elem = None
    def next(self):
        if self.next_elem is None:
            self.hasNext()
        temp, self.next_elem = self.next_elem, None
        return temp
    def hasNext(self):
        if self.next_elem:
            return True
        self.col += 1
        while self.row < len(self.vec2d)and self.col >= len(self.vec2d[self.row]):
            self.row += 1
            self.col = 0
        if self.row < len(self.vec2d) and self.col < len(self.vec2d[self.row]):
            self.next_elem = self.vec2d[self.row][self.col]
```

```
                return True
            return False
# 主函数
if __name__ == '__main__':
    inputnum = [[1,2],[3],[4,5,6]]
    vector2d = Vector2D(inputnum)
    print("输入:",inputnum)
    print("输出:")
    print(vector2d.next())
    while vector2d.hasNext():
        print(vector2d.next())
```

4. 运行结果

```
输入: [[1, 2], [3], [4, 5, 6]]
输出:
1
2
3
4
5
6
```

例 144 第 k 大元素

1. 问题描述

给定数组，找到数组中的第 k 大元素。

2. 问题示例

输入[9,3,2,4,8]，$k=3$，第三大元素是 4；输入[1,2,3,4,5,6,8,9,10,7]，$k=10$，第十大元素是 1。

3. 代码实现

相关代码如下。

```
class Solution:
    # 参数 nums: 整型数组
    # 参数 k: 整数
    # 返回值: 数组的第 k 大元素
    def kthLargestElement2(self, nums, k):
        import heapq
        heap = []
        for num in nums:
            heapq.heappush(heap, num)
            if len(heap) > k:
                heapq.heappop(heap)
```

```
        return heapq.heappop(heap)
#主函数
if __name__ == '__main__':
        inputnum = [9,3,2,4,8]
        k = 3
        print("输入数组:",inputnum)
        print("输入:k = ",k)
        solution = Solution()
        print("输出:",solution.kthLargestElement2(inputnum,k))
```

4. 运行结果

```
输入数组: [9, 3, 2, 4, 8]
输入: k = 3
输出: 4
```

例 145　两数和小于或等于目标值

1. 问题描述

给定一个整数数组，找出这个数组中有多少对的和小于或等于目标值，返回符合要求的组合的对数。

2. 问题示例

输入 nums=[2,7,11,15]，target=24，输出 5，因为 2+7<24，2+11<24，2+15<24，7+11<24，7+15<24，符合要求的组合共有 5 对。输入 nums=[1]，target=1，输出 0。

3. 代码实现

相关代码如下。

```
class Solution:
    # 参数 nums: 整数数组
    # 参数 target: 整数
    # 返回值: 整数
    def twoSum5(self, nums, target):
        l, r = 0, len(nums) - 1
        cnt = 0
        nums.sort()
        while l < r:
            value = nums[l] + nums[r]
            if value > target:
                r -= 1
            else:
                cnt += r - l
                l += 1
        return cnt
#主函数
```

```
if __name__ == '__main__':
    inputnum = [2, 7, 11, 15]
    target = 24
    solution = Solution()
    print("输入数组:",inputnum)
    print("输入 target:",target)
    solution = Solution()
    print("输出:",solution.twoSum5(inputnum,target))
```

4. 运行结果

```
输入数组: [2, 7, 11, 15]
输入 target: 24
输出: 5
```

例 146 两数差等于目标值

1. 问题描述

给定一个整数数组,找到差值等于目标值的 2 个数。数组的前 1 个下标 index1 必须小于第 2 个下标 index2。返回 index1 和 index2 所在的索引位置。数组的元素从 1 开始计数。

2. 问题示例

输入 nums=[2,7,15,24],target=5,输出[1,2],因为第 2 个元素为 7,第 1 个元素为 2,二者之差为 7−2=5。输入 nums=[1,1],target=0,输出[1,2],因为 1−1=0。

3. 代码实现

相关代码如下。

```
class Solution:
    #参数 nums: 整数数组
    #参数 target: 整数
    #返回值: 数组的索引值加 1,[index1 + 1, index2 + 1] (index1 < index2)
    def twoSub(self, nums, target):
        nums = [(num, i) for i, num in enumerate(nums)]
        target = abs(target)
        n, indexs = len(nums), []
        nums = sorted(nums, key = lambda x: x[0])
        j = 0
        for i in range(n):
            if i == j:
                j += 1
            while j < n and nums[j][0] - nums[i][0] < target:
                j += 1
            if j < n and nums[j][0] - nums[i][0] == target:
                indexs = [nums[i][1] + 1, nums[j][1] + 1]
        if indexs[0] > indexs[1]:
```

```
            indexs[0], indexs[1] = indexs[1], indexs[0]
        return indexs
#主函数
if __name__ == '__main__':
    inputnum = [2, 7, 15, 24]
    target = 5
    solution = Solution()
    print("输入数组:", inputnum)
    print("输入 target:", target)
    print("输出:", solution.twoSub(inputnum, target))
```

4. 运行结果

```
输入数组: [2, 7, 15, 24]
输入 target: 5
输出: [1, 2]
```

例147 骑士的最短路线

1. 问题描述

给定骑士在棋盘上的初始位置,用一个二进制矩阵表示棋盘,0表示空,1表示有障碍物。找出到达终点的最短路线,返回路线的长度。如果骑士不能到达则返回−1。规则如下:骑士的位置为(x,y),下一步可以到达以下位置:$(x+1,y+2)$、$(x+1,y-2)$、$(x-1,y+2)$、$(x-1,y-2)$、$(x+2,y+1)$、$(x+2,y-1)$、$(x-2,y+1)$、$(x-2,y-1)$。

2. 问题示例

输入:

[[0,0,0],
[0,0,0],
[0,0,0]]

起点 source=[2,0],终点 destination=[2,2],输出2,路线为[2,0]−>[0,1]−>[2,2]。

输入:

[[0,1,0],
[0,0,1],
[0,0,0]]

起点 source=[2,0],终点 destination=[2,2],输出−1,即没有路线到终点。

3. 代码实现

相关代码如下。

```
import collections
class Point:
    def __init__(self, a = 0, b = 0):
```

```
        self.x = a
        self.y = b
DIRECTIONS = [
    (-2, -1), (-2, 1), (-1, 2), (1, 2),
    (2, 1), (2, -1), (1, -2), (-1, -2),
]
class Solution:
    #参数 grid: 棋盘
    #参数 source: 起点
    #参数 destination: 终点
    #返回值: 最短路径长度
    def shortestPath(self, grid, source, destination):
        queue = collections.deque([(source.x, source.y)])
        distance = {(source.x, source.y): 0}
        while queue:
            x, y = queue.popleft()
            if (x, y) == (destination.x, destination.y):
                return distance[(x, y)]
            for dx, dy in DIRECTIONS:
                next_x, next_y = x + dx, y + dy
                if (next_x, next_y) in distance:
                    continue
                if not self.is_valid(next_x, next_y, grid):
                    continue
                distance[(next_x, next_y)] = distance[(x, y)] + 1
                queue.append((next_x, next_y))
        return -1
    def is_valid(self, x, y, grid):
        n, m = len(grid), len(grid[0])
        if x < 0 or x >= n or y < 0 or y >= m:
            return False
        return not grid[x][y]
#主函数
if __name__ == '__main__':
    inputnum = [[0,0,0],
                [0,0,0],
                [0,0,0]]
    source = Point(2,0)
    destination = Point(2,2)
    solution = Solution()
    print("输入棋盘:",inputnum)
    print("输入起点:[2,0]")
    print("输入终点:[2,2]")
    print("输出步数:",solution.shortestPath(inputnum,source,destination))
```

4. 运行结果

```
输入棋盘: [[0, 0, 0], [0, 0, 0], [0, 0, 0]]
输入起点: [2,0]
输入终点: [2,2]
输出步数: 2
```

例 148 *k* 个最近的点

1. 问题描述

给定一些点(points)的坐标和一个 origin 的坐标,从 points 中找到 k 个离 origin 最近的点。按照距离由小到大返回。如果两个点有相同距离,则按照横轴坐标 x 值排序;若 x 值也相同,就再按照纵轴坐标 y 值排序。

2. 问题示例

输入 points=[[4,6],[4,7],[4,4],[2,5],[1,1]],origin=[0,0],$k=3$,找出距离原点[0,0]最近的 3 个点,输出[[1,1],[2,5],[4,4]]。输入 points=[[0,0],[0,9]],origin=[3,1],$k=1$,找出距离[3,1]点最近距离点为[0,0],输出[[0,0]]。

3. 代码实现

相关代码如下。

```
import heapq
import numpy as np
np.set_printoptions(threshold = np.inf)
class Point:
    def __init__(self, a = 0, b = 0):
        self.x = a
        self.y = b
class Solution:
    #参数 points: 坐标点列表
    #参数 origin: 初始点
    #参数 k: 整数
    #返回值: k 个最邻近点
    def kClosest(self, points, origin, k):
        self.heap = []
        for point in points:
            dist = self.getDistance(point, origin)
            heapq.heappush(self.heap, ( - dist, - point.x, - point.y))
            if len(self.heap) > k:
                heapq.heappop(self.heap)
        ret = []
        while len(self.heap) > 0:
            _, x, y = heapq.heappop(self.heap)
            ret.append(Point( - x, - y))
```

```
            ret.reverse()
            return ret
        def getDistance(self, a, b):
            return (a.x - b.x) ** 2 + (a.y - b.y) ** 2
#主函数
if __name__ == '__main__':
    a1 = Point(0,0)
    a2 = Point(0,9)
    inputnum = [a1,a2]
    origin = Point(0,0)
    k = 1
    solution = Solution()
    rp = Point(0,0)
    rp = solution.kClosest(inputnum,origin,k)
    array = [[rp[0].x,rp[0].y]]
    print("输入坐标点:[[0,0],[0,9]]")
    print("最近坐标数:k = 1")
    print("输出坐标点:",array)
```

4. 运行结果

```
输入坐标点: [[0,0],[0,9]]
最近坐标数: k = 1
输出坐标点: [[0, 0]]
```

例 149 优秀成绩

1. 问题描述

每个学生有两个属性编号 ID 和得分 scores，找到每个学生最高的 5 个分数的平均值。

2. 问题示例

输入[[1,90],[1,93],[2,93],[2,99],[2,98],[2,97],[1,62],[1,56],[2,95],[1,61]]，输出 1：72.40，2：97.40，即 ID = 1 的学生，最高 5 个分数的平均值为(90+93+62+56+61)/5 = 72.40；id = 2 的学生，最高 5 个分数的平均值为(93+99+98+97+95)/5 = 96.40。

输入[[1,80],[1,80],[1,80],[1,80],[1,80],[1,80]]，输出 1：80.00。

3. 代码实现

相关代码如下。

```
class Record:
    def __init__(self, id, score):
        self.id = id
        self.score = score
class Solution:
```

```
    # 参数 {Record[]} 是< student_id, score >列表
    # 返回值:{dict(id, average)},查找每人 5 个最高成绩的平均值
    def highFive(self, results):
        hash = dict()
        for r in results:
            if r.id not in hash:
                hash[r.id] = []
            hash[r.id].append(r.score)
            if len(hash[r.id]) > 5:
                index = 0
                for i in range(1, 6):
                    if hash[r.id][i] < hash[r.id][index]:
                        index = i
                hash[r.id].pop(index)
        answer = dict()
        for id, scores in hash.items():
            answer[id] = sum(scores) / 5.0
        return answer
#主函数
if __name__ == '__main__':
    r1 = Record(1,90)
    r2 = Record(1,93)
    r3 = Record(2,93)
    r4 = Record(2,99)
    r5 = Record(2,98)
    r6 = Record(2,97)
    r7 = Record(1,62)
    r8 = Record(1,56)
    r9 = Record(2,95)
    r10 = Record(1,61)
    list = [r1,r2,r3,r4,r5,r6,r7,r8,r9,r10]
    solution = Solution()
    print("输入:(1,90),(1,93),(2,93),(2,89),(2,98),(2,97),(1,62),(1,56),(2,95),(1,61)")
    print(solution.highFive(list))
```

4. 运行结果

```
输入:[(1,90),(1,93),(2,93),(2,99),(2,98),(2,97),(1,62),(1,56),(2,95),(1,61)]
输出: [1 : 72.4, 2 : 96.4]
```

例 150 二叉树的最长连续子序列 I

1. 问题描述

给定一棵二叉树,找到最长连续序列路径的长度(节点数)。路径起点和终点可以为二叉树的任意节点。

2. 问题示例

输入{1,2,0,3},输出 4,如下所示,最长连续序列路径(0—1—2—3)的长度是 4。

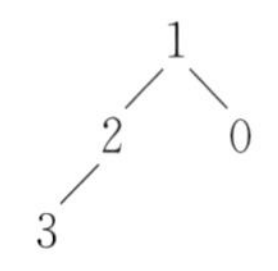

3. 代码实现

相关代码如下。

```
class TreeNode(object):
    def __init__(self, x):
        self.val = x
        self.left = None
        self.right = None
class Solution:
    #参数 root: 二叉树的根节点
    #返回值: 最长连续序列路径的长度
    def longestConsecutive2(self, root):
        max_len, _, _, = self.helper(root)
        return max_len
    def helper(self, root):
        if root is None:
            return 0, 0, 0
        left_len, left_down, left_up = self.helper(root.left)
        right_len, right_down, right_up = self.helper(root.right)
        down, up = 0, 0
        if root.left is not None and root.left.val + 1 == root.val:
            down = max(down, left_down + 1)
        if root.left is not None and root.left.val - 1 == root.val:
            up = max(up, left_up + 1)
        if root.right is not None and root.right.val + 1 == root.val:
            down = max(down, right_down + 1)
        if root.right is not None and root.right.val - 1 == root.val:
            up = max(up, right_up + 1)
        len = down + 1 + up
        len = max(len, left_len, right_len)
        return len, down, up
#主函数
if __name__ == '__main__':
    inputnum = {1,2,0,3}
    root0 = TreeNode(0)
    root1 = TreeNode(1)
    root2 = TreeNode(2)
    root3 = TreeNode(3)
    root1.left = root2
```

```
    root1.right = root0
    root2.left = root3
    solution = Solution()
    print("输入:",inputnum)
    print("输出:",solution.longestConsecutive2(root1))
```

4. 运行结果

```
输入: {0, 1, 2, 3}
输出: 4
```

例 151　二叉树的最长连续子序列Ⅱ

1. 问题描述

给出一棵 k 叉树,找到最长连续序列路径的长度。路径的开头和结尾可以是树的任意节点。

2. 问题示例

输入 k 叉树,5 < 6 < 7 <>,5 <>,8 <>>,4 < 3 <>,5 <>,31 <>>>,如下所示。输出 5,即 3—4—5—6—7。

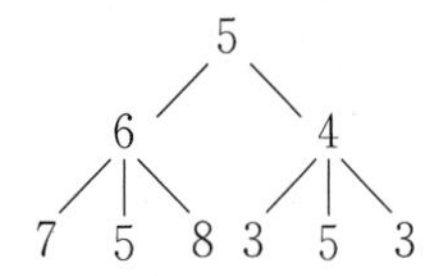

3. 代码实现

相关代码如下。

```
# 定义一个多节点的树
class MultiTreeNode(object):
    def __init__(self, x):
            self.val = x
            self.children = [] # children 是 MultiTreeNode 的 list
class Solution:
    # 参数 root: k 叉树
    # 返回值: 最长连续序列路径的长度
    def longestConsecutive3(self, root):
        max_len, _, _, = self.helper(root)
        return max_len
    def helper(self, root):
        if root is None:
            return 0, 0, 0
        max_len, up, down = 0, 0, 0
        for child in root.children:
            result = self.helper(child)
```

```
                max_len = max(max_len, result[0])
                if child.val + 1 == root.val:
                    down = max(down, result[1] + 1)
                if child.val - 1 == root.val:
                    up = max(up, result[2] + 1)
            max_len = max(down + 1 + up, max_len)
            return max_len, down, up
#主函数
if __name__ == '__main__':
    root = MultiTreeNode(5)
    root1 = MultiTreeNode(6)
    root2 = MultiTreeNode(4)
    root3 = MultiTreeNode(7)
    root4 = MultiTreeNode(5)
    root5 = MultiTreeNode(8)
    root6 = MultiTreeNode(3)
    root7 = MultiTreeNode(5)
    root8 = MultiTreeNode(3)
    root.children = [root1,root2]
    root1.children = [root3,root4,root5]
    root2.children = [root6,root7,root8]
    solution = Solution()
    print("输入:5 < 6 < 7 <>,5 <>,8 <>>,4 < 3 <>,5 <>,31 <>>>")
    print("输出:",solution.longestConsecutive3(root))
```

4. 运行结果

```
输入: 5 < 6 < 7 <>,5 <>,8 <>>,4 < 3 <>,5 <>,31 <>>>
输出: 5
```

例 152　课程表 I

1. 问题描述

共有 n 门课需要选择，记为 0～$(n-1)$。有些课程在修之前需要先修另外课程(例如，要学习课程 0，需要先学习课程 1，表示为[0,1])。给定 n 门课及其先决条件，判断是否可能完成所有课程。

2. 问题示例

输入 $n=2$，prerequisites=[[1,0]]，输出 True，即学习课程 1，需要先学习课程 0，可以完成，返回 True。输入 $n=2$，prerequisites=[[1,0],[0,1]]，输出 False，即不能完成。

3. 代码实现

相关代码如下。

```
from collections import deque
```

```
class Solution:
    #参数 numCourses: 整数
    #参数 prerequisites: 先修课列表对
    #返回值: 是否能够完成所有课程,布尔类型
    def canFinish(self, numCourses, prerequisites):
        edges = {i: [] for i in range(numCourses)}
        degrees = [0 for i in range(numCourses)]
        for i, j in prerequisites:
            edges[j].append(i)
            degrees[i] += 1
        queue, count = deque([]), 0
        for i in range(numCourses):
            if degrees[i] == 0:
                queue.append(i)
        while queue:
            node = queue.popleft()
            count += 1
            for x in edges[node]:
                degrees[x] -= 1
                if degrees[x] == 0:
                    queue.append(x)
        return count == numCourses
#主函数
if __name__ == '__main__':
    list1 = [[1,0]]
    n = 2
    solution = Solution()
    print("输入课程数:",n)
    print("课程关系:",list1)
    print("输出:",solution.canFinish(n,list1))
```

4. 运行结果

```
输入课程数: 2
课程关系: [[1, 0]]
输出: True
```

例 153 安排课程

1. 问题描述

需要上 n 门课才能获得学位,这些课被标号为 0～($n-1$)。有些课程需要先修课程(例如,要上课程 0,需要先学课程 1,用[0,1]表示)。给定课程的数量和先修课程要求,返回为了学完所有课程所安排的学习顺序(可以是任何正确的顺序)。如果不可能完成所有课程,返回一个空数组。

2. 问题示例

输入 $n=2$,prerequisites=[[1,0]],输出[0,1]。输入 $n=4$,prerequisites=[[1,0],[2,0],[3,1],[3,2]],输出[0,1,2,3]或者[0,2,1,3]。

3. 代码实现

相关代码如下。

```
from queue import Queue
class Solution:
    # 参数 numCourses: 整数
    # 参数 prerequisites: 课程约束关系
    # 返回值: 课程顺序列表
    def findOrder(self, numCourses, prerequisites):
        edges = {i: [] for i in range(numCourses)}
        degrees = [0 for i in range(numCourses)]
        for i, j in prerequisites:
            edges[j].append(i)
            degrees[i] += 1
        queue = Queue(maxsize = numCourses)
        for i in range(numCourses):
            if degrees[i] == 0:
                queue.put(i)
        order = []
        while not queue.empty():
            node = queue.get()
            order.append(node)
            for x in edges[node]:
                degrees[x] -= 1
                if degrees[x] == 0:
                    queue.put(x)
        if len(order) == numCourses:
            return order
        return []
#主函数
if __name__ == '__main__':
    n = 4
    list1 = [[1,0],[2,0],[3,1],[3,2]]
    solution = Solution()
    print("输入课程数:",n)
    print("输入约束:",list1)
    print("输出课程:",solution.findOrder(n,list1))
```

4. 运行结果

```
输入课程数: 4
输入约束: [[1, 0],[2, 0],[3, 1],[3, 2]]
输出课程: [0, 1, 2, 3]
```

▶例 154　单词表示数字

1. 问题描述

给一个非负整数 n，根据数字以英文单词输出数字大小。

2. 问题示例

输入 10245，输出"ten thousand two hundred forty five"。

3. 代码实现

相关代码如下。

```
class Solution:
    #参数 number: 整数
    #返回值: 字符串
    def convertWords(self, number):
        n1 = ["", "one", "two", "three", "four", "five",
              "six", "seven", "eight", "nine", "ten",
              "eleven", "twelve", "thirteen", "fourteen", "fifteen",
              "sixteen", "seventeen", "eighteen", "nineteen"]
        n2 = ["", "ten", "twenty", "thirty", "forty",
              "fifty", "sixty", "seventy", "eighty", "ninety"]
        n3 = ['hundred', '', 'thousand', 'million', 'billion']
        res = ''
        index = 1
        if number == 0:
            return 'zero'
        elif 0 < number < 20:
            return n1[number]
        elif 20 <= number < 100:
            return n2[number // 10] + '' + n1[number]
        else:
            while number != '':
                digit = int(str(number)[-3::])
                number = (str(number)[:-3:])
                i = len(str(digit))
                r = ''
                while True:
                    if digit < 20:
                        r += n1[digit]
                        break
                    elif 20 <= digit < 100:
                        r += n2[digit // 10] + ''
                    elif 100 <= digit < 1000:
                        r += n1[digit // 100] + '' + n3[0] + ''
                    digit = digit % (10 ** (i - 1))
```

```
                i -= 1
            if digit != 0:
                r += '' + n3[index] + ''
            index += 1
            r += res
            res = r
        return res.strip()
if __name__ == '__main__':
    solution = Solution()
    n = 10245
    print("输入:",n)
    print("输出:",solution.convertWords(n))
```

4. 运行结果

```
输入: 10245
输出: ten thousand two hundred forty five
```

例 155　最大子序列的和

1. 问题描述

给定一个整数数组,找到长度大于或等于 k 的连续子序列使它们的和最大,返回这个最大的和。如果数组中少于 k 个元素,则返回 0。

2. 问题示例

输入[−2,2,−3,4,−1,2,1,−5,3],使得长度大于或等于 $k=5$ 的连续子序列的和最大,其子序列应为[2,−3,4,−1,2,1],和为 sum = 5。输入[5,−10,4],使长度大于或等于 $k=2$ 的连续子序列的和最大,子序列应为[5,−10,4],输出 sum = −1。

3. 代码实现

相关代码如下。

```
class Solution:
    # 参数 nums: 整型数组
    # 参数 k: 整数
    # 返回值: 最大和
    def maxSubarray(self, nums, k):
        n = len(nums)
        if n < k:
            return 0
        result = 0
        for i in range(k):
            result += nums[i]
        sum = [0 for _ in range(n + 1)]
        min_prefix = 0
```

```
        for i in range(1, n + 1):
            sum[i] = sum[i - 1] + nums[i - 1]
            if i >= k and sum[i] - min_prefix > result:
                result = max(result, sum[i] - min_prefix)
            if i >= k:
                min_prefix = min(min_prefix, sum[i - k + 1])
        return result
#主函数
if __name__ == '__main__':
    inputnum = [-2,2,-3,4,-1,2,1,-5,3]
    k = 5
    solution = Solution()
    print("输入数组:",inputnum)
    print("输入:k=",k)
    print("输出:sum=",solution.maxSubarray(inputnum,k))
```

4. 运行结果

```
输入数组: [-2, 2, -3, 4, -1, 2, 1, -5, 3]
输入: k=5
输出: sum=5
```

例 156 移除子串

1. 问题描述

给出一个字符串 s 及 n 个子字符串。可以从字符串 s 中循环移除 n 个子串中的任意一个,使剩下字符串 s 的长度最小,输出这个最小长度。

2. 问题示例

输入"ccdaabcdbb",子字符串为["ab","cd"],输出 2,移除过程为 ccdaabcdbb -> ccdacdbb -> cabb -> cb,移除后的长度为 length=2。输入"abcabd",子字符串为["ab","abcd"],输出 0,移除过程为 abcabd -> abcd -> " ",移除后的长度为 length=0。

3. 代码实现

相关代码如下。

```
class Solution:
    # 参数 s: 字符串
    # 参数 dict: 一组子字符串
    # 返回值: 最小长度
    def minLength(self, s, dict):
        import queue
        que = queue.Queue()
        que.put(s)
        hash = set([s])
```

```
        min = len(s)
        while not que.empty():
            s = que.get()
            for sub in dict:
                found = s.find(sub)
                while found != -1:
                    new_s = s[:found] + s[found + len(sub):]
                    if new_s not in hash:
                        if len(new_s) < min:
                            min = len(new_s)
                        que.put(new_s)
                        hash.add(new_s)
                    found = s.find(sub, found + 1)
        return min
#主函数
if __name__ == '__main__':
    inputwords = "ccdaabcdbb"
    k = ["ab","cd"]
    solution = Solution()
    print("输入字符串:",inputwords)
    print("输入的子串:",k)
    print("字符串长度:",solution.minLength(inputwords,k))
```

4. 运行结果

```
输入字符串: ccdaabcdbb
输入的子串: ['ab', 'cd']
字符串长度: 2
```

例 157　数组划分

1. 问题描述

将一个没有排序的整数数组划分为 3 部分：第 1 部分中所有的值都小于 low；第 2 部分中所有的值都大于或等于 low，小于或等于 high；第 3 部分中所有的值都大于 high。返回任意一种可能的情况。在所有测试数组中都有 low<=high。

2. 问题示例

输入[4,3,4,1,2,3,1,2]，$m=2$，$n=3$，输出[1,1,2,3,2,3,4,4]。[1,1,2,2,3,3,4,4]也是正确的，但[1,2,1,2,3,3,4,4]是错误的。输入[3,2,1]，$m=2$，$n=3$，输出[1,2,3]。

3. 代码实现

相关代码如下。

```
class Solution:
    # 参数 nums: 整型数组
```

```
    # 参数 low: 整型
    # 参数 high: 整型
    # 返回值: 任意可能的解
    def partition2(self, nums, low, high):
        if len(nums) <= 1:
            return
        pl, pr = 0, len(nums) - 1
        i = 0
        while i <= pr:
            if nums[i] < low:
                nums[pl], nums[i] = nums[i], nums[pl]
                pl += 1
                i += 1
            elif nums[i] > high:
                nums[pr], nums[i] = nums[i], nums[pr]
                pr -= 1
            else:
                i += 1
        return nums
#主函数
if __name__ == '__main__':
    inputnum = [4,3,4,1,2,3,1,2]
    low = 2
    high = 3
    solution = Solution()
    print("输入数组:",inputnum)
    print("输入下限:",low)
    print("输入上限:",high)
    print("输出结果:",solution.partition2(inputnum,low,high))
```

4. 运行结果

```
输入数组: [4, 3, 4, 1, 2, 3, 1, 2]
输入下限: 2
输入上限: 3
输出结果: [1, 1, 2, 3, 2, 3, 4, 4]
```

▶例158 矩形重叠

1. 问题描述

给定两个矩形,判断这两个矩形是否有重叠。其中l1代表第一个矩形的左上角,r1代表第一个矩形的右下角;l2代表第二个矩形的左上角,r2代表第二个矩形的右下角。只要满足l1 != r2并且l2 != r1,两个矩形就没有重叠的部分,否则就有重叠的部分。

2. 问题示例

输入 l1=[0,8],r1=[8,0],l2=[6,6],r2=[10,0],输出 True,即两个矩形有重叠的部分。输入[0,8],r1=[8,0],l2=[9,6],r2=[10,0],输出 False,即两个矩形没有重叠的部分。

3. 代码实现

相关代码如下。

```
# 定义一个点
class Point:
    def __init__(self, a = 0, b = 0):
        self.x = a
        self.y = b
class Solution:
    # 参数 l1: 第一个长方形左上角的坐标
    # 参数 r1: 第一个长方形右下角的坐标
    # 参数 l2: 第二个长方形左上角的坐标
    # 参数 r2: 第二个长方形右下角的坐标
    # 返回值: 布尔类型
    def doOverlap(self, l1, r1, l2, r2):
        if l1.x > r2.x or l2.x > r1.x:
            return False
        if l1.y < r2.y or l2.y < r1.y:
            return False
        return True
#主函数
if __name__ == '__main__':
    l1 = Point(0,8)
    r1 = Point(8,0)
    l2 = Point(6,6)
    r2 = Point(10,0)
    solution = Solution()
    print("输入矩形一: l1 = (0,8),r1 = Point(8,0)")
    print("输入矩形二: l2 = (6,6),r2 = Point(10,0)")
    print("输出的结果:",solution.doOverlap(l1,r1,l2,r2))
```

4. 运行结果

```
输入矩形一: l1 = (0,8),r1 = Point(8,0)
输入矩形二: l2 = (6,6),r2 = Point(10,0)
输出的结果: True
```

例 159 最长回文串

1. 问题描述

给出一个包含大小写字母的字符串,求出由这些字母构成最长的回文串长度。其中,数据是大小写敏感的，也就是说，"Aa"并不是回文串。

2. 问题示例

输入 s="abccccdd"，输出 7，一种可以构建出来的最长回文串方案是"dccaccd"。

3. 代码实现

相关代码如下。

```
class Solution:
    # 参数 s: 包含大小写的字符串
    # 返回值: 能构建的最长回文串
    def longestPalindrome(self, s):
        hash = {}
        for c in s:
            if c in hash:
                del hash[c]
            else:
                hash[c] = True
        remove = len(hash)
        if remove > 0:
            remove -= 1
        return len(s) - remove
#主函数
if __name__ == '__main__':
    inputnum = "abccccdd"
    solution = Solution()
    print("输入字符串:", inputnum)
    print("输出回文长度:", solution.longestPalindrome(inputnum))
```

4. 运行结果

```
输入字符串: abccccdd
输出回文长度: 7
```

例 160 最大子树

1. 问题描述

给定二叉树，找出二叉树中的一棵子树，使其所有节点之和最大，返回这棵子树的根节点。

2. 问题示例

输入如下二叉树，输出为 3，即所有节点之和最大的子树根节点是 3。

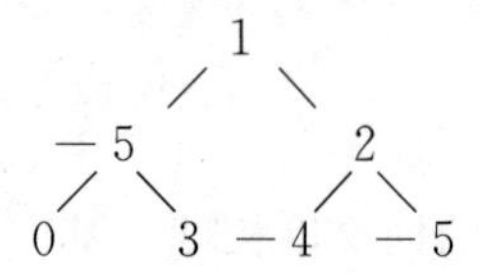

3. 代码实现

相关代码如下。

```
# 定义一个多节点的树
class TreeNode(object):
    def __init__(self, x):
            self.val = x
            self.left = None
            self.right = None
class Solution:
    # 参数 root: 二叉树根
    # 返回值: 最大的子树根节点值
    import sys
    maximum_weight = 0
    result = None
    def findSubtree(self, root):
        self.helper(root)
        return self.result.val
    def helper(self, root):
        if root is None:
            return 0
        left_weight = self.helper(root.left)
        right_weight = self.helper(root.right)

        if left_weight + right_weight + root.val >= self.maximum_weight or self.result is None:
            self.maximum_weight = left_weight + right_weight + root.val
            self.result = root
        return left_weight + right_weight + root.val
#主函数
if __name__ == '__main__':
    root = TreeNode(1)
    root1 = TreeNode(-5)
    root2 = TreeNode(2)
    root3 = TreeNode(0)
    root4 = TreeNode(3)
    root5 = TreeNode(-4)
    root6 = TreeNode(-5)
    root.left = root1
    root.right = root2
    root1.left = root3
    root1.right = root4
    root2.left = root5
    root2.right = root6
    solution = Solution()
    print("输入:[1, -5 2,0 3 -4 -5]")
    print("输出:",solution.findSubtree(root))
```

4. 运行结果

```
输入：[1, - 5 2,0 3 - 4 - 5]
输出：3
```

例 161 最小生成树

1. 问题描述

给出一些 Connections(即 Connections 类)，找到能够将所有城市都连接起来并且花费最小的边。

如果可以将所有城市都连接起来，则返回这个连接方法；否则，返回一个空列表。

2. 问题示例

给出 Connections = ["Acity","Bcity",1], ["Acity","Ccity",2], ["Bcity","Ccity",3]

返回["Acity","Bcity",1], ["Acity","Ccity",2]。

3. 代码实现

相关代码如下。

```
#定义 Connection 类
class Connection:
    def __init__(self, city1, city2, cost):
        self.city1, self.city2, self.cost = city1, city2, cost
def comp(a, b):
    if a.cost != b.cost:
        return a.cost - b.cost
    if a.city1 != b.city1:
        if a.city1 < b.city1:
            return - 1
        else:
            return 1
    if a.city2 == b.city2:
        return 0
    elif a.city2 < b.city2:
        return - 1
    else:
        return 1
class Solution:
    # 参数{Connection[]}：连接城市和花费的列表
    # 返回值：{Connection[]}类型
    def lowestCost(self, connections):
        cmp = 0
        hash = {}
        n = 0
```

```
        for connection in connections:
            if connection.city1 not in hash:
                n += 1
                hash[connection.city1] = n
            if connection.city2 not in hash:
                n += 1
                hash[connection.city2] = n
        father = [0 for _ in range(n + 1)]
        results = []
        for connection in connections:
            num1 = hash[connection.city1]
            num2 = hash[connection.city2]
            root1 = self.find(num1, father)
            root2 = self.find(num2, father)
            if root1 != root2:
                father[root1] = root2
                results.append(connection)
        if len(results)!= n - 1:
            return []
        return results
    def find(self, num, father):
        if father[num] == 0:
            return num
        father[num] = self.find(father[num], father)
        return father[num]
#主函数
if __name__ == '__main__':
    conn = Connection("Acity","Bcity",1)
    conn1 = Connection("Acity","Ccity",2)
    conn2 = Connection("Bcity","Ccity",3)
    connections = [conn,conn1,conn2]
    solution = Solution()
    ci01 = solution.lowestCost(connections)[0].city1
    ci02 = solution.lowestCost(connections)[0].city2
    co0 = solution.lowestCost(connections)[0].cost
    ci11 = solution.lowestCost(connections)[1].city1
    ci12 = solution.lowestCost(connections)[1].city2
    ci1 = solution.lowestCost(connections)[1].cost
    print("输入:[Acity,Bcity,1],[Acity,Ccity,2],[Bcity,Ccity,3]")
    print("输出:",[[ci01,ci02,co0],[ci11,ci12,ci1]])
```

4. 运行结果

输入: [Acity,Bcity,1][Acity,Ccity,2],[Bcity,Ccity,3]
输出: [['Acity', 'Bcity', 1], ['Acity', 'Ccity', 2]]

例 162　骑士的最短路径

1. 问题描述

在一个 $n \times m$ 的棋盘中(用二维矩阵中 0 表示空,1 表示有障碍物),骑士的初始位置是(0,0),想要达到($n-1$,$m-1$)位置,骑士只能从左边走到右边。找出骑士到目标位置所需要走的最短路径并返回其长度,如果骑士无法到达则返回−1。如果骑士所在位置为(x,y),那么一步可以到达以下位置($x+1$,$y+2$),($x-1$,$y+2$),($x+2$,$y+1$),($x-2$,$y+1$)。

2. 问题示例

输入[[0,0,0,0],[0,0,0,0],[0,0,0,0]],输出 3,即按照[0,0]−>[2,1]−>[0,2]−>[2,3]到达终点。输入[[0,1,0],[0,0,1],[0,0,0]],输出−1,即无法到达终点。

3. 代码实现

相关代码如下。

```
import sys
class Solution:
    # 参数 grid: 棋盘
    # 返回值: 最短路径长度
    def shortestPath2(self, grid):
        n = len(grid)
        if n == 0:
            return -1
        m = len(grid[0])
        if m == 0:
            return -1
        f = [ [sys.maxsize for j in range(m)] for _ in range(n)]
        f[0][0] = 0
        for j in range(m):
            for i in range(n):
                if not grid[i][j]:
                    if i >= 1 and j >= 2 and f[i - 1][j - 2] != sys.maxsize:
                        f[i][j] = min(f[i][j], f[i - 1][j - 2] + 1)
                    if i + 1 < n and j >= 2 and f[i + 1][j - 2] != sys.maxsize:
                        f[i][j] = min(f[i][j], f[i + 1][j - 2] + 1)
                    if i >= 2 and j >= 1 and f[i - 2][j - 1] != sys.maxsize:
                        f[i][j] = min(f[i][j], f[i - 2][j - 1] + 1)
                    if i + 2 < n and j >= 1 and f[i + 2][j - 1] != sys.maxsize:
                        f[i][j] = min(f[i][j], f[i + 2][j - 1] + 1)
        if f[n - 1][m - 1] == sys.maxsize:
            return -1
        return f[n - 1][m - 1]
#主函数
if __name__ == '__main__':
```

```
inputnum = [[0,0,0,0],[0,0,0,0],[0,0,0,0]]
solution = Solution()
print("输入:",inputnum)
print("输出:",solution.shortestPath2(inputnum))
```

4. 运行结果

```
输入: [[0, 0, 0, 0], [0, 0, 0, 0], [0, 0, 0, 0]]
输出: 3
```

例 163 最大矩阵

1. 问题描述

给出只有 0 和 1 组成的二维矩阵,找出最大的一个子矩阵,使得这个矩阵对角线上全为 1,其他位置全为 0,输出元素的个数。

2. 问题示例

输入[[1,0,1,0,0],[1,0,0,1,0],[1,1,0,0,1],[1,0,0,1,0]]。输出 9,从点[0,2]到点[2,4],组成了一个 3 * 3 矩阵,对角线上全为 1,其他位置全为 0。输入[[1,0,1,0,1],[1,0,0,1,1],[1,1,1,1,1],[1,0,0,1,0]],输出 4,从点[0,2]到点[1,3],组成了一个 2 * 2 矩阵,对角线上全为 1,其他位置全为 0。

3. 代码实现

相关代码如下。

```
class Solution:
    #参数 matrix: 矩阵
    #返回值: 整数
    def maxSquare2(self, matrix):
        if not matrix or not matrix[0]:
            return 0
        n, m = len(matrix), len(matrix[0])
        f = [[0] * m, [0] * m]
        up = [[0] * m, [0] * m]
        for i in range(m):
            f[0][i] = matrix[0][i]
            up[0][i] = 1 - matrix[0][i]
        edge = max(matrix[0])
        for i in range(1, n):
            f[i % 2][0] = matrix[i][0]
            up[i % 2][0] = 0 if matrix[i][0] else up[(i - 1) % 2][0] + 1
            left = 1 - matrix[i][0]
            for j in range(1, m):
                if matrix[i][j]:
                    f[i%2][j] = min(f[(i-1)%2][j-1],left,up[(i-1)%2][j])+1
```

```
                    up[i % 2][j] = 0
                    left = 0
                else:
                    f[i % 2][j] = 0
                    up[i % 2][j] = up[(i - 1) % 2][j] + 1
                    left += 1
            edge = max(edge, max(f[i % 2]))
        return edge * edge
#主函数
if __name__ == '__main__':
    inputnum = [[1,0,1,0,0],[1,0,0,1,0],[1,1,0,0,1],[1,0,0,1,0]]
    solution = Solution()
    print("输入:", inputnum)
    print("输出:",solution.maxSquare2(inputnum))
```

4. 运行结果

```
输入: [[1, 0, 1, 0, 0], [1, 0, 0, 1, 0], [1, 1, 0, 0, 1], [1, 0, 0, 1, 0]]
输出: 9
```

例 164 二叉树的最大节点

1. 问题描述

在二叉树中寻找值最大的节点并返回值。

2. 问题示例

输入如下二叉树,最大的节点为 3,返回 3。

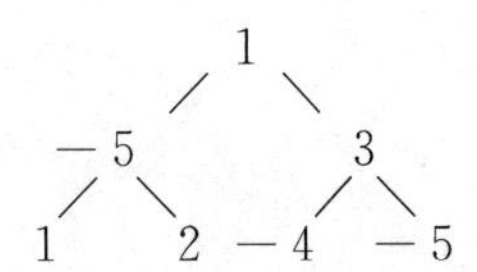

输入如下二叉树,最大的节点为 10,返回 10。

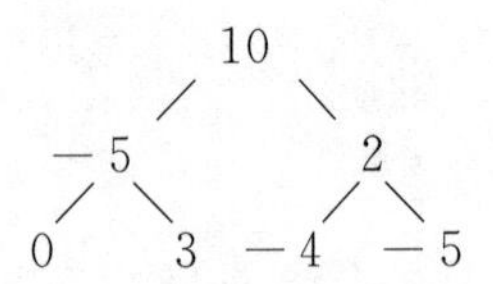

3. 代码实现

相关代码如下。

```
class TreeNode(object):
    def __init__(self, x):
        self.val = x
        self.left = None
        self.right = None
```

```
class Solution:
    # 参数 root: 二叉树根
    # 返回值: 最大节点值
    def maxNode(self, root):
        if root is None:
            return root
        left = self.maxNode(root.left)
        right = self.maxNode(root.right)
        return self.max(root, self.max(left, right))
    def max(self, a, b):
        if a is None:
            return b
        if b is None:
            return a
        if a.val > b.val:
            return a
        return b
#主函数
if __name__ == '__main__':
    root = TreeNode(1)
    root1 = TreeNode( - 5)
    root2 = TreeNode(3)
    root3 = TreeNode(1)
    root4 = TreeNode(2)
    root5 = TreeNode( - 4)
    root6 = TreeNode( - 5)
    root.left = root1
    root.right = root2
    root1.left = root3
    root1.right = root4
    root2.left = root5
    root2.right = root6
    solution = Solution()
    print("输入:[1, - 5 3,1 2 - 4 - 5]")
    print("输出:",solution.maxNode(root).val)
```

4. 运行结果

```
输入: [1, - 5 3,1 2 - 4 - 5]
输出: 3
```

例 165 寻找重复的数

1. 问题描述

给出一个包含 $n+1$ 个整数的数组 nums,数组中整数值在 $1\sim n$(包括边界),保证至少存在 1 个重复的整数。假设只有 1 个重复的整数,返回这个重复的数。要求如下:不能修改数组(假设数组只能读);数组中只有 1 个重复的数,但可能重复超过 1 次。

2. 问题示例

给出 nums=[5,5,4,3,2,1],返回 5。给出 nums=[5,4,4,3,2,1],返回 4。

3. 代码实现

相关代码如下。

```
class Solution:
    #参数 nums: 整型数组
    #返回值: 重复的数
    def findDuplicate(self, nums):
        start, end = 1, len(nums) - 1
        while start + 1 < end:
            mid = (start + end) // 2
            if self.smaller_than_or_equal_to(nums, mid) > mid:
                end = mid
            else:
                start = mid
        if self.smaller_than_or_equal_to(nums, start) > start:
            return start
        return end
    def smaller_than_or_equal_to(self, nums, val):
        count = 0
        for num in nums:
            if num <= val:
                count += 1
        return count
#主函数
if __name__ == '__main__':
    inputnum = [5,5,4,3,2,1]
    solution = Solution()
    print("输入:",inputnum)
    print("输出:",solution.findDuplicate(inputnum))
```

4. 运行结果

```
输入: [5, 5, 4, 3, 2, 1]
输出: 5
```

例 166　拼字游戏

1. 问题描述

给定一个 2D 矩阵,包括 a～z 和字典 dict,找到矩阵上最大的单词集合(这些单词不能在相同的位置重叠),返回最大集合的大小。字典中的单词不重复;可以重复使用字典中的单词。

2. 问题示例

给出如下矩阵：

[['a', 'b', 'c'],

['d', 'e', 'f'],

['g', 'h', 'i']]

dict = ["abc", "cfi", "beh", "defi", "gh"],返回 3,也就是可以得到最大的集合为["abc", "defi", "gh"]。

3. 代码实现

相关代码如下。

```
import collections
class TrieNode(object):
    def __init__(self, value = 0):
        self.value = value
        self.isWord = False
        self.children = collections.OrderedDict()
    @classmethod
    def insert(cls, root, word):
        p = root
        for c in word:
            child = p.children.get(c)
            if not child:
                child = TrieNode(c)
                p.children[c] = child
            p = child
        p.isWord = True
class Solution:
    # 参数 board: 字符列表
    # 参数 words: 字符串列表
    # 返回值: 整数
    def boggleGame(self, board, words):
        self.board = board
        self.words = words
        self.m = len(board)
        self.n = len(board[0])
        self.results = []
        self.temp = []
        self.visited = [[False for _ in range(self.n)] for _ in range(self.m)]
        self.root = TrieNode()
        for word in words:
            TrieNode.insert(self.root, word)
        self.dfs(0, 0, self.root)
        return len(self.results)
    def dfs(self, x, y, root):
```

```
        for i in range(x, self.m):
            for j in range(y, self.n):
                paths = []
                temp = []
                self.getAllPaths(i, j, paths, temp, root)
                for path in paths:
                    word = ''
                    for px, py in path:
                        word += self.board[px][py]
                        self.visited[px][py] = True
                    self.temp.append(word)
                    if len(self.temp) > len(self.results):
                        self.results = self.temp[:]
                    self.dfs(i, j, root)
                    self.temp.pop()
                    for px, py in path:
                        self.visited[px][py] = False
            y = 0
    def getAllPaths(self, i, j, paths, temp, root):
        if i < 0 or i >= self.m or j < 0 or j >= self.n or \
            self.board[i][j] not in root.children or \
            self.visited[i][j] == True:
            return
        root = root.children[self.board[i][j]]
        if root.isWord:
            temp.append((i,j))
            paths.append(temp[:])
            temp.pop()
            return
        self.visited[i][j] = True
        deltas = [(0,1), (0, -1), (1,0), (-1, 0)]
        for dx, dy in deltas:
            newx = i + dx
            newy = j + dy
            temp.append((i,j))
            self.getAllPaths(newx, newy, paths, temp, root)
            temp.pop()
        self.visited[i][j] = False
#主函数
if __name__ == '__main__':
    inputnum = [['a', 'b', 'c'],
['d', 'e', 'f'],
['g', 'h', 'i']]
    dictw = ["abc", "cfi", "beh", "defi", "gh"]
    solution = Solution()
    print("输入字符:",inputnum)
    print("输入字典:",dictw)
```

```
print("输出个数:",solution.boggleGame(inputnum,dictw))
```

4. 运行结果

```
输入字符: [['a', 'b', 'c'], ['d', 'e', 'f'], ['g', 'h', 'i']]
输入字典: ['abc', 'cfi', 'beh', 'defi', 'gh']
输出个数: 3
```

例 167　132 模式识别

1. 问题描述

给定 n 个整数的序列 a1,a2,…,an。设计一个算法来检查序列中是否存在 132 模式(一个 132 模式是对于一个子串 ai,aj,ak,满足 $i<j<k$ 和 $ai<ak<aj$)。n 小于 20 000。

2. 问题示例

输入 nums=[1,2,3,4],输出 False,即在这个序列中没有 132 模式。输入 nums=[3,1,4,2],输出 True,存在 132 模式[1,4,2]。

3. 代码实现

相关代码如下。

```
import sys class Solution:
    # 参数 nums: 整数列表
    # 返回值: True 或者 False
    def find132pattern(self, nums):
        stk = [ - sys.maxsize]
        for i in range(len(nums) - 1, - 1, - 1):
            if nums[i] < stk[ - 1]:
                return True
            else:
                while stk and nums[i] > stk[ - 1]:
                    v = stk.pop()
                stk.append(nums[i])
                stk.append(v)
        return False
#主函数
if __name__ == '__main__':
    inputnum = [1, 2, 3, 4]
    solution = Solution()
    print("输入:",inputnum)
    print("输出:",solution.find132pattern(inputnum))
```

4. 运行结果

```
输入: [3, 1, 4, 2]
输出: True
```

例168 检查缩写字

1. 问题描述

给定一个非空字符串word和缩写abbr,判断字符串是否可以和给定的缩写匹配。例如一个“word”的字符串仅包含以下有效缩写:["word", "1ord", "w1rd", "wo1d", "wor1", "2rd", "w2d", "wo2", "1o1d", "1or1", "w1r1", "1o2", "2r1", "3d", "w3", "4"]。

2. 问题示例

输入 s="internationalization",abbr="i12iz4n",输出True,即字符串可以缩写为所示的样式。输入 s="apple",abbr="a2e",输出False,即字符串中间有3个字符,不能实现缩写。

3. 代码实现

相关代码如下。

```
class Solution:
    #参数 word: 字符串
    #参数 abbr: 字符串
    #返回值: 布尔类型
    def validWordAbbreviation(self, word, abbr):
        i = 0
        j = 0
        while i < len(word) and j < len(abbr):
            if word[i] == abbr[j]:
                i += 1
                j += 1
            elif abbr[j].isdigit() and abbr[j] != '0':
                start = j
                while j < len(abbr) and abbr[j].isdigit():
                    j += 1
                i += int(abbr[start : j])
            else:
                return False
        return i == len(word) and j == len(abbr)
#主函数
if __name__ == '__main__':
    s = "internationalization"
    abbr = "i12iz4n"
    solution = Solution()
    print("输入:",s)
    print("缩写:",abbr)
    print("输出:",solution.validWordAbbreviation(s,abbr))
```

4. 运行结果

```
输入: internationalization
缩写: i12iz4n
输出: True
```

例 169 一次编辑距离

1. 问题描述

给出两个字符串 s 和 t,判断它们是否只差 1 步编辑,即可变成相同的字符串。

2. 问题示例

输入 s="aDb",t="adb",输出 True。输入 s="ab",t="ab",输出 False,因为 $s=t$,所以不相差一次编辑的距离。

3. 代码实现

相关代码如下。

```
class Solution:
    # 参数 s: 字符串
    # 参数 t: 字符串
    # 返回值: 布尔类型
    def isOneEditDistance(self, s, t):
        m = len(s)
        n = len(t)
        if abs(m - n) > 1:
            return False
        if m > n:
            return self.isOneEditDistance(t, s)
        for i in range(m):
            if s[i] != t[i]:
                if m == n:
                    return s[i + 1:] == t[i + 1:]
                return s[i:] == t[i + 1:]
        return m != n
#主函数
if __name__ == '__main__':
    s = "aDb"
    t = "adb"
    solution = Solution()
    print("输入字符串 s:",s)
    print("输入字符串 t:",t)
    print("输出:",solution.isOneEditDistance(s,t))
```

4. 运行结果

```
输入字符串 s: aDb
输入字符串 t: adb
输出: True
```

例 170 数据流滑动窗口平均值

1. 问题描述

给出一串整数流和窗口大小的整数，计算滑动窗口中所有整数的平均值。

2. 问题示例

如果定义 MovingAverage m = new MovingAverage(3)，则 m.next(1) = 1，即返回 1.000 00；m.next(10) = (1+10)/2，即返回 5.500 00；m.next(3) = (1+10+3)/3，即返回 4.666 67；m.next(5) = (10+3+5)/3，即返回 6.000 00。

3. 代码实现

相关代码如下。

```
from collections import deque
class MovingAverage(object):
    def __init__(self, size):
        self.queue = deque([])
        self.size = size
        self.sum = 0.0
    def next(self, val):
        if len(self.queue) == self.size:
            self.sum -= self.queue.popleft()
        self.sum += val
        self.queue.append(val)
        return self.sum / len(self.queue)
if __name__ == '__main__':
    solution = MovingAverage(3)
    print("输入数据流:1,10,3,5")
    print("输出流动窗 1:",solution.next(1))
    print("输出流动窗 2:",solution.next(10))
    print("输出流动窗 3:",solution.next(3))
    print("输出流动窗 4:",solution.next(5))
```

4. 运行结果

```
输入数据流: 1,10,3,5
输出流动窗 1: 1.0
输出流动窗 2: 5.5
输出流动窗 3: 4.666 666 666 666 667
输出流动窗 4: 6.0
```

例171　最长绝对文件路径

1. 问题描述

通过以下方式用字符串抽象文件系统：字符串"dir\n\tsubdir1\n\tsubdir2\n\t\tfile.ext"代表目录 dir 包含一个空子目录 subdir1 和一个包含文件 file.ext 的子目录 subdir2。

字符串"dir\n\tsubdir1\n\t\tfile1.ext\n\t\tsubsubdir1\n\tsubdir2\n\t\tsubsubdir2\n\t\t\tfile2.ext"代表如下的文件结构：

```
dir
    subdir1
        file1.ext
        subsubdir1
    subdir2
        subsubdir2
            file2.ext
```

目录 dir 包含两个子目录 subdir1 和 subdir2。subdir1 包含一个文件 file1.ext 和一个空的二级子目录 subsubdir1。subdir2 包含一个 file2.ext 的二级子目录 subsubdir2。

找到文件系统中最长绝对路径(字符数)。例如，在上面的示例中，最长绝对路径是"dir/subdir2/subsubdir2/file2.ext"，其字符串长度为 32(不包括双引号)。

给定一个以上述格式表示文件系统的字符串，返回抽象文件系统中最长绝对路径的长度。如果系统中没有文件，则返回 0。规则如下：一个文件的名称至少包含一个"."和扩展名；目录或子目录的名称不会包含"."。

2. 问题示例

输入"dir\n\tsubdir1\n\tsubdir2\n\t\tfile.ext"，输出 20，即"dir/subdir2/file.ext"的字符串长度为 20。

输入"dir\n\tsubdir1\n\t\tfile1.ext\n\t\tsubsubdir1\n\tsubdir2\n\t\tsubsubdir2\n\t\t\tfile2.ext"，输出 32，即"dir/subdir2/subsubdir2/file2.ext"的字符串长度为 32。

3. 代码实现

相关代码如下。

```
import re
import collections
class Solution:
    #参数 input：抽象的文件系统
    #返回值：最长文件的绝对路径长度
    def lengthLongestPath(self, input):
        dict = collections.defaultdict(lambda: "")
        lines = input.split("\n")
```

```
        n = len(lines)
        result = 0
        for i in range(n):
            count = lines[i].count("\t")
            lines[i] = dict[count - 1] + re.sub("\\t+","/", lines[i])
            if "." in lines[i]:
                result = max(result, len(lines[i]))
            dict[count] = lines[i]
        return result
#主函数
if __name__ == '__main__':
    inputwords = "dir\n\tsubdir1\n\t\tfile1.ext\n\t\tsubsubdir1\n\tsubdir2\n\t\tsubsubdir2
\n\t\t\tfile2.ext"
    solution = Solution()
    print("输入:", inputwords)
    print("输出:", solution.lengthLongestPath(inputwords))
```

4. 运行结果

```
输入:
dir
    subdir1
        file1.ext
        subsubdir1
    subdir2
        subsubdir2
            file2.ext
输出: 32
```

例 172 识别名人

1. 问题描述

假设你和 n 个人(标记为 $0 \sim n-1$)在聚会,其中可能存在一个名人。名人的定义是所有其他 $n-1$ 人都认识他/她,但他/她不认识任何一个人。现在要验证这个名人不存在。唯一可以做的就是提出问题"A,你认识B吗",获取A是否认识B。编写辅助函数 bool know(a,b),确认A是否认识B;编写一个函数 int findCelebrity(n),实现具体功能。

2. 问题示例

输入2,0认识1,1不认识0,则输出1,因为所有人都认识1,而且1不认识其他人,即1是名人。输入3,0不认识1,0不认识2,1认识0,1不认识2,2认识0,2认识1,则输出-1,没有名人。

3. 代码实现

相关代码如下。

```
#假定 0 认识 1,1 不认识 0
class Celebrity:
    def knows(a,b):
        if a == 0 and b == 1 :
            return True
        if a == 1 and b == 0 :
            return False
class Solution:
    # 参数 n: 整数
    # 返回值: 整数
    def findCelebrity(self, n):
        celeb = 0
        for i in range(1, n):
            if Celebrity.knows(celeb, i):
                celeb = i
        for i in range(n):
            if celeb != i and Celebrity.knows(celeb, i):
                return -1
            if celeb != i and not Celebrity.knows(i, celeb):
                return -1
        return celeb
#主函数
if __name__ == '__main__':
    n = 2
    solution = Solution()
    print("输入:",n)
    print("输出:",solution.findCelebrity(n))
```

4. 运行结果

输入: 2
输出: 1

例 173　第一个独特字符位置

1. 问题描述

给出一个字符串,找到字符串中第一个不重复的字符,返回它的下标。如不存在则返回−1。

2. 问题示例

输入 s="longterm",输出 0,输入 s="lovelongterm",输出 2。

3. 代码实现

相关代码如下。

```
class Solution:
```

```
    # 参数 s: 字符串
    # 返回值: 整数
    def firstUniqChar(self, s):
        alp = {}
        for c in s:
            if c not in alp:
                alp[c] = 1
            else:
                alp[c] += 1
        index = 0
        for c in s:
            if alp[c] == 1:
                return index
            index += 1
        return -1
#主函数
if __name__ == '__main__':
    s = "lintcode"
    solution = Solution()
    print("输入:",s)
    print("输出:",solution.firstUniqChar(s))
```

4. 运行结果

输入: longterm
输出: 0

例 174 子串字谜

1. 问题描述

给定一个字符串 s 和一个非空字符串 p，找到在 s 中所有关于 p 的字谜起始索引。字符串仅由小写英文字母组成，字符串 s 和 p 的长度不大于 40 000。

2. 问题示例

输入 s="cbaebabacd"，p="abc"，输出[0,6]，子串起始索引 index=0 是"cba"，是"abc"的字谜。子串起始索引 index=6 是"bac"，是"abc"的字谜。

3. 代码实现

相关代码如下。

```
class Solution:
    # 参数 s: 字符串
    # 参数 p: 字符串
    # 返回值: 索引列表
    def findAnagrams(self, s, p):
        ans = []
```

```
        sum = [0 for x in range(0,30)]
        plength = len(p)
        slength = len(s)
        for i in range(plength):
            sum[ord(p[i]) - ord('a')] += 1
        start = 0
        end = 0
        matched = 0
        while end < slength:
            if sum[ord(s[end]) - ord('a')] >= 1:
                matched += 1
            sum[ord(s[end]) - ord('a')] -= 1
            end += 1
            if matched == plength:
                ans.append(start)
            if end - start == plength:
                if sum[ord(s[start]) - ord('a')] >= 0:
                    matched -= 1
                sum[ord(s[start]) - ord('a')] += 1
                start += 1
        return ans
#主函数
if __name__ == '__main__':
    s = "cbaebabacd"
    p = "abc"
    solution = Solution()
    print("输入字符串:",s)
    print("输入子串:",p)
    print("输出索引:",solution.findAnagrams(s,p))
```

4. 运行结果

```
输入字符串: cbaebabacd
输入子串: abc
输出索引: [0, 6]
```

例 175 单词缩写集

1. 问题描述

根据以下规则缩写单词：只保留首尾字母，中间缩写以中间部分的字符串长度表示。例如：

(1) it——it(没有缩写)

(2) d¦uc¦k——d2k(缩去 2 个字符)

(3) s¦ometim¦e——s6e(缩去 6 个字符)

假设有一个字典和一个单词，判断这个单词的缩写在字典中是否唯一。

2. 问题示例

输入["deer", "door", "cake", "card"],字典中所有单词的缩写为["d2r", "d2r", "c2e", "c2d"]。isUnique("dear"),输出 False; isUnique("cart"),输出 True。因为"dear"的缩写是"d2r",在字典中; "cart"的缩写是"c2t",不在字典中。isUnique("cane"),输出 False; isUnique("make"),输出 True。因为"cane"的缩写是"c2e",在字典中; "make"的缩写是"m2e",不在字典中。

3. 代码实现

相关代码如下。

```
class ValidWordAbbr:
    def __init__(self, dictionary):
        self.map = {}
        for word in dictionary:
            abbr = self.word_to_abbr(word)
            if abbr not in self.map:
                self.map[abbr] = set()
            self.map[abbr].add(word)
    def word_to_abbr(self, word):
        if len(word) <= 1:
            return word
        return word[0] + str(len(word[1: -1])) + word[ -1]
    def isUnique(self, word):
        abbr = self.word_to_abbr(word)
        if abbr not in self.map:
            return True
        for word_in_dict in self.map[abbr]:
            if word != word_in_dict:
                return False
        return True
#主函数
if __name__ == '__main__':
    dic = [ "deer", "door", "cake", "card" ]
    solution = ValidWordAbbr(dic)
    print("输入字典:",dic)
    print("输入单词: dear")
    print("输出结果:",solution.isUnique("dear"))
    print("输入单词: cart")
    print("输出结果:",solution.isUnique("cart"))
```

4. 运行结果

```
输入字典: ['deer', 'door', 'cake', 'card']
输入单词: dear
输出结果: False
```

输入单词: cart
输出结果: True

例 176　二叉树翻转

1. 问题描述

给出一个二叉树,其中所有右节点可能是具有兄弟节点的叶子节点(即有一个相同父节点的左节点)或空白。将其倒置并转换为树,其中原来的右节点变为左叶子节点。返回新的根节点。

2. 问题示例

给出一个二叉树,表示为{1,2,3,4,5}。

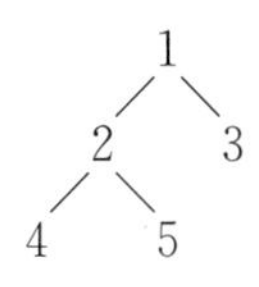

返回二叉树如下所示,表示为{4,5,2,#,#,3,1}。

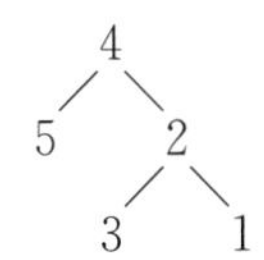

3. 代码实现

相关代码如下。

```
class TreeNode:
    def __init__(self, val):
        self.val = val
        self.left, self.right = None, None
class Solution:
    def upsideDownBinaryTree(self, root):
        if root is None:
            return None
        return self.dfs(root)
    def dfs(self, root):
        if root.left is None:
            return root
        newRoot = self.dfs(root.left)
        root.left.right = root
        root.left.left = root.right
        root.left = None
        root.right = None
        return newRoot
#主函数
```

```
if __name__ == '__main__':
    root1 = TreeNode(1)
    root2 = TreeNode(2)
    root3 = TreeNode(3)
    root4 = TreeNode(4)
    root5 = TreeNode(5)
    inputnum = [1,2,3,4,5,"#","#"]
    root1.left = root2
    root1.right = root3
    root2.left = root4
    root2.right = root5
    solution = Solution()
    a = solution.upsideDownBinaryTree(root1)
    a0 = a.val
    a1 = a.left.val
    a2 = a.right.val
    a3 = '#'
    a4 = '#'
    a5 = a.right.left.val
    a6 = a.right.right.val
    aa = [a0,a1,a2,a3,a4,a5,a6]
    print("输入",inputnum)
    print("输出",aa)
```

4. 运行结果

```
输入: [1, 2, 3, 4, 5, '#', '#']
输出: [4, 5, 2, '#', '#', 3, 1]
```

例 177 二叉树垂直遍历

1. 问题描述

给定二叉树，返回其节点值的垂直遍历顺序，即逐列从上到下。如果两个节点在同一行和同一列中，则顺序为从左到右。

2. 问题示例

输入二叉树，表示为{3,9,20,#,#,15,7}，输出[[9],[3,15],[20],[7]]。

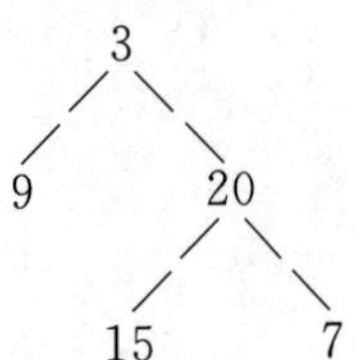

3. 代码实现

相关代码如下。

```
import collections
import queue as Queue
class TreeNode:
    def __init__(self, val):
        self.val = val
        self.left, self.right = None, None
class Solution:
    # 参数 root: 二叉树根
    # 返回值: 整型列表
    def verticalOrder(self, root):
        results = collections.defaultdict(list)
        queue = Queue.Queue()
        queue.put((root, 0))
        while not queue.empty():
            node, x = queue.get()
            if node:
                results[x].append(node.val)
                queue.put((node.left, x - 1))
                queue.put((node.right, x + 1))
        return [results[i] for i in sorted(results)]
#主函数
if __name__ == '__main__':
    root = TreeNode(3)
    root1 = TreeNode(9)
    root2 = TreeNode(20)
    root3 = TreeNode(15)
    root4 = TreeNode(7)
    root.left = root1
    root.right = root2
    root2.left = root3
    root2.right = root4
    solution = Solution()
    a = solution.verticalOrder(root)
    print("输入: [3,9,20,#,#,15,7]")
    print("输出:",a)
```

4. 运行结果

```
输入: [3,9,20,#,#,15,7]
输出: [[9], [3, 15], [20], [7]]
```

例 178 因式分解

1. 问题描述

非负数可以被视为其因数的乘积，编写一个函数来返回整数 n 的因数的所有可能组合。组合中的元素(a1,a2,…,ak)必须是非降序，即 a1≤a2≤…≤ak。结果集中不能包含重复的组合。

2. 问题示例

输入 8，输出[[2,2,2],[2,4]]，即 8 = 2×2×2 = 2×4。

3. 代码实现

相关代码如下。

```
class Solution:
    #参数 n: 整数
    #返回值: 组合列表
    def getFactors(self, n):
        result = []
        self.helper(result, [], n, 2);
        return result
    def helper(self, result, item, n, start):
        if n <= 1:
            if len(item) > 1:
                result.append(item[:])
            return
        import math
        for i in range(start, int(math.sqrt(n)) + 1):
            if n % i == 0:
                item.append(i)
                self.helper(result, item, n / i, i)
                item.pop()
        if n >= start:
            item.append(n)
            self.helper(result, item, 1, n)
            item.pop()
#主函数
if __name__ == '__main__':
    inputnum = 8
    solution = Solution()
    print("输入:",inputnum)
    print("输出:",solution.getFactors(inputnum))
```

4. 运行结果

```
输入: 8
输出: [[2, 2, 2.0], [2, 4.0]]
```

▶例 179 从集合中插入或移除元素

1. 问题描述

设计一个数据结构实现以下所有的操作。insert(val)，如果元素不在集合中，则插入。

remove(val),如果元素在集合中,则从集合中移除。getRandom(),随机从集合中返回一个元素,每个元素返回的概率相同。

2. 问题示例

RandomizedSetrandomSet = new RandomizedSet(),初始化一个空的集合。

randomSet.insert(1),1 成功插入集合中,返回正确。

randomSet.remove(2),返回错误,2 不在集合中。

randomSet.insert(2),2 插入集合中,返回正确,集合中现在有[1,2]。

randomSet.getRandom(),随机返回 1 或 2。

randomSet.remove(1),从集合中移除 1,返回正确。

randomSet.insert(2),2 已经在集合中,返回错误。

randomSet.getRandom(),2 是集合中唯一的数字,所以 getRandom 总是返回 2。

3. 代码实现

相关代码如下。

```
import random
class RandomizedSet(object):
    def __init__(self):
        self.nums, self.pos = [], {}
    # 参数 val: 整数
    # 返回值: 布尔类型
    def insert(self, val):
        if val not in self.pos:
            self.nums.append(val)
            self.pos[val] = len(self.nums) - 1
            return True
        return False
    # 参数 val: 整数
    # 返回值: 布尔类型
    def remove(self, val):
        if val in self.pos:
            idx, last = self.pos[val], self.nums[-1]
            self.nums[idx], self.pos[last] = last, idx
            self.nums.pop()
            del self.pos[val]
            return True
        return False
    def getRandom(self):
        return self.nums[random.randint(0, len(self.nums) - 1)]
#主函数
if __name__ == '__main__':
    solution = RandomizedSet()
    print("插入一个元素:1")
```

```
    print("输出:",solution.insert(1))
    print("移除一个元素:2")
    print("输出:",solution.remove(2))
    print("插入一个元素:2")
    print("输出:",solution.insert(2))
    print("获取随机元素:1")
    print("输出:",solution.getRandom())
    print("移除一个元素:1")
    print("输出:",solution.remove(1))
    print("插入一个元素:2")
    print("输出:",solution.insert(2))
```

4. 运行结果

```
插入一个元素: 1
输出: True
移除一个元素: 2
输出: False
插入一个元素: 2
输出: True
获取随机元素: 1
输出: 1
移除一个元素: 1
输出: True
插入一个元素: 2
输出: False
```

例 180 编码和解码字符串

1. 问题描述

设计一个将字符串列表编码为字符串的算法。已经编码的字符串会通过网络发送，同时被解码到原始的字符串列表，程序实现 encode()和 decode()。

2. 问题示例

输入["long","term","love","you"]，输出["long","term","love","you"]，一种可能的编码方式为"long:;term:;love:;you"；输入["we", "say", ":", "yes"]，输出["we", "say", ":", "yes"]，一种可能的编码方式为"we:;say:;:::;yes"。

3. 代码实现

相关代码如下。

```
class Solution:
    #参数 strs: 字符串列表
    #返回值: 编码后的字符串列表
    # " " -> ": " 分隔不同单词
```

```
    # ":" -> "::" 区分":"
    def encode(self, strs):
        encoded = []
        for string in strs:
            for char in string:
                if char == ":":
                    encoded.append("::")
                else:
                    encoded.append(char)
            encoded.append(": ")
        return "".join(encoded)
    #参数 str: 字符串
    #返回值: 解码字符串列表
    def decode(self, str):
        res = []
        idx = 0
        length = len(str)
        tmp_str = []
        while idx < length - 1:
            if str[idx] == ":":
                if str[idx + 1] == ":":
                    tmp_str.append(":")
                    idx += 2
                elif str[idx + 1] == " ":
                    res.append("".join(tmp_str))
                    tmp_str = []
                    idx += 2
            else:
                tmp_str.append(str[idx])
                idx += 1
        return res
#主函数
if __name__ == '__main__':
    inputwords = ["lint","code","love","you"]
    solution = Solution()
    print("输入:",inputwords)
    print("编码:",solution.encode(inputwords))
    print("解码:",solution.decode(solution.encode(inputwords)))
```

4. 运行结果

```
输入: ['lint', 'code', 'love', 'you']
编码: lint: code: love: you:
解码: ['lint', 'code', 'love', 'you']
```

例181 猜数游戏 I

1. 问题描述

猜数游戏规则如下：从 1～n 选择一个数字，需要猜选择了哪个数字。每次猜错，程序会提示猜的数字是偏高还是偏低。调用一个预定义的函数 guess(int num)，程序会返回 3 个可能的结果(−1,1 或 0)，−1 代表偏低，1 代表偏高，0 代表正确。

2. 问题示例

输入 $n=10$，选择了 4。通过程序最后猜中数字，输出 4。

3. 代码实现

相关代码如下。

```
def guess(mid):
    if mid > 4:
        return -1
    if mid < 4:
        return 1
    if mid == 4:
        return 0
class Solution:
    #参数 n: 整数
    #返回值: 所猜的数
    def guessNumber(self, n):
        l = 1
        r = n
        while l <= r:
            mid = abs(l + (r - l) / 2)
            res = guess(mid)
            if res == 0:
                return mid
            if res == -1:
                r = mid - 1
            if res == 1:
                l = mid + 1
        return int(mid)
#主函数
if __name__ == '__main__':
    inputnum = 10
    selectedNumber = 4
    solution = Solution()
    print("输入总数:", inputnum)
    print("所选的数字:", selectedNumber)
    print("所猜的数字:", solution.guessNumber(inputnum))
```

4. 运行结果

```
输入总数：10
所选的数字：4
所猜的数字：4
```

例 182 数 1 的个数

1. 问题描述

给出一个非负整数 num，对所有满足 $0 \leqslant i \leqslant \text{num}$ 条件的数字 i，计算其二进制表示中数 1 的个数，并以数组的形式返回。

2. 问题示例

输入 5，输出[0,1,1,2,1,2]，因为 0～5 的二进制表示分别是 000、001、010、011、100、101，每个数字中 1 的个数分别为 0、1、1、2、1、2。输入 3，输出[0,1,1,2]，因为 0～3 的二进制表示分别是 000、001、010、011。

3. 代码实现

相关代码如下。

```
class Solution:
    #参数 num：非负整数
    #返回值：数组
    def countBits(self, num):
        f = [0] * (num + 1)
        for i in range(1, num + 1):
            f[i] = f[i & i - 1] + 1
        return f
#主函数
if __name__ == '__main__':
    inputnum = 5
    solution = Solution()
    print("输入:",inputnum)
    print("输出:",solution.countBits(inputnum))
```

4. 运行结果

```
输入：5
输出：[0, 1, 1, 2, 1, 2]
```

例 183 平面范围求和——不可变矩阵

1. 问题描述

给定二维矩阵，计算由左上角坐标(row1, col1)和右下角坐标(row2, col2)划定的矩形内元素的和。假设矩阵不变，row1 ≤ row2 并且 col1 ≤ col2。

2. 问题示例

输入[[3,0,1,4,2],[5,6,3,2,1],[1,2,0,1,5],[4,1,0,1,7],[1,0,3,0,5]], sumRegion(2, 1, 4, 3),sumRegion(1, 1, 2, 2),sumRegion(1, 2, 2, 4),输出 8,11,12。

根据给出矩阵

[
  [3, 0, 1, 4, 2],
  [5, 6, 3, 2, 1],
  [1, 2, 0, 1, 5],
  [4, 1, 0, 1, 7],
  [1, 0, 3, 0, 5]
]

sumRegion(2, 1, 4, 3) = 2 + 0 + 1 + 1 + 0 + 1 + 0 + 3 + 0 = 8

sumRegion(1, 1, 2, 2) = 6 + 3 + 2 + 0 = 11

sumRegion(1, 2, 2, 4) = 3 + 2 + 1 + 0 + 1 + 5 = 12

输入[[3,0],[5,6]],sumRegion(0, 0, 0, 1),sumRegion(0, 0, 1, 1),输出 3,14。

给出矩阵

[
  [3, 0],
  [5, 6]
]

sumRegion(0, 0, 0, 1) = 3 + 0 = 3

sumRegion(0, 0, 1, 1) = 3 + 0 + 5 + 6 = 14。

3. 代码实现

相关代码如下。

```
class NumMatrix(object):
    #参数 matrix: 矩阵
    def __init__(self, matrix):
        if len(matrix) == 0 or len(matrix[0]) == 0:
            return
        n = len(matrix)
        m = len(matrix[0])
        self.dp  = [[0] * (m + 1) for _ in range(n + 1)]
        for r in range(n):
            for c in range(m):
                self.dp[r + 1][c + 1] = self.dp[r + 1][c] + self.dp[r][c + 1] + \
                    matrix[r][c] - self.dp[r][c]
    # 参数 row1: 整数
```

```
        # 参数 col1: 整数
        # 参数 row2: 整数
        # 参数 col2: 整数
        # 返回值: 整数
        def sumRegion(self, row1, col1, row2, col2):
            return self.dp[row2 + 1][col2 + 1] - self.dp[row1][col2 + 1] - \
                self.dp[row2 + 1][col1] + self.dp[row1][col1]
#主函数
if __name__ == '__main__':
    inputnum = [[3,0,1,4,2],[5,6,3,2,1],[1,2,0,1,5],[4,1,0,1,7],[1,0,3,0,5]]
    solution = NumMatrix(inputnum)
    print("输入矩阵:",inputnum)
    print("区域 1 的和:",solution.sumRegion(2, 1, 4, 3))
    print("区域 2 的和:",solution.sumRegion(1, 1, 2, 2))
    print("区域 3 的和:",solution.sumRegion(1, 2, 2, 4))
```

4. 运行结果

```
输入矩阵: [[3, 0, 1, 4, 2], [5, 6, 3, 2, 1], [1, 2, 0, 1, 5], [4, 1, 0, 1, 7], [1, 0, 3, 0, 5]]
区域 1 的和: 8
区域 2 的和: 11
区域 3 的和: 12
```

例 184 猜数游戏 Ⅱ

1. 问题描述

猜数游戏规则如下：从 $1 \sim n$ 中选择一个数字，需要猜选择了哪个数字。每次猜错了，会提示这个数字是高还是低。

但是，当猜这个数为 x 并且猜错时，需要支付 \$$x$，当猜到选择的数时，赢得这场游戏。给一个具体的数，计算需要多少钱才可以保证赢得比赛。

2. 问题示例

输入 $n = 10$，选择的数为 2。第 1 轮：猜测为 7，提示待猜的值应更小，需要支付 \$7；第 2 轮：猜测为 3，提示待猜的值应更小，需要支付 \$3；第 3 轮：猜测为 1，提示待猜的值应更大，需要支付 \$1；游戏结束，2 是所选择的待猜数。最终需要支付 \$7+ \$3+ \$1= \$11。

给出 $n = 10$，选择的数为 4。第 1 轮：猜测为 7，提示待猜的值应更小，需要支付 \$7；第 2 轮：猜测为 3，提示待猜的值应更大，需要支付 \$3；第 3 轮：猜测为 5，提示待猜的值应更小，需要支付 \$5；游戏结束，4 是所选择的待猜数。最终需要支付 \$7+ \$3+ \$5= \$15。

给出 $n = 10$，选择的数为 8。第 1 轮：猜测为 7，提示待猜的值应更大，需要支付 \$7；第 2 轮：猜测为 9，提示待猜的值应更小，需要支付 \$9；游戏结束，8 是所选择的待猜数。最终需要支付 \$7 + \$9 = \$16。

编程实现所有可能性，最终对于 $n = 10$，答案为 16。

3. 代码实现

相关代码如下。

```
class Solution:
    # 参数 n: 整数
    # 返回值: 整数
    def getMoneyAmount(self, n):
        dp = [[0 for _ in range(n + 1)] for __ in range(n + 1)]
        for len in range(2, n + 1):
            for start in range(1, n - len + 2):
                import sys
                temp = sys.maxsize
                for k in range(start + int((len - 1) / 2), start + int(len - 1)):
                    left, right = dp[start][k - 1], dp[k + 1][start + len - 1]
                    temp = min(k + max(left, right), temp)
                    if left > right:
                        break
                dp[start][start + len - 1] = temp
        return dp[1][n]
#主函数
if __name__ == '__main__':
    inputnum = 10
    solution = Solution()
    print("输入:", inputnum)
    print("输出:", solution.getMoneyAmount(inputnum))
```

4. 运行结果

```
输入: 10
输出: 16
```

▶例 185　最长的回文序列

1. 问题描述

给定字符串 s，找出在 s 中的最长回文序列的长度，假设 s 的最大长度为 1000。

2. 问题示例

输入"bbbab"，输出 4，因为一个可能的最长回文序列为"bbbb"。输入"bbbbb"，输出 5。

3. 代码实现

相关代码如下。

```
class Solution:
    # 参数 s: 字符串
    # 返回值: 整数
    def longestPalindromeSubseq(self, s):
```

```
        length = len(s)
        if length == 0:
            return 0
        dp = [[0 for _ in range(length)] for __ in range(length)]
        for i in range(length - 1, -1, -1):
            dp[i][i] = 1
            for j in range(i + 1, length):
                if s[i] == s[j]:
                    dp[i][j] = dp[i + 1][j - 1] + 2
                else:
                    dp[i][j] = max(dp[i + 1][j], dp[i][j - 1])
        return dp[0][length - 1]
#主函数
if __name__ == '__main__':
    inputnum = "bbbab"
    solution = Solution()
    print("输入:",inputnum)
    print("输出:",solution.longestPalindromeSubseq(inputnum))
```

4. 运行结果

输入: bbbab
输出: 4

例186　1和0

1. 问题描述

给定一个只包含0和1的字符串数组，只具有m个0和n个1资源，找到可以由m个0和n个1构成字符串数组中字符串的最大个数，每一个0和1均只能使用一次。

2. 问题示例

输入["10", "0001", "111001", "1", "0"]，$m=5$，$n=3$，输出4。这里总共有4个字符串，可以用5个0和3个1构成，它们是"10"、"0001"、"1"、"0"。

输入["10", "0001", "111001", "1", "0"]，$m=7$，$n=7$，输出5，所有字符串都可以由7个0和7个1构成。

3. 代码实现

相关代码如下。

```
class Solution:
    #参数strs: 字符串数组
    #参数m: 整数
    #参数n: 整数
    #返回值: 整数
    def findMaxForm(self, strs, m, n):
```

```
        dp = [[0] * (m + 1) for _ in range(n + 1)]
        for s in strs:
            zero = 0
            one = 0
            for ch in s:
                if ch == "1":
                    one += 1
                else:
                    zero += 1
            for i in range(n,one - 1, - 1):
                for j in range(m,zero - 1, - 1):
                    if dp[i - one][j - zero] + 1 > dp[i][j]:
                        dp[i][j] = dp[i - one][j - zero] + 1
        return dp[ - 1][ - 1]
#主函数
if __name__ == '__main__':
    inputnum = ["10", "0001", "111001", "1", "0"]
    m = 5
    n = 3
    solution = Solution()
    print("输入:",inputnum)
    print("输入 m :",m)
    print("输入 n :",n)
    print(solution.findMaxForm(inputnum,m,n))
```

4. 运行结果

```
输入: ['10', '0001', '111001', '1', '0']
输入 m: 5
输入 n: 3
```

例 187 预测能否胜利

1. 问题描述

给出一个由非负整数构成的数组,玩家 1 从数组的任意一端选择一个数字,玩家 2 从数组的任意一端选择一个数字,轮流进行。每次一个玩家只能取一个数,每个数只能取一次。数组内分数都被取完后,总数大的玩家获胜。

给定数组,预测玩家 1 是否能赢。数组长度大于或等于 1 且小于或等于 20,任意数均为非负数且不超过 10 000 000。如果两个玩家分数相同,那么玩家 1 获胜。

2. 问题示例

输入[1, 5, 2],输出 False。开始玩家 1 可以选择 1 或 2,如果他选择 2(或 1),那么玩家 2 可以选择 1(2)或 5,如果玩家 2 选择了 5,那么玩家 1 只能选择 1(或 2),所以玩家 1 最终的分数为 1 + 2 = 3,而玩家 2 为 5,玩家 1 不能赢,返回 False。

3. 代码实现

相关代码如下。

```
class Solution:
    #参数 nums: 整数数组
    #返回值: 布尔类型
    def PredictTheWinner(self, nums):
        if len(nums) & 1 == 0: return True
        dp = [[0] * len(nums) for _ in range(len(nums))]
        for i, v in enumerate(nums):
            dp[i][i] = v
        for i in range(1, len(nums)):
            for j in range(len(nums) - i):
                dp[j][j + i] = max(nums[j] - dp[j + 1][j + i], nums[j + i] - dp[j][j +
i - 1])
        return dp[0][-1] > 0
#主函数
if __name__ == '__main__':
    inputnum = [1, 5, 2]
    solution = Solution()
    print("输入:",inputnum)
    print("输出:",solution.PredictTheWinner(inputnum))
```

4. 运行结果

```
输入: [1, 5, 2]
输出: False
```

例 188 循环单词

1. 问题描述

如果一个单词通过循环右移可获得另外一个单词,则称该单词为循环单词。给出一个单词集合,统计该集合中有多少种循环单词?(所有单词均为小写)

2. 问题示例

输入 dict = ["picture", "turepic", "icturep", "word", "ordw", "long"],输出 3。因为"picture"、"turepic"、"icturep"是相同的循环单词,"word"、"ordw"也相同,"long"是第三个不同于前 2 个的单词。

3. 代码实现

相关代码如下。

```
class Solution:
    #参数 words: 单词列表
    #返回值: 整数
```

```
    def countRotateWords(self, words):
        dict1 = set()
        for w in words:
            s = w + w
            for i in range(0, len(w)):
                tmp = s[i : i + len(w)]
                if tmp in dict1:
                    dict1.remove(tmp)
            dict1.add(w)
        return len(dict1)
#主函数
if __name__ == '__main__':
    dict1 = ["picture", "turepic", "icturep", "word", "ordw", "long"]
    solution = Solution()
    print("输入:",dict1)
    print("输出:",solution.countRotateWords(dict1))
```

4. 运行结果

```
输入: ['picture', 'turepic', 'icturep', 'word', 'ordw', 'long']
输出: 3
```

▶例 189　最大子数组之和为 k

1. 问题描述

给一个数组 nums 和目标值 k，找到数组中最长的子数组，使其中的元素和为 k。如果没有，则返回 0。

2. 问题示例

输入 nums=[1,−1,5,−2,3]，$k=3$，输出 4，因为子数组[1,−1,5,−2]的和为 3，且长度最大。输入 nums=[−2,−1,2,1]，$k=1$，输出 2，因为子数组[−1,2]的和为 1，且长度最大。

3. 代码实现

相关代码如下。

```
class Solution:
    #参数 nums: 数组
    #参数 k: 整数
    #返回值: 整数
    def maxSubArrayLen(self, nums, k):
        m = {}
        ans = 0
        m[k] = 0
        n = len(nums)
```

```
        sum = [0 for i in range(n + 1)]
        for i in range(1, n + 1):
            sum[i] = sum[i - 1] + nums[i - 1]
            if sum[i] in m:
                ans = max(ans, i - m[sum[i]])
            if sum[i] + k not in m:
                m[sum[i] + k] = i
        return ans
if __name__ == '__main__':
    num = [-2, 7, 3, -4, 1]
    k = 5
    solution = Solution()
    print("输入数组:",num)
    print("输入目标值:",k)
    print("输出:",solution.maxSubArrayLen(num, k))
```

4. 运行结果

```
输入数组: [-2, 7, 3, -4, 1]
输入目标值: 5
输出: 5
```

例 190 等差切片

1. 问题描述

如果数字序列由至少 3 个元素组成,并且任何 2 个连续元素之间的差值相同,则称为等差数列。

给定由 N 个数组成且下标从 0 开始的数组 A。这个数组的一个切片指任意一个满足 $0<=P<Q<N$ 的整数对(P,Q)。

如果 A 中的一个切片(P,Q)是等差切片,则需要满足 $A[P],A[P+1],\cdots,A[Q-1],A[Q]$是等差的。还需要注意,这也意味着 $P+1<Q$。需要实现的函数应该返回数组 A 中等差切片的数量。

2. 问题示例

输入[1, 2, 3, 4],输出 3,因为 A 中的 3 个等差切片为[1, 2, 3],[2, 3, 4]以及[1, 2, 3, 4]。输入[1, 2, 3],输出 1。

3. 代码实现

相关代码如下。

```
class Solution(object):
    def numberOfArithmeticSlices(self, A):
        #参数 A: 列表
        #返回值: 整数
```

```
        size = len(A)
        if size < 3: return 0
        ans = cnt = 0
        delta = A[1] - A[0]
        for x in range(2, size):
            if A[x] - A[x - 1] == delta:
                cnt += 1
                ans += cnt
            else:
                delta = A[x] - A[x - 1]
                cnt = 0
        return ans
if __name__ == '__main__':
    solution = Solution()
    inputnum = [1, 2, 3, 4]
    print("输入:", inputnum)
    print("输出:", solution.numberOfArithmeticSlices(inputnum))
```

4. 运行结果

```
输入: [1, 2, 3, 4]
输出: 3
```

例 191 2D 战舰

1. 问题描述

给一个 2D(二维)甲板,统计有多少艘战舰,战舰用“X”表示,空地用“.”表示。规则如下:战舰只能横向或者纵向放置,也就是说,战舰大小只能是 $1\times N$(1 行 N 列)或者 $N\times 1$(N 行 1 列)。N 可以是任意数。在两艘战舰之间至少有 1 个横向的或者纵向的格子分隔,不能使战舰相邻。

2. 问题示例

输入:

X . . X

. . . X

. . . X

输出 2,在甲板上有两艘战舰。

3. 代码实现

相关代码如下。

```
class Solution(object):
    def countBattleships(self, board):
        #参数 board: 列表
```

```
        #返回值: 整数
        len1 = len(board)
        if len1 == 0:
            return 0;
        len2 = len(board[0])
        ans = 0
        for i in range(0, len1):
            for j in range(0,len2):
                if board[i][j] == 'X' and (i == 0 or board[i-1][j] == '.')and (j == 0 or
board[i][j-1] == '.'):
                    ans += 1
        return ans
if __name__ == '__main__':
    solution = Solution()
    inputnum = ["X..X","...X","...X"]
    print("输入:",inputnum)
    print("输出:",solution.countBattleships(inputnum))
```

4. 运行结果

```
输入: ['X..X', '...X', '...X']
输出: 2
```

例 192 连续数组

1. 问题描述

给一个二进制数组,找到 0 和 1 数量相等的子数组的最大长度。

2. 问题示例

输入[0,1],输出 2,因为[0, 1]是具有相等数量 0 和 1 的最长子数组。输入[0,1,0],输出 2,因为[0, 1] (或者 [1, 0])是具有相等数量 0 和 1 的最长子数组。

3. 代码实现

相关代码如下。

```
class Solution:
    #参数 nums: 数组
    #返回值: 整数
    def findMaxLength(self, nums):
        index_sum = {}
        cur_sum = 0
        ans = 0
        for i in range(len(nums)):
            if nums[i] == 0: cur_sum -= 1
            else: cur_sum += 1
            if cur_sum == 0: ans = i+1
```

```
                elif cur_sum in index_sum: ans = max(ans, i - index_sum[cur_sum])
                if cur_sum not in index_sum: index_sum[cur_sum] = i
            return ans
if __name__ == '__main__':
    solution = Solution()
    inputnum = [1,0]
    print("输入:", inputnum)
    print("输出:", solution.findMaxLength(inputnum))
```

4. 运行结果

输入: [1, 0]
输出: 2

例 193　带有冷却时间的买卖股票最佳时间

1. 问题描述

以数组表示股票价格,第 i 个元素表示第 i 天股票的价格。设计一个算法以得到最大的利润。不能同时进行多笔交易(即必须在再次购买之前卖出股票)。在出售股票后,无法在第 2 天购买股票,即需冷却 1 天。

2. 问题示例

输入[1, 2, 3, 0, 2],输出 3,因为交易情况为[买, 卖, 停, 买, 卖],第 1 次买卖利润为 2－1＝1,第 2 次买卖利润为 2－0＝2,总利润为 3。

3. 代码实现

相关代码如下。

```
class Solution:
    #参数 prices: 整数列表
    #返回值: 整数
    def maxProfit(self, prices):
        if not prices:
            return 0
        buy, sell, cooldown = [0 for _ in range(len(prices))], [0 for _ in range(len
(prices))], [0 for _ in range(len(prices))]
        buy[0] = -prices[0]
        for i in range(1, len(prices)):
            cooldown[i] = sell[i - 1]
            sell[i] = max(sell[i - 1], buy[i - 1] + prices[i])
            buy[i] = max(buy[i - 1], cooldown[i - 1] - prices[i])
        return max(sell[-1], cooldown[-1])
if __name__ == '__main__':
    solution = Solution()
    inputnum = [1,2,3,0,2]
```

```
    print("输入:",inputnum)
    print("输出:",solution.maxProfit(inputnum))
```

4. 运行结果

```
输入: [1, 2, 3, 0, 2]
输出: 3
```

例 194 小行星的碰撞

1. 问题描述

给定一个整数数组,代表小行星。对于每颗小行星,绝对值表示其大小,符号表示其方向(正表示右,负表示左)。每颗小行星以相同的速度移动。

如果两颗小行星相遇,则较小的小行星会爆炸。如果两者的大小相同,则两者都会爆炸。沿同一方向移动的两颗小行星永远不会相遇。返回所有碰撞发生后小行星的状态。

2. 问题示例

输入[5, 10, −5],输出[5, 10],因为 10 和−5 碰撞得 10,而 5 和 10 永远不会碰撞。输入[10, 2, −5],输出[10],因为 2 和−5 碰撞后得到−5,然后 10 和−5 碰撞剩下 10。

3. 代码实现

相关代码如下。

```
class Solution:
    #参数 asteroids: 整数数组
    #返回值: 整数数组
    def asteroidCollision(self, asteroids):
        ans, i, n = [], 0, len(asteroids)
        while i < n:
            if asteroids[i] > 0:
                ans.append(asteroids[i])
            elif len(ans) == 0 or ans[-1] < 0:
                ans.append(asteroids[i])
            elif ans[-1] <= -asteroids[i]:
                if ans[-1] < -asteroids[i]:
                    i -= 1
                ans.pop()
            i += 1
        return ans
if __name__ == '__main__':
    solution = Solution()
    inputnum = [5,10,-5]
    print("输入:",inputnum)
    print("输出:",solution.asteroidCollision(inputnum))
```

4. 运行结果

```
输入: [5, 10, -5]
输出: [5, 10]
```

例 195 扩展弹性词

1. 问题描述

用重复扩展的字母表达某种感情。例如,hello—>heeellooo,hi—>hiiii。前者对 e 和 o 进行了扩展,而后者对 i 进行了扩展。用“组”表示一串连续相同字母。例如,abbcccaaaa 的组包括 a、bb、ccc、aaaa。

给定字符串 S,如果通过扩展一个单词能够得到 S,则称该单词是 S 的“弹性词”。可以对单词的某个组进行扩展,使该组的长度大于或等于 3。不允许将 h 这样的组扩展到 hh,因为长度只有 2。给定一个单词列表 words,返回 S 的弹性词数量。

2. 问题示例

输入 S="heeellooo",words=["hello","hi","helo"],输出 1。可以通过扩展"hello"中的"e"和"o"得到"heeellooo",不能通过扩展"helo"得到"heeellooo",因为"ll"的长度只有 2。

3. 代码实现

相关代码如下。

```
class Solution:
    #参数 S: 字符串
    #参数 words: 字符串列表
    #返回值: 整数
    def expressiveWords(self, S, words):
        SList = self.countGroup(S)
        n = len(SList)
        ans = 0
        for word in words:
            wordList = self.countGroup(word)
            if n != len(wordList):
                continue
            ok = 1
            for i in range(n):
                if not self.canExtend(wordList[i], SList[i]):
                    ok = 0
                    break
            ans += ok
        return ans
    def countGroup(self, s):
        n = len(s)
        cnt = 1
```

```
        ret = []
        for i in range(1, n):
            if s[i] == s[i - 1]:
                cnt += 1
            else:
                ret.append((s[i - 1], cnt))
                cnt = 1
        ret.append((s[-1], cnt))
        return ret
    def canExtend(self, From, To):
        return From[0] == To[0] and \
                (From[1] == To[1] or (From[1] < To[1] and To[1] >= 3))
if __name__ == '__main__':
    solution = Solution()
    inputnum1 = "heeellooo"
    inputnum2 = ["hello", "hi", "helo"]
    print("输入字符串 1:",inputnum1)
    print("输入字符串 2:",inputnum2)
    print("输出:",solution.expressiveWords(inputnum1,inputnum2))
```

4. 运行结果

```
输入字符串 1: heeellooo
输入字符串 2: ['hello', 'hi', 'helo']
输出: 1
```

例 196　找到最终的安全状态

1. 问题描述

在一个有向图中，从某个节点开始，每次沿着图的有向边走。如果到达一个终端节点（也就是说，它没有指向外面的边），就停止。

对于自然数 K，如果任何行走的路线，都可以在少于 K 步的情况下停在终端节点，则"最终是安全的"。判断哪些节点最终是安全的，返回它们升序排列的数组。

有向图具有 N 个节点，其标签为 0, 1, …, $N-1$，其中 N 是图的长度。该图以下面的形式给出：graph[i]是从 i 出发，通过边(i, j)，所有能够到达的节点 j 组成的链表。

2. 问题示例

输入[[1,2],[2,3],[5],[0],[5],[],[]]，输出[2,4,5,6]，如图 2-3 所示。最终安全状态的节点要在自然数 K 步内停止(就是再没有向外的边，即没有出度)。节点 5 和 6 就是出度为 0，因为 graph[5]和 graph[6]均为空。除了没有出度的节点 5 和 6 之外，节点 2 和 4 都只能到达节点 5，而节点 5 本身就是安全状态点，所

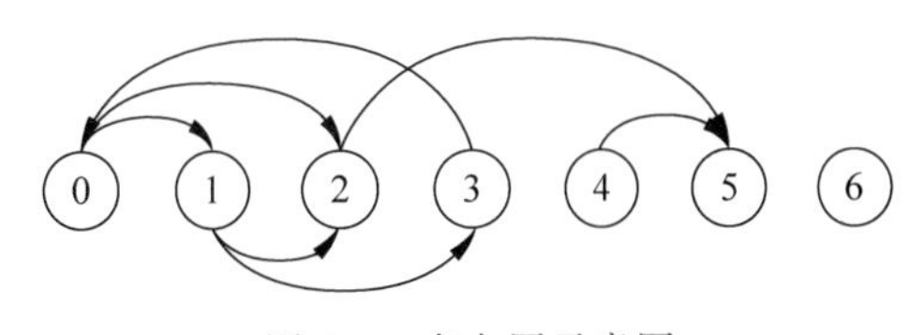

图 2-3　有向图示意图

以 2 和 4 也就是安全状态点了。可以得出结论，若某节点唯一能到达的是安全状态，那么该节点也同样是安全状态。

3. 代码实现

相关代码如下。

```
class Solution:
    #参数 graph: 整数数组
    #返回值: 整数
    def eventualSafeNodes(self, graph):
        def dfs(graph, i, visited):
            for j in graph[i]:
                if j in visited:
                    return False
                if j in ans:
                    continue
                visited.add(j)
                if not dfs(graph, j, visited):
                    return False
                visited.remove(j)
            ans.add(i)
            return True
        ans = set()
        for i in range(len(graph)):
            visited = set([i])
            dfs(graph, i, visited)
        return sorted(list(ans))
if __name__ == '__main__':
    solution = Solution()
    inputnum = [[1,2],[2,3],[5],[0],[5],[],[]]
    print("输入:",inputnum)
    print("输出:",solution.eventualSafeNodes(inputnum))
```

4. 运行结果

```
输入: [[1, 2], [2, 3], [5], [0], [5], [], []]
输出: [2, 4, 5, 6]
```

例 197 使序列递增的最小交换次数

1. 问题描述

两个具有相同非零长度的整数序列 A 和 B，可以交换它们的一些元素 $A[i]$ 和 $B[i]$，两个可交换的元素在它们各自的序列中处于相同的索引位置。进行交换之后，A 和 B 需要严格递增。给定 A 和 B，返回使两个序列严格递增的最小交换次数。保证给定的输入经过交换可以满足递增的条件。

2. 问题示例

输入 $A=[1,3,5,4]$,$B=[1,2,3,7]$,输出1,因为可以交换 $A[3]$和 $B[3]$,两个序列变为 $A=[1,3,5,7]$和 $B=[1,2,3,4]$,后两者都是严格递增的。

3. 代码实现

相关代码如下。

```
class Solution:
    def minSwap(self, A, B):
        if len(A) == 0 or len(A) != len(B):
            return 0
        non_swapped, swapped = [0] * len(A), [1] + [0] * (len(A) - 1)
        for i in range(1, len(A)):
            swps, no_swps = set(), set()
            if A[i - 1] < A[i] and B[i - 1] < B[i]:
                swps.add(swapped[i - 1] + 1)
                no_swps.add(non_swapped[i - 1])
            if B[i - 1] < A[i] and A[i - 1] < B[i]:
                swps.add(non_swapped[i - 1] + 1)
                no_swps.add(swapped[i - 1])
            swapped[i], non_swapped[i] = min(swps), min(no_swps)
        return min(swapped[-1], non_swapped[-1])
if __name__ == '__main__':
    solution = Solution()
    inputnum1 = [1,3,5,4]
    inputnum2 = [1,2,3,7]
    print("输入 1:",inputnum1)
    print("输入 2:",inputnum2)
    print("输出:",solution.minSwap(inputnum1,inputnum2))
```

4. 运行结果

```
输入 1: [1, 3, 5, 4]
输入 2: [1, 2, 3, 7]
输出: 1
```

例198 所有可能的路径

1. 问题描述

给定 N 个节点的有向无环图。查找从节点 0 到节点 $N-1$ 的所有可能的路径,以任意顺序返回。该图给出方式如下:节点为 0, 1,…,graph. length − 1。graph[i]是一个列表,其中任意一个元素 j 表示图中含有一条 i−>j 的有向边。

2. 问题示例

输入[[1,2],[3],[3],[]],输出[[0,1,3],[0,2,3]],如下所示,一共有 0 −>1 −>3

和 0 —> 2 —> 3 两条路径。

```
0→1
↓  ↓
2→3
```

3. 代码实现

相关代码如下。

```
class Solution:
    #参数 graph: 数组
    #返回值: 数组
    def allPathsSourceTarget(self, graph):
        N = len(graph)
        res = []
        def dfs(N, graph, start, res, path):
            if start == N-1:
                res.append(path)
            else:
                for node in graph[start]:
                    dfs(N, graph, node, res, path + [node])
        dfs(N, graph, 0, res, [0])
        return (res)
if __name__ == '__main__':
    solution = Solution()
    inputnum = [[1,2],[3],[3],[]]
    print("输入:",inputnum)
    print("输出:",solution.allPathsSourceTarget(inputnum))
```

4. 运行结果

```
输入: [[1, 2], [3], [3], []]
输出: [[0, 1, 3], [0, 2, 3]]
```

例 199 合法的井字棋状态

1. 问题描述

一个井字棋盘以字符串数组 board 的形式给出。board 是一个 3×3 的数组,包含字符" "、"X"和"O"。字符" "意味着这一格是空的。井字棋的游戏规则：玩家需要轮流在空格上放置字符。第 1 个玩家总是放置"X"字符,第 2 个玩家放置"O"字符。"X"和"O"总是被放置在空格上,不能放置在已有字符的格子上；当有 3 格相同的(非空)字符占据一行、一列或者一条对角线的时候,游戏结束。当所有格子都非空的时候游戏也结束。游戏结束后不允许再操作。当且仅当在一个合法的井字棋游戏可以结束时,返回 True。

2. 问题示例

输入 board = ["XOX", " X ", "   "],输出 False,玩家轮流操作。

3. 代码实现

相关代码如下。

```
class Solution:
    def validTicTacToe(self, board):
        #参数 board: 列表
        #返回值: 布尔类型
        num_X, num_O = 0, 0
        for i in range(0, 3):
            for j in range(0, 3):
                if board[i][j] == 'X':
                    num_X += 1
                if board[i][j] == 'O':
                    num_O += 1
        if not (num_X == num_O or num_X == num_O + 1):
            return False
        for i in range(3):
            if board[i][0] == board[i][1] == board[i][2]:
                if board[i][0] == 'X':
                    return num_X == num_O + 1
                if board[i][0] == 'O':
                    return num_X == num_O
        for j in range(3):
            if board[0][j] == board[1][j] == board[2][j]:
                if board[0][j] == 'X':
                    return num_X == num_O + 1
                if board[0][j] == 'O':
                    return num_X == num_O
        if board[0][0] == board[1][1] == board[2][2]:
            if board[0][0] == 'X':
                return num_X == num_O + 1
            if board[0][0] == 'O':
                return num_X == num_O
        if board[0][2] == board[1][1] == board[2][0]:
            if board[2][0] == 'X':
                return num_X == num_O + 1
            if board[2][0] == 'O':
                return num_X == num_O
        return True
if __name__ == '__main__':
    solution = Solution()
    inputnum = ["O  ", "   ", "   "]
    print("输入:", inputnum)
    print("输出:", solution.validTicTacToe(inputnum))
```

4. 运行结果

```
输入: ['O  ', '   ', '   ']
输出: False
```

例 200 满足要求的子串个数

1. 问题描述

给定一个字符串 S 和一个单词字典 words,判断 words 中一共有多少个单词 words[i] 是字符串 S 的子序列。子序列不同于子串,子序列不要求连续。

2. 问题示例

输入 S="abcde",words=["a","bb","acd","ace"],输出 3,words 内有 3 个单词是 S 的子串("a"、"acd"、"ace")。

3. 代码实现

相关代码如下。

```
class Solution:
    #参数 S: 字符串
    #参数 words: 单词字典
    #返回值: 子串的个数
    def numMatchingSubseq(self, S, words):
        self.idx = {'a': 0, 'b': 1, 'c': 2, 'd': 3, 'e': 4,
                    'f': 5, 'g': 6, 'h': 7, 'i': 8, 'j': 9,
                    'k': 10, 'l': 11, 'm': 12, 'n': 13, 'o': 14,
                    'p': 15, 'q': 16, 'r': 17, 's': 18, 't': 19,
                    'u': 20, 'v': 21, 'w': 22, 'x': 23, 'y': 24, 'z': 25}
        n = len(S)
        nxtPos = []
        tmp = [-1] * 26
        for i in range(n - 1, -1, -1):
            tmp[self.idx[S[i]]] = i
            nxtPos.append([i for i in tmp])
        nxtPos = nxtPos[::-1]
        ans = 0
        for word in words:
            if self.isSubseq(word, nxtPos):
                ans += 1
        return ans
    def isSubseq(self, word, nxtPos):
        lenw = len(word)
        lens = len(nxtPos)
        i, j = 0, 0
        while i < lenw and j < lens:
            j = nxtPos[j][self.idx[word[i]]]
            if j < 0:
                return False
```

```
            i += 1
            j += 1
        return i == lenw
if __name__ == '__main__':
    solution = Solution()
    input1 = "abcde"
    input2 = ["a", "bb", "acd", "ace"]
    print("输入字符串:",input1)
    print("输入子串:",input2)
    print("输出:",solution.numMatchingSubseq(input1,input2))
```

4. 运行结果

```
输入字符串: abcde
输入子串: ['a', 'bb', 'acd', 'ace']
输出: 3
```

例 201 多米诺和三格骨牌铺砖问题

1. 问题描述

有两种瓷砖：一种为 2×1 多米诺形状，用 2 个并排的相同字母表示；一种为“L”形三格骨牌形状，用 3 个排成 L 形的相同字母表示。形状可以旋转。给定 N，有多少种方法可以铺完一块 $2\times N$ 的地板？返回答案对(10^9+7)取模之后的结果。每个方格都必须被覆盖。

2. 问题示例

输入 3，输出 5，有以下 5 种方式，不同的字母表示不同的瓷砖：

1. XYZ
   XYZ
2. XXZ
   YYZ
3. XYY
   XZZ
4. XXY
   XYY
5. XYY
   XXY

3. 代码实现

相关代码如下。

```
class Solution:
    # 参数 N: 整数
    # 返回值: 整数
```

```
    def numTilings(self, N):
        if N < 3:
            return N
        MOD = 1000000007
        f = [[0, 0, 0] for i in range(N + 1)]
        f[0][0] = f[1][0] = f[1][1] = f[1][2] = 1
        for i in range(2, N + 1):
            f[i][0] = (f[i - 1][0] + f[i - 2][0] + f[i - 2][1] + f[i - 2][2]) % MOD;
            f[i][1] = (f[i - 1][0] + f[i - 1][2]) % MOD;
            f[i][2] = (f[i - 1][0] + f[i - 1][1]) % MOD;
        return f[N][0]
if __name__ == '__main__':
    solution = Solution()
    inputnum = 3
    print("输入:", inputnum)
    print("输出:", solution.numTilings(inputnum))
```

4. 运行结果

输入: 3
输出: 5

例 202 逃离幽灵

1. 问题描述

玩一个简单版的吃豆人游戏,起初在点(0, 0),目的地是(target[0], target[1])。在地图上有几个幽灵,第 i 个幽灵在(ghosts[i][0], ghosts[i][1])。

在每一轮中,玩家和幽灵可以同时向东南西北 4 个方向之一,移动 1 个单位距离。当且仅当玩家在碰到任何幽灵之前(幽灵可能以任意的路径移动)到达终点时,能够成功逃脱。如果玩家和幽灵同时到达某一个位置(包括终点),这一场游戏记为逃脱失败。

如果可以成功逃脱,返回 True,否则返回 False。

2. 问题示例

输入 ghosts = [[1, 0], [0, 3]],target = [0, 1],输出 True,玩家可以在时间 1 直接到达目的地(0, 1),在位置(1, 0)或者(0, 3)的幽灵没有办法抓到玩家。

3. 代码实现

相关代码如下。

```
class Solution:
    # 参数 ghosts: 数组
    # 参数 target: 数组
    # 返回值: 布尔类型
    def escapeGhosts(self, ghosts, target):
```

```
        target_dist = abs(target[0]) + abs(target[1])
        for r, c in ghosts:
            ghost_target = abs(target[0] - r) + abs(target[1] - c)
            if ghost_target <= target_dist:
                return False
        return True
if __name__ == '__main__':
    solution = Solution()
    inputnum1 = [[1, 0], [0, 3]]
    inputnum2 = [0, 1]
    print("输入幽灵:",inputnum1)
    print("输入目标:",inputnum2)
    print("输出:",solution.escapeGhosts(inputnum1,inputnum2))
```

4. 运行结果

```
输入幽灵: [[1, 0], [0, 3]]
输入目标: [0, 1]
输出: True
```

例 203　寻找最便宜的航行旅途(最多经过 k 个中转站)

1. 问题描述

有 n 个城市由航班连接,每个航班 (u,v,w)表示从城市 u 出发,到达城市 v,价格为 w。给定城市数目 n 和所有的航班 flights。找到从起点 src 到终点站 dst 线路最便宜的价格。旅途中最多只能中转 K 次。如果没有找到合适的线路,返回-1。

2. 问题示例

输入 $n=3$,flights $=[[0,1,100],[1,2,100],[0,2,500]]$,src $=0$,dst $=2$,$K=0$,输出 500,即不中转的条件下,最便宜的价格为 500。

3. 代码实现

相关代码如下。

```
import sys
class Solution:
    #参数 n: 整数
    #参数 flights: 矩阵
    #参数 src: 整数
    #参数 dst: 整数
    #参数 K: 整数
    #返回值: 整数
    def findCheapestPrice(self, n, flights, src, dst, K):
        distance = [sys.maxsize for i in range(n)]
        distance[src] = 0
```

```
        for i in range(0, K + 1):
            dN = list(distance)
            for u, v, c in flights:
                dN[v] = min(dN[v], distance[u] + c)
            distance = dN
        if distance[dst] != sys.maxsize:
            return distance[dst]
        else:
            return -1
if __name__ == '__main__':
    solution = Solution()
    n = 3
    flights = [[0, 1, 100], [1, 2, 100], [0, 2, 500]]
    src = 0
    dst = 2
    K = 0
    print("输入城市:",n)
    print("输入航班:",flights)
    print("输入出发地:",src)
    print("输入目的地:",dst)
    print("输入中转数:",K)
    print("输出价格:",solution.findCheapestPrice(n, flights, src, dst, K))
```

4. 运行结果

```
输入城市: 3
输入航班: [[0, 1, 100], [1, 2, 100], [0, 2, 500]]
输入出发地: 0
输入目的地: 2
输入中转数: 0
输出价格: 500
```

例 204　图是否可以被二分

1. 问题描述

给定一个无向图 graph,且仅当这个图是可以被二分的(又称二部图),输出 True。如果一个图是二部图,则意味着可以将图里的点集分为两个独立的子集 A 和 B,并且图中所有的边都是一个端点属于 A,另一个端点属于 B。

关于图的表示: graph[i]为一个列表,表示与节点 i 有边相连的节点。这个图中一共有 graph.length 个节点,为从 0 到 graph.length−1。图中没有自边或者重复的边,即 graph[i]中不包含 i,也不会包含某个点两次。

2. 问题示例

输入[[1,3],[0,2],[1,3],[0,2]],输出 True,如下所示:

```
0----1
|    |
|    |
3----2
```

可以把图分成{0, 2}和{1, 3}两部分,并且各自内部没有连线。

3. 代码实现

相关代码如下。

```
class Solution:
    #参数 graph: 无向图
    #返回值: 布尔类型
    def isBipartite(self, graph):
        n = len(graph)
        self.color = [0] * n
        for i in range(n):
            if self.color[i] == 0 and not self.colored(i, graph, 1):
                return False
        return True
    def colored(self, now, graph, c):
        self.color[now] = c
        for nxt in graph[now]:
            if self.color[nxt] == 0 and not self.colored(nxt, graph, -c):
                return False
            elif self.color[nxt] == self.color[now]:
                return False
        return True
if __name__ == '__main__':
    solution = Solution()
    inputnum = [[1,3],[0,2],[1,3],[0,2]]
    print("输入:",inputnum)
    print("输出:",solution.isBipartite(inputnum))
```

4. 运行结果

```
输入: [[1, 3], [0, 2], [1, 3], [0, 2]]
输出: True
```

例205 森林中的兔子

1. 问题描述

在一个森林中,每个兔子都有一种颜色。兔子中的一部分(也可能是全部)会告诉你有多少兔子和它们有同样的颜色。这些答案被放在了一个数组中。返回森林中兔子最少的数量。

2. 问题示例

输入[1, 1, 2],输出5。两个回答"1"的兔子可能是相同的颜色,定为红色;回答"2"的兔子一定不是红色,定为蓝色,一定还有2只蓝色的兔子在森林里但没有回答问题,所以森林里兔子的最少总数是5,即3只回答问题的加上2只没回答问题的兔子。

3. 代码实现

相关代码如下。

```
import math
class Solution:
    #参数 answers: 数组
    #返回值: 整数
    def numRabbits(self, answers):
        hsh = {}
        for i in answers:
            if i + 1 in hsh:
                hsh[i + 1] += 1
            else:
                hsh[i + 1] = 1
        ans = 0
        for i in hsh:
            ans += math.ceil(hsh[i] / i) * i
        return ans
if __name__ == '__main__':
    solution = Solution()
    inputnum = [1,1,2]
    print("输入:",inputnum)
    print("输出:",solution.numRabbits(inputnum))
```

4. 运行结果

```
输入: [1, 1, 2]
输出: 5
```

▶例206 最大分块排序

1. 问题描述

数组arr是[0,1,…,arr.length−1]的一个排列。将数组拆分成若干"块"(分区),并单独对每个块进行排序,使得连接这些块后,结果为排好的升序数组,问最多可以分多少块?

2. 问题示例

输入arr = [1,0,2,3,4],输出4,可以将数组分解成[1, 0]、[2]、[3]、[4]。

3. 代码实现

相关代码如下。

```
class Solution(object):
    def maxChunksToSorted(self, arr):
        def dfs(cur, localmax):
            visited[cur] = True
            localmax = max(localmax, cur)
            if not visited[arr[cur]]:
                return dfs(arr[cur], localmax)
            return localmax
        visited = [False] * len(arr)
        count = 0
        i = 0
        while i < len(arr):
            localmax = dfs(i, -1)
            i += 1
            while i < localmax + 1:
                if not visited[i]:
                    localmax = dfs(i, localmax)
                i += 1
            count += 1
        return count
if __name__ == '__main__':
    solution = Solution()
    arr = [1,0,2,3,4]
    print("输入:",arr)
    print("输出:",solution.maxChunksToSorted(arr))
```

4. 运行结果

```
输入: [1, 0, 2, 3, 4]
输出: 4
```

例 207　分割标签

1. 问题描述

给出一个由小写字母组成的字符串 S,将这个字符串分割成尽可能多的部分,使得每个字母最多只出现在一部分中,并返回每部分的长度。

2. 问题示例

输入 S="ababcbacadefegdehijhklij",输出[9,7,8],划分后成为"ababcbaca""defegde""hijhklij"。

3. 代码实现

相关代码如下。

```
class Solution(object):
    def partitionLabels(self, S):
```

```
        last = {c: i for i, c in enumerate(S)}
        right = left = 0
        ans = []
        for i, c in enumerate(S):
            right = max(right, last[c])
            if i == right:
                ans.append(i - left + 1)
                left = i + 1
        return ans
if __name__ == '__main__':
    solution = Solution()
    s = "ababcbacadefegdehijhklij"
    print("输入:",s)
    print("输出:",solution.partitionLabels(s))
```

4. 运行结果

```
输入: ababcbacadefegdehijhklij
输出: [9, 7, 8]
```

例208 网络延迟时间

1. 问题描述

有 N 个网络节点,从1到 N 标记。给定 times,一个传输时间和有向边列表 times$[i]=(u,v,w)$,其中 u 是起始点,v 是目标点,w 是一个信号从起始点到目标点花费的时间。从一个特定节点 K 发出信号,计算所有节点收到信号需要花费多长时间;如果不可能,返回-1。

2. 问题示例

输入 times $=[[2,1,1],[2,3,1],[3,4,1]]$,$N=4$,$K=2$,输出2,因为从节点2到节点1,时间为1,从节点2到节点3,时间为1,从节点2到节点4,时间为2,所以最长花费时间为2。

3. 代码实现

相关代码如下。

```
class Solution:
    #参数times: 数组
    #参数N: 整数
    #参数K: 整数
    #返回值: 整数
    def networkDelayTime(self, times, N, K):
        INF = 0x3f3f3f3f
        G = [[INF for i in range(N + 1)] for j in range(N + 1)]
        for i in range(1, N + 1):
            G[i][i] = 0
```

```
        for i in range(0, len(times)):
            G[times[i][0]][times[i][1]] = times[i][2]
        dis = G[K][:]
        vis = [0] * (N + 1)
        for i in range(0, N - 1):
            Mini = INF
            p = K
            for j in range(1, N + 1):
                if vis[j] == 0 and dis[j] < Mini:
                    Mini = dis[j]
                    p = j
            vis[p] = 1
            for j in range(1, N + 1):
                if vis[j] == 0 and dis[j] > dis[p] + G[p][j]:
                    dis[j] = dis[p] + G[p][j]
        ans = 0
        for i in range(1, N + 1):
            ans = max(ans, dis[i])
        if ans == INF:
            return -1
        return ans
if __name__ == '__main__':
    solution = Solution()
    times = [[2,1,1],[2,3,1],[3,4,1]]
    N = 4
    K = 2
    print("时间矩阵:",times)
    print("网络大小:",N)
    print("起始节点:",K)
    print("最小花费:",solution.networkDelayTime(times,N,K))
```

4. 运行结果

```
时间矩阵: [[2, 1, 1], [2, 3, 1], [3, 4, 1]]
网络大小: 4
起始节点: 2
最小花费: 2
```

例 209 洪水填充

1. 问题描述

用一个 2D 整数数组表示一张图片,数组中每一个整数(0～65535)代表图片的像素行和列坐标。给定一个坐标(sr, sc)代表洪水填充的起始像素,同时给定一个像素颜色 newColor,"洪水填充"整张图片。

为了实现"洪水填充",从起始像素点开始,将与起始像素颜色相同的 4 向连接的像素都填充为新颜色，然后将与填充成新颜色的像素 4 向相连的、与起始像素颜色相同的像素也填充为新颜色……以此类推。返回修改后的图片。

2. 问题示例

输入 image = [[1,1,1],[1,1,0],[1,0,1]]，sr = 1，sc = 1，newColor = 2，输出 [[2,2,2],[2,2,0],[2,0,1]]。从图片的中心（坐标为(1，1))，所有和起始像素通过相同颜色相连的都填充为新的颜色 2。右下角没有被染成 2，因为它和起始像素不是 4 个方向相连的。

3. 代码实现

相关代码如下。

```
class Solution(object):
    def floodFill(self, image, sr, sc, newColor):
        rows, cols, orig_color = len(image), len(image[0]), image[sr][sc]
        def traverse(row, col):
            if (not (0 <= row < rows and 0 <= col < cols)) or image[row][col] != orig_color:
                return
            image[row][col] = newColor
            [traverse(row + x, col + y) for (x, y) in ((0, 1), (1, 0), (0, -1), (-1, 0))]
        if orig_color != newColor:
            traverse(sr, sc)
        return image
if __name__ == '__main__':
    solution = Solution()
    image = [[1,1,1],[1,1,0],[1,0,1]]
    sr = 1
    sc = 1
    newColor = 2
    print("输入图像:",image)
    print("输入坐标: [",sr,",",sc,"]")
    print("输入颜色:",newColor)
    print("输出图像:",(solution.floodFill(image,sr,sc,newColor)))
```

4. 运行结果

```
输入图像: [[1, 1, 1], [1, 1, 0], [1, 0, 1]]
输入坐标: [1 , 1]
输入颜色: 2
输出图像: [[2, 2, 2], [2, 2, 0], [2, 0, 1]]
```

▶例 210　映射配对之和

1. 问题描述

使用 insert 和 sum 方法实现 MapSum 类。使用 insert 方法，将获得键值对（键值，整数)，如果键已存在，则原始键值将被新键值对覆盖。使用 sum 方法，将获得一个表示前缀的字符串，返回以该前缀键值开头所有值的总和。

2. 问题示例

输入 insert("apple", 3)，输出 Null；输入 sum("ap")，输出 3，即返回以"ap"开头的值的总和为 3；输入 insert("app", 2)，输出 Null；输入 sum("ap")，输出 5，即返回两个以"ap"开头的键值总和为 3+2=5。

3. 代码实现

相关代码如下。

```
class TrieNode:
    def __init__(self):
        self.son = {}
        self.val = 0
class Trie:
    root = TrieNode()
    def insert(self, s, val):
        cur = self.root
        for i in range(0, len(s)):
            if s[i] not in cur.son:
                cur.son[s[i]] = TrieNode()
            cur = cur.son[s[i]]
            cur.val += val
    def find(self, s):
        cur = self.root
        for i in range(0, len(s)):
            if s[i] not in cur.son:
                return 0
            cur = cur.son[s[i]]
        return cur.val
class MapSum:
    def __init__(self):
        self.d = {}
        self.trie = Trie()
    def insert(self, key, val):
        #参数 key: 字符串
        #参数 val: 整数
        #返回值: 无
        if key in self.d:
            self.trie.insert(key, val - self.d[key])
        else:
            self.trie.insert(key, val)
        self.d[key] = val
    def sum(self, prefix):
        #参数 prefix: 字符串
```

```
        #返回值：整型
        return self.trie.find(prefix)
if __name__ == '__main__':
    mapsum = MapSum()
    print("插入方法:")
    print(mapsum.insert("apple", 3))
    print("求和方法:")
    print(mapsum.sum("ap"))
    print("插入方法:")
    print(mapsum.insert("app", 2))
    print("求和方法:")
    print(mapsum.sum("ap"))
```

4. 运行结果

```
插入方法: None
求和方法: 3
插入方法: None
求和方法: 5
```

例 211　最长升序子序列的个数

1. 问题描述

给定一个无序的整数序列，找到最长的升序子序列的个数。

2. 问题示例

输入[1,3,5,4,7]，输出 2，两个最长的升序子序列分别是[1,3,4,7]和[1,3,5,7]。

3. 代码实现

相关代码如下。

```
import collections
class Solution(object):
    def findNumberOfLIS(self, nums):
        ans = [0, 0]
        l = len(nums)
        dp = collections.defaultdict(list)
        for i in range(l):
            dp[i] = [1, 1]
        for i in range(l):
            for j in range(i):
                if nums[i] > nums[j]:
                    if dp[j][0] + 1 > dp[i][0]:
                        dp[i] = [dp[j][0] + 1, dp[j][1]]
                    elif dp[j][0] + 1 == dp[i][0]:
                        dp[i] = [dp[i][0], dp[i][1] + dp[j][1]]
```

```
        for i in dp.keys():
            if dp[i][0] > ans[0]:
                ans = [dp[i][0], dp[i][1]]
            elif dp[i][0] == ans[0]:
                ans = [dp[i][0], ans[1] + dp[i][1]]
        return ans[1]
if __name__ == '__main__':
    solution = Solution()
    nums = [1,3,5,4,7]
    print("输入:",nums)
    print("输出:",solution.findNumberOfLIS(nums))
```

4. 运行结果

```
输入: [1, 3, 5, 4, 7]
输出: 2
```

例 212 最大的交换

1. 问题描述

给定一个非负整数,可以选择交换它的两个数位,返回能获得的最大的合法数。

2. 问题示例

输入 2736,输出 7236,即交换数字 2 和 7。

3. 代码实现

相关代码如下。

```
class Solution:
    def maximumSwap(self, num):
        res, num = num, list(str(num))
        for i in range(len(num) - 1):
            for j in range(i + 1, len(num)):
                if int(num[j]) > int(num[i]):
                    tmp = int("".join(num[:i] + [num[j]] + num[i + 1:j] + [num[i]] +
num[j + 1:]))
                    res = max(res, tmp)
        return res
if __name__ == '__main__':
    solution = Solution()
    num = 2736
    print("输入:",num)
    print("输出:",solution.maximumSwap(num))
```

4. 运行结果

```
输入: 2736
输出: 7236
```

例213 将数组拆分成含有连续元素的子序列

1. 问题描述

给定一个整数数组 nums,将 nums 拆分成若干个(至少 2 个)子序列,并且每个子序列至少包含 3 个连续的整数,返回是否能实现这样的拆分。

2. 问题示例

输入[1,2,3,3,4,5],输出 True,可以把数组拆分成两个子序列[1, 2, 3],[3, 4, 5]。输入[1,2,3,3,4,4,5,5],输出 True,可以把数组拆分成两个子序列[1, 2, 3, 4, 5],[3, 4, 5]。输入 [1,2,3,4,4,5],输出 False,无法将其分成合法子序列。

3. 代码实现

相关代码如下。

```
class Solution:
    #参数 nums: 整数列表
    #返回值: 布尔类型
    def isPossible(self, nums):
        cnt, tail = {}, {}
        for num in nums:
            cnt[num] = cnt[num] + 1 if num in cnt else 1
        for num in nums:
            if not num in cnt or cnt[num] < 1:
                continue
            if num - 1 in tail and tail[num - 1] > 0:
                tail[num - 1] -= 1
                tail[num] = tail[num] + 1 if num in tail else 1
            elif num + 1 in cnt and cnt[num + 1] > 0 and num + 2 in cnt and cnt[num + 2] > 0:
                cnt[num + 1] -= 1
                cnt[num + 2] -= 1
                tail[num + 2] = tail[num + 2] + 1 if num + 2 in tail else 1
            else:
                return False
            cnt[num] -= 1
        return True
if __name__ == '__main__':
    solution = Solution()
    nums = [1,2,3,3,4,5]
    print("输入:",nums)
    print("输出:",solution.isPossible(nums))
```

4. 运行结果

```
输入: [1, 2, 3, 3, 4, 5]
输出: True
```

例 214 Dota2 参议院

1. 问题描述

在 Dota2 的世界中，有两个党派：Radiant 和 Dire。Dota2 参议院由来自两党的参议员组成。现在，参议院想要对 Dota2 游戏的变化做出决定。对此变化的投票是基于回合的。在每一回合中，每位参议员都可以行使以下两项权利之一。①禁止一位参议员的权利。一个参议员可以让另一位参议员在这次以及随后的所有回合中失去投票权。②宣布胜利。如果这位参议员发现仍然有投票权的参议员都来自同一方，他可以宣布胜利并做出关于比赛变化的决定。

给出代表每个参议员所属党派的字符串。字符 R 和 D 分别代表 Radiant 方和 Dire 方。如果有 n 个参议员，则给定字符串的大小将为 n。

基于回合的过程从给定顺序的第一个参议员开始。程序将持续到投票结束。在这个过程中，所有失去投票权的参议员都将被跳过。

假设每个参议员足够聪明且将为自己的政党发挥最佳策略。预测哪一方最终宣布胜利并使 Dota2 比赛进行改变，输出应为 Radiant 或 Dire。

2. 问题示例

输入 RD，输出 Radiant。第 1 位参议员来自 Radiant，他可以禁止下一位参议员在第 1 轮的权利。第 2 位参议员不能再行使任何权利，因为他的权利已经被禁止了。在第 2 轮选举中，第 1 位参议员可以宣布胜利，因为他是参议院中唯一可以投票的人。

输入 RDD，输出 Dire，第 1 位参议员来自 Radiant，他可以在第 1 回合中禁止下一位参议员的权利。由于他的权利被禁止，第 2 位参议员不再行使任何权利。第 3 位参议员来自 Dire，他可以在第 1 回合禁止第 1 位参议员的权利。在第 2 回合中，第 3 位参议员可以宣布胜利，因为他是参议院中唯一可以投票的人。

3. 代码实现

相关代码如下。

```
from collections import deque
class Solution():
    def predictPartyVictory(self,senate):
        senate = deque(senate)
        while True:
            try:
                thisGuy = senate.popleft()
                if thisGuy == 'R':
                    senate.remove('D')
                else:
                    senate.remove('R')
                senate.append(thisGuy)
```

```
            except:
                return 'Radiant' if thisGuy == 'R' else 'Dire'
if __name__ == '__main__':
    solution = Solution()
    senate = "RD"
    print("输入:",senate)
    print("输出:",solution.predictPartyVictory(senate))
```

4. 运行结果

输入: RD
输出: Radiant

▶例 215　合法的三角数

1. 问题描述

给定一个包含非负整数的数组,用从数组中选出的可以制作三角形的三元组数目,作为三角形的边长。

2. 问题示例

输入[2,2,3,4],输出 3,合法的组合为[2,3,4](使用第 1 个 2)、[2,3,4](使用第 2 个 2)、[2,2,3]。

3. 代码实现

相关代码如下。

```
class Solution:
    #参数 nums: 数组
    #返回值: 整数
    def triangleNumber(self, nums):
        nums = sorted(nums)
        total = 0
        for i in range(len(nums) - 2):
            if nums[i] == 0:
                continue
            end = i + 2
            for j in range(i + 1, len(nums) - 1):
                while end < len(nums) and nums[end] < (nums[i] + nums[j]):
                    end += 1
                total += end - j - 1
        return total
if __name__ == '__main__':
    solution = Solution()
    nums = [2,2,3,4]
    print("输入:",nums)
    print("输出:",solution.triangleNumber(nums))
```

4. 运行结果

输入: [2, 2, 3, 4]
输出: 3

例 216 在系统中找到重复文件

1. 问题描述

给定一个目录信息列表(包含目录路径),以及该目录中包含的所有文件,根据路径查找文件系统中所有重复文件组。

一组重复文件包含至少两个具有相同内容的文件。输入信息列表中的单个目录信息字符串格式如下:root/d1/d2/.../dm f1.txt(f1_content) f2.txt(f2_content) ... fn.txt(fn_content),这代表在目录 root/d1/d2/.../dm 中有 n 个文件(f1.txt, f2.txt, …, fn.txt,内容分别为 f1_content, f2_content, …, fn_content)。注意 $n \geqslant 1$ 并且 $m \geqslant 0$。如果 $m=0$,意味着该目录是根目录。

输出一个包含重复文件路径的列表,每组包含所有内容相同的文件路径。一个文件路径是具有以下格式的字符串 directory_path/file_name.txt。

2. 问题示例

输入["root/a 1.txt(abcd) 2.txt(efgh)", "root/c 3.txt(abcd)", "root/c/d 4.txt(efgh)", "root 4.txt(efgh)"],输出[["root/a/2.txt","root/c/d/4.txt","root/4.txt"],["root/a/1.txt","root/c/3.txt"]]。

3. 代码实现

相关代码如下。

```
import collections
class Solution:
    def findDuplicate(self, paths):
        dic = collections.defaultdict(list)
        for path in paths:
            root, *f = path.split(" ")
            for file in f:
                txt, content = file.split("(")
                dic[content] += root + "/" + txt,
        return [dic[key] for key in dic if len(dic[key]) > 1]
if __name__ == '__main__':
    paths = ["root/a 1.txt(abcd) 2.txt(efgh)", "root/c 3.txt(abcd)","root/c/d 4.txt(efgh)"]
    solution = Solution()
    print("输入:",paths)
    print("输出:",solution.findDuplicate(paths))
```

4. 运行结果

```
输入：['root/a 1.txt(abcd) 2.txt(efgh)', 'root/c 3.txt(abcd)', 'root/c/d 4.txt(efgh)']
输出：[['root/a/1.txt', 'root/c/3.txt'], ['root/a/2.txt', 'root/c/d/4.txt']]
```

例 217 两个字符串的删除操作

1. 问题描述

给定 word1 和 word2 两个单词，找到使 word1 和 word2 相同所需的最少步骤，每个步骤可以删除任一字符串中的一个字符。

2. 问题示例

输入"sea"和"eat"，输出 2，因为第 1 步需要将"sea"变成"ea"，第 2 步"eat"变成"ea"。

3. 代码实现

相关代码如下。

```
class Solution:
    #word1：字符串
    #参数 word2：字符串
    #返回值：整数
    def minDistance(self, word1, word2):
        m, n = len(word1), len(word2)
        dp = [[0] * (n + 1) for i in range(m + 1)]
        for i in range(m):
            for j in range(n):
                dp[i + 1][j + 1] = max(dp[i][j + 1], dp[i + 1][j], dp[i][j] + (word1[i] ==
word2[j]))
        return m + n - 2 * dp[m][n]
if __name__ == '__main__':
    solution = Solution()
    word1 = "sea"
    word2 = "eat"
    print("输入 1:",word1)
    print("输入 2:",word2)
    print("输出:",solution.minDistance(word1,word2))
```

4. 运行结果

```
输入 1: sea
输入 2: eat
输出: 2
```

例 218 下一个更大的元素

1. 问题描述

给定一个 32 位整数 n，用与 n 中相同的数字元素组成新的比 n 大的 32 位整数。返回符合要求的最小整数，如果不存在这样的整数，返回－1。

2. 问题示例

输入123，输出132。

3. 代码实现

相关代码如下。

```
class Solution:
    #参数n: 整数
    #返回值: 整数
    def nextGreaterElement(self, n):
        n_array = list(map(int, list(str(n))))
        if len(n_array) <= 1:
            return -1
        if len(n_array) == 2:
            if n_array[0] < n_array[1]:
                return int("".join(map(str, n_array[::-1])))
            else:
                return -1
        if n_array[-2] < n_array[-1]:
            n_array[-2], n_array[-1] = n_array[-1], n_array[-2]
            new_n = int("".join(map(str, n_array)))
        else:
            i = len(n_array) - 1
            while i > 0 and n_array[i - 1] >= n_array[i]:
                i -= 1
            if i == 0:
                return -1
            else:
                new_array = n_array[:i - 1]
                for j in range(len(n_array) - 1, i - 1, -1):
                    if n_array[j] > n_array[i - 1]:
                        break
                new_array.append(n_array[j])
                n_array[j] = n_array[i - 1]
                new_array.extend(reversed(n_array[i:]))
                new_n = int("".join(map(str, new_array)))
        return new_n if new_n <= 2 ** 31 else -1
if __name__ == '__main__':
    solution = Solution()
    n = 123
    print("输入:",n)
    print("输出:",solution.nextGreaterElement(n))
```

4. 运行结果

输入: 123
输出: 132

例 219　最优除法

1. 问题描述

给定一个正整数列表，对相邻的整数执行浮点数除法（如给定[2, 3, 4]，将进行运算2/3/4）。在任意位置加入任意数量的括号，以改变运算优先级。找出如何加括号能使结果最大，以字符串的形式返回表达式。表达式不包括多余的括号。

2. 问题示例

输入[1000,100,10,2]，输出"1000/(100/10/2)"。1000/(100/10/2)=1000/((100/10)/2)=200，"1000/((100/10)/2)"中的多重括号是多余的，因为它没有改变运算优先级，所以应该返回"1000/(100/10/2)"。

3. 代码实现

相关代码如下。

```
class Solution(object):
    def optimalDivision(self, nums):
        joinDivision = lambda l: '/'.join(list(map(str,l)))
        if len(nums) == 1: return str(nums[0])
        if len(nums) == 2: return joinDivision(nums)
        return str(nums[0]) if len(nums) == 1 else str(nums[0]) + '/(' +
joinDivision(nums[1:]) + ')'
if __name__ == '__main__':
    nums = [1000,100,10,2]
    solution = Solution()
    print("输入:",nums)
    print("输出:",solution.optimalDivision(nums))
```

4. 运行结果

```
输入: [1000, 100, 10, 2]
输出: 1000/(100/10/2)
```

例 220　通过删除字母匹配到字典里最长单词

1. 问题描述

给定字符串和字符串字典，找到字典中可以通过删除给定字符串的某些字符所形成的最长字符串。如果有多个可能的结果，则返回具有最小字典顺序的最长单词。如果没有可能的结果，则返回空字。

2. 问题示例

输入 s="abpcplea", d=["ale","apple","monkey","plea"]，输出 apple。

3. 代码实现

相关代码如下。

```
class Solution:
    #参数 s: 字符串
    #参数 d: 列表
    #返回值: 字符串
    def findLongestWord(self, s, d):
        for x in sorted(d, key = lambda x: ( - len(x), x)):
            it = iter(s)
            if all(c in it for c in x):
                return x
        return ''
if __name__ == '__main__':
    s = "abpcplea"
    d = ["ale", "apple", "monkey", "plea"]
    solution = Solution()
    print("输入:",s)
    print("输入:",d)
    print("输出:",solution.findLongestWord(s,d))
```

4. 运行结果

```
输入: abpcplea
输入: ['ale', 'apple', 'monkey', 'plea']
输出: apple
```

例 221 寻找树中最左下节点的值

1. 问题描述

给定一棵二叉树,找到这棵树最后一行中最左边的值。

2. 问题示例

如下所示,查找的值为 4。

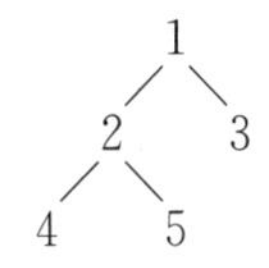

3. 代码实现

相关代码如下。

```
class TreeNode:
    def __init__(self, val):
        self.val = val
```

```
        self.left, self.right = None, None
class Solution:
    #参数 root: 二叉树根
    #返回值: 整数
    def findBottomLeftValue(self, root):
        self.max_level = 0
        self.val = None
        self.helper(root, 1)
        return self.val
    def helper(self, root, level):
        if not root: return
        if level > self.max_level:
            self.max_level = level
            self.val = root.val
        self.helper(root.left, level + 1)
        self.helper(root.right, level + 1)
if __name__ == '__main__':
    node = TreeNode(1)
    node.left = TreeNode(2)
    node.right = TreeNode(3)
    node.left.left = TreeNode(4)
    solution = Solution()
    print("输入:[1,2 3,4 # # #]")
    print("输出:",solution.findBottomLeftValue(node))
```

4. 运行结果

```
输入: [1,2 3,4 # # #]
输出: 4
```

例 222 出现频率最高的子树和

1. 问题描述

给定一棵树的根,找到出现频率最高的子树和[以该节点为根的子树(包括节点本身)形成的所有节点值的总和]。如果存在多个,则以任意顺序返回频率最高的所有值。

2. 问题示例

输入{5,2,−3},输出[−3,2,4],如下所示,所有的值都只出现了一次,所以可以任意顺序返回。

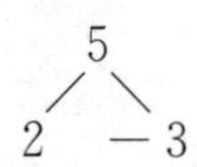

3. 代码实现

相关代码如下。

```
import collections
class TreeNode:
    def __init__(self, val):
        self.val = val
        self.left, self.right = None, None
class Solution:
    def findFrequentTreeSum(self, root):
        #root: 树根节点
        #返回值: 列表
        if not root:
            return []
        counter = collections.Counter()
        def sumnode(node):
            if not node:
                return 0
            ret = node.val
            if node.left:
                ret += sumnode(node.left)
            if node.right:
                ret += sumnode(node.right)
            counter[ret] += 1
            return ret
        sumnode(root)
        arr = []
        for k in counter:
            arr.append((k, counter[k]))
        arr.sort(key = lambda x: x[1], reverse = True)
        i = 0
        while i + 1 < len(arr) and arr[i + 1][1] == arr[0][1]:
            i += 1
        return [x[0] for x in arr[:i + 1]]
if __name__ == '__main__':
    node = TreeNode(5)
    node.right = TreeNode( - 3)
    node.left = TreeNode(2)
    solution = Solution()
    print("输入:{5,3 2}")
    print("输出:",solution.findFrequentTreeSum(node))
```

4. 运行结果

```
输入: {5,3 2}
输出: [2, - 3, 4]
```

例223 寻找BST的modes

1. 问题描述

给定具有重复项的二叉搜索树(BST)，找到BST中的所有modes(出现最频繁的元素)。在这里假设一个 BST 定义如下：节点的左子树仅包含键小于或等于父节点的节点。节点的右子树仅包含键大于或等于父节点的节点,左右子树也必须是二叉搜索树。

2. 问题示例

输入[1,#,2,2],输出[2],即 2 是出现最频繁的元素。

3. 代码实现

相关代码如下。

```
class TreeNode:
    def __init__(self, val):
        self.val = val
        self.left, self.right = None, None
class Solution:
    #参数 root: 根节点
    #返回值: 整数
    def helper(self, root, cache):
        if root == None:
            return
        cache[root.val] += 1
        self.helper(root.left, cache)
        self.helper(root.right, cache)
        return
    def findMode(self, root):
        from collections import defaultdict
        if root == None:
            return []
        cache = defaultdict(int)
        self.helper(root, cache)
        max_freq = max(cache.values())
        result = [k for k,v in cache.items() if v == max_freq]
        return result
#主函数
if __name__ == '__main__':
    T = TreeNode(1)
    T.left = None
    T2 = TreeNode(2)
    T.right = T2
    T3 = TreeNode(2)
    T2.left = T3
    s = Solution()
    print("输入:[1,#,2,2]")
    print("输出:",s.findMode(T))
```

4. 运行结果

```
输入: [1,#,2,2]
输出: [2]
```

例 224 对角线遍历

1. 问题描述

给定 $M \times N$ 个元素的矩阵(M 行,N 列),以对角线顺序返回矩阵的所有元素。给定矩阵的元素总数不会超过 10 000。

2. 问题示例

输入:

[
[1, 2, 3],
[4, 5, 6],
[7, 8, 9]
]

输出:

[1,2,4,7,5,3,6,8,9]

3. 代码实现

相关代码如下。

```
class Solution:
    #参数 matrix: 矩阵
    #返回值: 整数列表
    def findDiagonalOrder(self, matrix):
        import collections
        result = [ ]
        dd = collections.defaultdict(list)
        if not matrix:
            return result
        for i in range(0, len(matrix)):
            for j in range(0, len(matrix[0])):
                dd[i + j + 1].append(matrix[i][j])
        for k, v in dd.items():
            if k % 2 == 1: dd[k].reverse()
            result += dd[k]
        return result
#主函数
if __name__ == '__main__':
    m = [
        [1, 2, 3],
        [4, 5, 6],
        [7, 8, 9]
       ]
```

```
    s = Solution()
    print("输入:",m)
    print("输出:",s.findDiagonalOrder(m))
```

4. 运行结果

```
输入: [[1, 2, 3], [4, 5, 6], [7, 8, 9]]
输出: [1, 2, 4, 7, 5, 3, 6, 8, 9]
```

例 225　提莫攻击

1. 问题描述

在 LOL 中,有一个叫提莫的英雄,攻击能够让敌人艾希进入中毒状态。给定提莫的攻击时间点的升序序列,以及每次提莫攻击时的中毒持续时间,输出艾希中毒态的总时间。假定提莫在每一个具体的时间段一开始就发动攻击,而且艾希立刻中毒;给定时间序列的长度不会超过 10 000;提莫攻击的时间序列和中毒持续时间都是非负整数,不会超过 10 000 000。

2. 问题示例

输入攻击时间序列[1,4],中毒持续时间为 2,输出 4。在第 1 秒开始,提莫攻击了艾希,艾希立刻中毒,这次中毒持续 2 秒,直到第 2 秒末尾。在第 4 秒开始,提莫又攻击了艾希,又让艾希中毒了 2 秒,所以最终结果是 4。

输入攻击时间序列[1,2],中毒持续时间为 2,输出 3。在第 1 秒开始,提莫攻击了艾希,艾希立刻中毒,这次中毒持续 2 秒,直到第 2 秒末尾。第 2 秒初,提莫又攻击了艾希,而此时艾希还处在中毒态。由于中毒态不会叠加,所以会在 3 秒末停止,最终返回 3。

3. 代码实现

相关代码如下。

```
class Solution:
    #参数 timeSeries: 整数数组
    #参数 duration: 整数
    #返回值: 整数
    def findPoisonedDuration(self, timeSeries, duration):
        ans = duration * len(timeSeries)
        for i in range(1,len(timeSeries)):
            ans -= max(0, duration - (timeSeries[i] - timeSeries[i-1]))
        return ans
#主函数
if __name__ == '__main__':
    s = Solution()
    time = 2
    timws = [1,4]
```

```
    print("输入攻击序列:",timws)
    print("输入持续时间:",time)
    print("输出中毒时间:",s.findPoisonedDuration(timws,time))
```

4. 运行结果

```
输入攻击序列: [1, 4]
输入持续时间: 2
输出中毒时间: 4
```

例 226　目标和

1. 问题描述

给定一个非负整数的列表 a1,a2,…,an,再给定一个目标 S。用"+"和"-"两种运算符号,对于每一个整数,选择一个作为其前面的符号。找出有多少种方法可以使得这些整数的和正好等于 S。

2. 问题示例

输入 nums 为[1, 1, 1, 1, 1],S 为 3,输出 5,可以通过如下方式实现:

$$-1+1+1+1+1=3$$
$$+1-1+1+1+1=3$$
$$+1+1-1+1+1=3$$
$$+1+1+1-1+1=3$$
$$+1+1+1+1-1=3$$

3. 代码实现

相关代码如下。

```
class Solution(object):
    def findTargetSumWays(self, nums, S):
        if not nums:
            return 0
        dic = {nums[0]: 1, -nums[0]: 1} if nums[0] != 0 else {0: 2}
        for i in range(1, len(nums)):
            tdic = {}
            for d in dic:
                tdic[d + nums[i]] = tdic.get(d + nums[i], 0) + dic.get(d, 0)
                tdic[d - nums[i]] = tdic.get(d - nums[i], 0) + dic.get(d, 0)
            dic = tdic
        return dic.get(S, 0)
#主函数
if __name__ == '__main__':
    s = Solution()
    time = 3
```

```
    timws = [1,1,1,1,1]
    print("输入目标值:",time)
    print("输入序列值:",timws)
    print("输出方法:",s.findTargetSumWays(timws,time))
```

4. 运行结果

```
输入目标值: 3
输入序列值: [1, 1, 1, 1, 1]
输出方法: 5
```

例227 升序子序列

1. 问题描述

给定一个整数数组,找到所有可能的升序子序列。一个升序子序列的长度至少应为2。

2. 问题示例

输入[4,6,7,7],输出[[4,6],[4,6,7],[4,6,7,7],[4,7],[4,7,7],[6,7],[6,7,7],[7,7]]。

3. 代码实现

相关代码如下。

```
class Solution(object):
    def findSubsequences(self, nums):
        #参数nums: 列表
        #返回值: 列表
        res = []
        self.subsets(nums, 0, [], res)
        return res
    def subsets(self, nums, index, temp, res):
        if len(nums) >= index and len(temp) >= 2:
            res.append(temp[:])
        used = {}
        for i in range(index, len(nums)):
            if len(temp) > 0 and temp[-1] > nums[i]: continue
            if nums[i] in used: continue
            used[nums[i]] = True
            temp.append(nums[i])
            self.subsets(nums, i+1, temp, res)
            temp.pop()
#主函数
if __name__ == '__main__':
    s = Solution()
    series = [4,6,7,7]
    print("输入序列:",series)
    print("输出序列:",s.findSubsequences(series))
```

4. 运行结果

```
输入序列：[4, 6, 7, 7]
输出序列：[[4, 6], [4, 6, 7], [4, 6, 7, 7], [4, 7], [4, 7, 7], [6, 7], [6, 7, 7], [7, 7]]
```

例 228　神奇字符串

1. 问题描述

一个神奇字符串 S 仅包含 1 和 2，并遵守以下规则：

字符串 S 的前几个元素如下：S="1221121221221121122 …"。如果将 S 中的连续 1 和 2 分组，它将是 1 22 11 2 1 22 1 22 11 2 11 22 …，并且每组中出现 1 或 2 的情况是 1 2 2 1 1 2 1 2 2 1 2 2 …。给定一个整数 N 作为输入，返回神奇字符串 S 中前 N 个数字中 1 的个数。

2. 问题示例

输入 6，输出 3。神奇字符串 S 的前 6 个元素是 12211，包含 3 个 1，所以返回 3。

3. 代码实现

相关代码如下。

```python
class Solution(object):
    def magicalString(self, n):
        #参数n: 整数
        #返回值: 整数
        if n == 0:
            return 0
        elif n <= 3:
            return 1
        else:
            so_far, grp, ones = [1,2,2], 2, 1
            while len(so_far) < n:
                freq, item = so_far[grp], 1 if grp % 2 == 0 else 2
                for _ in range(freq):
                    so_far.append(item)
                ones, grp = ones + freq if item == 1 else ones, grp + 1
            if len(so_far) == n:
                return ones
            else:
                return ones - 1 if so_far[-1] == 1 else ones
#主函数
if __name__ == '__main__':
    s = Solution()
    n = 6
    print("输入:",n)
    print("输出:",s.magicalString(n))
```

4. 运行结果

输入: 6
输出: 3

例 229 爆破气球的最小箭头数

1. 问题描述

在 x 轴和 y 轴确定的二维空间中,x 轴的上方有许多气球。提供每个气球在 x 轴上投影的起点和终点坐标。起点总是小于终点,最多有 10^4 个气球。

可以沿 x 轴从不同点垂直向上发射箭头。如果 xstart≤x≤xend,则坐标为 xstart 和 xend 的气球被从 x 处发射的箭头戳爆。可以发射的箭头数量没有限制,一次射击的箭头一直无限地向上移动。找到戳破所有气球的最小发射箭头数。

2. 问题示例

输入气球在 x 轴的投影起点和终点坐标为[[10,16], [2,8], [1,6], [7,12]],输出 2。一种方法是在[2,6]发射一个箭头,爆破气球[2,8]和[1,6],在[10,12]发射另一个箭头,爆破另外 2 个气球。

3. 代码实现

相关代码如下。

```
class Solution(object):
    def findMinArrowShots(self, points):
        #参数 points: 整数列表
        #返回值: 整数
        if points == None or not points:
            return 0
        points.sort(key = lambda x : x[1]);
        ans = 1
        lastEnd = points[0][1]
        for i in range(1, len(points)):
            if points[i][0] > lastEnd:
                ans += 1
                lastEnd = points[i][1]
        return ans
#主函数
if __name__ == '__main__':
    s = Solution()
    n = [[10,16], [2,8], [1,6], [7,12]]
    print("输入:",n)
    print("输出:",s.findMinArrowShots(n))
```

4. 运行结果

```
输入: [[10, 16], [2, 8], [1, 6], [7, 12]]
输出: 2
```

例 230 查找数组中的所有重复项

1. 问题描述

给定一个整数数组，$1 \leqslant a[i] \leqslant n$（$n$ 为数组的大小），一些元素出现 2 次，其他元素出现 1 次，找到在此数组中出现 2 次的所有元素。

2. 问题示例

输入[4,3,2,7,8,2,3,1]，输出[2,3]。

3. 代码实现

相关代码如下。

```
class Solution:
    #参数 nums: 整数列表
    #返回值: 整数列表
    def findDuplicates(self, nums):
        if not nums:
            return []
        duplicates = []
        for each in range(len(nums)):
            index = nums[each]
            if index < 0:
                index = - index
            if nums[index - 1]> 0:
                nums[index - 1] = - nums[index - 1]
            else:
                duplicates.append(index)

        return duplicates
#主函数
if __name__ == '__main__':
    s = Solution()
    n = [4,3,2,7,8,2,3,1]
    print("输入:",n)
    print("输出:",s.findDuplicates(n))
```

4. 运行结果

```
输入: [4, 3, 2, 7, 8, 2, 3, 1]
输出: [2, 3]
```

例 231 最小基因变化

1. 问题描述

基因序列可以用 8 个字符串表示，可选择的字符包括 A、C、G、T。假设需要从起始点到结束点调查基因突变（基因序列中的单个字符发生突变，如"AACCGGTT"→"AACCGGTA"是 1 个突变）。此外，还有一个给定的基因库，记录了所有有效的基因突变，基因突变必须在基因库中才有效。

给出 3 个参数起始点、结束点、基因库，确定从起始点到结束点变异所需的最小突变数；如果没有这样的突变，则返回 -1。

2. 问题示例

输入起始点为"AACCGGTT"，结束点为"AACCGGTA"，基因库为["AACCGGTA"]，输出 1，即只需一次突变，且突变在基因库中。

3. 代码实现

相关代码如下。

```
from collections import deque
class Solution:
    #参数 start: 字符串
    #参数 end: 字符串
    #参数 bank: 字符串
    #返回值: 整数
    def minMutation(self, start, end, bank):
        if not bank:
            return -1
        bank = set(bank)
        h = deque()
        h.append((start, 0))
        while h:
            seq, step = h.popleft()
            if seq == end:
                return step
            for c in "ACGT":
                for i in range(len(seq)):
                    new_seq = seq[:i] + c + seq[i + 1:]
                    if new_seq in bank:
                        h.append((new_seq, step + 1))
                        bank.remove(new_seq)
        return -1
#主函数
if __name__ == '__main__':
    s = Solution()
```

```
    n = "AACCGGTT"
    m = "AACCGGTA"
    p = ["AACCGGTA"]
    print("输入起点:",n)
    print("输入终点:",m)
    print("输入的库:",p)
    print("输出步数:",s.minMutation(n,m,p))
```

4. 运行结果

```
输入起点: AACCGGTT
输入终点: AACCGGTA
输入的库: ['AACCGGTA']
输出步数: 1
```

例 232 替换后的最长重复字符

1. 问题描述

给定一个仅包含大写英文字母的字符串，可以将字符串中的任何一个字母替换为另一个字母，最多替换 k 次。执行上述操作后，找到最长的、只含有同一字母的子字符串长度。

2. 问题示例

输入"ABAB"，$k=2$，输出 4，因为将两个 A 替换成两个 B，反之亦然。

3. 代码实现

相关代码如下。

```
from collections import defaultdict
class Solution:
    #参数 s: 字符串
    #参数 k: 整数
    #返回值: 整数
    def characterReplacement(self, s, k):
        n = len(s)
        char2count = defaultdict(int)
        maxLen = 0
        start = 0
        for end in range(n):
            char2count[s[end]] += 1
            while end - start + 1 - char2count[s[start]] > k:
                char2count[s[start]] -= 1
                start += 1
            maxLen = max(maxLen, end - start + 1)
        return maxLen
#主函数
if __name__ == '__main__':
```

```
    s = Solution()
    n = "ABAB"
    m = 2
    print("输入字符串:",n)
    print("输入重复次数:",m)
    print("输出子串长度:",s.characterReplacement(n,m))
```

4. 运行结果

```
输入字符串: ABAB
输入重复次数: 2
输出子串长度: 4
```

例 233 从英文中重建数字

1. 问题描述

给定一个非空字符串,包含用英文单词对应的数字 0～9,但是字母顺序是打乱的,以升序输出数字。

2. 问题示例

输入"owoztneoer",输出"012"(zeroonetwo)。

3. 代码实现

相关代码如下。

```
class Solution:
    #参数 s: 字符串
    #返回值: 字符串
    def originalDigits(self, s):
        nums = [0 for x in range(10)]
        nums[0] = s.count('z')
        nums[2] = s.count('w')
        nums[4] = s.count('u')
        nums[6] = s.count('x')
        nums[8] = s.count('g')
        nums[3] = s.count('h') - nums[8]
        nums[7] = s.count('s') - nums[6]
        nums[5] = s.count('v') - nums[7]
        nums[1] = s.count('o') - nums[0] - nums[2] - nums[4]
        nums[9] = (s.count('n') - nums[1] - nums[7]) // 2
        result = ""
        for x in range(10):
            result += str(x) * nums[x]
        return result
#主函数
if __name__ == '__main__':
```

```
    s = Solution()
    n = "owoztneoer"
    print("输入:",n)
    print("输出:",s.originalDigits(n))
```

4. 运行结果

输入: owoztneoer
输出: 012

例 234 数组中两个数字的最大异或

1. 问题描述

给定一个非空数组$[a_0, a_1, a_2, \cdots, a_{n-1}]$,其中 $0 \leqslant a_i < 2^{31}$。找出 a_i XOR a_j 的最大结果,其中 $0 \leqslant i, j < n$。

2. 问题示例

输入[3, 10, 5, 25, 2, 8],输出 28,最大的结果为 5XOR25 = 28。

3. 代码实现

相关代码如下。

```
class TrieNode:
    def __init__(self,val):
        self.val = val
        self.children = {}
class Solution:
    #参数 nums: 整数
    #返回值: 整数
    def findMaximumXOR(self, nums):
        answer = 0
        for i in range(32)[::-1]:
            answer <<= 1
            prefixes = {num >> i for num in nums}
            answer += any(answer^1 ^ p in prefixes for p in prefixes)
        return answer
    def findMaximumXOR_TLE(self, nums):
        root = TrieNode(0)
        for num in nums:
            self.addNode(root, num)
        res = -sys.maxsize
        for num in nums:
            cur_node, cur_sum = root, 0
            for i in reversed(range(0,32)):
                bit = (num >> i) & 1
                if (bit^1) in cur_node.children:
```

```
                    cur_sum += 1 << i
                    cur_node = cur_node.children[bit^1]
                else:
                    cur_node = cur_node.children[bit]
            res = max(res, cur_sum)
        return res
    def addNode(self, root, num):
        cur = root
        for i in reversed(range(0,32)):
            bit = (num >> i) & 1
            if bit not in cur.children:
                cur.children[bit] = TrieNode(bit)
            cur = cur.children[bit]
#主函数
if __name__ == '__main__':
    s = Solution()
    n = [3, 10, 5, 25, 2, 8]
    print("输入:",n)
    print("输出:",s.findMaximumXOR(n))
```

4. 运行结果

```
输入: [3, 10, 5, 25, 2, 8]
输出: 28
```

▶例 235 根据身高重排队列

1. 问题描述

有一个顺序被随机打乱的列表,代表站成一列的人群。每个人由一个二元组(h, k)表示,其中 h 表示身高,k 表示在其之前高于或等于 h 的人数。需要将这个队列重新排列以恢复原有的顺序。

2. 问题示例

输入[[7,0], [4,4], [7,1], [5,0], [6,1], [5,2]],输出[[5,0], [7,0], [5,2], [6,1], [4,4], [7,1]]。

3. 代码实现

相关代码如下。

```
class Solution:
    #参数 people: 整数列表
    #返回值: 整数列表
    def reconstructQueue(self, people):
        queue = []
        for person in sorted(people, key = lambda _: ( - _[0], _[1])): queue.insert(person[1],
```

```
person)
        return queue
#主函数
if __name__ == '__main__':
    s = Solution()
    n =[[7,0], [4,4], [7,1], [5,0], [6,1], [5,2]]
    print("输入:",n)
    print("输出:",s.reconstructQueue(n))
```

4. 运行结果

```
输入: [[7, 0], [4, 4], [7, 1], [5, 0], [6, 1], [5, 2]]
输出: [[5, 0], [7, 0], [5, 2], [6, 1], [4, 4], [7, 1]]
```

例 236 左叶子的和

1. 问题描述

找出给定二叉树中所有左叶子值之和。

2. 问题示例

输入：

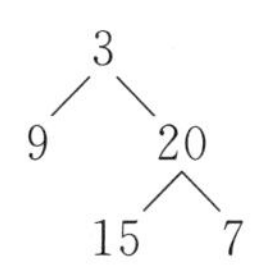

输出 24。这棵二叉树中，有 2 个左叶子节点，它们的值分别为 9 和 15，所以返回 24。

3. 代码实现

相关代码如下。

```
class TreeNode:
    def __init__(self, val):
        self.val = val
        self.left, self.right = None, None
class Solution(object):
    def sumOfLeftLeaves(self, root):
        #参数 root: 二叉树根
        #返回值: 整数
        def dfs(root):
            if not root:
                return 0
            sum = 0
            if root.left:
                left = root.left;
                #当前节点的左叶子节点,并判断是否为叶子节点
                if not left.left and not left.right:
```

```
                    sum += left.val;
                else:
                    sum += dfs(left)
            if root.right:
                right = root.right
                sum += dfs(right)
            return sum
        return dfs(root)
#主函数
if __name__ == '__main__':
    s = Solution()
    t = TreeNode(3)
    t1 = TreeNode(9)
    t.left = t1
    t2 = TreeNode(20)
    t.right = t2
    t3 = TreeNode(15)
    t2.left = t3
    t4 = TreeNode(7)
    t2.right = t4
    print("输入:[3,9 20,# # 15 7]")
    print("输出:",s.sumOfLeftLeaves(t))
```

4. 运行结果

```
输入: [3,9 20,# # 15 7]
输出: 24
```

例 237 移除 k 位

1. 问题描述

给定一个以字符串表示的非负整数，从该数字中移除 k 个数位，使剩余数位组成的数字尽可能小，求可能的最小结果。

2. 问题示例

输入 num="1432219"，$k=3$，输出 1219，因为移除数位 4，3，2 后生成最小的新数字为 1219。

3. 代码实现

相关代码如下。

```
class Solution:
    #参数 num: 字符串
    #参数 k: 整数
    #返回值: 字符串
    def removeKdigits(self, num, k):
```

```
        if k == 0:
            return num

        if k >= len(num):
            return "0"
        result_list = []
        for i in range(len(num)):
            while len(result_list) > 0 and k > 0 and result_list[-1] > num[i]:
                result_list.pop()
                k -= 1
            if num[i] != '0' or len(result_list) > 0:
                result_list.append(num[i])
        while len(result_list) > 0 and k > 0:
            result_list.pop()
            k -= 1
        if len(result_list) == 0:
            return '0'
        return ''.join(result_list)
#主函数
if __name__ == '__main__':
    s = Solution()
    n = "1432219"
    k = 3
    print("输入数字:",n)
    print("输入移除数:",k)
    print("输出:",s.removeKdigits(n,k))
```

4. 运行结果

输入数字: 1432219
输入移除数: 3
输出: 1219

例 238 轮转函数

1. 问题描述

给定一个整数数组 A,长度为 n。Bk 为 A 中元素顺时针旋转 k 个位置后得到的新数组。定义关于 A 的轮转函数 F 如下:$F(k)=0\times Bk[0]+1\times Bk[1]+\cdots+(n-1)\times Bk[n-1]$。计算 $F(0),F(1),\cdots,F(n-1)$中的最大值。

2. 问题示例

输入[4, 3, 2, 6],输出 26。

$F(0) = (0\times4) + (1\times3) + (2\times2) + (3\times6) = 0 + 3 + 4 + 18 = 25$

$F(1) = (0\times6) + (1\times4) + (2\times3) + (3\times2) = 0 + 4 + 6 + 6 = 16$

$F(2) = (0\times2) + (1\times6) + (2\times4) + (3\times3) = 0 + 6 + 8 + 9 = 23$

$F(3) = (0\times3) + (1\times2) + (2\times6) + (3\times4) = 0 + 2 + 12 + 12 = 26$

所以 $F(0)$、$F(1)$、$F(2)$、$F(3)$中最大的值是 $F(3)$，为 26。

3. 代码实现

相关代码如下。

```
class Solution:
    #参数 A: 数组
    #返回值: 整数
    def maxRotateFunction(self, A):
        s = sum(A)
        curr = sum(i * a for i, a in enumerate(A))
        maxVal = curr
        for i in range(1, len(A)):
            curr += s - len(A) * A[ - i]
            maxVal = max(maxVal, curr)
        return maxVal
#主函数
if __name__ == '__main__':
    s = Solution()
    n = [4,3,2,6]
    print("输入:",n)
    print("输出:",s.maxRotateFunction(n))
```

4. 运行结果

```
输入: [4, 3, 2, 6]
输出: 26
```

例 239 字符至少出现 k 次的最长子串

1. 问题描述

找出给定字符串的最长子串，使得该子串中的每一个字符都出现了至少 k 次，返回这个子串的长度。

2. 问题示例

输入 $s=$"aaabb"，$k=3$，输出 3，最长子串为"aaa"，因为 a 重复了 3 次。

3. 代码实现

相关代码如下。

```
class Solution:
    #参数 s: 字符串
    #参数 k: 整数
    #返回值: 整数
    def longestSubstring(self, s, k):
```

```
        for c in set(s):
            if s.count(c) < k:
                return max(self.longestSubstring(t, k) for t in s.split(c))
        return len(s)
#主函数
if __name__ == '__main__':
    s = Solution()
    n = "aaabb"
    k = 3
    print("输入字符串:",n)
    print("输入重复次数:",k)
    print("输出子串长度:",s.longestSubstring(n,k))
```

4. 运行结果

```
输入字符串: aaabb
输入重复次数: 3
输出子串长度: 3
```

例 240 消除游戏

1. 问题描述

从 1～n 的排序整数列表中删除第一个数字,然后从左到右每隔一个数字删除一个,直到列表末尾;重复上一步骤,但这次从右到左,即从剩余的数字中删除最右边的数字和每隔一个数字删一个。左右交替重复上述步骤,直到剩下一个数字。找到长度为 n 的列表剩下的最后一个数字。

2. 问题示例

输入 9,输出 6,删除后的列表依次如下:

1 2 3 4 5 6 7 8 9

2 4 6 8

2 6

6

3. 代码实现

相关代码如下。

```
class Solution:
    #参数 n: 整数
    #返回值: 整数
    def lastRemaining(self, n):
        return 1 if n == 1 else 2 * (1 + n // 2 - self.lastRemaining(n // 2))
#主函数
if __name__ == '__main__':
```

```
    s = Solution()
    n = 9
    print("输入:",n)
    print("输出:",s.lastRemaining(n))
```

4. 运行结果

```
输入: 9
输出: 6
```

例241 有序矩阵中的第 *k* 小元素

1. 问题描述

给定一个 $n \times n$ 矩阵,每一行和每一列都按照升序排序,找出矩阵中的第 k 小元素。注意是将所有元素有序排列的第 k 小元素,而不是第 k 个互不相同的元素。

2. 问题示例

输入[[1, 5, 9],[10, 11, 13],[12, 13, 15]],$k=8$,输出13。

3. 代码实现

相关代码如下。

```
class Solution:
    #参数matrix: 整数列表
    #参数k: 整数
    #返回值: 整数
    def kthSmallest(self, matrix, k):
        start = matrix[0][0]
        end = matrix[-1][-1]
        while start + 1 < end:
            mid = start + (end - start) // 2
            if self.get_num_less_equal(matrix, mid) < k:
                start = mid
            else:
                end = mid
        if self.get_num_less_equal(matrix, start) >= k:
            return start
        return end
    def get_num_less_equal(self, matrix, mid):
        m = len(matrix)
        n = len(matrix[0])
        i = 0
        j = n - 1
        count = 0
        while i < m and j >= 0:
            if matrix[i][j] <= mid:
```

```
                i += 1
                count += j + 1
            else:
                j -= 1
        return count
#主函数
if __name__ == '__main__':
    s = Solution()
    n=[[ 1,  5,  9],[10, 11, 13],[12, 13, 15]]
    k=8
    print("输入数组:",n)
    print("输入顺序:",k)
    print("输出数字:",s.kthSmallest(n,k))
```

4. 运行结果

输入数组: [[1, 5, 9], [10, 11, 13], [12, 13, 15]]
输入顺序: 8
输出数字: 13

例 242 超级幂次

1. 问题描述

计算 a^b 取模 337。其中 a 是一个正整数,b 也是一个正整数,以数组的形式给出。

2. 问题示例

输入 $a=2,b=[3]$,输出 8。

3. 代码实现

相关代码如下。

```
class Solution:
    #参数 a: 整数(the given number a)
    #参数 b: 数组
    #返回值: 整数
    def superPow(self, a, b):
        if a == 0:
            return 0
        ans = 1
        def mod(x):
            return x % 1337
        for num in b:
            ans = mod(mod(ans ** 10) * mod(a ** num))
        return ans
#主函数
if __name__ == '__main__':
```

```
    s = Solution()
    n = 2
    k = [3]
    print("输入 a = ",n)
    print("输入 b = ",k)
    print("输出:",s.superPow(n,k))
```

4. 运行结果

```
输入 a = 2
输入 b = [3]
输出: 8
```

例 243　水罐问题

1. 问题描述

两个罐子，容量分别为 x 和 y 升。可以获取到无限数量的水，判断能否使用这两个罐子量出恰好 z 升的水(即在若干次操作后，可以在一个或两个罐子中盛上 z 升的水)。允许的操作：将任意一个罐子盛满水；倒空任意一个罐子里的水；将一个罐子中的水倒入另一个罐子，直到这个罐子完全空或者另一个罐子完全满。

2. 问题示例

输入 $x=3, y=5, z=4$，输出 True。可以用公式 $z=m\times x+n\times y$ 来表达。其中 m、n 为舀水和倒水的次数，正数表示往里舀水，负数表示往外倒水。题目中的示例可以写成 $4=(-2)\times 3+2\times 5$，即 3 升的水罐往外倒了两次水，5 升水罐往里舀了两次水。问题就变成了对于任意给定的 x、y、z，是否存在 m 和 n 使得上面的等式成立。

3. 代码实现

相关代码如下。

```
class Solution:
    #参数 x: 整数
    #参数 y: 整数
    #参数 z: 整数
    #返回值: 布尔类型
    def canMeasureWater(self, x, y, z):
        if x + y < z:
            return False
        return z % self.gcd(x,y) == 0
    def gcd(self, x, y):
        if y == 0:
            return x
        return self.gcd(y, x % y)
#主函数
```

```
if __name__ == '__main__':
    s = Solution()
    x = 3
    y = 5
    z = 4
    print("输入:x = ",x)
    print("输入:y = ",y)
    print("输入:z = ",z)
    print("输出:",s.canMeasureWater(x,y,z))
```

4. 运行结果

输入: x = 3
输入: y = 5
输入: z = 4
输出: True

例 244 计算不同数字整数的个数

1. 问题描述

给定非负整数 n,计算小于或等于 n 位数。具有不同数字字符的所有整数共有多少个。

2. 问题示例

输入 2,输出 91,$0 \leqslant x < 100$ 的总数,除去[11,22,33,44,55,66,77,88,99]共有 91 个。

3. 代码实现

相关代码如下。

```
class Solution:
    #参数 n: 整数
    #返回值: 整数
    def countNumbersWithUniqueDigits(self, n):
        if n == 0:
            return 1
        n = min(n, 10)
        dp = [0] * (n + 1)
        dp[0], dp[1] = 1, 9
        for i in range(2, n + 1):
            dp[i] = dp[i - 1] * (11 - i)
        return sum(dp)
#主函数
if __name__ == '__main__':
    s = Solution()
    x = 2
    print("输入:",x)
    print("输出:",s.countNumbersWithUniqueDigits(2))
```

4. 运行结果

```
输入：2
输出：91
```

例 245 最大乘积路径

1. 问题描述

一棵有 n 个节点，根节点为 1 的二叉树，每条边通过两个顶点 $x[i]$、$y[i]$描述，每个点的权值通过 $d[i]$描述。求从根节点到叶子节点路径上所有节点权值乘积对 10^9+7 取模后最大路径的值。

2. 问题示例

输入 $x=[1]$，$y=[2]$，$d=[1,1]$，输出 1，最大乘积路径为 1—> 2，$(1\times1)\%(10^9+7)=1$。输入 $x=[1,2,2]$，$y=[2,3,4]$，$d=[1,1,-1,2]$，输出 1 000 000 006，最大乘积路径为 1—> 2—> 3，$(1\times1\times(-1))\%(10^9+7)=1\ 000\ 000\ 006$。

3. 代码实现

相关代码如下。

```
#参数 x,y: 每条边的起始和终止
#参数 d: 每个节点的权重
#返回值: 整数,是取模后节点的最大乘积
class Solution:
    ans = 0
    def dfs(self, x, f, g, d, mul):
        isLeaf = True
        mul = mul * d[x - 1] % 1000000007
        for i in g[x]:
            if i == f:
                continue
            isLeaf = False
            self.dfs(i, x, g, d, mul)
        if(isLeaf is True):
            self.ans = max(self.ans, mul)
    def getProduct(self, x, y, d):
        g = [ [] for i in range(len(d) + 1)]
        for i in range(len(x)):
            g[x[i]].append(y[i])
            g[y[i]].append(x[i])
        self.dfs(1, -1, g, d, 1)
        return self.ans
if __name__ == '__main__':
    x = [1,2,2]
```

```
    y = [2,3,4]
    d = [1,1,-1,2]
    solution = Solution()
    print("每个边的起始和终止:", x, y)
    print("每个节点的权重:", d)
    print("最大路径上的乘积:", solution.getProduct(x, y, d))
```

4. 运行结果

```
每个边的起始和终止: [1, 2, 2] [2, 3, 4]
每个节点的权重: [1, 1, -1, 2]
最大路径上的乘积: 1 000 000 006
```

例246 矩阵找数

1. 问题描述

给出一个矩阵mat,找出所有行都出现的数字。如果有多个,则输出最小数;如果没有,则输出-1。

2. 问题示例

输入mat=[[1,2,3],[3,4,1],[2,1,3]],输出1,因1和3每行都有出现,1比3小。输入mat=[[1,2,3],[3,4,2],[2,1,8]],输出2,因为2在矩阵的每行都出现。

3. 代码实现

相关代码如下。

```
#参数mat: 待查矩阵
#返回值: 整数,是每一行都出现的最小的数字
class Solution:
    def findingNumber(self, mat):
        hashSet = {}
        n = len(mat)
        for mati in mat:
            vis = {}
            for x in mati:
                vis[x] = 1
            for key in vis:
                if key not in hashSet:
                    hashSet[key] = 0
                hashSet[key] += 1
        ans = 100001
        for i in hashSet:
            if hashSet[i] == n:
                ans = min(i, ans)
        return -1 if ans == 100001 else ans
```

```
class Solution:
    def findingNumber(self, mat):
        hashSet = {}
        n = len(mat)
        for mati in mat:
            vis = {}
            for x in mati:
                vis[x] = 1
            for key in vis:
                if key not in hashSet:
                    hashSet[key] = 0
                hashSet[key] += 1
        ans = 100001
        for i in hashSet:
            if hashSet[i] == n:
                ans = min(i, ans)
        return -1 if ans == 100001 else ans
if __name__ == '__main__':
    mat = [[1,2,3],[3,4,1],[2,1,3]]
    solution = Solution()
    print("矩阵:", mat)
    print("每一行都出现的最小的数:", solution.findingNumber(mat))
```

4. 运行结果

```
矩阵: [[1, 2, 3], [3, 4, 1], [2, 1, 3]]
每一行都出现的最小的数: 1
```

例247 路径数计算

1. 问题描述

输入一个矩阵的长度为l,宽度为w,并指定3个必经点,问有多少种方法可以从左上角走到右下角(每一步只能向右或者向下走)。输入保证合法,有解。答案对1 000 000 007取模。

2. 问题示例

给出l=4,w=4,3个必经点为[1,1]、[2,2]、[3,3],返回8,如下所示共有8种方法:

[1,1]→[1,2]→[2,2]→[2,3]→[3,3]→[3,4]→[4,4]

[1,1]→[1,2]→[2,2]→[2,3]→[3,3]→[4,3]→[4,4]

[1,1]→[1,2]→[2,2]→[3,2]→[3,3]→[3,4]→[4,4]

[1,1]→[1,2]→[2,2]→[3,2]→[3,3]→[4,3]→[4,4]

[1,1]→[2,1]→[2,2]→[2,3]→[3,3]→[3,4]→[4,4]

[1,1]→[2,1]→[2,2]→[2,3]→[3,3]→[4,3]→[4,4]

[1,1]→[2,1]→[2,2]→[3,2]→[3,3]→[3,4]→[4,4]

[1,1]→[2,1]→[2,2]→[3,2]→[3,3]→[4,3]→[4,4]

给出 l=1,w=5,3 个必经点为 [1,2],[1,3],[1,4],返回 1,因为[1,1]→[1,2]→[1,3]→[1,4]→[1,5],只有 1 种方法。

3. 代码实现

相关代码如下。

```
#参数 points: 除了始末点外的必经点
#参数 l 和 w: 长和宽
#返回值: 一个整数,有多少种走法
class Point:
    def __init__(self, a = 0, b = 0):
        self.x = a
        self.y = b
class Solution:
    def calculationTheSumOfPath(self, l, w, points):
        points.sort(key = lambda point: point.x)
        if points[0].x != 1 or points[0].y != 1:
            points = [Point(1,1)] + points
        if points[0].x != l or points[0].y != w:
            points = points + [Point(l,w)]
        arr = [[] for i in range(len(points) - 1)]
        maxl = 0
        maxw = 0
        for i in range(1, len(points)):
            l = points[i].x - points[i - 1].x
            w = points[i].y - points[i - 1].y
            arr[i - 1] = [points[i].x - points[i - 1].x, points[i].y - points[i - 1].y]
            maxl = max(maxl, l)
            maxw = max(maxw, w)
        dp = [[0 for i in range(max(maxl, maxw) + 1)]for j in range(max(maxl, maxw) + 1)]
        del l, w, maxl, maxw
        for i in range(len(dp)):
            for j in range(i, len(dp)):
                if i == 0:
                    dp[j][i] = dp[i][j] = 1
                else:
                    dp[j][i] = dp[i][j] = dp[i - 1][j] + dp[i][j - 1]
        ans = 1
        for i in arr:
            ans = ans * dp[i[0]][i[1]] % 1000000007
        return ans
if __name__ == '__main__':
    l = 43
    w = 48
```

```
    points = [Point(17,19), Point(43,48), Point(3,5)]
    solution = Solution()
    print(" 长与宽分别为:", l, w)
    print(" 有路径种数:", solution.calculationTheSumOfPath(l, w, points))
```

4. 运行结果

长与宽分别为: 43 48
有路径种数: 472 542 024

例 248 卡牌游戏 I

1. 问题描述

卡牌游戏,给出两个非负整数 totalProfit(总利润)、totalCost(总成本)和 n 张卡牌的信息,第 i 张卡牌利润值 $a[i]$,成本值 $b[i]$。可以从卡牌中任意选择若干张牌,组成一个方案,有多少个方案满足所有选择的卡牌利润和大于 totalProfit 且成本和小于 totalCost。

2. 问题示例

给出 $n=2$,totalProfit$=3$,totalCost$=5$,$a=[2,3]$,$b=[2,2]$,返回 1,因为只有一个合法的方案,就是将两个卡牌都选上,此时 $a[1]+a[2]=5>$ totalProfit 且 $b[1]+b[2]<$ totalCost,满足要求。给出 $n=3$,totalProfit$=5$,totalCost$=10$,$a=[6,7,8]$,$b=[2,3,5]$,返回 6,假设一个合法方案(i,j)表示选择了第 i 张卡牌和第 j 张卡牌,则此时合法的方案有:(1)、(2)、(3)、(1,2)、(1,3)、(2,3)。

3. 代码实现

相关代码如下。

```
class Solution:
    def numOfPlan(self, n, totalProfit, totalCost, a, b):
        dp = [[0 for j in range(110)] for i in range(110)]
        dp[0][0] = 1
        mod = 1000000007
        for i in range(n):
            for j in range(totalProfit + 1, -1, -1):
                for k in range(totalCost + 1, -1, -1):
                    idxA = min(totalProfit + 1, j + a[i])
                    idxB = min(totalCost + 1, k + b[i])
                    dp[idxA][idxB] = (dp[j][k] + dp[idxA][idxB]) % mod
        ans = 0
        for i in range(totalCost):
            ans = (ans + dp[totalProfit + 1][i]) % mod
        return ans
if __name__ == '__main__':
    n = 2
```

```
    totalProfit = 3
    totalCost = 5
    a = [2,3]
    b = [2,2]
    solution = Solution()
    print(" 总卡片数:", n)
    print(" 成本和利润的列表:", a, b)
    print(" 总成本:", totalProfit, " 需要总利润:", totalCost)
    print(" 可使用方法总数:", solution.numOfPlan(n, totalProfit, totalCost, a, b))
```

4. 运行结果

```
总卡片数: 2
成本和利润的列表: [2, 3] [2, 2]
总成本: 3  需要总利润: 5
可使用方法总数: 1
```

例 249　词频统计

1. 问题描述

输入一个字符串 s 和一个字符串列表 excludeList,求 s 中不存在于 excludeList 中的所有最高频词。

2. 问题示例

给出 s = "I love Amazon.",excludeList = [],返回 ["i","love","amazon"],"i","love","amazon" 都是出现次数最多的单词。给出 s = "Do not trouble trouble.",excludeList=["do"],返回["trouble"],"trouble"是不存在列表中,且出现次数最多的单词。

3. 代码实现

相关代码如下。

```
#参数 s: 待查句子
#参数 excludeList: 被排除的单词
#返回值: 一个字符串的列表,是所有出现频次最高的单词
class Solution:
    def getWords(self, s, excludeList):
        s = s.lower()
        words = []
        p = ''
        for letter in s:
            if letter < 'a' or letter > 'z':
                if p != '':
                    words.append(p)
                p = ''
```

```
            else:
                p += letter
        if p != '':
            words.append(p)
        dic = {}
        for word in words:
            if word in dic:
                dic[word] += 1
            else:
                dic[word] = 1
        ans = []
        mx = 0
        for word in words:
            if dic[word] > mx and (not word in excludeList):
                mx = dic[word]
                ans = [word]
            elif dic[word] == mx and word not in ans and not word in excludeList:
                ans.append(word)
        return ans
if __name__ == '__main__':
    s = "Do do do do not not Trouble trouble."
    excludeList = ["do"]
    solution = Solution()
    print(" 待查句子:",s , "除外词表为:", excludeList)
    print(" 词频最高的单词:", solution.getWords(s, excludeList))
```

4. 运行结果

```
待查句子: Do do do do not not Trouble trouble. 除外词表为: ['do']
词频最高的单词: ['not', 'trouble']
```

例250 查找子数组

1. 问题描述

给定一个数组 arr 和一个正整数 k,需要从这个数组中找到一个连续子数组,使得这个子数组的和为 k。返回这个子数组的长度。如果有多个这样的子数组,返回结束位置最小的;如果结束位置最小的也有多个,返回结束位置最小且起始位置最小的。如果找不到这样的子数组,返回−1。

2. 问题示例

给出 arr = [1,2,3,4,5],k = 5,返回 2,因为该数组中,最早出现的连续子串和为 5 的是[2,3]。给出 arr = [3,5,7,10,2],k=12,返回 2,因为该数组中,最早出现的连续子串和为 12 的是[5,7]。

3. 代码实现

相关代码如下。

```
#参数 arr: 原数组
#参数 k: 目标子数组和
#返回值: 整数,代表这样一个子数组的起始位置,或者 -1 代表不存在
class Solution:
    def searchSubarray(self, arr, k):
        sum = 0
        maps = {}
        maps[sum] = 0
        st = len(arr) + 5
        lent = 0
        for i in range(0, len(arr)):
            sum += arr[i]
            if sum - k in maps:
                if st > maps[sum - k]:
                    st = maps[sum - k]
                    lent = i + 1 - maps[sum - k]
            if sum not in maps:
                maps[sum] = i + 1
        if st == len(arr) + 5:
            return -1
        else:
            return lent
if __name__ == '__main__':
    arr = [1,2,3,4,5]
    k = 5
    solution = Solution()
    print(" 数组:", arr, "k 为:", k)
    print(" 最短和为 k 的子数组:", solution.searchSubarray(arr, k))
```

4. 运行结果

```
数组: [1, 2, 3, 4, 5]  k 为: 5
最短和为 k 的子数组: 2
```

例 251　最小子矩阵

1. 问题描述

给定一个大小为 $n\times m$ 的矩阵 arr,矩阵的每个位置有一个可正可负的整数,要求从矩阵中取出一个非空子矩阵,使其包含的数字之和最小,输出最小子矩阵的数字和。

2. 问题示例

给定 $\boldsymbol{a}=[[-3,-2,-1],[-2,3,-2],[-1,3,-1]]$,返回$-7$,因为子矩阵左上角坐

标(0,0),右下角坐标(1,2),最小和为−7。给定 **a**=[[1,1,1],[1,1,1],[1,1,1]],返回1,因为所有的位置都是正数,但是子矩阵不能为空,所以取最小的。

3. 代码实现

相关代码如下。

```
class Solution:
    def minimumSubmatrix(self, arr):
        ans = arr[0][0]
        for i in range(len(arr)):
            sum = [0 for x in range(len(arr[0]))]
            for j in range(i,len(arr)):
                for k in range(len(arr[0])):
                    sum[k] += arr[j][k]
                dp = [0 for i in range(len(arr[0]))]
                for k in range(len(arr[0])):
                    if k == 0:
                        dp[k] = sum[k]
                    else:
                        dp[k] = min(sum[k],dp[k - 1] + sum[k])
                    ans = min(ans,dp[k])
        return ans
if __name__ == '__main__':
    arr = a = [[ - 3, - 2, - 1],[ - 2,3, - 2],[ - 1,3, - 1]]
    solution = Solution()
    print(" 数组:", arr)
    print(" 最小子数组:", solution.minimumSubmatrix(arr))
```

4. 运行结果

```
数组: [[ - 3, - 2, - 1], [ - 2, 3, - 2], [ - 1, 3, - 1]]
最小子数组: - 7
```

例252 最佳购物计划

1. 问题描述

你有 k 元钱,商场里有 n 个礼盒,m 个商品,每个商品和礼盒都有一个对应的价值 val[i]和费用 cost[i],对于每个商品,只有在购买了其对应的礼盒 belong[i]后才能购买。给出 n、m、大小为 $n+m$ 的数组 val、cost 和 belong,输出在花费不超过 k 的情况下能得到的商品和礼盒的最大价值。

2. 问题示例

给出 $n=3, m=2, k=10$, val=[17,20,8,1,4], cost=[3,5,2,3,1], belong=[−1,−1,−1,0,2],返回45,即只买3个礼盒,这样总价值最大(17+20+8)。给出 $n=2, m=4$,

$k=9$，val=[5,7,7,18,16,8]，cost=[1,1,3,3,3,5]，belong=[−1,−1,1,0,1,1]，返回 46，即买 2 个礼盒，再买 1 号和 2 号商品，这样总价值最大(5+7+18+16)。给出 $n=2$，$m=2$，$k=10$，val=[10,1,20,20]，cost=[1,10,2,3]，belong=[−1,−1,0,0]，返回 50，即买 0 号礼盒、0 号和 1 号商品，这样总价值最大(10+20+20=50)。

3. 代码实现

相关代码如下。

```
#参数 k: 代表你有的钱
#参数 m 和 n: 代表商品和礼盒数
#参数 val: 代表价值的列表
#参数 costs: 代表费用的列表
#返回值: 整数,代表可获得的最大价值
class Solution:
    def getAns(self, n, m, k, val, cost, belong):
        dp = [[-1 for i in range(0, 100001)] for i in range(0, 105)]
        arr = [[] for i in range(0, 105)]
        for i in range(n, n + m):
            if not belong[i] == -1:
                arr[belong[i]].append(i)
        dp[0][cost[0]] = val[0]
        for i in arr[0]:
            for j in range(k, cost[i] - 1, -1):
                if not dp[0][j - cost[i]] == -1:
                    dp[0][j] = dp[0][j - cost[i]] + val[i]
        for i in range(1, n):
            for j in range(k, cost[i] - 1, -1):
                if not dp[i - 1][j - cost[i]] == -1:
                    dp[i][j] = dp[i - 1][j - cost[i]] + val[i]
            dp[i][cost[i]] = val[i]
            for j in arr[i]:
                for l in range(k, cost[j] - 1, -1):
                    if not dp[i][l - cost[j]] == -1:
                        dp[i][l] = max(dp[i][l], dp[i][l - cost[j]] + val[j])
            for j in range(0, k + 1):
                dp[i][j] = max(dp[i][j], dp[i - 1][j])
        ans = 0
        for i in range(0, k + 1):
            ans = max(ans, dp[n - 1][i])
        return ans
if __name__ == '__main__':
    k = 10
    m = 2
    n = 3
    val = [17, 20, 8, 1, 4]
    cost = [3, 5, 2, 3, 1]
```

```
    belong = [ - 1, - 1, - 1, 0, 2]
    solution = Solution()
    print(" 拥有的钱:", k)
    print(" 有商品数:", m, " 有礼盒数:", n)
    print(" 价值的列表:", val, " 费用的列表:", cost)
    print(" 可以得到最大价值:", solution.getAns(n, m, k, val, cost, belong))
```

4. 运行结果

```
拥有的钱: 10
有商品数: 2  有礼盒数: 3
价值的列表: [17, 20, 8, 1, 4]  费用的列表: [3, 5, 2, 3, 1]
可以得到最大价值: 45
```

例 253 询问冷却时间

1. 问题描述

一串技能必须按照顺序释放，释放顺序为 arr。每个技能都有长度为 n 的冷却时间。也就是说，两个同类技能之间至少要间隔 n 秒。释放每个技能需要 1 秒，返回放完所有技能所需要的时间。

2. 问题示例

给出 arr $=$ [1,1,2,2]，$n = 2$。返回 8。因为顺序为[1,_,_,1,2,_,_,2]，技能 1 在第 1 秒释放，在第 2 秒和第 3 秒进入冷却时间，在第 4 秒释放第 2 次；技能 2 在第 5 秒释放，在第 6 秒和第 7 秒进入冷却时间，在第 8 秒释放第 2 次。给出 arr $=$ [1,2,1,2]，$n = 2$。返回 5，因为顺序为[1,2,_,1,2]，技能 1 在第 1 秒释放，在第 2 秒和第 3 秒进入冷却时间，在第 4 秒释放第 2 次；技能 2 在第 2 秒释放，在第 3 秒和第 4 秒进入冷却时间，在第 5 秒释放第 2 次。

3. 代码实现

相关代码如下。

```
#参数 arr: 输入的待查数组
#参数 n: 公共冷却时间
#返回值: 整数,代表需要多少时间
class Solution:
    def askForCoolingTime(self, arr, n):
        ans = 0
        l = [0 for i in range(110)]
        for x in arr:
            if l[x] == 0 or ans - l[x] > n:
                ans += 1
            else:
                ans = l[x] + n + 1
            l[x] = ans
```

```
        return ans
if __name__ == '__main__':
    arr = [1, 2, 1, 2]
    n = 2
    solution = Solution()
    print(" 数组:", arr, " 冷却为:", n)
    print(" 至少需要时间:", solution.askForCoolingTime(arr, n))
```

4. 运行结果

```
数组: [1, 2, 1, 2]  冷却为: 2
至少需要时间: 5
```

例 254 树上最长路径

1. 问题描述

给出由 n 个节点、$n-1$ 条边组成的一棵树。求这棵树中距离最远的两个节点之间的距离。给出 3 个大小为 $n-1$ 的数组[starts,ends,lens],表示第 i 条边是从 starts[i]连向 ends[i],长度为 lens[i]的无向边。

2. 问题示例

给出 $n=5$,starts = [0,0,2,2],ends = [1,2,3,4],lens = [1,2,5,6],返回 11,因为(3—2—4)这条路径长度为 11,路径(4—2—3)同理。给出 $n=5$,starts = [0,0,2,2],ends = [1,2,3,4],lens = [5,2,5,6],返回 13,因为(1—0—2—4)这条路径长度为 13,路径(4—2—0—1)同理。

3. 代码实现

相关代码如下。

```
#参数 n: 节点总数
#参数 starts: 每条边的起始
#参数 ends: 每条边的结束
#参数 lens: 每条边的权重
#返回值: 整数,代表树上最长路径
import sys
sys.setrecursionlimit(200000)
class Solution:
    G = []
    dp = []
    def dfs(self, u, pre):
        for x in self.G[u]:
            if x[0] != pre:
                self.dp[x[0]] = self.dp[u] + x[1]
                self.dfs(x[0], u)
    def longestPath(self, n, starts, ends, lens):
```

```
        self.G = [[] for i in range(n)]
        self.dp = [0 for i in range(n)]
        for i in range(n - 1):
            self.G[starts[i]].append([ends[i], lens[i]])
            self.G[ends[i]].append([starts[i], lens[i]])
        self.dp[0] = 0
        self.dfs(0, 0)
        pos = Mx = 0
        for i in range(n):
            if self.dp[i] > Mx:
                pos = i
                Mx = self.dp[i]
        self.dp[pos] = 0
        self.dfs(pos, pos)
        ans = 0
        for i in range(n):
            if self.dp[i] > ans:
                ans = self.dp[i]
        return ans
if __name__ == '__main__':
    n = 5
    starts = [0, 0, 2, 2]
    ends = [1, 2, 3, 4]
    lens = [1, 2, 5, 6]
    solution = Solution()
    print("总共有节点:", n)
    print("每条边的起始:", starts)
    print("每条边的结束:", ends)
    print("每条边的权重:", lens)
    print("树上最长路径:", solution.longestPath(n, starts, ends, lens))
```

4. 运行结果

```
总共有节点: 5
每条边的起始: [0, 0, 2, 2]
每条边的结束: [1, 2, 3, 4]
每条边的权重: [1, 2, 5, 6]
树上最长路径: 11
```

例 255 取数游戏

1. 问题描述

一个数组 arr,有 2 个玩家 1 号和 2 号轮流从数组中取数。只能从数组的两头进行取数,且一次只能取 1 个。两人都采取最优策略,直到最后数组中的数被取完后,谁取的总和多,就赢得胜利。1 号玩家先取,问最后谁将获胜。若 1 号玩家必胜或两人打成平局,返回

1；若 2 号玩家必胜，返回 2。

2. 问题示例

给出 arr = [1,3,1,1]，返回 1。假设 sum1、sum2 为两个玩家的分数，1 号玩家最优策略取数组尾部，此时数组为[1,3,1]，sum1 = 1，2 号玩家有两种取法。①第一种取法，2 号玩家取头部，此时数组为[3,1]，sum2 = 1；1 号玩家取头部，此时数组为[1]，sum1 = 4；2 号玩家取头部，sum2 = 2，sum1 > sum2。②第二种取法，2 号玩家取尾部，此时数组为[1,3]，sum2 = 1；1 号玩家取尾部，此时数组为[1]，sum1 = 4；2 号玩家取头部，sum2 = 2，sum1 > sum2。所以 1 号玩家必定胜利，返回 1。

3. 代码实现

相关代码如下。

```
#参数 s 和 t: 一对字符串,它们需要被验证能否根据规则互相转换
#返回值: 字符串,意为能否根据规则转换
class Solution:
    def theGameOfTakeNumbers(self, arr):
        n = len(arr)
        if n == 0:
            return 1
        sum = [0 for i in range(n)]
        for i in range(1, n + 1):
            for j in range(0, n - i + 1):
                if i == 1:
                    sum[j] = arr[j]
                    continue
                k = j + i - 1
                sum[j] = max(arr[k] - sum[j], arr[j] - sum[j + 1])
        return 1 if sum[0] >= 0 else 2
if __name__ == '__main__':
    arr = [1,3,3,1]
    solution = Solution()
    print(" 游戏数组:", arr)
    print(" 赢家会是:", solution.theGameOfTakeNumbers(arr))
```

4. 运行结果

```
游戏数组: [1, 3, 3, 1]
赢家会是: 1
```

例 256　数组求和

1. 问题描述

给定一个数组 arr，分别对其每个子数组求和，再把所有的和加起来，返回加起来的值。

返回值对1 000 000 007取模。

2. 问题示例

给出arr=[2,4,6,8,10],返回210,因为子数组1([2])的和为2,子数组2([2,4])的和为6,子数组3([2,4,6])的和为12,子数组4([2,4,6,8])的和为20,子数组5([2,4,6,8,10])的和为30,子数组6([4])的和为4,子数组7([4,6])的和为10,子数组8([4,6,8])的和为18,子数组9([4,6,8,10])的和为28,子数组10([6])的和为6,子数组11([6,8])的和为14,子数组12([6,8,10])的和为24,子数组13([8])的和为8,子数组14([8,10])的和为18,子数组15([10])的和为10,所以总和为210。

3. 代码实现

相关代码如下。

```
#参数arr:原始总列表
#返回值:整数,代表所有子数组的和
class Solution:
    def findTheSumOfTheArray(self, arr):
        ans = 0
        n = len(arr)
        for i in range(n):
            ans = (ans + arr[i] * (i + 1) * (n - i)) % 1000000007;
        return ans
if __name__ == '__main__':
    arr = [2,4,6,8,10]
    solution = Solution()
    print(" 输入数组arr:", arr)
    print(" 所有子数组的和:", solution.findTheSumOfTheArray(arr))
```

4. 运行结果

```
输入数组arr:[2, 4, 6, 8, 10]
所有子数组的和:210
```

例257 最短短语

1. 问题描述

在一篇文章中,一个短语由至少k个连续的单词组成,并且其总长度不小于lim。将一篇文章以一个字符串数组str的形式给出,输出文章中最短的短语长度。

2. 问题示例

给出$k=2$,lim=7,str=["i","love","longterm","so","much"],返回10,因为最短的短语是“longterm so”。"longterm"虽然长度超过'lim,但是它只包含一个单词,所以不是短语。

$k=2$,lim=10,str=["she","was","bad","in","singing"],返回11,因为最短的短语是“she was bad in”,其总长度为11。“she singing”虽然满足包含的单词数量≥k,长度≥lim,但是这两个单词在文中不连续。

3. 代码实现

相关代码如下。

```
#参数k: 最短单词数
#参数lim: 最短短语长度
#参数str: 被查找的字符串列表
#返回值: 整数,代表最短短语
class Solution:
    def getLength(self, k, lim, str):
        n = len(str)
        arr = [0] * n
        for i in range(n):
            arr[i] = len(str[i])
        l = 0
        r = 0
        sum = 0
        ans = 1e9
        for r in range(n):
            sum += arr[r]
            while r - l >= k and sum - arr[l] >= lim:
                sum -= arr[l]
                l += 1
            if r - l + 1 >= k and sum >= lim:
                ans = min(ans, sum)
        return ans
if __name__ == '__main__':
    k = 2
    lim = 10
    str = ["she","was","bad","in","singing"]
    solution = Solution()
    print("最短单词数:", k)
    print("短语长度限制为大于:", lim)
    print("文章列表:", str)
    print("最短短语:", solution.getLength(k, lim, str))
```

4. 运行结果

```
最短单词数: 2
短语长度限制为大于: 10
文章列表: ['she', 'was', 'bad', 'in', 'singing']
最短短语: 11
```

例 258 频率最高的词

1. 问题描述

给出一个字符串 s，表示小说的内容，再给出一个不参加统计的单词列表 list，求字符串中出现频率最高的单词（如果有多个，返回字典序最小的单词）。

2. 问题示例

输入 s = "Jimmy has an apple, it is on the table, he like it"，excludeWords = ["a", "an","the"]，输出 it。

3. 代码实现

相关代码如下。

```
#参数 s: 小说的字符串,参数 excludeWords: 不统计的词列表
#返回值: 出现最多的单词
class Solution:
    def frequentWord(self, s, excludewords):
        map = {}
        while len(s) > 0:
            end = s.find(' ') if s.find(' ') > -1 else len(s)
            word = s[:end] if s[end - 1].isalpha() else s[:end - 1]
            s = s[end + 1:]
            if word not in excludewords:
                if word in map:
                    map[word] += 1
                else:
                    map[word] = 1
        max = -1
        res = []
        for key, val in map.items():
            if val == max:
                res.append(key)
            elif val > max:
                max = val
                res = [key]
        res.sort()
        return res[0]
if __name__ == '__main__':
    s = "Jimmy has an apple, it is on the table, he like it"
    excludeWords = ["a","an","the"]
    solution = Solution()
    print("小说的内容:", s)
    print("统计不包含的词:", excludeWords)
    print("最常出现的词:", solution.frequentWord(s, excludeWords))
```

4. 运行结果

```
小说的内容: Jimmy has an apple, it is on the table, he like it
统计不包含的词: ['a', 'an', 'the']
最常出现的词: it
```

例 259 判断三角形

1. 问题描述

给定一个数组 arr,判断能否从数组里找到 3 个元素作为 3 条边的边长,使 3 条边能够组成一个三角形。若能,返回 YES; 反之则返回 NO。

2. 问题示例

给出 arr=[2,3,5,8],返回 NO,因为 2、3、5 无法组成三角形,2、3、8 无法组成三角形,3、5、8 无法组成三角形。给出 arr=[3,4,5,8],返回 YES,因为 3、4、5 可以组成一个三角形。

3. 代码实现

相关代码如下。

```
#参数 a: 输入原始数组
#返回值: 字符串,意为能否组成三角形
class Solution:
    def judgingTriangle(self, arr):
        n = len(arr)
        if n > 44:
            return "YES"
        arr.sort();
        for i in range(n - 2):
            for j in range(i + 1, n - 1):
                for k in range(j + 1, n):
                    if arr[i] + arr[j] > arr[k]:
                        return "YES"
        return "NO"
if __name__ == '__main__':
    a = [1,2,5,9,10]
    solution = Solution()
    print(" 输入数组:", a)
    print(" 能否组成三角形:", solution.judgingTriangle(a))
```

4. 运行结果

```
输入数组: [1, 2, 5, 9, 10]
能否组成三角形: YES
```

例 260 最大矩阵边界和

1. 问题描述

给定一个大小为 $n \times m$ 的矩阵 arr，从 arr 中找出一个非空子矩阵，使位于这个子矩阵边界上的元素之和最大，输出该子矩阵边界上的元素之和。

2. 问题示例

给出 arr=[[−1,−3,2],[2,3,4],[−3,7,2]]，返回 16，因为子矩阵[[3,4],[7,2]]的边界元素之和最大。给出 arr=[[−1,−1],[−1,−1]]，返回−1，矩阵里所有元素都是负的，所以只能选最小的矩阵[[−1]]。给出 arr=[1,1,1],[1,2,1],[1,1,1]，返回 8，选取整个矩阵，轮廓和为 8×1=8。

3. 代码实现

相关代码如下。

```
#参数 arr: 输入矩阵
#返回值: 整数,代表最大边界数值的和
class Solution:
    def solve(self, arr):
        n = len(arr)
        m = len(arr[0])
        preCol = []
        preRow = []
        for r in range(n):
            tem = [0]
            res = 0
            for c in range(m):
                res += arr[r][c]
                tem.append(res)
            preRow.append(tem)
        for c in range(m):
            tem = [0]
            res = 0
            for r in range(n):
                res += arr[r][c]
                tem.append(res)
            preCol.append(tem)
        ans = arr[0][0]
        for r1 in range(n):
            for r2 in range(r1, n):
                for c1 in range(m):
                    for c2 in range(c1, m):
                        if r1 == r2 and c1 == c2:
                            res = arr[r1][c1]
```

```
                elif r1 == r2:
                    res = preRow[r1][c2 + 1] - preRow[r1][c1]
                elif c1 == c2:
                    res = preCol[c1][r2 + 1] - preCol[c1][r1]
                else:
                    res = preCol[c1][r2 + 1] - preCol[c1][r1] + preCol[c2]
[r2 + 1] - preCol[c2][r1] + \
                         preRow[r1][c2 + 1] - preRow[r1][c1] + preRow[r2]
[c2 + 1] - preRow[r2][c1] - arr[r1][
                           c1] - arr[r1][c2] - arr[r2][c1] - arr[r2][c2]
                ans = max(ans, res)
        return ans
if __name__ == '__main__':
    arr = [[-1,-3,2],[2,3,4],[-3,7,2]]
    solution = Solution()
    print("矩阵:", arr)
    print("最大能得到边界和:", solution.solve(arr))
```

4. 运行结果

```
矩阵: [[-1, -3, 2], [2, 3, 4], [-3, 7, 2]]
最大能得到边界和: 16
```

例 261 卡牌游戏Ⅱ

1. 问题描述

玩一个卡牌游戏，总共有 n 张牌，每张牌的成本为 cost[i]，可造成 damage[i]的伤害。总共有 totalMoney 元，并且需要造成至少 totalDamage 的伤害才能获胜。每张牌只能使用一次，判断是否可以取得胜利。

2. 问题示例

输入卡牌的 cost 和 damage 数组分别为[3，4，5，1，2]、[3，5，5，2，4]，总共拥有金钱 totalMoney 为 7，需要造成伤害 totalDamage 为 11，返回 True，可以使用卡片 1,3,4 达成。

3. 代码实现

相关代码如下。

```
#参数 Cost 和 Damage: 卡牌属性
#参数 totalMoney 和 totalDamage: 拥有的金钱数和需要造成的伤害
#返回值: 布尔值,代表能否达成伤害
class Solution:
    def cardGame(self, cost, damage, totalMoney, totalDamage):
        num = len(cost)
        dp = [0] * (totalMoney + 1)
```

```
        for i in range(0, num):
            for j in range(totalMoney, cost[i] - 1, -1):
                dp[j] = max(dp[j], dp[j - cost[i]] + damage[i])
                if dp[j] >= totalDamage:
                    return True
        return False
if __name__ == '__main__':
    cost = [3,4,5,1,2]
    damage = [3,5,5,2,4]
    totalMoney = 7
    totalDamage = 11
    solution = Solution()
    print("卡牌的 cost 和 damage 数组分别为:", cost, damage)
    print("总共拥有金钱:", totalMoney)
    print("需要造成伤害:", totalDamage)
    print("能否达成:", solution.cardGame(cost, damage, totalMoney, totalDamage))
```

4. 运行结果

```
卡牌的 cost 和 damage 数组分别为: [3, 4, 5, 1, 2] [3, 5, 5, 2, 4]
总共拥有金钱: 7
需要造成伤害: 11
能否达成: True
```

例 262 停车问题

1. 问题描述

想知道一家公共停车场上午的最大化利用率有多少。给定该停车场上午车辆入场时间与出场时间的记录表,写一个函数,算出这家停车场上午最多同时停放多少辆车。

2. 问题示例

给出 a = [[8,9],[4,6],[3,7],[6,8]],返回 2,因为[4,6]或[3,7]时刻停车场有 2 辆车,其余时间最多就 1 辆车。给出 a = [[1,2],[2,3],[3,4],[4,5]],返回 1,因为无论何时,都是 1 辆车开出后另 1 辆车再进来,最多就 1 辆车。

3. 代码实现

相关代码如下。

```
#参数 a: 上午停车场入场时间与出场时间的记录表
#返回值: 整数,代表最多同时有几辆车
class Solution:
    def getMax(self, a):
        ans = [0] * 23
        for i in a:
            for j in range(i[0], i[1]):
```

```
                ans[j] += 1
        max = ans[0]
        for i in ans:
            if i > max:
                max = i
        return max
if __name__ == '__main__':
    a = [[1,2],[2,3],[3,4],[4,5]]
    solution = Solution()
    print(" 车辆进出表:", a)
    print(" 最多同时有几辆车:", solution.getMax(a))
```

4. 运行结果

```
车辆进出表: [[1, 2], [2, 3], [3, 4], [4, 5]]
最多同时有几辆车: 1
```

例 263 爬楼梯

1. 问题描述

一人准备爬 n 个台阶的楼梯，当位于第 i 级台阶时，可以往上走 1 至 num[i]级台阶。问有多少种爬完楼梯的方法？返回答案对 10^9+7 取模。

2. 问题示例

给出 $n=3$，num $=[3,2,1]$，返回 4。方案一，在第 0 级台阶时往上走 3 级；方案二，在第 0 级台阶时往上走 1 级，在第 1 级台阶时往上走 2 级；方案三，在第 0 级台阶时往上走 1 级，在第 1 级台阶时往上走 1 级，在第 2 级台阶时往上走 1 级；方案四，在第 0 级台阶时往上走 2 级，在第 2 级台阶时往上走 1 级。

3. 代码实现

相关代码如下。

```
#参数 a 与 b: 匹配数组和价值数组
#返回值: 整数,代表选择区间的最大价值
class Solution:
    def getAnswer(self, n, num):
        ans = [0] * (len(num) + 1)
        ans[0] = 1
        for i in range(n):
            for j in range(1 + i, min(len(num) + 1, i + num[i] + 1)):
                ans[j] = (ans[j] + ans[i]) % (10 ** 9 + 7)
        return ans[len(num)]
if __name__ == '__main__':
    n = 4
    num = [1,1,1,1]
```

```
    solution = Solution()
    print("台阶数和每层台阶能往上登的阶数:", n, num)
    print("走到顶一共有几种走法:", solution.getAnswer(n, num))
```

4. 运行结果

```
台阶数和每层台阶能往上登的阶数: 4 [1, 1, 1, 1]
走到顶一共有几种走法: 1
```

例 264 最小字符串

1. 问题描述

给定一个长度为 n、只含小写字母的字符串 s，从中去掉 k 个字符，得到一个长度为 $n \sim k$ 的新字符串。设计算法，输出字典序最小的新字符串。

2. 问题示例

给定 $s=$"abccc"，$k=2$，返回"abc"，可以删除 4 号位和 5 号位的字母 c。给定 $s=$"bacdb"，$k=2$，返回 acb，删除 1 号位的 b 和 4 号位的 d。给定 $s=$"cba"，$k=2$，返回 a，删除 1 号位的 c 和 2 号位的 b。

3. 代码实现

相关代码如下。

```
#参数 s: 原始字符串
#参数 k: 最大删除数目
#返回值: 字符串,代表删完后的最小字典序字符串
class Solution:
    def findMinC(self, s, k):
        ans = 0
        if len(s) <= k:
            return -1
        for i in range(1, k + 1):
            if ord(s[i]) < ord(s[i - 1]):
                ans = i
        return ans
    def MinimumString(self, s, k):
        ans = ""
        while k > 0:
            temp = self.findMinC(s, k)
            if temp == -1:
                s = ''
                break
            ans = ans + s[temp]
            s = s[temp + 1:]
            k -= temp
```

```
            ans += s
            return ans
if __name__ == '__main__':
    s = "cba"
    k = 2
    solution = Solution()
    print(" 原始字符串:", s)
    print(" 可以删除到最小字典序:", solution.MinimumString(s, k))
```

4. 运行结果

原始字符串: cba
可以删除到最小字典序: a

例 265　目的地的最短路径

1. 问题描述

给定表示地图坐标的2D数组,地图上只有值0、1、2,0表示可以通过,1表示不可通过,2表示目标位置。从坐标[0,0]开始,只能上、下、左、右移动,找到可以到达目的地的最短路径,并返回路径的长度。

2. 问题示例

给定targetMap,返回值为4,即需要4步到达终点。

[
[0, 0, 0],
[0, 0, 1],
[0, 0, 2]
]

3. 代码实现

相关代码如下。

```
#参数targetMap: 表示地图坐标的2D数组
#返回值: 整数,是最短步数
class Solution:
    ans = []
    def cal(self, targetMap, x, y, z):
        if targetMap[x][y] == 1:
            return
        if z < self.ans[x][y] or self.ans[x][y] == -1:
            self.ans[x][y] = z
            if x != 0:
                self.cal(targetMap, x - 1, y, z + 1)
            if x != len(targetMap) - 1:
```

```
                self.cal(targetMap, x + 1, y, z + 1)
            if y != 0:
                self.cal(targetMap, x, y - 1, z + 1)
            if y != len(targetMap[0]) - 1:
                self.cal(targetMap, x, y + 1, z + 1)
        return
    def shortestPath(self, targetMap):
        self.ans = [[-1 for i in range(len(targetMap[0]))] for j in range(len(targetMap))]
        self.cal(targetMap, 0, 0, 0)
        for i in range(len(targetMap)):
            for j in range(len(targetMap[0])):
                if targetMap[i][j] == 2:
                    return self.ans[i][j]
if __name__ == '__main__':
    targetMap = [[0, 0, 0],[0, 0, 1],[0, 0, 2]]
    solution = Solution()
    print("地图:", targetMap)
    print("最少需要走几步:", solution.shortestPath(targetMap))
```

4. 运行结果

```
地图: [[0, 0, 0], [0, 0, 1], [0, 0, 2]]
最少需要走几步: 4
```

▶例 266 毒药测试

1. 问题描述

给定 n 瓶水,其中只有一瓶水是毒药,小白鼠会在喝下任何剂量的毒药后 24 小时死亡。请问如果需要在 24 小时的时候知道哪瓶水是毒药,至少需要几只小白鼠才能保证测试成功?

2. 问题示例

给定 $n=3$,返回为 2。给 1 号小白鼠喝 1 号水,给 2 号小白鼠喝 2 号水,如果 1 号小白鼠死了,说明 1 号水是毒药; 如果 2 号小白鼠死了,说明 2 号水是毒药; 如果都没死,说明 3 号水是毒药。

给定 $n=6$,返回为 3。给 1 号小白鼠喝 5、6 号水,给 2 号小白鼠喝 3、4 号水,给 3 号小白鼠喝 2、4、6 号水,如果小白鼠 1、2、3 都没死,则 1 号水有毒; 如果小白鼠 1、2 没死、3 死,则 2 号水有毒; 如果小白鼠 1、3 没死,2 死,则 3 号水有毒; 如果小白鼠 1 没死,2、3 死,则 4 号水有毒; 如果小白鼠 1 死,2、3 没死,则 5 号水有毒; 如果小白鼠 1、3 死,2 没死,则 6 号水有毒。

3. 代码实现

相关代码如下。

```
#参数 n: 总水瓶数
#返回值: 整数,代表需要多少小白鼠
class Solution:
    def getAns(self, n):
        n -= 1
        ans = 0
        while n != 0:
            n //= 2
            ans += 1
        return ans
if __name__ == '__main__':
    n = 4
    solution = Solution()
    print("总共有:",n,"瓶水")
    print("至少需要:", solution.getAns(n),"只小白鼠")
```

4. 运行结果

```
总共有: 4 瓶水
至少需要: 2 只小白鼠
```

例 267　社交网络

1. 问题描述

每个人都有自己的网上好友。现在有 n 个人,给出 m 对好友关系,问任意一个人是否能直接或者间接联系到网上所有的人。若能,返回 YES;若不能,返回 NO。好友关系用 a 数组和 b 数组表示,代表 $a[i]$和 $b[i]$是一对好友。

2. 问题示例

给定 $n=4,a=[1,1,1],b=[2,3,4]$,返回值为 YES,因为 1 和 2、3、4 能直接联系,而且 2、3、4 和 1 能直接联系,这 3 个人能通过 1 间接联系。给出 $n=5,a=[1,2,4],b=[2,3,5]$,返回 NO,因为 1、2、3 能相互联系,而且 4、5 能相互联系,但这两组人不能联系,1 无法联系 4 或者 5。

3. 代码实现

相关代码如下。

```
#参数 n: 网络人数
#参数 a 与 b: 关系两方
#返回值: 字符串,根据所有人能否联系返回"YES"或"NO"
class Solution:
    father = [0] * 5000
    def ask(self, x):
        if Solution.father[x] == x:
            return x
```

```
            Solution.father[x] = Solution.ask(self, Solution.father[x])
            return Solution.father[x]
        def socialNetwork(self, n, a, b):
            for i in range(0, n):
                Solution.father[i] = i
            m = len(b)
            for i in range(m):
                x = Solution.ask(self, a[i])
                y = Solution.ask(self, b[i])
                Solution.father[x] = y
            for i in range(0, n):
                if Solution.ask(self, i) != Solution.ask(self, 1):
                    return "NO"
            return "YES"
if __name__ == '__main__':
    n = 4
    a = [1, 1, 1]
    b = [2, 3, 4]
    solution = Solution()
    print("好友关系组:",a,b)
    print("他们能否直接或间接互相联系:", solution.socialNetwork(n, a, b))
```

4. 运行结果

```
好友关系组: [1, 1, 1] [2, 3, 4]
他们能否直接或间接互相联系: YES
```

例 268 前 *k* 高的基点

1. 问题描述

给定一个列表,列表中的每个元素代表一位学生的学号 StudentId 和成绩 GPA,返回 GPA 排名前 *K* 的学生的 StudentId 和 GPA,按照原始数据的顺序输出。

2. 问题示例

给定学生 ID 与成绩的列表为[["001","4.53"],["002","4.87"],["003","4.99"]],*K* 值为 2,返回值为[["002","4.87"],["003","4.99"]]。

3. 代码实现

相关代码如下。

```
#参数 list: 学生 ID 与成绩的列表
#返回值: 列表,为 GPA 前 K 名的学生的原序列表
from heapq import heappush, heappop
class Solution:
    def topKgpa(self, list, k):
        if len(list) == 0 or k < 0:
```

```
            return []
        minheap = []
        ID_set = set([])
        result = []
        for ID, GPA in list:
            ID_set.add(ID)
            heappush(minheap, (float(GPA), ID))
            if len(ID_set) > k:
                _, old_ID = heappop(minheap)
                ID_set.remove(old_ID)
        for ID, GPA in list:
            if ID in ID_set:
                result.append([ID, GPA])
        return result
if __name__ == '__main__':
    List = [["001","4.53"],["002","4.87"],["003","4.99"]]
    k = 2
    solution = Solution()
    print("学生按 ID 排序:",List,",K 为:",k)
    print("前 K 高 GPA 的学生:", solution.topKgpa(List, k))
```

4. 运行结果

```
学生按 ID 排序: [['001', '4.53'], ['002', '4.87'], ['003', '4.99']],K 为: 2
前 K 高 GPA 的学生: [['002', '4.87'], ['003', '4.99']]
```

例 269　寻找最长 01 子串

1. 问题描述

现在有 1 个 01 字符串 str，寻找到最长的 01 连续子串（即 0 和 1 交替出现，如 0101010101）。可以对字符串进行一些操作，使得 01 连续子串尽可能长。操作是指选择一个位置，将字符串断开，变成两个字符串，然后每个字符串翻转，最后按照原来的顺序拼接在一起。可以进行 0 次或多次上述操作，返回最终能够获得的最大 01 连续子串的长度。

2. 问题示例

给出 str="100010010"，返回为 5，因为可以进行如下分割 10|0010010，两边翻转后，变成了 01|0100100，即 010100100，选择位置 1～5(01010)，长度为 5。给出 str="1001"，返回 2，因为不管如何分割翻转，都不会使得答案变大，所以 10 即为最大连续子串。

3. 代码实现

相关代码如下。

```
#参数 str: 原始 01 串
#返回值: 整数,为最大长度
class Solution:
```

```
    def askingForTheLongest01Substring(self, str):
        str += str
        ans = 1
        cnt = 1
        for i in range(1, len(str)):
            if str[i] != str[i - 1]:
                cnt += 1
            else:
                cnt = 1
            if ans < cnt and 2 * cnt <= len(str):
                ans = cnt
        return ans
if __name__ == '__main__':
    str = "1001"
    solution = Solution()
    print("二进制串",str)
    print("最长 01 子串:", solution.askingForTheLongest01Substring(str))
```

4. 运行结果

```
二进制串: 1001
最长 01 子串: 2
```

例 270　合法字符串

1. 问题描述

给定一个只包含大写字母的字符串 S,在 S 中插入尽量少的字符"_",使同一种字母间隔至少为 k。如果有多种插入方式,则选择目标字符串字典序最小的方式。

2. 问题示例

S="AABACCDCD",k=3,则目标字符串为"A__AB_AC__CD_CD"。由于目标字符串长度可能很长,返回原串每个位置前插入"_"的个数即可,例如前面的例子返回[0,2,0,1,0,2,0,1,0]。给定 S="ABBA",k=2,返回[0,0,1,0],修改字符串为"AB_BA"。

3. 代码实现

相关代码如下。

```
#参数 S: 原始字符串
#参数 k: 相同字符至少间隔多少字符
#返回值: 列表,表示每个位置插入的字符个数
class Solution:
    def getAns(self, k, S):
        n = len(S)
        pre = [-1] * 26      #当前位置之前最靠右的相同字母位置,只有大写
        sm = [0] * (n + 1)   #当前位置之前的"_"总数
```

```
        ans = []
        for i in range(1, n + 1):
            c = ord(S[i - 1]) - ord('A')
            if pre[c] == -1 or sm[i - 1] - sm[pre[c]] - pre[c] + i >= k:
                sm[i] = sm[i - 1]
                ans.append(0)
            else:
                sm[i] = sm[i - 1] + k - (sm[i - 1] - sm[pre[c]] + i - pre[c])
                ans.append(k - (sm[i - 1] - sm[pre[c]] + i - pre[c]))
            pre[c] = i
        return ans
if __name__ == '__main__':
    S = "AABACCDCD"
    k = 3
    solution = Solution()
    print(" 字符串", S, ",每个相同字符间至少间隔",k , "个字符")
    print(" 字符的列表:", solution.getAns(k,S))
```

4. 运行结果

字符串: AABACCDCD,每个相同字符间至少间隔 3 个字符
字符的列表: [0, 2, 0, 1, 0, 2, 0, 1, 0]

例 271 叶节点的和

1. 问题描述

给出一棵二叉树,求出所有叶节点的和。

2. 问题示例

给定二叉树如下,输出为 12。

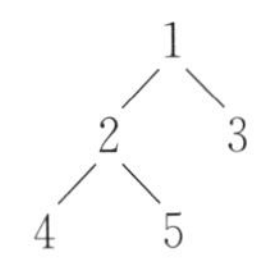

3. 代码实现

相关代码如下。

```
#参数 root: 树根
#返回值: 整数,为叶节点值的和
class TreeNode:
    def __init__(self, val):
        self.val = val
        self.left, self.right = None, None
class Solution:                                    #莫里斯中序遍历
    def sumLeafNode(self, root):
```

```
        res = 0
        p = root
        while p:
            if p.left is None:
                if p.right is None:         # p 是一个叶节点
                    res += p.val
                p = p.right
            else:
                tmp = p.left
                while tmp.right is not None and tmp.right != p:
                    tmp = tmp.right
                if tmp.right is None:
                    if tmp.left is None:    # tmp 是一个叶子节点
                        res += tmp.val
                    tmp.right = p
                    p = p.left
                else:                       # 因为 tmp.right 为前序,所以停止
                    tmp.right = None
                    p = p.right
        return res
if __name__ == '__main__':
    n1 = TreeNode(1)
    n1.left = TreeNode(2)
    n1.right = TreeNode(3)
    n1.left.left = TreeNode(4)
    n1.left.right = TreeNode(5)
    solution = Solution()
    print("输入:[1,2,3,4,5##]")
    print("输出:", solution.sumLeafNode(n1))
```

4. 运行结果

```
输入:[1,2,3,4,5##]
输出:12
```

例 272 转换字符串

1. 问题描述

给出 startString 和 endString 字符串，判断是否可以通过一系列转换将 startString 转变成 endString。规则是只有 26 个小写字母，每个操作只能更改一种字母。例如，如果将 a 更改为 b，则起始字符串中的所有 a 必须更改为 b。对于每一类型的字符，可以选择转换或不转换。转换必须在 startString 中的一个字符和 endString 相对应的一个字符之间进行。结果返回 True 或 False。

2. 问题示例

给定 startString = "abc"，endString = "cde"，可以有"abc"->"abe"->"ade"->

"cde",所以返回 True。给定 startString = "abc",endString = "bca",因为预想 a—> c, b—> d,a—> e 但是不可能同时把 a 转换成 c 和 e,所以返回 False。

3. 代码实现

相关代码如下。

```
#参数 startString: 起始链
#参数 endString: 目标链
#返回值: 布尔值,如果可以转换则返回 True,否则返回 False
class Solution:
    def canTransfer(self, startString, endString):
        if not startString and not endString:
            return True
        # 长度不等
        if len(startString) != len(endString):
            return False
        # 字母种类起始链比终止链少
        if len(set(startString)) < len(set(endString)):
            return False
        maptable = {}
        for i in range(len(startString)):
            a, b = startString[i], endString[i]
            if a in maptable:
                if maptable[a] != b:
                    return False
            else:
                maptable[a] = b
        def noloopinhash(maptable):              # 映射表带环
            keyset = set(maptable)
            while keyset:
                a = keyset.pop()
                loopset = {a}
                while a in maptable:
                    if a in keyset:
                        keyset.remove(a)
                    loopset.add(a)
                    if a == maptable[a]:
                        break
                    a = maptable[a]
                    if a in loopset:
                        return False
            return True
        return noloopinhash(maptable)
if __name__ == '__main__':
    startString = "abc"
    endString = "bca"
    solution = Solution()
```

```
    print(" 起始链:", startString)
    print(" 终止链:", endString)
    print(" 能否转换:", solution.canTransfer(startString, endString))
```

4. 运行结果

起始链: abc
终止链: bca
能否转换: False

例 273 最少按键次数

1. 问题描述

给定一个只包含大小写字母的英文单词,问最少需要按键几次才能将单词输入(可以按 Caps Lock 以及 Shift 键,一开始默认输入小写字母)。

2. 问题示例

s="Hadoop",最少按键次数是 7,因为 Shift+h 需按键 2 次,其余 5 次。输入 str="HADOOp"最少按键次数是 8,因为 caps+hadoo+caps 需按键 7 次,其余 1 次。

3. 代码实现

相关代码如下。

```
#参数 s: 字符串
#返回值: 整数,表示最小按键次数
class Solution:
    def getAns(self, s):
        left = -1
        ans = 0
        ncaps = True
        for right in range(0, len(s)):
            if ncaps:
                if ord(s[right]) < 95 and right - left <= 2:
                    ans += 2
                    if right - left == 2:
                        ncaps = False
                        ans -= 1
                        left = right
                else:
                    left = right
                    ans += 1
            else:
                if ord(s[right]) > 95 and right - left <= 2:
                    ans += 2
                    if right - left == 2:
                        ncaps = True
```

```
                    ans -= 1
                    left = right
            else:
                left = right
                ans += 1
        return ans
#主函数
if __name__ == '__main__':
    str = "EWlweWXZXxcscSDSDcccsdcfdsFvccDCcDCcdDcGvTvEEdddEEddEdEdAs"
    solution = Solution()
    print(" str:", str)
    print(" 最小按键数:", solution.getAns(str))
```

4. 运行结果

```
str: EWlweWXZXxcscSDSDcccsdcfdsFvccDCcDCcdDcGvTvEEdddEEddEdEdAs
最小按键数: 78
```

例 274　二分查找Ⅱ

1. 问题描述

给定一个升序排列的整数数组和一个要查找的整数 target。用 O(logn)的时间查找到 target 第 1 次出现的下标(从 0 开始)；如果 target 不存在于数组中,返回−1。

2. 问题示例

输入数组为[1, 2, 3, 3, 4, 5, 10],目标整数为 3,输出 2,第 1 次出现在第 2 个位置。输入数组为[1, 2, 3, 3, 4, 5, 10],目标整数为 6,输出−1,未出现过 6,所以返回−1。

3. 代码实现

相关代码如下。

```
class Solution:
    # 参数 nums: 整数数组
    # 参数 target: 整数
    # 返回值: 整数
    def binarySearch(self, nums, target):
        left, right = 0, len(nums) - 1
        while left + 1 < right :
            mid = (left + right)// 2
            if nums[mid] < target :
                left = mid
            else :
                right = mid
        if nums[left] == target :
            return left
        elif nums[right] == target :
```

```
            return right
        return - 1;
#主函数
if __name__ == '__main__':
    nums = [1,3,4,5,6,9]
    target = 6
    solution = Solution()
    answer = solution.binarySearch(nums,target)
    print("输入数组:",nums)
    print("输入目标:",target)
    print("输出下标:",answer)
```

4. 运行结果

```
输入数组: [1, 3, 4, 5, 6, 9]
输入目标: 6
输出下标: 4
```

例 275 全排列Ⅱ

1. 问题描述

给定一个数字列表,返回其所有可能的排列。

2. 问题示例

输入[1,2,3],输出[[1,2,3], [1,3,2], [2,1,3], [2,3,1], [3,1,2], [3,2,1]]。

3. 代码实现

相关代码如下。

```
class Solution:
    #参数 nums: 整数列表
    #返回值: 排序列表
    def permute(self, nums):
        if nums is None:
            return []
        if nums == []:
            return [[]]
        nums = sorted(nums)
        permutation = []
        stack = [ - 1]
        permutations = []
        while len(stack):
            index = stack.pop()
            index += 1
            while index < len(nums):
                if nums[index] not in permutation:
```

```
                break
            index += 1
        else:
            if len(permutation):
                permutation.pop()
            continue
        stack.append(index)
        stack.append(-1)
        permutation.append(nums[index])
        if len(permutation) == len(nums):
            permutations.append(list(permutation))
    return permutations
#主函数
if __name__ == '__main__':
    solution = Solution()
    nums = [0,1,2]
    name = solution.permute(nums)
    print("输入:",nums)
    print("输出:",name)
```

4. 运行结果

```
输入: [0, 1, 2]
输出: [[0, 1, 2], [0, 2, 1], [1, 0, 2], [1, 2, 0], [2, 0, 1], [2, 1, 0]]
```

例 276 最小路径和Ⅱ

1. 问题描述

给定一个只含非负整数的 $m \times n$ 网格,找到一条从左上角到右下角的路径,使数字和最小,返回路径和。

2. 问题示例

输入[[1,3,1],[1,5,1],[4,2,1]],输出 7,因为路线为 1 —> 3 —> 1 —> 1 —> 1,故和为 7。

3. 代码实现

相关代码如下。

```
class Solution:
    #参数 grid: 整数列表
    #返回值: 整数
    def minPathSum(self, grid):
        for i in range(len(grid)):
            for j in range(len(grid[0])):
                if i == 0 and j > 0:
                    grid[i][j] += grid[i][j-1]
```

```
                elif j == 0 and i > 0:
                    grid[i][j] += grid[i-1][j]
                elif i > 0 and j > 0:
                    grid[i][j] += min(grid[i-1][j], grid[i][j-1])
        return grid[len(grid) - 1][len(grid[0]) - 1]
#主函数
if __name__ == '__main__':
    solution = Solution()
    nums = [[1,3,1],[1,5,1],[4,2,1]]
    print("输入列表:",nums)
    answer = solution.minPathSum(nums)
    print("输出路径和:",answer)
```

4. 运行结果

```
输入列表: [[1, 3, 1], [1, 5, 1], [4, 2, 1]]
输出路径和: 7
```

例 277 最长路径序列

1. 问题描述

给定一个未排序的整数数组,找出其中最长连续序列的长度。

2. 问题示例

给出数组[100, 4, 200, 1, 3, 2],其中最长的连续序列是[1, 2, 3, 4],返回其长度 4。

3. 代码实现

相关代码如下。

```
class Solution:
    #参数 num: 整数列表
    #返回值: 整数
    def longestConsecutive(self, num):
        dict = {}
        for x in num:
            dict[x] = 1
        ans = 0
        for x in num:
            if x in dict:
                len = 1
                del dict[x]
                l = x - 1
                r = x + 1
                while l in dict:
                    del dict[l]
                    l -= 1
```

```
                len += 1
            while r in dict:
                del dict[r]
                r += 1
                len += 1
            if ans < len:
                ans = len
        return ans
#主函数
if __name__ == '__main__':
    solution = Solution()
    nums = [100,4,200,1,3,2]
    answer = solution.longestConsecutive(nums)
    print("输入列表:",nums)
    print("输出长度:",answer)
```

4. 运行结果

```
输入列表: [100, 4, 200, 1, 3, 2]
输出长度: 4
```

例 278　背包问题Ⅱ

1. 问题描述

给出 n 个物品的体积 $A[i]$ 和其价值 $V[i]$，将它们装入一个大小为 m 的背包，求能装入的最大总价值。

2. 问题示例

对于物品体积[2, 3, 5, 7]和对应的价值[1, 5, 2, 4]，背包大小为10，最大能够装入的价值为9，也就是装入体积为3和7的物品，价值为 $5+4=9$。

3. 代码实现

相关代码如下。

```
class Solution:
    # 参数 m: 整数
    # 参数 A 和 V: 整数列表
    # 返回值: 整数
    def backPackII(self, m, A, V):
        n = len(A)
        dp = [[0] * (m + 1), [0] * (m + 1)]
        for i in range(1, n + 1):
            dp[i % 2][0] = 0
            for j in range(1, m + 1):
                dp[i % 2][j] = dp[(i - 1) % 2][j]
                if A[i - 1] <= j:
```

```
                    dp[i % 2][j] = max(dp[i % 2][j], dp[(i - 1) % 2][j - A[i - 1]] +
V[i - 1])
        return dp[n % 2][m]
# 主函数
if __name__ == '__main__':
    solution = Solution()
    vol = 34
    nums = [4,13,2,6,7,11,8]
    val = [1,23,4,5,2,14,9]
    answer = solution.backPackII(vol,nums,val)
    print("输入总体积:",vol)
    print("输入物品:",nums)
    print("输入价值:",val)
    print("输出结果:",answer)
```

4. 运行结果

```
输入总体积: 34
输入物品: [4, 13, 2, 6, 7, 11, 8]
输入价值: [1, 23, 4, 5, 2, 14, 9]
输出结果: 50
```

例 279 哈希函数

1. 问题描述

在数据结构中，哈希函数可用于将一个字符串(或任何其他类型)转化为小于哈希表大小且大于或等于零的整数。一个好的哈希函数可以尽可能少地产生冲突。一种广泛使用的哈希函数算法是使用数值 33，假设任何字符串都是基于 33 的整数，给出一个字符串作为 key 和哈希表的大小，返回这个字符串的哈希值。

2. 问题示例

key ="abcd"，按照如下公式求哈希值，HASH_SIZE 表示哈希表的大小。

hashcode("abcd") = (ascii(a) * 333 + ascii(b) * 332 + ascii(c) * 33 + ascii(d)) % HASH_SIZE

$= (97 * 33^3 + 98 * 33^2 + 99 * 33 + 100)$ % HASH_SIZE

= 3595978 % HASH_SIZE

输入 key = "abcd"，size = 10000，输出 978，(97 * 33^3 + 98 * 33^2 + 99 * 33 + 100 * 1)%10000 = 978。输入 key = "abcd"，size = 100，输出 78，33^3 + 98 * 33^2 + 99 * 33 + 100 * 1)%100 = 78。

3. 代码实现

相关代码如下。

```
class Solution:
```

```
    #参数 key: 字符串
    #参数 HASH_SIZE: 整数
    #返回值: 整数
    def hashCode(self, key, HASH_SIZE):
        ans = 0
        for x in key:
            ans = (ans * 33 + ord(x)) % HASH_SIZE
        return ans
#主函数
if __name__ == '__main__':
    solution = solution()
    num = 100
    key = "abcd"
    answer =  solution.hashCode(key,num)
    print("输入 key:",key)
    print("输入 num:",num)
    print("输出值:",answer)
```

4. 运行结果

```
输入 key: abcd
输入 num: 100
输出值: 78
```

例 280　第 1 个只出现 1 次的字符

1. 问题描述

给出一个字符串,找出第 1 个只出现 1 次的字符。

2. 问题示例

输入"abaccdeff",输出 b,b 是第 1 个出现 1 次的字符。

3. 代码实现

相关代码如下。

```
class Solution:
    #参数 str: 字符串
    #返回值: 字符
    def firstUniqChar(self, str):
        counter = {}
        for c in str:
            counter[c] = counter.get(c, 0) + 1
        for c in str:
            if counter[c] == 1:
                return c
#主函数
```

```
if __name__ == '__main__':
    solution = Solution()
    s = "abaccdeff"
    ans = solution.firstUniqChar(s)
    solution = Solution()
    s = "abaccdeff"
    ans = solution.firstUniqChar(s)
    print("输入:", s)
    print("输出:", ans)
```

4. 运行结果

```
输入: abaccdeff
输出: b
```

▶例 281 空格替换

1. 问题描述

设计一种方法，将一个字符串中的所有空格替换成%20(假设该字符串有足够的空间加入新的字符)。返回被替换后的字符串的长度。

2. 问题示例

输入 string[] = "Mr John Smith" and length = 13。

输出 string[] = "Mr%20John%20Smith" and return 17。

对于字符串"Mr John Smith"，长度为 13。替换空格之后，参数中的字符串需要变为"Mr%20John%20Smith"，并把新长度 17 作为结果返回。

3. 代码实现

相关代码如下。

```
class Solution:
    # 参数 string: 字符数组
    # 参数 length: 字符串的真实长度
    # 返回值: 新字符串的真实长度
    def replaceBlank(self, string, length):
        if string is None:
            return length
        f = 0
        L = len(string)
        for i in range(len(string)):
            if string[i] == ' ':
                string[i] = '%20'
                f += 1
        return L - f + f * 3
#主函数
```

```
if __name__ == '__main__':
    solution = Solution()
    si = "Mr John Smith"
    s1 = list(si)
    ans = solution.replaceBlank(s1, 13)
    so = ''.join(s1)
    print("输入字符串:", si)
    print("输出字符串:", so)
    print("输出其长度:", ans)
```

4. 运行结果

```
输入字符串: Mr John Smith
输出字符串: Mr%20John%20Smith
输出其长度: 17
```

例 282 字符串压缩

1. 问题描述

设计一种方法,通过给重复字符计数来进行基本的字符串压缩。字符串"aabcccccaaa"可压缩为"a2b1c5a3"。如果压缩后的字符数不小于原始的字符数,则返回原始的字符串。假设字符串仅包括 a～z 的字母。

2. 问题示例

输入 str="aabcccccaaa",输出"a2b1c5a3"。输入 str="aabbcc",输出"aabbcc"。

3. 代码实现

相关代码如下。

```
class Solution:
    #参数 originalString: 字符串
    #返回值: 压缩字符串
    def compress(self, originalString):
        l = len(originalString)
        if l <= 2 :
            return originalString
        length = 1
        res = ""
        for i in range(1,l):
            if originalString[i] != originalString[i-1]:
                res = res + originalString[i-1] + str(length)
                length = 1
            else:
                length += 1
        if originalString[-1] != originalString[-2]:
            res = res + originalString[-1] + "1"
```

```
        else:
            res = res + originalString[i-1] + str(length)
        if len(originalString)<= len(res):
            return originalString
        else:
            return res
#主函数
if __name__ == '__main__':
    solution = Solution()
    si = "aabcccccaaa"
    arr = list(si)
    ans = solution.compress(arr)
    print("输入:", si)
    print("输出:", ans)
```

4. 运行结果

```
输入: aabcccccaaa
输出: a2b1c5a3
```

例283 数组的最大值

1. 问题描述

给定一个浮点数数组，求数组中的最大值。

2. 问题示例

输入[1.0, 2.1, −3.3]，输出2.1，即返回最大的数字。

3. 代码实现

相关代码如下。

```
class Solution:
    def max_num(self, arr):
        if arr == []:
            return
        maxnum = arr[0]
        for x in arr:
            if x > maxnum:
                maxnum = x
        return maxnum
#主函数
if __name__ == '__main__':
    solution = Solution()
    arr = [1.0, 2.1, -3.3]
    ans = solution.max_num(arr)
    print("输入:", arr)
    print("输出:", ans)
```

4. 运行结果

```
输入: [1.0, 2.1, -3.3]
输出: 2.1
```

例 284　无序链表的重复项删除

1. 问题描述

设计一种方法,从无序链表中删除重复项。

2. 问题示例

输入 1->2->1->3->3->5->6->3->null,输出 1->2->3->5->6->null。

3. 代码实现

相关代码如下。

```
class ListNode(object):
    def __init__(self, val):
        self.val = val
        self.next = None
class Solution:
    #参数 head: 链表的第 1 个节点
    #返回值: 头节点
    def removeDuplicates(self, head):
        seen, root, pre = set(), head, ListNode(-1)
        while head:
            if head.val not in seen:
                pre.next = head
                seen.add(head.val)
                pre = head
            head = head.next
        pre.next = None
        return root
#主函数
if __name__ == '__main__':
    solution = Solution()
    l0 = ListNode(1)
    l1 = ListNode(2)
    l2 = ListNode(2)
    l3 = ListNode(2)
    l0.next = l1
    l1.next = l2
    l2.next = l3
    root = solution.removeDuplicates(l0)
    a = [root.val, root.next.val]
```

```
    if a == [1, 2]:
        print("输入: 1->2->2->2->null")
        print("输出: 1->2->null")
    else:
        print("Error")
```

4. 运行结果

```
输入: 1->2->2->2->null
输出: 1->2->null
```

▶例 285　在 $O(1)$时间复杂度删除链表节点

1. 问题描述

给定一个单链表中的一个等待被删除的节点(非表头或表尾)。请在 $O(1)$时间复杂度删除该链表节点。

2. 问题示例

输入 1—>2—>3—>4—>null,删除节点 3,输出 1—>2—>4—>null。

3. 代码实现

相关代码如下。

```
#参数 node: 要删除的节点
#返回值: 无
class ListNode(object):
    def __init__(self, val, next = None):
        self.val = val
        self.next = next
class Solution:
    def deleteNode(self, node):
        if node.next is None:
            node = None
            return
        node.val = node.next.val
        node.next = node.next.next
#主函数
if __name__ == '__main__':
    node1 = ListNode(1)
    node2 = ListNode(2)
    node3 = ListNode(3)
    node4 = ListNode(4)
    node1.next = ListNode(2)
    node2.next = ListNode(3)
    node3.next = ListNode(4)
```

```
solution = Solution()
print("输入 :",node1.val,node2.val,node3.val,node4.val)
solution.deleteNode(node3)
print("删除节点 3")
print("输出 :",node1.val,node2.val,node3.val)
```

4. 运行结果

```
输入: 1 2 3 4
删除节点: 3
输出: 1 2 4
```

例 286 将数组重新排序以构造最小值

1. 问题描述

给定一个整数数组,请将其重新排序,按照排序后的顺序构造最小的数。

2. 问题示例

输入[3, 32, 321],输出[321, 32, 3]。通过将数组重新排序,可构造 6 个可能性数字:

$$3+32+321=332\,321$$
$$3+321+32=332\,132$$
$$32+3+321=323\,321$$
$$32+321+3=323\,213$$
$$321+3+32=321\,332$$
$$321+32+3=321\,323$$

其中最小值为 321 323,所以,数组重新排序后变为[321, 32, 3]。

3. 代码实现

相关代码如下。

```
from functools import cmp_to_key
class Solution:
    def cmp(self,a,b):
        if a + b > b + a:
            return 1
        if a + b < b + a:
            return -1
        else:
            return 0
    def PrintMinNumber(self,numbers):
        if not numbers:
            return ""
        number = list(map(str,numbers))
        number.sort(key = cmp_to_key(self.cmp))
```

```
        return "".join(number).lstrip('0') or '0'
#主函数
if __name__ == '__main__':
    generation = [3,32,321]
    solution = Solution()
    print("输入 :",generation)
    print("输出 :",solution.PrintMinNumber(generation))
```

4. 运行结果

```
输入: [3, 32, 321]
输出: 321323
```

例 287 两个链表的交叉

1. 问题描述

请写一个程序，找到两个单链表最初的交叉节点并返回该节点。如果两个链表没有交叉，则返回 null。

2. 问题示例

输入 A、B 两个链表如下：

```
A:  a1→a2
          ↘
           c1→c2→c3
          ↗
B:     b1→b2→b3
```

输出 c1，即在节点 c1 开始交叉。

3. 代码实现

相关代码如下。

```
#参数 list_a: 一个链表
#参数 list_b: 另一个链表
#返回值: 无
class ListNode:
    def __init__(self, val = None, next = None):
        self.value = val
        self.next = next
class Solution:
    def get_list_length(self, head):
        #获取链表长度
        length = 0
        while head:
            length += 1
            head = head.next
        return length
```

```
    def get_intersect_node(self, list_a, list_b):
        length_a = self.get_list_length(list_a)
        length_b = self.get_list_length(list_b)
        cur1, cur2 = list_a, list_b
        if length_a > length_b:
            for i in range(length_a - length_b):
                cur1 = cur1.next
        else:
            for i in range(length_b - length_a):
                cur2 = cur2.next
        flag = False
        while cur1 and cur2:
            if cur1.value == cur2.value:
                print(cur1.value)
                flag = True
                break
            else:
                cur1 = cur1.next
                cur2 = cur2.next
        if not flag:
            print('链表没有交叉节点')
#主函数
if __name__ == '__main__':
    solution = Solution()
    list_a = ListNode('a1', ListNode('a2', ListNode('c1', ListNode('c2', ListNode('c3')))))
    list_b = ListNode('b1', ListNode('b2', ListNode('b3', ListNode('c1', ListNode('c2',
ListNode('c3'))))))
    print("输入:")
    print("a = a1 a2 c1 c2 c3")
    print("b = b1 b2 b3 c1 c2 c3")
    print("输出:")
    solution.get_intersect_node(list_a,list_b)
```

4. 运行结果

```
输入:
a = a1 a2 c1 c2 c3
b = b1 b2 b3 c1 c2 c3
输出: c1
```

例 288　螺旋矩阵

1. 问题描述

给定一个数 n，生成一个包含 $1 \sim n^2$ 的顺时针螺旋矩阵。

2. 问题示例

输入 2，输出顺时针螺旋矩阵如下：

[
[1, 2],
[4, 3]
]

输入3,输出顺时针螺旋矩阵如下:

[
[1, 2, 3],
[8, 9, 4],
[7, 6, 5]
]

3. 代码实现

相关代码如下。

```
#参数n: 1,2, …, n任意一个整型数
#返回值: 矩阵
class Solution:
    def generateMatrix(self, n):
        if n == 0: return []
        matrix = [[0 for i in range(n)] for j in range(n)]
        up = 0; down = len(matrix) - 1
        left = 0; right = len(matrix[0]) - 1
        direct = 0; count = 0
        while True:
            if direct == 0:
                for i in range(left, right + 1):
                    count += 1; matrix[up][i] = count
                up += 1
            if direct == 1:
                for i in range(up, down + 1):
                    count += 1; matrix[i][right] = count
                right -= 1
            if direct == 2:
                for i in range(right, left - 1, - 1):
                    count += 1; matrix[down][i] = count
                down -= 1
            if direct == 3:
                for i in range(down, up - 1, - 1):
                    count += 1; matrix[i][left] = count
                left += 1
            if count == n * n: return matrix
            direct = (direct + 1) % 4
#主函数
if __name__ == '__main__':
```

```
    n = 3
    solution = Solution()
    print("输入：n = ", n)
    print("输出：",solution.generateMatrix(n))
```

4. 运行结果

```
输入：n = 3
输出：[[1, 2, 3], [8, 9, 4], [7, 6, 5]]
```

例 289　三角形计数

1. 问题描述

给定一个整数数组，在该数组中寻找 3 个数，分别代表三角形 3 条边的长度。可以寻找到多少组这样的 3 个数来组成三角形？

2. 问题示例

输入[3，4，6，7]，输出 3，它们是(3，4，6)、(3，6，7)、(4，6，7)。

3. 代码实现

相关代码如下。

```
#参数 S：正整数数组
#返回值：计数结果
class Solution:
    def triangleCount(self, S):
        if len(S)< 3:
            return;
        count = 0;
        S.sort(); # 从小到大排序
        for i in range(0,len(S)):
            for j in range(i + 1,len(S)):
                w,r = i + 1,j
                target = S[j] - S[i]
                while w < r:
                    mid = (w + r)//2   # 取整数
                    S_mid = S[mid]
                    if S_mid > target:
                        r = mid
                    else:
                        w = mid + 1
                count += (j - w)
        return count
#主函数
if __name__ == '__main__':
    generation = [3,4,6,7]
```

```
        solution = Solution()
        print("输入:", generation)
        print("输出:",solution.triangleCount(generation))
```

4. 运行结果

```
输入: [3, 4, 6, 7]
输出: 3
```

例 290 买卖股票的最佳时机

1. 问题描述

给定数组 prices,其中第 i 个元素代表某只股票在第 i 天的价格,最多可以完成 k 笔交易,问最大的利润是多少?

2. 问题示例

输入 $k=2$,prices=[4,4,6,1,1,4,2,5],输出 6。以 4 买入,以 6 卖出;再以 1 买入,以 5 卖出,利润为 $2+4=6$。

3. 代码实现

相关代码如下。

```
class Solution:
    #参数 k: 整数
    #参数 prices: 整数数组
    #返回值: 整数
    def maxProfit(self, k, prices):
        size = len(prices)
        if k >= size / 2:
            return self.quickSolve(size, prices)
        dp = [-10000] * (2 * k + 1)
        dp[0] = 0
        for i in range(size):
            for j in range(min(2 * k, i + 1) , 0 , -1):
                dp[j] = max(dp[j], dp[j - 1] + prices[i] * [1, -1][j % 2])
        return max(dp)
    def quickSolve(self, size, prices):
        sum = 0
        for x in range(size - 1):
            if prices[x + 1] > prices[x]:
                sum += prices[x + 1] - prices[x]
        return sum
#主函数
if __name__ == "__main__":
        solution = Solution()
        price = [4,4,6,1,1,4,2,5]
```

```
        k = 2
        maxprofit = solution.maxProfit(k,price)
        print("输入价格:",price)
        print("交易次数:",k)
        print("最大利润:",maxprofit)
```

4. 运行结果

```
输入价格: [4, 4, 6, 1, 1, 4, 2, 5]
交易次数: 2
最大利润: 6
```

例 291　加 1

1. 问题

给定一个非负数数组，表示一个整数，在该整数的基础上加 1，返回一个新的数组。数字按照数位高低进行排列，最高位的数在列表最前面。

2. 问题示例

输入[1,2,3]，输出[1,2,4]，即 123＋1＝124，以数组输出。输入[9,9,9]，输出[1,0,0,0]，即 999＋1＝1000，以数组输出。

3. 代码实现

相关代码如下。

```
class Solution:
    #参数 digits: 整数数组
    #返回值: 整数数组
    def plusOne(self, digits):
        digits = list(reversed(digits))
        digits[0] += 1
        i, carry = 0, 0
        while i < len(digits):
            next_carry = (digits[i] + carry) // 10
            digits[i] = (digits[i] + carry) % 10
            i, carry = i + 1, next_carry
        if carry > 0:
            digits.append(carry)
        return list(reversed(digits))
#主函数
if __name__ == "__main__":
        solution = Solution()
        num = [9,9,9]
        answer = solution.plusOne(num)
        print("输入:",num)
        print("输出:",answer)
```

4. 运行结果

```
输入: [9, 9, 9]
输出: [1, 0, 0, 0]
```

例 292 炸弹袭击

1. 问题描述

给定一个二维矩阵,每一个格子可能是一堵墙 W、一个敌人 E 或者空 0(数字 0)。返回用一个炸弹可杀死的最多敌人数。炸弹会杀死所有在同一行和同一列没有墙阻隔的敌人。墙不会被摧毁,只能在空地放置炸弹。

2. 问题示例

输入:

```
grid = [
    "0E00",
    "E0WE",
    "0E00"
]
```

输出 3,把炸弹放在 (1,1) 能杀 3 个敌人。

3. 代码实现

相关代码如下。

```python
#参数 grid: 表示二维网格的数组,由 W、E、0 组成
#返回值: 放置一个炸弹后可消灭敌人的最大数量
class Solution:
    def maxKilledEnemies(self, grid):
        m, n = len(grid), 0
        if m:
            n = len(grid[0])
        result, rows = 0, 0
        cols = [0 for i in range(n)]
        for i in range(m):
            for j in range(n):
                if j == 0 or grid[i][j-1] == 'W':
                    rows = 0
                    for k in range(j, n):
                        if grid[i][k] == 'W':
                            break
                        if grid[i][k] == 'E':
                            rows += 1
                if i == 0 or grid[i-1][j] == 'W':
                    cols[j] = 0
```

```
                for k in range(i, m):
                    if grid[k][j] == 'W':
                        break
                    if grid[k][j] == 'E':
                        cols[j] += 1
            if grid[i][j] == '0' and rows + cols[j] > result:
                result = rows + cols[j]
        return result
#主函数
if __name__ == '__main__':
    generation = [
            "0E00",
            "E0WE",
            "0E00"
            ]
    solution = Solution()
    print("输入:", generation)
    print("输出:", solution.maxKilledEnemies(generation))
```

4. 运行结果

```
输入: ['0E00', 'E0WE', '0E00']
输出: 3
```

例 293 组合总和

1. 问题描述

给出一个都是正整数的数组 nums，其中没有重复的数，找出所有和为 target 的组合个数。

2. 问题示例

输入 nums = [1, 2, 4]，target = 4，输出 6，可能的组合方式有：

[1, 1, 1, 1]

[1, 1, 2]

[1, 2, 1]

[2, 1, 1]

[2, 2]

[4]

3. 代码实现

相关代码如下。

```
#参数 nums: 不重复的正整型数组
#参数 target: 整数
```

```
#返回值: 整数,表示组合方式的个数
class Solution:
    def backPackVI(self, nums, target):
        row = len(nums)
        col = target
        dp = [0 for i in range(col + 1)]
        dp[0] = 1
        for j in range(1, col + 1):
            for i in range(1, row + 1):
                if nums[i - 1] > j:
                    continue
                dp[j] += dp[j - nums[i - 1]]
        return dp[ - 1]
#主函数
if __name__ == '__main__':
    generation = [1,2,4]
    target = 4
    solution = Solution()
    print("输入:", generation)
    print("输出:", solution.backPackVI(generation,target))
```

4. 运行结果

```
输入: [1, 2, 4]
输出: 6
```

例 294 向循环有序链表插入节点

1. 问题描述

给定有序的循环链表,写一个函数将一个值插入循环链表中,使循环链表保持有序。给出链表的任意起始节点,返回插入后的新链表。

2. 问题示例

输入 3—>5—>1,需要插入 4,输出 3—>4—>5—>1。

3. 代码实现

相关代码如下。

```
#参数 node: 要插入的链表节点序列
#参数 x: 整数,表示插入的新的节点
#返回值: 插入新节点后的链表序列
class ListNode:
    def __init__(self, val = None, next = None):
            self.val = val
            self.next = next
class Solution:
```

```python
    def insert(self, node, x):
        new_node = ListNode(x)
        if node is None:
            node = new_node
            node.next = node
            return node
        #定义当前节点和前一节点
        cur, pre = node, None
        while cur:
            pre = cur
            cur = cur.next
            #    pre.val <= x <= cur.val
            if x <= cur.val and x >= pre.val:
                break
            #链表循环处特殊判断(最大值->最小值),如果x小于最小值或x大于最大值,在此插入
            if pre.val > cur.val and (x < cur.val or x > pre.val):
                break
            #循环一遍
            if cur is node:
                break
        #插入该节点
        new_node.next = cur
        pre.next = new_node
        return new_node
#主函数
if __name__ == '__main__':
        k = 4
        generation = ListNode(3, ListNode(5, ListNode(1)))
        solution= Solution()
        solution.insert(generation,k)
        print("输入:{3,5,1}")
        print ( " 输 出:", generation. val, generation. next. val, generation. next. next. val,
generation.next.next.next.val)
```

4. 运行结果

```
输入:{3,5,1}
输出:3 4 5 1
```

例 295 大岛的数量

1. 问题描述

给出布尔型的二维数组,0 表示海,1 表示岛。如果两个 1 相邻,则认为是同一个岛。只考虑上、下、左、右相邻,找到大小在 k 及 k 以上岛的数量。

2. 问题示例

输入二维数组如下,$k=3$,输出 2。

```
[
  [1, 1, 0, 0, 0],
  [0, 1, 0, 0, 1],
  [0, 0, 0, 1, 1],
  [0, 0, 0, 0, 0],
  [0, 0, 0, 0, 1]
]
```

一共有 2 个大小为 3 的岛。

3. 代码实现

相关代码如下。

```
class Solution:
    #参数 grid: 二维布尔型数组
    #参数 k: 整数
    #返回值: 整数,岛的数量
    def numsofIsland(self, grid, k):
        if not grid or len(grid) == 0 or len(grid[0]) == 0: return 0
        rows, cols = len(grid), len(grid[0])
        visited = [[False for i in range(cols)] for i in range(rows)]
        res = 0
        for i in range(rows):
            for j in range(cols):
                if visited[i][j] == False and grid[i][j] == 1:
                    check = self.bfs(grid, visited, i,j,k)
                    if check: res += 1
        return res
    def bfs(self, grid, visited, x, y, k):
        rows, cols = len(grid), len(grid[0])
        import collections
        queue = collections.deque([(x, y)])
        visited[x][y] = True
        res = 0
        while queue:
            item = queue.popleft()
            res += 1
            for idx, idy in ((1,0),(-1,0),(0,1),(0,-1)):
                x_new, y_new = item[0] + idx, item[1] + idy
                if x_new < 0 or x_new >= rows or y_new < 0 or y_new >= cols or
visited[x_new][y_new] or grid[x_new][y_new] == 0: continue
                queue.append((x_new, y_new))
                visited[x_new][y_new] = True
        return res >= k
#主函数
if __name__ == '__main__':
    solution = Solution()
```

```
g = [[1,1,0,0,0],[0,1,0,0,1],[0,0,0,1,1],[0,0,0,0,0],[0,0,0,0,1]]
k = 3
ans = solution.numsofIsland(g, k)
print("输入:", g, "\nk = ", k)
print("输出:", ans)
```

4. 运行结果

```
输入: [[1, 1, 0, 0, 0], [0, 1, 0, 0, 1], [0, 0, 0, 1, 1], [0, 0, 0, 0, 0], [0, 0, 0, 0, 1]]
k = 3
输出: 2
```

例 296 最短回文串

1. 问题描述

给出一个字符串 S,可以通过在前面添加字符将其转换为回文串,返回用这种方式转换的最短回文串。

2. 问题示例

输入"aacecaaa",输出"aaacecaaa",即在输入字符串前面添加一个 a。

3. 代码实现

相关代码如下。

```
class Solution:
    #参数 str: 字符串
    #返回值: 字符串
    def convertPalindrome(self, str):
        if not str or len(str) == 0:
            return ""
        n = len(str)
        for i in range(n - 1, -1, -1):
            substr = str[:i + 1]
            if self.isPalindrome(substr):
                if i == n - 1:
                    return str
                else:
                    return (str[i + 1:] [::-1]) + str[:]
    def isPalindrome(self, str):
        left, right = 0, len(str) - 1
        while left < right:
            if str[left] != str[right]:
                return False
            left += 1
            right -= 1
        return True
```

```
#主函数
if __name__ == '__main__':
    solution = Solution()
    s = "sdsdlkjsaoio"
    ans = solution.convertPalindrome(s)
    print("输入:", s)
    print("输出:", ans)
```

4. 运行结果

```
输入: sdsdlkjsaoio
输出: oioasjkldsdsdlkjsaoio
```

例 297　不同的路径

1. 问题描述

给定整数矩阵,起点为左上角元素,终点为右下角元素。只能上下左右移动,给出有权值的地图,找到所有权值不同的路径之和。

2. 问题示例

输入如下矩阵:

```
[
  [1,1,2],
  [1,2,3],
  [3,2,4]
]
```

输出 21,有 2 条不同权重的路径[1,1,2,3,4] = 11,[1,1,2,2,4] = 10。

3. 代码实现

相关代码如下。

```
class Solution:
    #参数 grid: 二维数组
    #返回值: 整型,所有不同加权路径之和
    def uniqueWeightedPaths(self, grid):
        n = len(grid)
        m = len(grid[0])
        if n == 0 or m == 0:
            return 0
        s = [[set() for _ in range(m)] for __ in range(n)]
        s[0][0].add(grid[0][0])
        for i in range(n):
            for j in range(m):
                if i == 0 and j == 0:
                    s[i][j].add(grid[i][j])
```

```
                else:
                    for val in s[i - 1][j]:
                        s[i][j].add(val + grid[i][j])
                    for val in s[i][j - 1]:
                        s[i][j].add(val + grid[i][j])
        ans = 0
        for val in s[ - 1][ - 1]:
            ans += val
        return ans
#主函数
if __name__ == '__main__':
    solution = Solution()
    arr = [[1,1,2],[1,2,3],[3,2,4]]
    ans = solution.uniqueWeightedPaths(arr)
    print("输入:", arr)
    print("输出:", ans)
```

4. 运行结果

```
输入: [[1, 1, 2], [1, 2, 3], [3, 2, 4]]
输出: 21
```

例 298　分割字符串

1. 问题描述

给出字符串,选择在 1 个字符或 2 个相邻字符之后拆分字符串,使字符串仅由 1 个字符或 2 个字符组成,输出所有可能的结果。

2. 问题示例

输入"123",输出[["1","2","3"],["12","3"],["1","23"]]。输入"12345",输出[["1","23","45"],["12","3","45"],["12","34","5"],["1","2","3","45"],["1","2","34","5"],["1","23","4","5"],["12","3","4","5"],["1","2","3","4","5"]]。

3. 代码实现

相关代码如下。

```
class Solution:
    #参数 s: 要拆分的字符串
    #返回值: 所有可能的拆分字符串数组
    def splitString(self, s):
        result = []
        self.dfs(result, [], s)
        return result
    def dfs(self, result, path, s):
        if s == "":
```

```
                result.append(path[:]) # important: use path[:] to clone it
                return
            for i in range(2):
                if i + 1 <= len(s):
                    path.append(s[:i + 1])
                    self.dfs(result, path, s[i + 1:])
                    path.pop()
#主函数
if __name__ == '__main__':
    solution = Solution()
    s = "123"
    ans = solution.splitString(s)
    print("输入:", s)
    print("输出:", ans)
```

4. 运行结果

```
输入: 123
输出: [['1', '2', '3'], ['1', '23'], ['12', '3']]
```

例299 缺失的第1个素数

1. 问题描述

给出一个素数数组,找到最小的未出现的素数。

2. 问题示例

输入[3,5,7],输出2。输入[2,3,5,7,11,13,17,23,29],输出19。

3. 代码实现

相关代码如下。

```
class Solution:
    #参数nums: 数组
    #返回值: 整数
    def firstMissingPrime(self, nums):
        if not nums:
            return 2
        start = 0
        l = len(nums)
        integer = 2
        while start < l:
            while self.isPrime(integer) == False:
                integer += 1
            if nums[start] != integer:
                return integer
            integer += 1
```

```
            start += 1
        while self.isPrime(integer) == False:
            integer += 1
        return integer
    def isPrime(self, num):
        if num == 2 or num == 3:
            return True
        for i in range(2, int(num ** (0.5)) + 1):
            if num % i == 0:
                return False
        return True
if __name__ == '__main__':
    solution = Solution()
    n = [3,5,7]
    print("输入:",n)
    print("输出:",solution.firstMissingPrime(n))
```

4. 运行结果

```
输入: [3, 5, 7]
输出: 2
```

例 300　单词拆分

1. 问题描述

给出一个单词表和一条去掉所有空格的句子，根据给出的单词表添加空格，返回可以构成句子的数量。保证构成句子的单词都能在单词表中找到。

2. 问题示例

输入句子为"CatMat"，给定单词表为["Cat", "Mat", "Ca", "tM", "at", "C", "Dog", "og", "Do"]，输出 3，可以有如下三种方式：

"CatMat" = "Cat" + "Mat"

"CatMat" = "Ca" + "tM" + "at"

"CatMat" = "C" + "at" + "Mat"

3. 代码实现

相关代码如下。

```
class Solution:
    #参数 s: 字符串
    #参数 dict: 单词列表
    #返回值: 整数数量
    def wordBreak3(self, s, dict):
        if not s or not dict:
            return 0
```

```
        n, hash = len(s), set()
        lowerS = s.lower()
        for d in dict:
            hash.add(d.lower())
        f = [[0] * n for _ in range(n)]
        for i in range(n):
            for j in range(i, n):
                sub = lowerS[i:j + 1]
                if sub in hash:
                    f[i][j] = 1
        for i in range(n):
            for j in range(i, n):
                for k in range(i, j):
                    f[i][j] += f[i][k] * f[k + 1][j]
        return f[0][-1]
if __name__ == '__main__':
    solution = Solution()
    s = "CatMat"
    dict1 = ["Cat", "Mat", "Ca", "tM", "at", "C", "Dog", "og", "Do"]
    print("输入句子:",s)
    print("输入列表:",dict1)
    print("输出数量:",solution.wordBreak3(s,dict1))
```

4. 运行结果

```
输入句子: CatMat
输入列表: ['Cat', 'Mat', 'Ca', 'tM', 'at', 'C', 'Dog', 'og', 'Do']
输出数量: 3
```

第3章 巩固200例

例301 单例模式

1. 问题描述

单例是最常见的设计模式之一。对于任何时刻,如果某个类只存在且最多存在一个具体的实例,则称这种设计模式为单例。例如,对于 class Mouse,应将其设计为单例模式,设计一个 getInstance()方法,对于给定的类,每次调用 getInstance()时,都可得到同一个实例。

2. 问题示例

在 Python 中使用 getInstance()方法获得实例 a 和 b,即 a=A. getInstance(),b=A. getInstance(),a 应等于 b。

3. 代码实现

相关代码如下。

```
class Solution:
    #返回这个类的同一个实例
    instance = None
    @classmethod
    def getInstance(cls):
        if cls.instance is None:
            cls.instance = Solution()
        return cls.instance
if __name__ == '__main__':
    temp = Solution()
    a = temp.getInstance()
    b = temp.getInstance()
    print('输入: "a = temp.getInstance()" 和 "b = temp.getInstance()"')
    print('输出: a 和 b 是否得到同一个实例?' + str(a == b))
```

4. 运行结果

```
输入: "a = temp.getInstance()" 和 "b = temp.getInstance()"
输出: a 和 b 是否得到同一个实例?True
```

例302 字符串置换

1. 问题描述

对于给定的两个字符串,设计一个方法判定其中一个字符串是否为另一个字符串的置换。置换是指通过改变顺序使得两个字符串相等。

2. 问题示例

若输入abcd、bcad,则输出True。若输入aac、abc,则输出False。

3. 代码实现

相关代码如下。

```
class Solution:
    #参数str1和str2:需要判断的两个字符串
    #返回值:布尔类型,判断两个字符串是否可以置换
    def permutation(self, str1, str2):
        s1 = "".join((lambda x: (x.sort(), x)[1])(list(str1)))
        s2 = "".join((lambda x: (x.sort(), x)[1])(list(str2)))
        if s1 == s2:
            return True
        else:
            return False
if __name__ == '__main__':
    temp = Solution()
    str1 = 'abcdd'
    str2 = 'dbcad'
    str3 = 'acd'
    str4 = 'abc'
    print('输入:str1 = ' + str1 + 'str2 = ' + str2)
    print('输出:' + str(temp.permutation(str1, str2)))
    print('输入:str3 = ' + str3 + 'str4 = ' + str4)
    print('输出:' + str(temp.permutation(str3, str4)))
```

4. 运行结果

```
输入:str1 = abcdd str2 = dbcad
输出:True
输入:str3 = acd str4 = abc
输出:False
```

例303 字符串替换

1. 问题描述

设计一种方法,通过对重复字符计数进行基本的字符串压缩。如字符串"aabcccccaaa"

可压缩为"a2b1c5a3"。如果压缩后的字符数不小于原始的字符数,则返回原始的字符串。可以假设字符串仅包括 a~z 的字母。

2. 问题示例

输入 str="aabcccccaaa",输出"a2b1c5a3";输入 str="aabbcc",输出"aabbcc"。

3. 代码实现

相关代码如下。

```
class Solution:
#参数 string: 字符数组
#返回值: 压缩后的字符串
    def compressString(self, string):
        l = len(string)
        if l <= 2:
            return string
        length = 1
        res = ''
        for i in range(1, l):
            if string[i] != string[i - 1]:
                res = res + string[i - 1] + str(length)
                length = 1
            else:
                length += 1
        if string[-1] != string[-2]:
            res = res + string[-1] + '1'
        else:
            res = res + string[-1] + str(length)
        if len(string) <= len(res):
            return string
        else:
            return res
if __name__ == '__main__':
    temp = Solution()
    str1 = 'aaabbccccdde'
    str2 = 'hellooo'
    print('输入: ' + str1)
    print('输出: ' + temp.compressString(str1))
    print('输入: ' + str2)
    print('输出: ' + temp.compressString(str2))
```

4. 运行结果

```
输入: aaabbccccdde
输出: a3b2c4d2e1
输入: hellooo
输出: hellooo
```

▶例 304 用 isSubstring 判断字符串的循环移动

1. 问题描述

假定有一种 isSubstring 方法，可以检验某个单词是否为另一个单词的子字符串。给定 $s1$ 和 $s2$，请设计一种方法检验 $s2$ 是否为 $s1$ 循环移动后的字符串。注意，只能调用一次 isSubstring。

2. 问题示例

输入 $s1$="waterbottle"，$s2$="erbottlewat"，输出 True，因为"waterbottle"是"erbottlewat"的一种循环移动后的字符串。输入 $s1$="apple"，$s2$="ppale"，输出 False，因为"apple"不是"ppale"的一种循环移动后的字符串。

3. 代码实现

相关代码如下。

```
class Solution:
    #参数 s1 为第 1 个字符串
    #参数 s2 为第 2 个字符串
    #返回值: 布尔类型
    def isRotation(self, s1, s2):
        if len(s1) != len(s2) or len(s1) == 0:
            return False
        s1s1 = s1 + s1
        return self.isSubstring(s1s1, s2)
    def isSubstring(self, s, t):
        return s.find(t) != -1
if __name__ == '__main__':
    temp = Solution()
    s1 = 'abcdef'
    s2 = 'defabc'
    s3 = 'abcefg'
    s4 = 'efgacb'
    print('输入: s1 = ' + s1 + 's2 = ' + s2)
    print('输出: ' + str(temp.isRotation(s1, s2)))
    print('输入: s3 = ' + s3 + 's4 = ' + s4)
    print('输出: ' + str(temp.isRotation(s3, s4)))
```

4. 运行结果

```
输入: s1 = abcdef   s2 = defabc
输出: True
输入: s3 = abcefg   s4 = efgacb
输出: False
```

例 305　能否到达终点

1. 问题描述

给定一个大小为 m 行 n 列的矩阵表示地图，1 代表空地，0 代表障碍物，9 代表终点。判断从(0,0)开始能否到达终点，若能到达终点则返回 True，否则返回 False。

2. 问题示例

输入[[1,1,1],[1,1,1],[1,1,9]]，输出 True。

3. 代码实现

相关代码如下。

```
import queue as Queue
DIRECTIONS = [(-1, 0), (1, 0), (0, 1), (0, -1)]
SAPCE = 1
OBSTACLE = 0
ENDPOINT = 9
class Solution:
#参数 map: 一个地图
#返回值: 布尔类型,判断能否到达终点
    def reachEndpoint(self, map):
        if not map or not map[0]:
            return False
        self.n = len(map)
        self.m = len(map[0])
        queue = Queue.Queue()
        queue.put((0, 0))
        while not queue.empty():
            curr = queue.get()
            for i in range(4):
                x = curr[0] + DIRECTIONS[i][0]
                y = curr[1] + DIRECTIONS[i][1]
                if not self.isValid(x, y, map):
                    continue
                if map[x][y] == ENDPOINT:
                    return True
                queue.put((x, y))
                map[x][y] = OBSTACLE
        return False
    def isValid(self, x, y, map):
        if x < 0 or x >= self.n or y < 0 or y >= self.m:
            return False
        if map[x][y] == OBSTACLE:
            return False
        return True
```

```
#主函数
if __name__ == '__main__':
    map = [[1, 1, 1], [1, 1, 1], [1, 1, 9]]
    print("地图:", map)
    solution = Solution()
    print("能否到达终点:#", solution.reachEndpoint(map))
```

4. 运行结果

```
地图:[[1, 1, 1], [1, 1, 1], [1, 1, 9]]
能否到达终点: #True
```

▶例 306 成绩等级

1. 问题描述

实现 Student 类,包含如下成员函数和方法:两个公有成员名称(name)和成绩(score),分别是字符串类型和整数类型;一个构造函数,接收一个参数 name;一个公有成员函数 getLevel(),返回学生的成绩等级(一个字符)。

2. 问题示例

对学生的成绩分段如下:A,score >= 90;B,80≤score < 90;C,60≤score < 80;D,score < 60。如果学生的成绩为 95,则返回 A。

3. 代码实现

相关代码如下。

```
class Student:
    def __init__(self, name):
        self.name = name
        self.score = 0
    def getLevel(self):
        if self.score >= 90:
            return 'A'
        elif self.score >= 80:
            return 'B'
        elif self.score >= 60:
            return 'C'
        else:
            return 'D'
if __name__ == '__main__':
    student1 = Student('Jack')
    student1.score = 60
    student2 = Student('Ama')
    student2.score = 95
    print('输入: 学生 1 Jack,成绩 60')
```

```
    print('输出：学生等级' + student1.getLevel())
    print('输入：学生 2 Ama,成绩 95')
    print('输出：学生等级' + student2.getLevel())
```

4. 运行结果

```
输入：学生 1 Jack,成绩 60
输出：学生等级 C
输入：学生 2 Ama,成绩 95
输出：学生等级 A
```

例 307 在排序链表中插入一个节点

1. 问题描述

在排序链表中插入一个节点。

2. 问题示例

输入 head=1→4→6→8→null,val=5,输出 1→4→5→6→8→null。

输入 head=1→null,val=2,输出 1→2→null。

3. 代码实现

相关代码如下。

```
class ListNode(object):
    def __init__(self, val, next = None):
        self.val = val
        self.next = next
class Solution:
    #参数 head：链表节点
    #参数 val：要插入的整数
    #返回值：新链表的节点
    def insertNode(self, head, val):
        dummy = ListNode(0, head)
        p = dummy
        while p.next and p.next.val < val:
            p = p.next
        node = ListNode(val, p.next)
        p.next = node
        return dummy.next
def getLinkedList(head):
    list = []
    while head is not None:
        list += [str(head.val)]
        head = head.next
    list.append('null')
    s = '->'.join(list)
```

```
        return s
if __name__ == '__main__':
    temp = Solution()
    LinkedNode1 = ListNode(1, ListNode(2, ListNode(3, ListNode(3, ListNode(5, ListNode(7))))))
    val1 = 4
    LinkedNode2 = ListNode(1, ListNode(3, ListNode(9, ListNode(11, ListNode(12, ListNode(15))))))
    val2 = 13
    print('输入：' + getLinkedList(LinkedNode1) + ' val1 = ' + str(val1))
    print('输出：' + getLinkedList(temp.insertNode(LinkedNode1, val1)))
    print('输入：' + getLinkedList(LinkedNode2) + ' val2 = ' + str(val2))
    print('输出：' + getLinkedList(temp.insertNode(LinkedNode2, val2)))
```

4. 运行结果

```
输入：1→2→3→3→5→7→null val1 = 4
输出：1→2→3→3→4→5→7→null
输入：1→3→9→11→12→15→null val2 = 13
输出：1→3→9→11→12→13→15→null
```

例 308　getter 与 setter

1. 问题描述

本例将实现一个 School 类，属性和方法分别为：一个字符串(string)类型的私有成员名称(name)；一个 setter 方法 setName，包含一个参数名称(name)；一个 getter 方法 getName，返回该对象的名称(name)。

2. 问题示例

school=School()；

school.setName("MIT")

school.getName()

返回"MIT"作为结果。

3. 代码实现

相关代码如下。

```
class School:
    def __init__(self):
        self.__name = ''
    def setName(self, name):
        self.__name = name
    def getName(self):
        return self.__name
if __name__ == '__main__':
    school1 = School()
    school1.setName('MIT')
```

```
    school2 = School()
    school2.setName('UIUC')
    print('输入: school1 name = ' + school1.getName())
    print('输出: school2 name = ' + school2.getName())
```

4. 运行结果

```
输入: school1 name = MIT
输出: school2 name = UIUC
```

例309 用一个数组实现3个栈

1. 问题描述

用一个数组实现3个栈，假设这3个栈一样大并且足够大。

2. 问题示例

ThreeStacks(5)：创建3个栈，每个栈大小为5。

push(0,10)：把10放入第1个栈。

push(0,11)：把11放入第1个栈。

push(1,20)：把20放入第2个栈。

push(1,21)：把21放入第2个栈。

pop(0)：返回11。

pop(1)：返回21。

peek(1)：返回20。

push(2,30)：把30放入第3个栈。

pop(2)：返回30。

isEmpty(2)：返回True。

isEmpty(0)：返回False。

3. 代码实现

相关代码如下。

```
class ThreeStacks:
    #参数 size: 整型, 代表每个栈的大小
    def __init__(self, size):
        self.size = size
        self.stacks = [[], [], []]
    #stack_num: 整数,代表第几个栈
    #value: 整型,代表放入栈的数值
    def push(self, stack_num, value):
        self.stacks[stack_num].append(value)
    #stack_num: 整型,代表第几个栈
    #返回值: 整数,栈中存在的值
```

```
    def pop(self, stack_num):
        return self.stacks[stack_num].pop()
    #参数 stack_num: 整数,代表第几个栈
    #返回值: 整数,即栈中存在的值
    def peek(self, stack_num):
        return self.stacks[stack_num][-1]
    #参数 stack_num: 整数,代表第几个栈
    #返回值: 布尔类型,判断栈是否为空
    def isEmpty(self, stack_num):
        return len(self.stacks[stack_num]) == 0
if __name__ == '__main__':
    temp = ThreeStacks(5)
    temp.push(0, 5)
    temp.push(0, 10)
    temp.push(1, 5)
    a = temp.pop(0)
    b = temp.pop(1)
    temp.push(2, 10)
    temp.push(2, 3)
    c = temp.pop(2)
    d = temp.peek(2)
    e = temp.isEmpty(1)
    f = temp.isEmpty(0)
    print('''输入:temp = ThreeStacks(5)
     temp.push(0,5)
     temp.push(0,10)
     temp.push(1,5)
     temp.pop(0)
     temp.pop(1)
     temp.push(2,10)
     temp.push(2,3)
     temp.pop(2)
     temp.peek(2)
     temp.isEmpty(1)
     temp.isEmpty(0)''')
    print('输出:temp.pop(0) = ' + str(a) + 'temp.pop(1) = ' + str(b))
    print('     temp.pop(2) = ' + str(c) + 'temp.peek(2) = ' + str(d))
    print('     temp.isEmpty(1) = ' + str(e) + 'temp.isEmpty(0) = ' + str(f))
```

4. 运行结果

```
输入: temp = ThreeStacks(5)
      temp.push(0,5)
      temp.push(0,10)
      temp.push(1,5)
      temp.pop(0)
      temp.pop(1)
```

```
    temp.push(2,10)
    temp.push(2,3)
    temp.pop(2)
    temp.peek(2)
    temp.isEmpty(1)
    temp.isEmpty(0)
输出：temp.pop(0) = 10 temp.pop(1) = 5
    temp.pop(2) = 3 temp.peek(2) = 10
    temp.isEmpty(1) = True temp.isEmpty(0) = False
```

例 310　在链表中找节点

1. 问题描述

在链表中查找值为 value 的节点，如果没有，则返回空(None)。

2. 问题示例

输入 1→2→3，value=3，输出最后一个节点。输入 1→2→3，value=4，输出 None。

3. 代码实现

相关代码如下。

```
class ListNode(object):
    def __init__(self, val, next = None):
        self.val = val
        self.next = next
class Solution:
    #参数 head: 链表的头节点
    #参数 val: 需要查找的数值
    #返回值: 一个节点或 None
    def findNode(self, head, val):
        i = 0
        while head is not None:
            i = i + 1
            if head.val == val:
                return i
            head = head.next
        return None
def getLinkedList(head):
    list = []
    while head is not None:
        list += [str(head.val)]
        head = head.next
    list.append('null')
    s = '->'.join(list)
    return s
```

```
if __name__ == '__main__':
    temp = Solution()
    head1 = ListNode(1, ListNode(2, ListNode(3, ListNode(5))))
    val1 = 2
    head2 = ListNode(2, ListNode(4, ListNode(6, ListNode(10))))
    val2 = 3
    print('输入: ' + getLinkedList(head1) + 'val1 = ' + str(val1))
    print('输出: 第' + str(temp.findNode(head1, val1)) + '个节点')
    print('输入: ' + getLinkedList(head2) + 'val1 = ' + str(val2))
    print('输出: 第' + str(temp.findNode(head2, val2)) + '个节点')
```

4. 运行结果

```
输入: 1→2→3→5→null val1 = 2
输出: 第 2 个节点
输入: 2→4→6→10→null val1 = 3
输出: 第 None 个节点
```

例 311 栈集

1. 问题描述

一堆盘子,叠太高就会垮掉。所以,盘子叠到一定高度,要重新开始叠一堆。实现这样的一个数据结构,称之为栈集。这个栈集包含若干个栈(可以理解为若干堆盘子),如果一个栈满了,需要新建一个栈装新加入的项。实现栈集的两个方法,push(item) 和 pop(),让这个栈集像是在一个栈中进行操作。另外,还需要多实现一个 popAt(index)的方法,该方法可以弹出(pop)栈集中指定子栈的栈顶元素,执行后,除最后一个栈可以不满外,其他栈仍需保持满的状态。

2. 问题示例

输入:

SetOfStacks(2) #设置子栈的容量 2
push(1) #1 为入栈数据
push(2) #2 为入栈数据,且第一个子栈已满
push(4) #4 进入第二个子栈
push(8) #8 为入栈数据,且第二个子栈已满
push(16) #16 进入第三个子栈
popAt(0) #子栈 0 的顶层数据 2 出栈,同时第二个子栈数据 4 进入第一个子栈顶层
popAt(0) #子栈 0 的顶层数据 4 出栈,后续数据依次向前递进
pop() #此时栈顶的数据为 16

输出:[2,4,16]

开始时子栈 0 的数据是[1,2]。当 popAt(0)时,得到 2,后续数据 4、8、16 依次向前递

进,子栈 0 的数据变成[1,4],子栈 1 的数据变成[8,16],在整个栈里,最后 pop()的数据为 16。

3. 代码实现

相关代码如下。

```
class setOfStacks:
    #参数 capacity: 整数,子栈的容量
    def __init__(self, capacity):
        self.stacks = []
        self.capacity = capacity
    #参数 v: 整数值
    def push(self, v):
        if len(self.stacks) == 0:
            self.stacks.append([])
        if len(self.stacks[-1]) == self.capacity:
            self.stacks.append([])
        self.stacks[-1].append(v)
    #返回值: 整数
    def pop(self):
        v = self.stacks[-1].pop()
        if len(self.stacks[-1]) is 0:
            self.stacks.pop()
        return v
    #返回值: 子栈顶层元素的值
    def popAt(self, index):
        return self.leftShift(index, True)
    def leftShift(self, index, removeTop):
        if removeTop:
            removed_item = self.stacks[index][-1]
            self.stacks[index].pop()
        else:
            removed_item = self.stacks[index][0]
            self.stacks[index].pop(0)
        if len(self.stacks[index]) is 0:
            self.stacks.pop(index)
        elif len(self.stacks) > index + 1:
            v = self.leftShift(index + 1, False)
            self.stacks[index].append(v)
        return removed_item
if __name__ == '__main__':
    temp = setOfStacks(2)
    temp.push(1)
    temp.push(2)
    temp.push(4)
    temp.push(8)
    temp.push(16)
```

```
    print('输入: temp.push(1) temp.push(2) temp.push(4) temp.push(8) temp.push(16)')
    print('输出: [' + str(temp.popAt(0)) + ',' + str(temp.popAt(0)) + ',' + str(temp.
pop()) + ']')
```

4. 运行结果

```
输入: temp.push(1) temp.push(2) temp.push(4) temp.push(8) temp.push(16)
输出: [2,4,16]
```

例 312 链表的中点

1. 问题描述

本示例将查找链表的中点,如果链表节点总数为偶数,则返回中间偏左节点的值。

2. 问题示例

输入 1→2→3,输出 2,返回中间节点的值。

输入 1→2,输出 1,总数为偶数,返回中间偏左节点的值。

3. 代码实现

相关代码如下。

```
class ListNode(object):
    def __init__(self, val, next = None):
        self.val = val
        self.next = next
class Solution:
    #参数 head: 链表的头节点
    #返回值: 链表的中间节点
    def middleNode(self, head):
        if head is None:
            return None
        slow = head
        fast = slow.next
        while fast is not None and fast.next is not None:
            slow = slow.next
            fast = fast.next.next
        return slow
def getLinkedList(head):
    list = []
    while head is not None:
        list += [str(head.val)]
        head = head.next
    s = '->'.join(list)
    return s
if __name__ == '__main__':
    temp = Solution()
```

```
head1 = ListNode(1, ListNode(3, ListNode(5, ListNode(7, ListNode(9)))))
head2 = ListNode(1, ListNode(2, ListNode(3, ListNode(4))))
print('输入链表: ' + getLinkedList(head1))
print('输出中间值: ' + str(temp.middleNode(head1).val))
print('输入链表: ' + getLinkedList(head2))
print('输出中间值: ' + str(temp.middleNode(head2).val))
```

4. 运行结果

```
输入链表: 1→3→5→7→9
输出中间值: 5
输入链表: 1→2→3→4
输出中间值: 2
```

例 313　栈排序

1. 问题描述

本例设计一种方法，将一个栈进行升序排列(最大的数在最上方)。可以使用另外一个栈辅助操作，但不可将这些数复制到另外一个数据结构(如数组)中。

2. 问题示例

给一个栈：

```
| |
|3|
|1|
|2|
|4|
—
```

该栈将被序列化为[4,2,1,3]，最右为栈顶。

排序之后变为：

```
| |
|4|
|3|
|2|
|1|
—
```

栈会被序列化为[1,2,3,4]，最右为栈顶。

3. 代码实现

相关代码如下。

```
class Solution:
    #参数 stack: 栈的列表
    #返回值: 排序后栈的列表
    def stackSort(self, stack):
        temp = []
        while len(stack):
            if len(stack) and (not len(temp) or temp[-1] >= stack[-1]):
                temp.append(stack.pop())
            else:
                value = stack.pop()
                while len(temp) and temp[-1] <= value:
                    stack.append(temp.pop())
                stack.append(value)
                while len(temp):
                    stack.append(temp.pop())
        while len(temp):
            stack.append(temp.pop())
        return stack
if __name__ == '__main__':
    temp = Solution()
    stack1 = [1, 2, 5, 9, 2, 3]
    stack2 = [3, 4, 1, 3, 8, 7]
    print('输入: ' + str(stack1))
    print('输出:' + str(temp.stackSort(stack1)))
    print('输入: ' + str(stack2))
    print('输出:' + str(temp.stackSort(stack2)))
```

4. 运行结果

```
输入: [1, 2, 5, 9, 2, 3]
输出:[1, 2, 2, 3, 5, 9]
输入: [3, 4, 1, 3, 8, 7]
输出:[1, 3, 3, 4, 7, 8]
```

例314 宠物收养所

1. 问题描述

在一个宠物避难所里，仅有狗和猫两种动物可供领养，且领养时严格执行“先进先出”的规则。如果想从避难所领养动物，只有两种选择：一是领养狗和猫动物中最资深的一只（根据到达避难所的时间，越早到的越资深），二是领养猫或狗（同样只能领养最资深的一只）。请建立一个数据结构，使其可以运行以上规则，并具有可操作性。

2. 问题示例

建立猫和狗的队列函数 enqueue(name,type)，参数 name 为宠物名字，参数 type 为宠物类别，1 为狗，0 为猫；dequeueAny()，dequeueCat()，dequeueDog()分别为任何宠物出队

列，猫出队列，狗出队列。若输入：

```
enqueue("james", 1)       #第 1 只宠物狗进入队列
enqueue("tom", 1)         #第 2 只宠物狗进入队列
enqueue("mimi", 0)        #第 1 只宠物猫进入队列
dequeueAny()              #宠物出队列，即 james
dequeueCat()              #宠物猫出队列，即 mimi
dequeueDog()              #宠物狗进入队列，即 tom
```

则输出：

```
["james","mimi","tom"]
```

3. 代码实现

相关代码如下。

```python
class AnimalShelter(object):
    def __init__(self):
        self.cats = []
        self.dogs = []
        self.tot = 0
    #参数 name: 字符串
    #参数 type: 整型, 狗为 1,猫为 0
    #返回值: 无
    def enqueue(self, name, type):
        self.tot += 1
        if type == 1:
            self.dogs.append([name, self.tot])
        else:
            self.cats.append([name, self.tot])
    #返回值: 资历最老的猫或狗
    def dequeueAny(self):
        if len(self.dogs) == 0:
            return self.dequeueCats()
        elif len(self.cats) == 0:
            return self.dequeueDogs()
        else:
            if self.dogs[0][1] < self.cats[0][1]:
                return self.dequeueDogs()
            else:
                return self.dequeueCats()
    #返回值: 要取出的狗名字
    def dequeueDogs(self):
        name = self.dogs[0][0]
        del self.dogs[0]
        return name
    #返回值: 要取出的猫名字
```

```
    def dequeueCats(self):
        name = self.cats[0][0]
        del self.cats[0]
        return name
if __name__ == '__main__':
    temp = AnimalShelter()
    temp.enqueue('Max', 1)
    temp.enqueue('Mike', 0)
    temp.enqueue('Ama', 1)
    temp.enqueue('Anna', 0)
    print("输入宠物信息: temp.enqueue('Max',1) temp.enqueue('Mike',0) temp.enqueue('Ama',1)
temp.enqueue('Anna',0)")
    print("领养宠物顺序: temp.dequeueCats() temp.dequeueDogs() temp.dequeueAny()")
    print('输出宠物信息: [' + temp.dequeueCats() + ',' + temp.dequeueDogs() + ',' + temp.
dequeueAny() + ']')
```

4. 运行结果

```
输入宠物信息: temp.enqueue('Max',1) temp.enqueue('Mike',0) temp.enqueue('Ama',1) temp.enqueue
('Anna',0)
领养宠物顺序: temp.dequeueCats() temp.dequeueDogs() temp.dequeueAny()
输出宠物信息: [Mike,Max,Ama]
```

例 315 自动补全

1. 问题描述

本示例实现自动补全功能,给出一个字符串和一个字典,包含若干个单词,返回所有含这个字符串的单词。不能修改字典,并且这个方法可以被调用多次。

2. 问题示例

主要问题示例如下。

输入:

dict=["Jason Zhang", "James Yu", "Lee Zhang", "Yanny Li"]

search("Zhang")

search("James")

输出:

["Jason Zhang","Lee Zhang"]

["James Yu"]

3. 代码实现

相关代码如下。

```
class TypeAhead:
    #参数 dict: 字符串列表
```

```
    def __init__(self, dict):
        self.mp = {}
        for s in dict:
            l = len(s)
            for i in range(l):
                for j in range(i + 1, l + 1):
                    tmp = s[i:j]
                    if tmp not in self.mp:
                        self.mp[tmp] = [s]
                    elif self.mp[tmp][-1] != s:
                        self.mp[tmp].append(s)
    #参数 word: 要查询的字符串
    #返回值: 自动补全的字符串
    def search(self, word):
        if word not in self.mp:
            return []
        else:
            return self.mp[word]
if __name__ == '__main__':
    dict = ["San Zhang", "Lisi", "Li Ma", "Jimmy Wang"]
    temp = TypeAhead(dict)
    print('输入: 查询 "Li"')
    print('字典: ' + str(dict[0:4]))
    print('输出: ' + str(temp.search('Li')))
```

4. 运行结果

```
输入: 查询 "Li"
字典: ['San Zhang', 'Lisi', 'Li Ma', 'Jimmy Wang']
输出: ['Lisi', 'Li Ma']
```

例 316　短网址

1. 问题描述

给出一个长网址，返回一个短网址。实现两个方法：longToShort(url)把一个长网址转换成一个以 http://tiny.url/开头的短网址，shortToLong(url)把一个短网址转换成一个长网址。可以任意设计算法，评测只关心两件事：短网址关键字(key)的长度应该等于6(不计域名和反斜杠)。使用的字符只有 a～z，A～Z，0～9，如 abcD9E，任意两个长的统一资源定位符(Uniform Resource Locator，URL)不会对应成同一个短统一资源定位符，反之亦然。

2. 问题示例

主要问题示例如下。

输入：shortToLong(longToShort("http://www.bupt.edu.cn"))

输出："http://www.bupt.edu.cn"

longToShort()被调用时，可以返回任意短网址，如 http://tiny.url/abcdef 或"http://tiny.url/ABCDEF"均可。

3. 代码实现

相关代码如下。

```
class TinyUrl:
    def __init__(self):
        self.dict = {}
    def getShortKey(self, url):
        return url[-6:]
    def idToShortKey(self, id):
        ch = "abcdefghijklmnopqrstuvwxyzABCDEFGHIJKLMNOPQRSTUVWXYZ0123456789"
        s = ""
        while id > 0:
            s = ch[int(id % 62)] + s
            id /= 62
        while len(s) < 6:
            s = 'a' + s
        return s
    def shortkeyToid(self, short_key):
        id = 0
        for c in short_key:
            if 'a'<= c and c <= 'z':
                id = id * 62 + ord(c) - ord('a')
            if 'A'<= c and c <= 'Z':
                id = id * 62 + ord(c) - ord('A') + 26
            if '0'<= c and c <= '9':
                id = id * 62 + ord(c) - ord('0') + 52
        return id
    #参数 url: 字符串
    #返回值: 开头为 http://tiny.url/的短 url 字符串
    def longToShort(self, url):
        ans = 0
        for a in url:
            ans = (ans * 256 + ord(a)) % 56800235584
        while ans in self.dict and self.dict[ans] != url:
            ans = (ans + 1) % 56800235584
        self.dict[ans] = url
        return "http://tiny.url/" + self.idToShortKey(ans)
    #参数 url: 开头为 http://tiny.url/的短 url
    #返回值: 一个长 url
    def shortToLong(self, url):
        short_key = self.getShortKey(url)
        return self.dict[self.shortkeyToid(short_key)]
    if __name__ == '__main__':
        temp = TinyUrl()
```

```
        print('输入: shortToLong(longToShort("http://www.bupt.edu.cn"))')
    print('输出: ' + temp.shortToLong(temp.longToShort("http://www.bupt.edu.cn")))
```

4. 运行结果

```
输入: shortToLong(longToShort("http://www.bupt.edu.cn"))
输出: http://www.bupt.edu.cn
```

例 317 拥有同样多 1 的下一个数

1. 问题描述

给定一个正整数,找出其用二进制表示拥有同样 1 的数量,且比其小的最大正数和比其大的最小正数。如果找不到则输出−1。这里正整数均指 32 位带符号的正整数。

2. 问题示例

输入: $n=5$

输出: Smaller:3,Larger:6

5 的二进制为 0101,有 2 个 1; 比 5 小的最大正数为 3,二进制为 011,比 5 大的最小正数为 6,二进制为 0110,都有两个 1。

3. 代码实现

相关代码如下。

```
class Solution:
    #参数 n: 一个 32 位整数
    #返回值: 一个 32 位整数或 - 1
    def getPrev(self, n):
        temp = n;
        c0 = 0;
        c1 = 0;
        while (temp & 1) == 1:
            c1 += 1
            temp >>= 1
        if temp == 0:
            return - 1
        while ((temp & 1) == 0) and (temp != 0):
            c0 += 1
            temp >>= 1
        return n - (1 << c1) - (1 << (c0 - 1)) + 1
    #参数 n: 一个 32 位整数
    #返回值: 一个 32 位整数或 - 1
    def getNext(self, n):
        temp = n
        c0 = 0
        c1 = 0
```

```
        while ((temp & 1) == 0) and (temp != 0):
            c0 += 1
            temp >> = 1
        while (temp & 1) == 1:
            c1 += 1
            temp >> = 1
        result = n + (1 << c0) + (1 << (c1 - 1)) - 1;
        if result < 0 or result > = (1 << 31):
            return - 1
        return n + (1 << c0) + (1 << (c1 - 1)) - 1
if __name__ == '__main__':
    temp = Solution()
    print('输入: n1 = 5,n2 = 9')
    print('输出 n1: Smaller:' + str(temp.getPrev(5)) + ',Larger:' + str(temp.getNext(5)))
print('输出 n2: Smaller:' + str(temp.getPrev(9)) + ',Larger:' + str(temp.getNext(9)))
```

4. 运行结果

```
输入: n1 = 5,n2 = 9
输出 n1: Smaller:3,Larger:6
输出 n2: Smaller:6,Larger:10
```

例 318 分解质因数

1. 问题描述

将一个整数分解为若干质因数之乘积。

2. 问题示例

输入 10,输出[2,5]。输入 660,输出[2,2,3,5,11]。

3. 代码实现

相关代码如下。

```
import math
class Solution:
    #参数 num: 整型
    #返回值: 整数列表
    def primeFactorization(self, num):
        up = int(math.sqrt(num)) + 1
        f = [0 for x in range(up)]
        prime = []
        for i in range(2, up):
            if f[i] == 0:
                prime.append(i)
                for j in range(i * i, up, i):
                    f[j] = 1
```

```
        rt = []
        for a in prime:
            while num % a == 0:
                rt.append(a)
                num /= a
        if num != 1:
            rt.append(int(num))
        return rt
if __name__ == '__main__':
    temp = Solution()
    print('输入: 15')
    print('输出: ')
    print(temp.primeFactorization(15))
    print('输入: 1250')
    print('输出: ')
    print(temp.primeFactorization(1250))
```

4. 运行结果

```
输入: 15
输出: [3, 5]
输入: 1250
输出: [2, 5, 5, 5, 5]
```

例 319　交换奇偶二进制位

1. 问题描述

本示例将设计一个方法，用尽可能少的指令，对一个二进制整数中奇数位和偶数位的数字交换(如，数位 0 和数位 1 交换，数位 2 和数位 3 交换)。

2. 问题示例

输入 0，输出 0；输入 5，输出 10。因为 5 的二进制为 0101，10 的二进制为 1010。

3. 代码实现

相关代码如下。

```
class Solution:
    #参数 x: 32 位整数
    #返回值: 一个 32 位整数
    def swapOddEvenBits(self, x):
        return (((x & 0xaaaaaaaa) >> 1) | ((x & 0x55555555) << 1))
if __name__ == '__main__':
    temp = Solution()
    print('输入: n1 = 5, n2 = 10')
    print('输出: ' + str(temp.swapOddEvenBits(5)) + '' + str(temp.swapOddEvenBits(10)))
```

4. 运行结果

```
输入: n1 = 5, n2 = 10
输出: 10 5
```

例320 丢失的数

1. 问题描述

在数组 A 中,包含 $0\sim n$ 的整数,其中缺失了一个数。在这一问题中,难以仅用一个操作审查数组 A 中的所有整数。A 中的元素用二进制表示,编写代码以查找数组中缺失的整数。

2. 问题示例

输入[4,3,2,0,5],输出1;输入[0,1,2,3,4,7,6],输出5。

3. 代码实现

相关代码如下。

```
class Solution:
    #参数 data: 整数数组
    #返回值: 丢失的整数
    def findMissingNumber(self, data):
        n = len(data)
        if not data:
            return
        result1 = 0
        for value in data:
            result1 ^= value
        result2 = 0
        for value in range(1, n + 1):
            result2 ^= value
        result = result1 ^ result2
        return result
if __name__ == '__main__':
    temp = Solution()
    data1 = [1, 2, 0, 3, 5]
    data2 = [0, 1, 3, 4, 5, 2, 6, 9, 8]
    print('输入: ')
    print(data1)
    print(data2)
    print('输出: ')
    print(temp.findMissingNumber(data1))
    print(temp.findMissingNumber(data2))
```

4. 运行结果

```
输入：[1, 2, 0, 3, 5]  [0, 1, 3, 4, 5, 2, 6, 9, 8]
输出：4  7
```

例 321 黑白屏

1. 问题描述

一个黑白显示屏由单独的字节数组组成，0 表示白色。1 表示黑色。这个屏幕允许 8 个连续像素由一字节进行存储。该显示屏宽度 w，被分割为 8 位的整数倍(即任意字节都不可能被行切断)。该显示屏高，取决于数组的长度及显示屏宽度。请对函数 drawHorizontalLine(byte[]screen，int width，int x1，int x2，int y)从($x1$，y)到($x2$，y)画出一条水平线。

2. 问题示例

输入：

初始屏幕=[0，0，0，0]

屏宽=16　#16 位的屏幕宽度

x1=5　#1 的起始位置

x2=11　#1 的结束位置

y=1　#行数

输出：[0，0，7，240]

[0，0，0，0]意味着初始屏幕的第 1 行是 00000000，00000000，第 2 行是 00000000，00000000。需要转换为[0，0，7，240](00000000，00000000，00000111，11110000)，即 x1=5，x2=11，第 2 行第 5 位开始直到第 11 位都为 1。

3. 代码实现

相关代码如下。

```
class Solution:
    #参数 screen：一个整数数组
    #参数 width：屏幕宽度，整型
    #参数 x1：起始位置，整型
    #参数 x2：终点位置，整型
    #参数 y：行数，整型
    #返回值：整数数组
    def drawHorizontalLine(self, screen, width, x1, x2, y):
        start_offset = x1 % 8
        first_full_byte = x1 // 8
        if start_offset != 0:
            first_full_byte += 1
        end_offset = x2 % 8
        last_full_byte = x2 // 8
```

```
        if end_offset != 7:
            last_full_byte -= 1
        for b in range(first_full_byte, last_full_byte + 1):
            screen[(width // 8) * y + b] = 0xFF
        start_mask = 0xFF >> start_offset
        end_mask = (~(0xFF >> (end_offset + 1))) & 0xFF
        if (x1 // 8) == (x2 // 8):
            mask = start_mask & end_offset
            screen[(width // 8) * y + (x1 // 8)] |= mask
        else:
            if start_offset != 0:
                byte_number = (width // 8) * y + first_full_byte - 1
                screen[byte_number] |= start_mask
            if end_offset != 7:
                byte_number = (width // 8) * y + last_full_byte + 1
                screen[byte_number] |= end_mask
        return screen
if __name__ == '__main__':
    temp = Solution()
    screen = [0, 0, 0, 0]
    width = 16
    x1 = 4
    x2 = 11
    y = 1
    print('输入初始屏幕:')
    print(screen)
    print('宽度: ' + str(width))
    print('x1: ' + str(x1))
    print('x2: ' + str(x2))
    print('y: ' + str(y))
    print('输出: ')
    print(temp.drawHorizontalLine(screen, width, x1, x2, y))
```

4. 运行结果

```
输入初始屏幕:
[0, 0, 0, 0]
宽度: 16
x1: 4
x2: 11
y: 1
输出:
[0, 0, 15, 240]
```

例 322 方程的根

1. 问题描述

给一个方程：$ax^2+bx+c=0$，求其根。如果方程有两个根，则返回一个包含两个根的数组/列表。如果方程只有一个根，则返回包含一个根的数组/列表。如果方程没有根，则返回一个空数组/列表。

2. 问题示例

输入：$a=1,b=-2,c=1$

输出：[1]

方程有一个根，返回[1]。

输入：$a=1,b=-3,c=2$

输出：[1,2]

方程有两个根，返回[1,2]且第1个数应比第2个数小。

3. 代码实现

相关代码如下。

```
import math
class Solution:
    #参数: a 浮点型, 方程系数 a
    #参数: b 浮点型, 方程系数 b
    #参数: c 浮点型, 方程系数 c
    #返回值: 浮点型的方程根
    def rootOfEquation(self, a, b, c):
        if b * b - 4 * a * c < 0:
            return []
        if b * b - 4 * a * c == 0:
            return [-b * 1.0 / 2 / a]
        if b * b - 4 * a * c > 0:
            delta = math.sqrt(b * b - 4 * a * c)
            return sorted([(-b - delta) / (2 * a), (-b + delta) / (2 * a)])
if __name__ == '__main__':
    temp = Solution()
    a1 = 2
    b1 = 16
    c1 = 2
    a2 = 4
    b2 = 3
    c2 = 3
    print('输入:')
    print('a1 = ' + str(a1) + ',b1 = ' + str(b1) + ',c1 = ' + str(c1))
```

```
    print('输出:')
    print(temp.rootOfEquation(a1, b1, c1))
    print('输入:')
    print('a2 = ' + str(a2) + ',b2 = ' + str(b2) + ',c2 = ' + str(c2))
    print('输出:')
    print(temp.rootOfEquation(a2, b2, c2))
```

4. 运行结果

```
输入: a1 = 2,b1 = 16,c1 = 2
输出: [-7.872983346207417, -0.12701665379258298]
输入: a2 = 4,b2 = 3,c2 = 3
输出: []
```

▶例 323　转换字符串到整数

1. 问题描述

给一个字符串，将其转换为整数。假设这个字符串是一个有效的整数字符串形式，且范围在 32 位整数之间（$-2^{31} \sim 2^{31}-1$）。

2. 问题示例

输入 123，输出 123，返回对应的数字。输入 −2，输出 −2，返回对应的数字。要考虑给的字符串是否有符号，然后从高位开始循环累加。转换公式如下：字符串 $S1S2S3S4 \rightarrow ((S1\times10+S2)\times10+S3)\times10+S4$。

3. 代码实现

相关代码如下。

```
class Solution:
    #参数 s: str 字符串
    #返回值: 整数
    def stringToInteger(self, s):
        num, sig = 0, 1
        if s[0] == '-':
            sig = -1
            s = s[1:]
        for c in s:
            num = num * 10 + ord(c) - ord('0')
        return num * sig
if __name__ == '__main__':
    temp = Solution()
    s1 = '1234'
    s2 = '1357'
    print('输入: s1 = "' + s1 + '"')
    print('输出: ' + str(temp.stringToInteger(s1)))
```

```
    print('输入: s2 = "' + s2 + '"')
    print('输出: ' + str(temp.stringToInteger(s2)))
```

4. 运行结果

```
输入: s1 = "1234"
输出: 1234
输入: s2 = "1357"
输出: 1357
```

例 324 将二叉树按照层级转化为链表

1. 问题描述

给定一棵二叉树,设计一个算法为每一层的节点建立一个链表。也就是说,如果一棵二叉树有 D 层,则需要创建 D 条链表。

2. 问题示例

输入{1,2,3,4},二叉树如下:

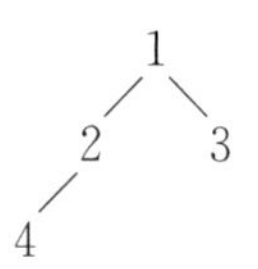

输出[1→null,2→3→null,4→null]。

3. 代码实现

相关代码如下。

```
class TreeNode:
    def __init__(self, val, left = None, right = None):
        self.val = val
        self.left, self.right = left, right
        if self.val == '#':
            self.left = None
            self.right = None
class ListNode:
    def __init__(self, val, next = None):
        self.val = val
        self.next = next
class Solution:
    #参数 root: 二叉树的根
    #返回值: 链表
    def binaryTreeToLists(self, root):
        result = []
        if root is None:
            return result
```

```
        import queue
        queue = queue.Queue()
        queue.put(root)
        dummy = ListNode(0)
        lastNode = None
        while not queue.empty():
            dummy.next = None
            lastNode = dummy
            size = queue.qsize()
            for i in range(size):
                head = queue.get()
                lastNode.next = ListNode(head.val)
                lastNode = lastNode.next
                if head.left is not None:
                    queue.put(head.left)
                if head.right is not None:
                    queue.put(head.right)
            result.append(dummy.next)
        return result
def getLinkedList(result):
    l = len(result)
    ans = []
    for i in range(l):
        list = []
        while result[i] is not None:
            list += [str(result[i].val)]
            result[i] = result[i].next
        list.append('null')
        s = '->'.join(list)
        ans.append(s)
    return ans
if __name__ == '__main__':
    temp = Solution()
    rootNode = TreeNode(1, TreeNode(3, TreeNode(2), TreeNode(5)), TreeNode(4, TreeNode(6),
TreeNode(7)))
    print('''输入:
                        1
                      /   \
                     3     4
                    / \   / \
                   2   5 6   7       ''')
    print('输出: ')
    print(getLinkedList(temp.binaryTreeToLists(rootNode)))
```

4. 运行结果

输入:

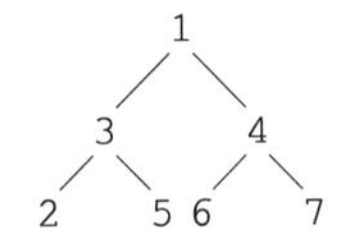

输出：['1→null', '3→4→null', '2→5→6→7→null']

例 325 相亲数

1. 问题描述

一对整数是相亲数，各自的所有有效因子（除自身以外的因子）之和等于另外一个数。例如（220,284）就是一对相亲数。因为 220 的所有因子 1+2+4+5+10+11+20+22+44+55+110=284，284 的所有因子 1+2+4+71+142=220。

给出整数 k，求 1～k 的所有相亲数对。

2. 问题示例

输入 300，输出[[220,284]]。输入 220，输出[]。

3. 代码实现

相关代码如下。

```
import math
class Solution:
    #参数 k: 整数
    #返回值: 所有相亲数
    def amicablePair(self, k):
        result = []
        for i in range(k + 1):
            if self.d(self.d(i)) == i and self.d(i) < i:
                result.append([self.d(i), i])
        return result
    def d(self, x):
        sum = 1
        p = int(math.sqrt(x))
        for i in range(2, p):
            if x % i == 0:
                sum += i + x // i
        if p * p == x and p != 1:
            sum += p
        return sum
if __name__ == '__main__':
    temp = Solution()
    k = 300
    print('输入: ')
    print(k)
```

```
    print('输出：')
    print(temp.amicablePair(k))
```

4. 运行结果

```
输入：300
输出：[[220, 284]]
```

例 326 二叉树的路径和 I

1. 问题描述

给定一个二叉树，找出所有路径中各节点相加总和等于给定目标值的路径。一个有效的路径，指的是从根节点到叶节点的路径。

2. 问题示例

给定二叉树为：

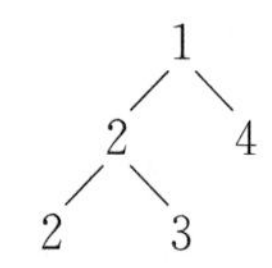

目标值为 5，输出[[1,2,2],[1,4]]，对于目标总和为 5，1+2+2=1+4=5。

3. 代码实现

相关代码如下。

```
class TreeNode:
    def __init__(self, val):
        self.val = val
        self.left, self.right = None, None
class Solution:
    #参数 root: 二叉树的根节点
    #参数 target: 期望路径和
    #返回值: 所有可能路径
    def binaryTreePathSum(self, root, target):
        result = []
        path = []
        self.dfs(root, path, result, 0, target)
        return result
    def dfs(self, root, path, result, len, target):
        if root is None:
            return
        path.append(root.val)
        len += root.val
        if root.left is None and root.right is None and len == target:
            result.append(path[:])
```

```
            self.dfs(root.left, path, result, len, target)
            self.dfs(root.right, path, result, len, target)
            path.pop()
if __name__ == '__main__':
    temp = Solution()
    node1 = TreeNode(1)
    node2 = TreeNode(2)
    node3 = TreeNode(2)
    node4 = TreeNode(3)
    node5 = TreeNode(4)
    node1.left = node2
    node1.right = node5
    node2.left = node3
    node2.right = node4
    target = 5
    print('输入: {1,2,4,2,3} target = 5')
    print('输出: ')
    print(temp.binaryTreePathSum(node1, target))
```

4. 运行结果

```
输入: {1,2,4,2,3} target = 5
输出: [[1, 2, 2], [1, 4]]
```

例 327 二叉树的路径和Ⅱ

1. 问题描述

给一棵二叉树和一个目标值，设计一个算法，找到二叉树上的和为该目标值的所有路径。路径可以从任何节点出发和结束，但需要一条一直往下走的路线，即路径上的节点层级需逐个递增。

2. 问题示例

输入{1,2,4,3,2}，目标值为 6，输出[[2,4],[1,3,2]]。对于给定目标值 6，显然有 2+4=6 和 1+3+2=6 两条路径。二叉树如下所示：

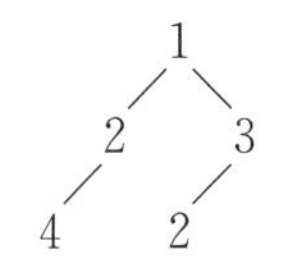

3. 代码实现

相关代码如下。

```
class TreeNode:
    def __init__(self, val = None, left = None, right = None):
        self.val = val
```

```
        self.left = left
        self.right = right
class Solution:
    #参数 root: 二叉树的根节点
    #参数 target: 目标数
    #返回值: 所有可能路线
    def binaryTreePathSum2(self, root, target):
        path = []
        result = []
        if root is None:
            return result
        self.dfs(root, path, result, 0, target)
        return result
    def dfs(self, root, path, result, l, target):
        if root is None:
            return
        path.append(root.val)
        tmp = target
        for i in range(l, -1, -1):
            tmp -= path[i]
            if tmp == 0:
                result.append(path[i:])
        self.dfs(root.left, path, result, l + 1, target)
        self.dfs(root.right, path, result, l + 1, target)
        path.pop()
if __name__ == '__main__':
    temp = Solution()
    rootNode = TreeNode(1, TreeNode(2, TreeNode(4)), TreeNode(3, TreeNode(2)))
    target = 6
    print('输入: {1,2,4,3,2} 目标值: 6')
    print('输出: ')
    print(temp.binaryTreePathSum2(rootNode, target))
```

4. 运行结果

```
输入: {1,2,4,3,2} 目标值: 6
输出: [[2, 4], [1, 3, 2]]
```

例 328 丢鸡蛋

1. 问题描述

楼有 n 层高,鸡蛋若从 k 层或以上丢下,则会碎。从 k 层以下丢不碎。现在给两个鸡蛋,丢最少的次数找到 k,返回最差情况下需要的次数。

2. 问题示例

对于 $n=10$,一种找 k 的初级方法是从 $1,2,\cdots,k$ 层不断查找。但最坏情况下要扔 10

次。注意有两个鸡蛋可以使用，所以从4、7、9层扔，这样最差需要4次（如$k=6$时）。

3. 代码实现

相关代码如下。

```
class Solution:
    #参数n: 楼层高
    #返回值: 最坏情况下需要的次数
    def dropEggs(self, n):
        import math
        x = math.ceil((math.sqrt(8 * n + 1) - 1) / 2)
        return x
if __name__ == '__main__':
    temp = Solution()
    print('输入: 10')
    print('输出: ' + str(temp.dropEggs(10)))
    print('输入: 100')
    print('输出: ' + str(temp.dropEggs(100)))
```

4. 运行结果

```
输入: 10
输出: 4
输入: 100
输出: 14
```

例329 建立邮局

1. 问题描述

给定一个二维网格，每一格可以代表墙(2)、房子(1)和空(0)，在网格中找到一个空的位置建立邮局，使得所有的房子到邮局的距离和是最小的。返回所有房子到邮局的最小距离和。如果没有地方建立邮局，则返回−1。

2. 问题示例

给出如下网格：

0 1 0 0 0

1 0 0 2 1

0 1 0 0 0

返回8，即在(1,1)处建立邮局，所有房子到邮局的距离是最近的。

3. 代码实现

相关代码如下。

```
#参数grid: 一个二维的网格
#返回值: 一个整数
```

```
from collections import deque
import sys
class Solution:
    def shortestDistance(self, grid):
        if not grid:
            return 0
        m = len(grid)
        n = len(grid[0])
        dist = [[sys.maxsize for j in range(n)] for i in range(m)]
        reachable_count = [[0 for j in range(n)] for i in range(m)]
        min_dist = sys.maxsize
        buildings = 0
        for i in range(m):
            for j in range(n):
                if grid[i][j] == 1:
                    self.bfs(grid, i, j, dist, m, n, reachable_count)
                    buildings += 1
        for i in range(m):
            for j in range(n):
                if reachable_count[i][j] == buildings and dist[i][j] < min_dist:
                    min_dist = dist[i][j]
        return min_dist if min_dist != sys.maxsize else -1
    def bfs(self, grid, i, j, dist, m, n, reachable_count):
        visited = [[False for y in range(n)] for x in range(m)]
        visited[i][j] = True
        q = deque([(i, j, 0)])
        while q:
            i, j, l = q.popleft()
            if dist[i][j] == sys.maxsize:
                dist[i][j] = 0
            dist[i][j] += l
            for x, y in ((1, 0), (-1, 0), (0, 1), (0, -1)):
                nx, ny = i + x, j + y
                if -1 < nx < m and -1 < ny < n and not visited[nx][ny]:
                    visited[nx][ny] = True
                    if grid[nx][ny] == 0:
                        q.append((nx, ny, l + 1))
                        reachable_count[nx][ny] += 1
#主函数
if __name__ == '__main__':
    grid = [[0, 1, 0, 0, 0], [1, 0, 0, 2, 1], [0, 1, 0, 0, 0]]
    print("网格:", grid)
    solution = Solution()
    print("最近的距离:", solution.shortestDistance(grid))
```

4. 运行结果

```
网格: [[0, 1, 0, 0, 0], [1, 0, 0, 2, 1], [0, 1, 0, 0, 0]]
最近的距离: 8
```

例 330 凑 *n* 分钱的方案数

1. 问题描述

给出无限个 25 分、10 分、5 分和 1 分的硬币。求凑出 *n* 分钱有多少种不同方式。

2. 问题示例

输入 $n=11$,输出 4。因为 $11=1+1+1+\cdots+1=1+1+1+1+1+1+5=1+5+5=1+10$,共有 4 种不同的方式。

3. 代码实现

相关代码如下。

```python
class Solution:
    #参数 n: 要凑 n 分钱
    #返回值: 凑 n 分钱的不同方式数量
    def waysNCents(self, n):
        cents = [1, 5, 10, 25]
        ways = [0 for _ in range(n + 1)]
        ways[0] = 1
        for cent in cents:
            for j in range(cent, n + 1):
                ways[j] += ways[j - cent]
        return ways[n]
if __name__ == '__main__':
    temp = Solution()
    n1 = 11
    n2 = 6
    print('输入: 要凑出' + str(n1) + '分钱')
    print('输出: 有' + str(temp.waysNCents(n1)) + '种不同的方式')
    print('输入: 要凑出' + str(n2) + '分钱')
    print('输出: 有' + str(temp.waysNCents(n2)) + '种不同的方式')
```

4. 运行结果

```
输入: 要凑出 11 分钱
输出: 有 4 种不同的方式
输入: 要凑出 6 分钱
输出: 有 2 种不同的方式
```

例 331 三数之中的最大值

1. 问题描述

给 3 个整数,求其中的最大值。

2. 问题示例

输入 num1=1,num2=9,num3=0,输出 9,即返回 3 个数中最大的数。

3. 代码实现

相关代码如下。

```
class Solution:
    #参数 a: 整数
    #参数 b: 整数
    #参数 c: 整数
    #返回值: 3 个数中的最大值
    def maxOfThreeNumbers(self, a, b, c):
        return max(a, b, c)
if __name__ == '__main__':
    temp = Solution()
    a = 4
    b = 2
    c = 3
    print('输入: a = ' + str(a) + 'b = ' + str(b) + 'c = ' + str(c))
    print('输出: ' + str(temp.maxOfThreeNumbers(a, b, c)))
```

4. 运行结果

```
输入: a = 4  b = 2  c = 3
输出: 4
```

例 332 接雨水

1. 问题描述

给出 n 行 m 列个非负整数,代表一张平面连续放置格子的海拔图,每个格子底面积为 1 * 1,计算这个海拔图最多能接住多少(面积)雨水。

2. 问题示例

给定一个 5 * 4 的矩阵:

[[12,13,0,12],[13,4,13,12],[13,8,10,12],[12,13,12,12],[13,13,13,13]],如图 3-1 所示。

矩阵周边的格子上面是无法盛水的,除周边格子外,每次挑出一个高度最小的格子,与周围的格子相减,计算上面的盛水量。盛水量等于周围的格子高度减去当前格子的高度,如果值是负数，盛水量等于 0。给定一个 4×4 矩阵：

输入：[[2,2,2,2],[2,2,3,4],[3,3,3,1],[2,3,4,5]]

输出：0

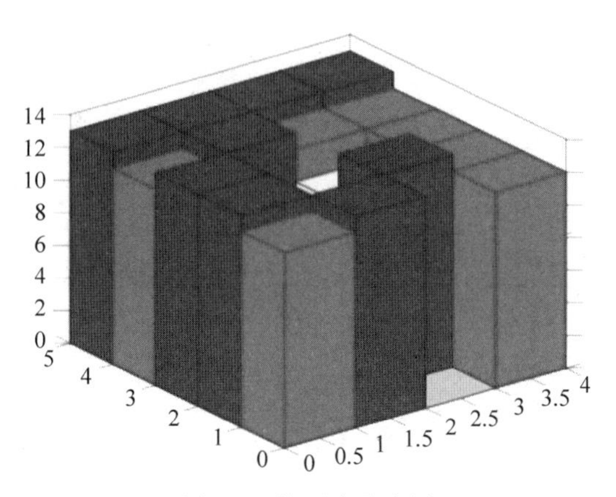

图 3-1 接雨水示意图

3. 代码实现

相关代码如下。

```
import heapq
class Solution:
    #参数 heights: 整数矩阵
    #返回值: 接雨水面积
    def trapRainWater(self, heights):
        if not heights:
            return 0
        self.initialize(heights)
        water = 0
        while self.borders:
            height, x, y = heapq.heappop(self.borders)
            for x_, y_ in self.adjcent(x, y):
                water += max(0, height - heights[x_][y_])
                self.add(x_, y_, max(height, heights[x_][y_]))
        return water
    def initialize(self, heights):
        self.n = len(heights)
        self.m = len(heights[0])
        self.visited = set()
        self.borders = []
        for index in range(self.n):
            self.add(index, 0, heights[index][0])
            self.add(index, self.m - 1, heights[index][self.m - 1])
        for index in range(self.m):
```

```
            self.add(0, index, heights[0][index])
            self.add(self.n - 1, index, heights[self.n - 1][index])
    def add(self, x, y, height):
        heapq.heappush(self.borders, (height, x, y))
        self.visited.add((x, y))
    def adjcent(self, x, y):
        adj = []
        for delta_x, delta_y in [(0, 1), (0, -1), (1, 0), (-1, 0)]:
            x_ = x + delta_x
            y_ = y + delta_y
            if 0 <= x_ < self.n and 0 <= y_ < self.m and (x_, y_) not in self.visited:
                adj.append((x_, y_))
        return adj
if __name__ == '__main__':
    temp = Solution()
    heights1 = [[12, 13, 0, 12], [13, 4, 13, 12], [13, 8, 10, 12], [12, 13, 12, 12], [13, 13,
13, 13]]
    heights2 = [[3, 2, 1], [3, 1, 2], [4, 1, 2], [5, 3, 2]]
    print('输入：')
    print(heights1)
    print('输出：')
    print(temp.trapRainWater(heights1))
    print('输入：')
    print(heights2)
    print('输出：')
    print(temp.trapRainWater(heights2))
```

4. 运行结果

```
输入：[[12, 13, 0, 12], [13, 4, 13, 12], [13, 8, 10, 12], [12, 13, 12, 12], [13, 13, 13, 13]]
输出：14
输入：[[3, 2, 1], [3, 1, 2], [4, 1, 2], [5, 3, 2]]
输出：2
```

例 333 将表达式转换为波兰表达式

1. 问题描述

给定一个字符串数组，代表一个表达式，返回该表达式的波兰表达式(去掉括号)。卢卡西维茨于 20 世纪 20 年代使用一种不需用括号表示一个式子的方法。可用来写出算术表达式、代数表达式和逻辑表达式，其中所有运算符号位于进行这些运算的数据(或变量)之后。

2. 问题示例

输入：["(","5","-","6",")","*","7"]

输出：["*","-","5","6","7"]

算术表达式为：(5－6)＊7＝－1＊7＝－7

波兰表达式为：＊－5 6 7＝＊－1 7＝－7

3. 代码实现

相关代码如下。

```
class Solution:
    #参数 expression: 表达式
    #返回值: 波兰表达式
    def convertToPN(self, expression):
        stk = []
        PN = []
        for s in expression[::-1]:
            if s == ')':
                stk.append(s)
            elif s == '(':
                pos = stk[::-1].index(')')
                PN += stk[::-1][:pos]
                stk = stk[:-pos - 1]
            elif s[0] in '1234567890':
                PN.append(s)
            else:
                priority = self.getPriority(s)
                while len(stk) and self.getPriority(stk[-1]) > priority:
                    PN.append(stk[-1])
                    stk.pop()
                stk.append(s)
        PN += stk[::-1]
        return PN[::-1]
    def getPriority(self, s):
        if s in '*/':
            return 3
        if s in '+-':
            return 2
        if s in '()':
            return 1
        return 0
if __name__ == '__main__':
    temp = Solution()
    expression = ['(', '4', '-', '5', ')', '*', '9']
    print('输入: ')
    print(expression)
    print('输出: ')
    print(temp.convertToPN(expression))
```

4. 运行结果

```
输入:['(', '4', '-', '5', ')', '*', '9']
输出:['*', '-', '4', '5', '9']
```

例334 将二叉树转换成双链表

1. 问题描述

本例将一个二叉树按照中序遍历转换成双向链表。

2. 问题示例

输入：

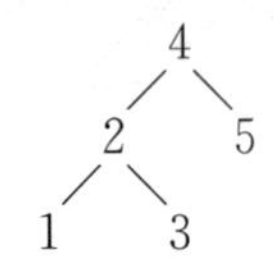

输出：1↔2↔3↔4↔5。

3. 代码实现

相关代码如下。

```
class DoublyListNode(object):
    def __init__(self, val, next = None):
        self.val = val
        self.next = self.prev = next
class TreeNode:
    def __init__(self, val):
        self.val = val
        self.left, self.right = None, None
class Solution():
    #参数root:二叉树的根节点
    #返回值:双向链表的头节点
    def __init__(self):
        self.cur = None
        self.dummy = DoublyListNode(0)
    def bstToDoublyList(self, root):
        if root is None:
            return None
        self.cur = self.dummy
        self.dfs(root)
        self.dummy.next.prev = None
        return self.dummy.next
    def dfs(self, root):
        if root is None:
            return
```

```
            self.dfs(root.left)
            self.cur.next = DoublyListNode(root.val)
            self.cur.next.prev = self.cur
            self.cur = self.cur.next
            self.dfs(root.right)
def getLinkedList(head):
    list = []
    while head is not None:
        list += [str(head.val)]
        head = head.next
    list.append('null')
    s = '<->'.join(list)
    return s
if __name__ == '__main__':
    temp = Solution()
    node1 = TreeNode(1)
    node2 = TreeNode(2)
    node3 = TreeNode(3)
    node4 = TreeNode(4)
    node5 = TreeNode(5)
    node6 = TreeNode(6)
    node7 = TreeNode(7)
    node1.left = node2
    node1.right = node3
    node2.left = node4
    node2.right = node5
    node3.left = node6
    node3.right = node7
    head = temp.bstToDoublyList(node1)
    print('输入: {1,2,3,4,5,6,7}')
    print('输出: ')
    print(getLinkedList(head))
```

4. 运行结果

```
输入: {1,2,3,4,5,6,7}
输出: 4↔2↔5↔1↔6↔3↔7↔null
```

例335　将数组重新排列以构建最小值

1. 问题描述

给定一个整数数组，请将其中的数字重新排序，以构造最小值。

2. 问题示例

输入：[2,1]

输出：[1,2]

通过将数组中的数字重新排序，可构造 2 个可能性数字：12 或 21，其中最小值为 12，所以将数组重新排序后，该数组变为[1,2]。

3. 代码实现

相关代码如下。

```
import functools
class Solution:
    #参数 nums: 一个非负整数组
    #返回值: 排列后数组
    def minNumber(self, nums):
        nums.sort(key = functools.cmp_to_key(self.cmp))
        return nums
    def cmp(self, a, b):
        if str(a) + str(b) < str(b) + str(a):
            return -1
        elif str(a) + str(b) == str(b) + str(a):
            return 1
        else:
            return 0
if __name__ == '__main__':
    temp = Solution()
    nums = [3, 32, 321]
    print('输入: ')
    print(nums)
    print('输出: ')
    print(temp.minNumber(nums))
```

4. 运行结果

```
输入: [3, 32, 321]
输出: [321, 32, 3]
```

例 336　动态数组 ArrayList

1. 问题描述

用 ArrayList 实现如下操作。

create(n)：创建一个大小为 n 的 ArrayList，包含 n 个整数，依次为[0,1,2,…,$n-1$]。

clone(list)：克隆一个 list。使得克隆后的 list 与原来的 list 完全独立。

get(list,index)：查询 list 中 index 这个位置的数。

set(list,index,val)：将 list 中 index 这个位置的数改为 val。

remove(list,index)：移除 list 中 index 这个位置的数。

indexOf(list,val)：在 list 中查找值为 val 的数，返回它的 index。如果没有则返回−1。

2. 问题示例

create(5)：创建列表[0,1,2,3,4]。

get([0,1,2,3,4],0)：获取第 0 个位置上的值，返回 0。

get([0,1,2,3,4],1)：获取第 1 个位置上的值，返回 1。

get([0,1,2,3,4],4)：获取第 4 个位置上的值，返回 4。

clone([0,1,2,3,4])：克隆列表。

get([0,1,2,3,4],2)：获取第 2 个位置上的值，返回 2。

indexOf([0,1,2,3,4],1)：获取索引 1 的值，返回 1。

indexOf([0,1,2,3,4],10)：获取索引 10 的值，返回－1。

remove([0,1,2,3,4],3)：移除索引 3 位置的值，返回[0,1,2,4]。

get([0,1,2,4],3)：移除后的 3 位置的值，返回 4。

set([0,1,2,4],2,3)：设置索引 2 位置的值为 3，返回[0,1,3,4]。

get([0,1,2,3,4],2)：获取第 2 个位置上的值，返回 2。

get([0,1,2,3,4],3)：获取第 3 个位置上的值，返回 3。

3. 代码实现

相关代码如下。

```
class arrayListManager:
    #参数 n: 数组包含的元素个数
    #返回值: 创建的数组
    def create(self, n):
        list1 = []
        for i in range(n):
            list1.append(i)
        return list1
    #参数 list: 需要克隆的数组
    #返回值: 一个克隆数组
    def clone(self, list):
        dist = []
        for a in list:
            dist.append(a)
        return dist
    #参数 list: 被获取元素的数组
    #参数 k: 需要获取的元素
    #返回值: 获取的元素
    def get(self, list, k):
        return list[k]
    #参数 list: 数组
    #参数 k: 数组中的元素
    #参数 val: 修改的值
    def set(self, list, k, val):
```

```
            list[k] = val
        #参数 list: 被删除元素的数组
        #参数 k: 要删除的元素
        def remove(self, list, k):
            list.remove(k)
        #参数 list: 数组
        #参数 val: 需要被获取标识的元素
        #返回值: 元素的标识
        def indexOf(self, list, val):
            if list is None:
                return -1
            try:
                ans = list.index(val)
            except ValueError:
                ans = -1
            return ans
    if __name__ == '__main__':
        temp = arrayListManager()
        array1 = temp.create(5)
        val1 = temp.get([0, 1, 2, 3, 4], 0)
        val2 = temp.get([0, 1, 2, 3, 4], 1)
        val3 = temp.get([0, 1, 2, 3, 4], 4)
        array2 = temp.clone([0, 1, 2, 3, 4])
        val4 = temp.get([0, 1, 2, 3, 4], 2)
        index1 = temp.indexOf([0, 1, 2, 3, 4], 1)
        index2 = temp.indexOf([0, 1, 2, 3, 4], 10)
        array3 = [0, 1, 2, 3, 4]
        temp.remove(array3, 3)
        val5 = temp.get([0, 1, 2, 4], 3)
        array4 = [0, 1, 2, 4]
        temp.set(array4, 2, 3)
        val6 = temp.get([0, 1, 2, 3, 4], 2)
        val7 = temp.get([0, 1, 2, 3, 4], 3)
        print('输入:')
        print('''
                create(5)
                get([0,1,2,3,4], 0)
                get([0,1,2,3,4], 1)
                get([0,1,2,3,4], 4)
                clone([0,1,2,3,4])
                get([0,1,2,3,4], 2)
                indexOf([0,1,2,3,4], 1)
                indexOf([0,1,2,3,4], 10)
                remove([0,1,2,3,4], 3)
                get([0,1,2,4], 3)
                set([0,1,2,4], 2, 3)
                get([0,1,2,3,4], 2)
```

```
            get([0,1,2,3,4], 3)
'''')
print('输出:')
print(array1)
print(val1)
print(val2)
print(val3)
print(array2)
print(val4)
print(index1)
print(index2)
print(array3)
print(val5)
print(array4)
print(val6)
print(val7)
```

4. 运行结果

```
输入:
create(5)
get([0,1,2,3,4], 0)
get([0,1,2,3,4], 1)
get([0,1,2,3,4], 4)
clone([0,1,2,3,4])
get([0,1,2,3,4], 2)
indexOf([0,1,2,3,4], 1)
indexOf([0,1,2,3,4], 10)
remove([0,1,2,3,4], 3)
get([0,1,2,4], 3)
set([0,1,2,4], 2, 3)
get([0,1,2,3,4], 2)
get([0,1,2,3,4], 3)
输出:
[0, 1, 2, 3, 4]
0
1
4
[0, 1, 2, 3, 4]
2
1
-1
[0, 1, 2, 4]
4
[0, 1, 3, 4]
2
3
```

例 337 找峰值

1. 问题描述

给定一个整数矩阵 A，矩阵有 n 行 m 列，相邻的整数不同，对于所有的 $i<n$，都有 $A[i][0]<A[i][1]$ && $A[i][m-2]>A[i][m-1]$，对于所有的 $j<m$，都有 $A[0][j]<A[1][j]$ && $A[n-2][j]>A[n-1][j]$，定义一个位置 $[i,j]$ 是峰值，当满足 $A[i][j]>A[i+1][j]$ && $A[i][j]>A[i-1][j]$ && $A[i][j]>A[i][j+1]$ && $A[i][j]>A[i][j-1]$，找到该矩阵的一个峰值元素，返回它的坐标。

2. 问题示例

输入：

```
[
  [ 1,2,3,6,5],
  [16,41,23,22,6],
  [15,17,24,21,7],
  [14,18,19,20,10],
  [13,14,11,10,9]
]
```

输出[1,1]或[2,2]均可。[1,1]的元素是41，大于其四周的每一个元素（2,16,23,17)。[2,2]的元素是(23,17,21,19)。

3. 代码实现

相关代码如下。

```python
import sys
class Solution:
    #参数 A: 一个整数矩阵
    #返回值: 峰值的位置
    def findPeakII(self, A):
        if not A or not A[0]:
            return None
        return self.find_peak(A, 0, len(A) - 1, 0, len(A[0]) - 1)
    def find_peak(self, matrix, top, bottom, left, right):
        if top + 1 >= bottom and left + 1 >= right:
            for row in range(top, bottom + 1):
                for col in range(left, right + 1):
                    if self.is_peak(matrix, row, col):
                        return [row, col]
            return [-1, -1]
        if bottom - top < right - left:
            col = (right + left) // 2
```

```
                row = self.find_col_peak(matrix, col, top, bottom)
                if self.is_peak(matrix, row, col):
                    return [row, col]
                if matrix[row][col - 1] > matrix[row][col]:
                    return self.find_peak(matrix, top, bottom, left, col - 1)
                return self.find_peak(matrix, top, bottom, left, col + 1)
            row = (bottom + top) // 2
            col = self.find_row_peak(matrix, row, left, right)
            if self.is_peak(matrix, row, col):
                return [row, col]
            if matrix[row - 1][col] > matrix[row][col]:
                return self.find_peak(matrix, top, row - 1, left, right)
            return self.find_peak(matrix, row + 1, bottom, left, right)
        def is_peak(self, matrix, x, y):
            return matrix[x][y] == max(
                matrix[x][y],
                matrix[x - 1][y],
                matrix[x][y - 1],
                matrix[x][y + 1],
                matrix[x + 1][y],
            )
        def find_col_peak(self, matrix, col, top, bottom):
            peak_val = - sys.maxsize
            peak = None
            for row in range(top, bottom + 1):
                if matrix[row][col] > peak_val:
                    peak_val = matrix[row][col]
                    peak = row
            return peak
        def find_row_peak(self, matrix, row, left, right):
            peak_val = - sys.maxsize
            peak = None
            for col in range(left, right + 1):
                if matrix[row][col] > peak_val:
                    peak_val = matrix[row][col]
                    peak = col
            return peak
    if __name__ == '__main__':
        temp = Solution()
        A = [
            [1, 2, 3, 6, 5],
            [16, 41, 23, 22, 6],
            [15, 17, 24, 21, 7],
            [14, 18, 19, 20, 10],
            [13, 14, 11, 10, 9]
        ]
        print('输入: ')
```

```
    print(A)
    print('输出：')
    print(temp.findPeakII(A))
```

4. 运行结果

```
输入：[[1, 2, 3, 6, 5], [16, 41, 23, 22, 6], [15, 17, 24, 21, 7], [14, 18, 19, 20, 10], [13, 14, 11, 10, 9]]
输出：[2, 2]
```

▶例338　最长上升连续子序列

1. 问题描述

给定一个整数矩阵，找出矩阵中的最长连续上升子序列，返回它的长度。最长连续上升子序列可以从任意位置开始，向上/下/左/右移动。

2. 问题示例

输入：

```
[
  [1,2,3,4,5],
  [16,17,24,23,6],
  [15,18,25,22,7],
  [14,19,20,21,8],
  [13,12,11,10,9]
]
```

输出：25

输入矩阵中的最长子序列为1～25，长度为25。

3. 代码实现

相关代码如下。

```
class Solution:
    #参数A：整数矩阵
    #返回值：最长连续上升子序列的长度
    def longestContinuousIncreasingSubsequence(self, A):
        if not A or not A[0]:
            return 0
        n, m = len(A), len(A[0])
        points = []
        for i in range(n):
            for j in range(m):
                points.append((A[i][j], i, j))
        points.sort()
```

```
        longest_hash = {}
        for i in range(len(points)):
            key = (points[i][1], points[i][2])
            longest_hash[key] = 1
            for dx, dy in [(1, 0), (0, 1), (-1, 0), (0, -1)]:
                x, y = points[i][1] + dx, points[i][2] + dy
                if x < 0 or x >= n or y < 0 or y >= m:
                    continue
                if (x, y) in longest_hash and A[x][y] < points[i][0]:
                    longest_hash[key] = max(longest_hash[key], longest_hash[(x, y)] + 1)
        return max(longest_hash.values())
if __name__ == '__main__':
    temp = Solution()
    A = [
        [1, 2, 3, 4, 5],
        [16, 17, 24, 23, 6],
        [15, 18, 25, 22, 7],
        [14, 19, 20, 21, 8],
        [13, 12, 11, 10, 9]
    ]
    print('输入: ')
    print(A)
    print('输出: ')
    print(temp.longestContinuousIncreasingSubsequence(A))
```

4. 运行结果

输入: [[1, 2, 3, 4, 5], [16, 17, 24, 23, 6], [15, 18, 25, 22, 7], [14, 19, 20, 21, 8], [13, 12, 11, 10, 9]]
输出: 25

例 339 连续子数组求和

1. 问题描述

给定一个整数循环数组(头尾相接),请找出一个连续的子数组,使得该子数组的和最大。输出答案时,分别返回第一个数字和最后一个数字的位置索引值。如果有多个答案,则返回其中任意一个。

2. 问题示例

输入:[3,2,-100,-3,5]
输出:[4,1]
从循环数组第 4 个位置开始,第 1 个位置结束,[5,3,2]子数组和最大。

3. 代码实现

相关代码如下。

```
import sys
class Solution:
    #参数 A: 整数矩阵
    #返回值: 新数组起点位置和终点位置索引
    def continuousSubarraySum(self, A):
        max_start, max_end, max_sum = self.find_maximux_subarray(A)
        min_start, min_end, min_sum = self.find_maximux_subarray([-a for a in A])
        min_sum = -min_sum
        total = sum(A)
        if max_sum > (total - min_sum) or (min_end - min_start + 1) == len(A):
            return [max_start, max_end]
        if min_start == 0:
            return [min_end + 1, len(A) - 1]
        if min_end == len(A) - 1:
            return [0, min_start - 1]
        return [min_end + 1, min_start - 1]
    def find_maximux_subarray(self, nums):
        max_sum = -sys.maxsize
        curt_sum, start = 0, 0
        max_range = []
        for index, num in enumerate(nums):
            if curt_sum < 0:
                curt_sum = 0
                start = index
            curt_sum += num
            if curt_sum > max_sum:
                max_sum = curt_sum
                max_range = [start, index]
        return max_range[0], max_range[1], max_sum
if __name__ == '__main__':
    temp = Solution()
    A1 = [1, -1]
    A2 = [3, 1, 2, -100, -3, -5, 4]
    print('输入: ')
    print(A1)
    print('输出: ')
    print(temp.continuousSubarraySum(A1))
    print('输入: ')
    print(A2)
    print('输出: ')
    print(temp.continuousSubarraySum(A2))
```

4. 运行结果

输入: [1, -1]

```
输出：[0, 0]
输入：[3, 1, 2, -100, -3, -5, 4]
输出：[6, 2]
```

例 340 子数组求和

1. 问题描述

给定一个正整数数组 A 及一个区间，返回子数组和在给定区间范围内的子数组数量。

2. 问题示例

输入：A=[1,2,3,4]，start=1，end=3

输出：4

所有可能的子数组包括：[1](和为 1)、[1,2](和为 3)、[2](和为 2)、[3](和为 3)。

3. 代码实现

相关代码如下。

```
class Solution:
    #参数 A: 一个整数数组
    #参数 start: 给定区间范围左边界
    #参数 end: 给定区间范围右边界
    #返回值: 子数组数量
    def subarraySumII(self, A, start, end):
        size = len(A)
        sums = [0] * (size + 1)
        for i in range(size):
            sums[i] = sums[i - 1] + A[i]
        result = 0
        for i in range(size):
            for j in range(i, size):
                if start <= sums[j] - sums[i - 1] <= end:
                    result += 1
        return result
if __name__ == '__main__':
    temp = Solution()
    A = [1, 2, 3, 4]
    start = 1
    end = 3
    print('输入：A = ' + str(A) + 'start = ' + str(start) + 'end = ' + str(end))
    print('输出：' + str(temp.subarraySumII(A, start, end)))
```

4. 运行结果

```
输入：A = [1, 2, 3, 4] start = 1 end = 3
输出：4
```

例 341 找无向图的连通块

1. 问题描述

找出无向图中所有的连通块。一个无向图的连通块是一个子图，其中任意两个顶点通过路径相连，且不与整个图中的其他顶点相连。图中的每个节点包含一个标号和一个邻接点的列表。

2. 问题示例

输入：{1,2,4#2,1,4#3,5#4,1,2#5,3}

输出：[[1,2,4],[3,5]]

过程示意如下：

```
1---------2   3
 \        |   |
   \      |   |
     \    |   |
       \  |   |
         \4   5
```

3. 代码实现

相关代码如下。

```
class UndirectedGraphNode:
    def __init__(self, x, neighbors = []):
        self.label = x
        self.neighbors = neighbors
class Solution:
    #参数 nodes: 无向图节点
    #返回值: 集合的列表
    def connectedSet(self, nodes):
        self.v = {}
        for node in nodes:
            self.v[node.label] = False
        ret = []
        for node in nodes:
            if not self.v[node.label]:
                tmp = []
                self.dfs(node, tmp)
                ret.append(sorted(tmp))
        return ret
    def dfs(self, node, tmp):
        self.v[node.label] = True
        tmp.append(node.label)
        for node in node.neighbors:
            if not self.v[node.label]:
```

```
                self.dfs(node, tmp)
if __name__ == '__main__':
    temp = Solution()
    node1 = UndirectedGraphNode(1)
    node3 = UndirectedGraphNode(3)
    node2 = UndirectedGraphNode(2)
    node4 = UndirectedGraphNode(4)
    node5 = UndirectedGraphNode(5)
    node1.neighbors = [node2, node4]
    node2.neighbors = [node1, node4]
    node4.neighbors = [node1, node2]
    node3.neighbors = [node5]
    node5.neighbors = [node3]
    nodes = [node1, node2, node3, node4, node5]
    print('输入：')
    print('{1,2,4#2,1,4#3,5#4,1,2#5,3}')
    print('输出：')
    print(temp.connectedSet(nodes))
```

4. 运行结果

```
输入：{1,2,4#2,1,4#3,5#4,1,2#5,3}
输出：[[1, 2, 4], [3, 5]]
```

例 342 硬币排成线

1. 问题描述

有 n 个硬币排成一条线，第 i 枚硬币的价值为 values[i]。两个参赛者轮流从任意一边取一枚硬币，直到没有硬币为止。拿到硬币总价值更高的获胜。请判定第一个玩家会赢还是会输。

2. 问题示例

输入[3,2,2]，输出 True。第 1 个玩家在刚开始的时候拿走 3，然后两个人分别拿到一枚 2。

输入[1,20,4]，输出 False。无论第 1 个玩家在第 1 轮拿走 1 还是 4，第 2 个玩家都可以拿到 20。

3. 代码实现

相关代码如下。

```
class Solution:
    #参数 values：整数列表
    #返回值：布尔类型
    def firstWillWin(self, values):
        if not values:
```

```
            return False
        n = len(values)
        dp = [[0] * n for _ in range(n)]
        sum = [[0] * n for _ in range(n)]
        for i in range(n):
            dp[i][i] = values[i]
            sum[i][i] = values[i]
        for i in range(n - 2, -1, -1):    #n-2 ≥ 0
            for j in range(i + 1, n):     #i+1 ≥ n-1
                sum[i][j] = sum[i + 1][j] + values[i]
                dp[i][j] = sum[i][j] - min(dp[i + 1][j], dp[i][j - 1])
        return dp[0][n - 1] > sum[0][n - 1] - dp[0][n - 1]
if __name__ == "__main__":
    values = [1,2,4]
    solution = Solution()
    print("输入:",values)
    print("输出:第 1 个玩家赢的情况是",solution.firstWillWin(values))
```

4. 运行结果

```
输入: [1, 2, 4]
输出: 第 1 个玩家赢的情况是 True
```

例 343　检验互联网协议(Internet Protocol,IP)地址

1. 问题描述

实现一个函数检查输入字符串是合法的 IPv4 地址,还是合法的 IPv6 地址,或两者都不是。

IPv4 地址表示为点分十进制,包含 4 个取值为 0~255 的十进制数,其间使用点(".")进行分隔,如 172.16.254.1;此外,前导零在 IPv4 地址中是非法的,如 172.16.254.01 为非法地址。

IPv6 地址被表示为十六进制数位,每 4 个十六进制数位归为一组,共 8 组,每组可表示 16 个二进制位。每组之间使用冒号(":")进行分隔。例如,地址 2001:0db8:85a3:0000:0000:8a2e:0370:7334 是合法的。同时,去掉每组十六进制数位中的一些前导零,或将表示十六进制数位的小写字母写作大写字母,也是合法的,所以 2001:db8:85a3:0:0:8A2E:0370:7334 同样是一个合法的 IPv6 地址(忽略了前导零同时使用了大写字母)。

然而,不能为了追求简洁就使用两个冒号("::")将连续的值为 0 的组替换为一个空组,如 2001:0db8:85a3::8A2E:0370:7334 是一个非法的 IPv6 地址。此外,额外的前导零在 IPv6 中也是非法的,如 02001:0db8:85a3:0000:0000:8a2e:0370:7334 是一个非法地址。

2. 问题示例

输入 172.16.254.1,输出 IPv4。这是一个合法的 IPv4 地址,故返回 IPv4。

3. 代码实现

相关代码如下。

```
class Solution(object):
    def validIPAddress(self, IP):
        #参数 IP: 字符串
        #返回值: 字符串
        ip = IP.split('.')
        if len(ip) == 4:
            #ipv4
            for octet_s in ip:
                try:
                    octet = int(octet_s)
                except ValueError:
                    return 'Neither'
                if octet < 0 or octet > 255 or (octet_s != '0' and (octet // 10 ** (len(octet_s) -
1) == 0)):
                    return 'Neither'
            return 'IPv4'
        else:
            ip = IP.split(':')
            if len(ip) == 8:
                #ipv6
                for hexa_s in ip:
                    if not hexa_s or len(hexa_s) > 4 or not hexa_s[0].isalnum():
                        return 'Neither'
                    try:
                        hexa = int(hexa_s, base = 16)
                    except ValueError:
                        return 'Neither'
                    hexa_redo = '{:x}'.format(hexa)
                    if hexa < 0 or hexa > 65535:
                        return 'Neither'
                return 'IPv6'
        return 'Neither'
#主函数
if __name__ == '__main__':
    s = Solution()
    n = '172.16.254.1'
    print("输入:",n)
    print("输出:",s.validIPAddress(n))
```

4. 运行结果

输入: 172.16.254.1
输出: IPv4

例 344 环绕字符串中的唯一子串

1. 问题描述

字符串 s 是由字符串"abcdefghijklmnopqrstuvwxyz"无限重复环绕形成的，所以 s 是这样的："... zabcdefghijklmnopqrstuvwxyzabcdefghijklmnopqrstuvwxyzabcd...."。有另一个字符串 p，找出 p 中有多少互不相同的非空子串出现在 s 中。字符串 p 作为输入，输出关于 p 非空子串的数目，这些子串互不相同，并且能在 s 中找到。

2. 问题示例

输入"a"，输出 1，字符串"a"的所有非空子串中，只有"a"出现在字符串 s 中。

3. 代码实现

相关代码如下。

```
class Solution:
    #参数 p: 字符串
    #返回值: 整数
    def findSubstringInWraproundString(self, p):
        res = {i: 1 for i in p}
        l = 1
        for i, j in zip(p, p[1:]):
            l = l + 1 if (ord(j) - ord(i)) % 26 == 1 else 1
            res[j] = max(res[j], l)
        return sum(res.values())
#主函数
if __name__ == '__main__':
    s = Solution()
    n = ['a']
    print("输入:",n)
    print("输出:",s.findSubstringInWraproundString(n))
```

4. 运行结果

```
输入: ['a']
输出: 1
```

例 345 使数组元素相同的最少步数 Ⅱ

1. 问题描述

给定一个非空的整数数组，找出使得数组中所有元素相同的最少步数。其中一步被定义为将数组内任意元素加一或减一。数组中最多包含 10 000 个元素。

2. 问题示例

输入[1,2,3]，输出 2，需要两步完成[1,2,3]→[2,2,3]→[2,2,2]。

3. 代码实现

相关代码如下。

```
class Solution(object):
    def minMoves2(self, nums):
        #参数 nums: 数组
        #返回值: 整型
        minmoves = 0
        nums.sort()
        median = nums[len(nums) // 2]
        for i in range(0,len(nums)):
            minmoves += abs(nums[i] - median)
        return minmoves
#主函数
if __name__ == '__main__':
    s = Solution()
    n = [1,2,3]
    print("输入:",n)
    print("输出:",s.minMoves2(n))
```

4. 运行结果

```
输入: [1, 2, 3]
输出: 2
```

例 346 重复的子串模式

1. 问题描述

对于给定的非空字符串,判断能否通过重复它的某个子串若干次(两次及以上)得到。字符串由小写字母组成,长度不超过 10 000。

2. 问题示例

输入"abab",输出 True,可以由它的子串"ab"重复两次得到。

3. 代码实现

相关代码如下。

```
class Solution(object):
    def repeatedSubstringPattern(self, s):
        #参数 s: 字符串
        #返回值: 布尔类型
        l = len(s)
        next = [-1 for i in range(l)]
```

```
        j = -1
        for i in range(1, l):
            while j >= 0 and s[i] != s[j + 1]:
                j = next[j]
            if s[i] == s[j + 1]:
                j += 1
            next[i] = j
        lenSub = l - 1 - next[l - 1]
        return lenSub != l and l % lenSub == 0
#主函数
if __name__ == '__main__':
    s = Solution()
    n = 'abab'
    print("输入:",n)
    print("输出:",s.repeatedSubstringPattern(n))
```

4. 运行结果

输入: abab
输出: True

例 347 恢复二叉搜索树

1. 问题描述

在一棵二叉搜索树中,有两个节点是被交换的,找到这些节点并交换。如果没有节点被交换则返回原来树的根节点。

2. 问题示例

输入{4,5,2,1,3},输出{4,2,5,1,3},给出的二叉搜索树为:

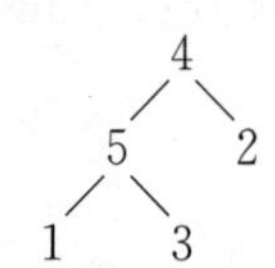

返回:

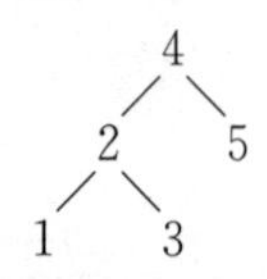

输入{1,2,5,4,3},输出{4,2,5,1,3},给定二叉搜索树为:

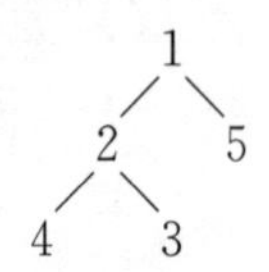

返回：

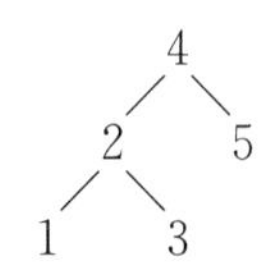

3. 代码实现

相关代码如下。

```
class TreeNode:
    def __init__(self, val):
        self.val = val
        self.left, self.right = None, None
class Solution:
    #参数 root: 二叉树根
    #返回值: 二叉树
    def bstSwappedNode(self, root):
        list_val, list_node = [], []
        self.inorder(root, list_val, list_node)
        list_val.sort()
        for i in range(len(list_val)):
            list_node[i].val = list_val[i]
        return root
    def inorder(self, node, list_val, list_node):
        if not node: return
        self.inorder(node.left, list_val, list_node)
        list_val.append(node.val)
        list_node.append(node)
        self.inorder(node.right, list_val, list_node)
if __name__ == '__main__':
    solution = Solution()
    root0 = TreeNode(4)
    root1 = TreeNode(5)
    root2 = TreeNode(2)
    root3 = TreeNode(1)
    root4 = TreeNode(3)
    root0.left = root1
    root0.right = root2
    root1.left = root3
    root1.right = root4
    print("输入:", root0.val, root0.left.val, root0.right.val, root0.left.left.val, root0.
left.right.val)
    temp = solution.bstSwappedNode(root0)
    print("输出:", root0.val, root0.left.val, root0.right.val, root0.left.left.val, root0.
left.right.val)
```

4. 运行结果

```
输入: 4 5 2 1 3
输出: 4 2 5 1 3
```

例 348　数组中最大的差值

1. 问题描述

给出 m 个数组,每个数组均为升序,从两个不同的数组各选一个整数,并计算差值,将两个整数 a 和 b 之间的差定义为它们差的绝对值 $|a-b|$,找到最大的差值。

每个给出的数组长度至少为 1,且有两个不为空的数组。m 个数组中所有整数的个数和在[2,10000]。m 个数组中所有的整数在[−10000,10000]。

2. 问题示例

输入[[1,2,3],[4,5],[1,2,3]],输出 4,获得最大差值的一种方式是在第 1 个数组或第 3 个数组中取 1,在第 2 个数组中取 5。

3. 代码实现

相关代码如下。

```
class Solution:
    #参数 arrs: 数组列表
    #返回值: 整数
    def maxDiff(self, arrs):
        length = len(arrs)
        min_val = arrs[0][0]
        max_val = arrs[0][-1]
        max_dif = 0
        for i in range(1,length):
            max_dif = max(max(arrs[i][-1] - min_val,max_val - arrs[i][0]),max_dif)
            if arrs[i][0] < min_val:
                min_val = arrs[i][0]
            if arrs[i][-1] > max_val:
                max_val = arrs[i][-1]
        return max_dif
if __name__ == '__main__':
    solution = Solution()
    array = [[1,2,3], [4,5], [1,2,3]]
    print("输入:",array)
    print("输出:",solution.maxDiff(array))
```

4. 运行结果

```
输入: [[1, 2, 3], [4, 5], [1, 2, 3]]
输出: 4
```

例 349　判断是否可以写成 k 个素数之和

1. 问题描述

给定两个数字 n 和 k，判断 n 是否可以写成 k 个素数的和。

2. 问题示例

输入 $n=10, k=2$，输出 True。

3. 代码实现

相关代码如下。

```
class Solution:
    #参数 n: 整数
    #参数 k: 整数
    #返回值: 布尔类型
    def isSumOfKPrimes(self, n, k):
        if n < 2 * k:
            ret = False
        elif k == 1:
            ret = self.isPrime(n)
        elif k == 2:
            ret = (n % 2 == 0) or self.isPrime(n - 2)
        else:
            ret = True
        return ret
    def isPrime(self, n):
        i = 2
        while i * i <= n:
            if n % i == 0:
                return False
            i += 1
        return True
if __name__ == '__main__':
    solution = Solution()
    n = 10
    k = 2
    print("输入:n = ",n)
    print("输入:k = ",k)
    print("输出:",solution.isSumOfKPrimes(n,k))
```

4. 运行结果

```
输入: n = 10 k = 2
输出: True
```

例 350 杆子分割

1. 问题描述

给定一个 n 英寸长的杆子和一个包含所有小于 n 尺寸的价格，确定通过分割杆并销售碎片可获得的最大值。

2. 问题示例

输入 $n=8$，按照长度的价格为[1,5,8,9,10,17,17,20]，输出 22，按照下表可知切成长度为 2 和 6 的两段，可获得最大价值。

长度	1	2	3	4	5	6	7	8
价格	1	5	8	9	10	17	17	20

输入 $n=8$，价格为[3,5,8,9,10,17,17,20]，输出 24，切成长度为 1 的 8 段，可获得最大价值。

长度	1	2	3	4	5	6	7	8
价格	3	5	8	9	10	17	17	20

3. 代码实现

相关代码如下。

```
class Solution:
    #参数 prices: 数组
    #参数 n: 整数
    #返回值: 整数
    def cutting(self, prices, n):
        n = len(prices)
        dp = [0] * (n + 1)
        for i in range(1, n + 1):
            for j in range(i):
                dp[i] = max(dp[i], dp[j] + prices[i - j - 1])
        return dp[n]
if __name__ == '__main__':
    solution = Solution()
    price = [1, 5, 8, 9, 10, 17, 17, 20]
    n = 8
    print("输入价格:",price)
    print("输入长度:",n)
    print("输出最大值:",solution.cutting(price,n))
```

4. 运行结果

```
输入价格: [1, 5, 8, 9, 10, 17, 17, 20]
输入长度: 8
输出最大值: 22
```

例 351　二进制手表

1. 问题描述

给出二进制显示时间的手表和一个非负整数 n，n 代表在时间表上二进制 1 的数量，返回所有可能的时间。小时不能包含前导零，如"01:00"是不允许的，应为"1:00"。分钟必须由两位数组成，可包含前导零，如"10:2"是无效的，应为"10:02"。小时小于 12，分钟小于 60。

2. 问题示例

输入 1，输出["1:00","2:00","4:00","8:00","0:01","0:02","0:04","0:08","0:16","0:32"]。

3. 代码实现

相关代码如下。

```
class Solution(object):
    def readBinaryWatch(self, num):
        #参数 num: 整数
        #返回值: 整数列表
        ans = [];
        hour = [[], [], [], []];
        min = [[], [], [], [], [], []];
        for i in range(0, 12):
            n = bin(i).count('1')
            hour[n].append(i)
        for i in range(0, 60):
            n = bin(i).count('1')
            min[n].append(i)
        for i in range(0, num + 1):
            if i < 4 and num - i < 6:
                for h in hour[i]:
                    for m in min[num - i]:
                        ans.append('%d:%02d' % (h, m));
        return ans
if __name__ == '__main__':
    inputnum = 1
    solution = Solution()
    print("输入:",inputnum)
    print("输出:",solution.readBinaryWatch(inputnum))
```

4. 运行结果

```
输入: 1
输出: ['0:01', '0:02', '0:04', '0:08', '0:16', '0:32', '1:00', '2:00', '4:00', '8:00']
```

例352 数据分段

1. 问题描述

给出一个字符串 str,按顺序提取该字符串中的符号和单词。

2. 问题示例

输入 str="(hi (i am)bye)",输出["(","hi","(","i","am",")","bye",")"],将符号和单词分割。

3. 代码实现

相关代码如下。

```
class Solution:
    #参数 str: 字符串
    #返回值: 字符串列表
    def dataSegmentation(self, str):
        ans = []
        ins = ""
        for c in str:
            if c == ' ':
                if ins != "":
                    ans.append(ins)
                ins = ""
            elif c >= 'a' and c <= 'z':
                ins = ins + c
            else:
                if ins != "":
                    ans.append(ins)
                ans.append(c)
                ins = ""
        if ins != "":
            ans.append(ins)
        return ans
if __name__ == '__main__':
    solution = Solution()
    s = "(hi (i am)bye)"
    print("输入:",s)
    print("输出:",solution.dataSegmentation(s))
```

4. 运行结果

输入: (hi (i am)bye)
输出: ['(', 'hi', '(', 'i', 'am', ')', 'bye', ')']

例 353 1位和2位字符

1. 问题描述

给出一个字符串表示若干二进制的位，使用0、10或11进行分割表示。判断最后一个字符是否为一位字符。给出的字符串总是以0结尾。

2. 问题示例

输入 bits=[1,0,0]，输出 True，解码它的唯一方法是2位字符10和1位字符0，所以最后一个字符是一位字符。

输入 bits=[1,1,1,0]，输出 False，解码它的唯一方法是2位字符11和2位字符10，所以最后一个字符不是1位字符。

3. 代码实现

相关代码如下。

```
class Solution:
    def isOneBitCharacter(self, bits):
        """
        从头到尾遍历，如果该位数字为1，则向后前进两位，否则前进1位，循环的条件是i<n-1，
即留出最后一位。
        当循环退出后，i正好停留在n-1上，说明最后一位是单独分割开的.
        """
        length = 0
        while length < len(bits) - 1:
            if bits[length]:
                length += 2
            else:
                length += 1
        return length == len(bits) - 1
if __name__ == '__main__':
    solution = Solution()
    num = [1,0,0]
    print("输入:",num)
    print("输出:",solution.isOneBitCharacter(num))
```

4. 运行结果

```
输入: [1, 0, 0]
输出: True
```

例 354 加法数

1. 问题描述

加法数是一个字符串，其包含的数字可以形成一个加法序列。一个合法的加法序列至

少包含3个数字,除了前两个数字,序列中后面的每个数字必须是前两个数字的和。

2. 问题示例

输入112358,输出True,112358是一个加法数,这些数字按照1+1=2,1+2=3,2+3=5,3+5=8,可以形成一个加法序列1,1,2,3,5,8。

3. 代码实现

相关代码如下。

```
class Solution:
    #参数num: 字符串
    #返回值: 布尔类型
    def isAdditiveNumber(self, num):
        starting_index = 0
        prev_two = []
        num = str(num)
        return self.dfs(num, starting_index, prev_two)
    def dfs(self, num, starting_index, prev_two):
        if starting_index == len(num):
            return False
        if len(prev_two) != 2:
            for index in range(starting_index + 1, len(num)):
                prev_two.append(int(num[starting_index:index]))
                if self.dfs(num, index, prev_two):
                    prev_two.pop()
                    return True
                prev_two.pop()
                if num[starting_index:index] == "0":
                    break
        else:
            sum_needed = sum(prev_two)
            end_index = len(str(sum_needed)) + starting_index
            if num[starting_index: end_index] == str(sum_needed):
                if end_index == len(num):
                    return True
                if self.dfs(num, end_index, [prev_two[1], sum_needed]):
                    return True
            else:
                return False
        return False
if __name__ == '__main__':
    solution = Solution()
    num = "112358"
    print("输入:",num)
    print("输出:",solution.isAdditiveNumber(num))
```

4. 运行结果

```
输入: 112358
输出: True
```

例 355　具有交替位的二进制数

1. 问题描述

给定一个正整数,检查它的二进制表示是否具有交替位(即两个相邻的位总是具有不同的值)。

2. 问题示例

输入 5,输出 True,5 的二进制表示为 101。

3. 代码实现

相关代码如下。

```
class Solution:
    #参数 n: 整数
    #返回值: 布尔类型
    """
    一个具有交替位的二进制数,把它右移一位后与原二进制数异或,得到的新二进制数每一位上都是 1。把问题转化成了如何判断一个二进制数是否全为 1,采用的方法是将该二进制数 + 1 后与原数进行操作。
    """
    def hasAlternatingBits(self, n):
        n = n ^ (n>>1)
        return (n & n+1) == 0
if __name__ == '__main__':
    solution = Solution()
    n = 5
    print("输入:",n)
    print("输出:",solution.hasAlternatingBits(5))
```

4. 运行结果

```
输入: 5
输出: True
```

例 356　美丽的排列

1. 问题描述

假设有从 1～N 的整数,一个美丽的排列定义为: 如果数组由 N 个整数构成,且满足下列条件之一,满足对此数组中第 i 个位置($1 \leqslant i \leqslant N$)的要求,第 i 个位置的元素可以被 i

整除；i 可以被第 i 个元素整除。给出 N，输出可以构造出多少美丽的排列。

2. 问题示例

输入2，输出2，第1个美丽的排列是[1,2]，第1个位置($i=1$)的数字为1，1可以被 i($i=1$)整除；第2个位置($i=2$)的数字为2，2可以被 i($i=2$)整除。

第2个美丽的排列是[2,1]，第1个位置($i=2$)的数字为2，2可以被 i($i=1$)整除；第2个位置($i=2$)的数字为1，i($i=2$)可以被1整除。

3. 代码实现

相关代码如下。

```
class Solution:
    #参数N: 整数
    #返回值: 整数
    def countArrangement(self, N):
        cache = {}
        return self.helper(cache, N, tuple(range(1, N + 1)))
    def helper(self, cache, i, X):
        if i == 1:
            return 1
        if (i, X) in cache:
            return cache[(i, X)]
        total = sum(self.helper(cache, i - 1, X[:j] + X[j + 1:]) for j, x in enumerate(X)
if x % i == 0 or i % x == 0)
        cache[(i, X)] = total
        return total
if __name__ == '__main__':
    solution = Solution()
    num = 2
    print("输入:",num)
    print("输出:",solution.countArrangement(num))
```

4. 运行结果

```
输入: 2
输出: 2
```

例357 最大值在界内的子数组个数

1. 问题描述

给定包含正整数的数组 A，以及两个正整数 L 和 R($L \leqslant R$)，返回最大元素值在[L,R]的子数组(连续，非空)的个数。

2. 问题示例

输入 A=[2,1,4,3]，L=2，R=3，输出3，有3个子数组满足要求，即[2]、[2,1]、[3]。

3. 代码实现

相关代码如下。

```
class Solution:
    #参数 A: 数组
    #参数 L: 整数
    #参数 R: 整数
    #返回值: 整数
    def numSubarrayBoundedMax(self, A, L, R):
        n = len(A)
        if n == 0:
            return 0
        ans = 0
        l, r = 0, 0
        while l < n:
            maxv = A[r]
            while (maxv <= R):                  #以大于 R 的元素为分割
                r += 1
                if r >= n:
                    break
                maxv = max(maxv, A[r])
            #当前[l, r)的下标构成子数组是被大于 R 的元素分割出来的一段
            ans += (r - l) * (r - l + 1) // 2  #这一段的全体子数组的数量
            last = l - 1                        #last 表示上一个不小于 L 的元素位置
            while l < r:                        #再运用容斥原理去除这一段内非法的子数组
                if (A[l] >= L):
                    ans -= (l - last) * (l - last - 1) // 2
                    last = l;
                l += 1
            ans -= (r - last) * (r - last - 1) // 2     #不要忘记末尾还有一段
            l += 1
            r += 1
        return ans
if __name__ == '__main__':
    solution = Solution()
    L = 2
    R = 3
    arr = [2, 1, 4, 3]
    print("输入 L:",L)
    print("输入 R:",R)
    print("输入数组:",arr)
    print("输出数量:",solution.numSubarrayBoundedMax(arr,L,R))
```

4. 运行结果

```
输入 L: 2
输入 R: 3
```

```
输入数组：[2, 1, 4, 3]
输出数量：3
```

例 358　全局和局部逆序数

1. 问题描述

给定一个$[0,1,\cdots,N-1]$的排列A，其中N是A的长度。全局逆序数是指满足$0\leqslant i<j<N$，且$A[i]>A[j]$的数量；局部逆序数是指满足$0\leqslant i<N$，且$A[i]>A[i+1]$的数量。如果全局逆序数和局部逆序数相等，返回 True，否则返回 False。

2. 问题示例

输入[1,0,2]，输出 True，有一个全局逆序，一个局部逆序。

3. 代码实现

相关代码如下。

```
class Solution:
    def isIdealPermutation(self, A):
        #参数 A：整型列表
        #返回值：布尔类型
        max_value = 0
        for i in range(2, len(A)):
            max_value = max(A[i - 2], max_value)
            if max_value > A[i]:
                return False
        return True
if __name__ == '__main__':
    solution = Solution()
    num = [1,0,2]
    print("输入:",num)
    print("输出:",solution.isIdealPermutation(num))
```

4. 运行结果

```
输入：[1, 0, 2]
输出：True
```

例 359　整数拆分

1. 问题描述

给定一个正整数n，将其拆分成至少两个正整数之和，并且使这些整数之积最大，返回这个最大乘积。

2. 问题示例

输入 10，输出 36，$10=3+3+4$，$3\times3\times4=36$。

3. 代码实现

相关代码如下。

```
class Solution:
    #参数 n: 整数
    #返回值: 整数
    def integerBreak(self, n):
        dp = [0] * (1 + n)
        for j in range(2, 1 + n):
            for i in range(1, j):
                dp[j] = max(dp[j], max(i, dp[i]) * max(j - i, dp[j - i]))
        return dp[n]
#主函数
if __name__ == '__main__':
    solution = Solution()
    Test_in = 10
    Test_out = solution.integerBreak(Test_in)
    print("输入:",Test_in)
    print("输出:",Test_out)
```

4. 运行结果

输入: 10
输出: 36

例 360　递增的三元子序列

1. 问题描述

给定未排序的数组,判断是否在数组中存在递增的长度为 3 的子序列。

2. 问题示例

输入[1,2,3,4,5],输出 True,存在递增的长度为 3 的子序列。

3. 代码实现

相关代码如下。

```
class Solution:
    #参数 nums: 整数数组
    #返回值: 布尔类型
    def increasingTriplet(self, nums):
        if len(nums) < 3:
            return False
        import sys
        first = sys.maxsize
        second = sys.maxsize
        for num in nums:
```

```
            if num <= first:
                sec = first
                first = num
            elif num <= sec:
                sec = num
            else:
                return True
        return False
#主函数
if __name__ == '__main__':
    solution = Solution()
    Test_in = [1,2,3,4,5]
    Test_out = solution.increasingTriplet(Test_in)
    print("输入:",Test_in)
    print("输出:",Test_out)
```

4. 运行结果

```
输入: [1, 2, 3, 4, 5]
输出: True
```

例 361 重新安排行程

1. 问题描述

给定机票字符串二维数组[from,to],两个元素分别表示飞机出发和降落的机场地点,对该行程进行重新规划排序。所有机票属于从 JFK 出发的人,行程必须从 JFK 出发。如果存在多种有效的行程,按字符自然排序返回最小的行程组合。所有的机场都用 3 个大写字母表示(机场代码),所有机票至少存在一种合理的行程。

2. 问题示例

输入[["MUC","LHR"],["JFK","MUC"],["SFO","SJC"],["LHR","SFO"]],输出["JFK","MUC","LHR","SFO","SJC"]。

3. 代码实现

相关代码如下。

```
import collections
class Solution:
    #参数 tickets: 字符串列表
    #返回值: 字符串列表
    def findItinerary(self, tickets):
        targets = collections.defaultdict(list)
        for a, b in sorted(tickets)[::-1]:
            targets[a] += b,
        route = []
```

```
        def dfs(airport):
            while targets[airport]:
                dfs(targets[airport].pop())
            route.append(airport)
        dfs('JFK')
        return route[::-1]
#主函数
if __name__ == '__main__':
    solution = Solution()
    Test_in = [["MUC", "LHR"], ["JFK", "MUC"], ["SFO", "SJC"], ["LHR", "SFO"]]
    Test_out = solution.findItinerary(Test_in)
    print("输入:",Test_in)
    print("输出:",Test_out)
```

4. 运行结果

```
输入: [['MUC', 'LHR'], ['JFK', 'MUC'], ['SFO', 'SJC'], ['LHR', 'SFO']]
输出: ['JFK', 'MUC', 'LHR', 'SFO', 'SJC']
```

例 362 奇偶链表

1. 问题描述

给定单链表,将所有奇数节点连接在一起,偶数节点连接在一起。

2. 问题示例

输入 1→2→3→4→5→NULL,输出 1→3→5→2→4→NULL。

3. 代码实现

相关代码如下。

```
class ListNode(object):
    def __init__(self, val, next = None):
        self.val = val
        self.next = next
class Solution:
    #参数 head: 链表头
    #返回值: 修改的链表
    def oddEvenList(self, head):
        if head is None:
            return head
        odd = head
        evenHead = head.next
        even = evenHead
        while even and even.next:
            odd.next = even.next
            odd = odd.next
```

```
                even.next = odd.next
                even = even.next
            odd.next = evenHead
            return head
def getLinkedList(head):
    list = []
    while head is not None:
        list += [head.val]
        head = head.next
    list.append('null')
    s = '->'.join(list)
    return s
#主函数
if __name__ == '__main__':
    solution = Solution()
    LinkedNode1 = ListNode('1', ListNode('2', ListNode('3', ListNode('4', ListNode('5',
ListNode('6'))))))
    print('输入: ' + getLinkedList(LinkedNode1))
    print('输出: ' + getLinkedList(solution.oddEvenList(LinkedNode1)))
```

4. 运行结果

```
输入: 1->2->3->4->5->6->null
输出: 1->3->5->2->4->6->null
```

例 363　区间和的个数

1. 问题描述

给定一个整数数组(nums),区间和$S(i,j)$被定义为索引i和j($i \leqslant j$)之间(包含i和j)的数组中所有元素的和,返回在[lower,upper]范围内区间和的个数。

2. 问题示例

给出 nums=[-2,5,-1],lower=-2,upper=2,返回 3。3 个区间分别是[0,0]、[2,2]、[0,2],它们对应的区间和分别为-2、-1、2。

3. 代码实现

相关代码如下。

```
class Solution:
    def countRangeSum(self, nums, lower, upper):
        n = len(nums)
        count_sum = {0:1}
        pre_sum = 0
        ans = 0
        for num in nums:
            pre_sum += num
```

```
            for d in range(lower, upper + 1):
                if pre_sum - d in count_sum:
                    ans += count_sum[pre_sum - d]
            count_sum[pre_sum] = count_sum.get(pre_sum, 0) + 1
        return ans
#主函数
if __name__ == '__main__':
    solution = Solution()
    nums = [-2, 5, -1]
    lower = -2
    upper = 2
    Test_out = solution.countRangeSum(nums, lower, upper)
    print("输入数组:",nums)
    print("输入下限:",lower)
    print("输出上限:",upper)
    print("输出结果:",Test_out)
```

4. 运行结果

```
输入数组: [-2, 5, -1]
输入下限: -2
输出上限: 2
输出结果: 3
```

例 364　3 的幂

1. 问题描述

给定一个整数,判断该整数是否为 3 的幂。

2. 问题示例

输入 $n=9$,输出 True。

3. 代码实现

相关代码如下。

```
class Solution:
    #参数 n: 整数
    #返回值: 布尔类型
    def isPowerOfThree(self, n):
        n = abs(n)
        num = 1
        while num <= n:
            if num == n:
                return True
            num *= 3
        return False
```

```
#主函数
if __name__ == '__main__':
    solution = Solution()
    Test_in = 9
    Test_out = solution.isPowerOfThree(Test_in)
    print("输入:",Test_in)
    print("输出:",Test_out)
```

4. 运行结果

输入: 9
输出: True

例365 单词长度最大积

1. 问题描述

给定一个字符串数组words,找length(word[i])×length(word[j])的最大值,且保证这两个单词没有共同字符。假定每一个单词都仅由小写字符组成。如果没有这样的两个单词,则返回0。

2. 问题示例

输入["abcw","baz","foo","bar","xtfn","abcdef"],输出16,两个单词分别是"abcw"和"xtfn"。

3. 代码实现

相关代码如下。

```
from collections import Counter
class Solution(object):
    def maxProduct(self, words):
        #参数 words: 字符串列表
        #返回值: 整数
        sets = Counter()
        for w in words:
            key = frozenset(w)
            sets[key] = max(sets[key], len(w))
        max_len = 0
        for x, vx in sets.items():
            for y, vy in sets.items():
                if not x.intersection(y):
                    max_len = max(max_len, vx * vy)
        return max_len
#主函数
if __name__ == '__main__':
    solution = Solution()
```

```
    Test_in = ["abcw", "baz", "foo", "bar", "xtfn", "abcdef"]
    Test_out = solution.maxProduct(Test_in)
    print("输入:",Test_in)
    print("输出:",Test_out)
```

4. 运行结果

```
输入: ['abcw', 'baz', 'foo', 'bar', 'xtfn', 'abcdef']
输出: 16
```

例 366　矩阵注水

1. 问题描述

给定一个二维矩阵,每个元素值代表地势的高度。水流只会沿上下左右流动,且必须从地势较高处流向地势较低处。视为矩阵四面环水,现在从(R,C)处注水,问水能否流到矩阵外面?

2. 问题示例

输入:

mat=[
    [10,18,13],
    [9,8,7],
    [1,2,3]
]

$R=1,C=1$

输出:"YES",(1,1)→(1,2)→流出。

3. 代码实现

相关代码如下。

```
class Solution:
    vis = []
    def bfs(self, matrix, R, C):
        if R == 0 or R == (len(matrix) - 1) or C == 0 or C == (len(matrix[0]) - 1) :
            return True
        self.vis[R][C] = 1
        if (matrix[R][C+1] - matrix[R][C]) < 0:
            if self.bfs(matrix, R, C+1):
                return True
        if (matrix[R][C-1] - matrix[R][C]) < 0:
            if self.bfs(matrix, R, C-1):
                return True
        if (matrix[R+1][C] - matrix[R][C]) < 0:
            if self.bfs(matrix, R+1, C):
```

```
                return True
            if (matrix[R-1][C] - matrix[R][C]) < 0:
                if self.bfs(matrix, R-1, C):
                    return True
            return False
        def waterInjection(self, matrix, R, C):
            if R == 0 or R == (len(matrix) - 1) or C == 0 or C == (len(matrix[0]) - 1) :
                return "YES"
            self.vis = [[0 for i in range(len(matrix[0]))] for j in range(len(matrix))]
            self.vis[R][C] = 1
            if (matrix[R][C + 1] - matrix[R][C]) < 0:
                if self.bfs(matrix, R, C + 1):
                    return "YES"
            if (matrix[R][C - 1] - matrix[R][C]) < 0:
                if self.bfs(matrix, R, C - 1):
                    return "YES"
            if (matrix[R + 1][C] - matrix[R][C]) < 0:
                if self.bfs(matrix, R + 1, C):
                    return "YES"
            if (matrix[R - 1][C] - matrix[R][C]) < 0:
                if self.bfs(matrix, R - 1, C):
                    return "YES"
            return "NO"
if __name__ == '__main__':
    R = 1
    C = 1
    matrix = [[10,18,13],[9,8,7],[1,2,3]]
    solution = Solution()
    print(" R与C分别为:", R, C)
    print(" 矩阵:", matrix)
    print(" 是否流出:", solution.waterInjection(matrix, R, C))
```

4. 运行结果

```
R与C分别为: 1 1
矩阵: [[10, 18, 13], [9, 8, 7], [1, 2, 3]]
是否流出: YES
```

例 367 最大值

1. 问题描述

对于给定的 3 个数 p、q、r 和一个数组 a，求 $p\times a[i]+q\times a[j]+r\times a[k]$的最大值，其中 $0\leqslant i\leqslant j\leqslant k\leqslant n-1$。

2. 问题示例

输入 $p=-1,q=-2,r=3,a=[-1,2,-3,4,5]$，输出 24，取 $a[i]=-3,a[j]=-3$，

$a[k]=5$，所以最大值为$(-1)\times(-3)+(-2)\times(-3)+3\times5=24$。

3. 代码实现

相关代码如下。

```
class Solution:
    def pickThreeNumbers(self, p, q, r, a):
        f = [[0 for i in range(len(a))] for i in range(3)]
        fac = [p,q,r]
        f[0][0] = a[0] * p
        f[1][0] = f[0][0] + a[0] * q
        f[2][0] = f[1][0] + a[0] * r
        for i in range (1, len(a)) :
            f[0][i] = max(f[0][i-1], a[i] * p)
        for i in range(1, 3) :
            for j in range(1, len(a)):
                f[i][j] = max(f[i-1][j] + a[j] * fac[i], f[i][j-1])
        return f[2][len(a) - 1]
if __name__ == '__main__':
    p,q,r = -1,-2,3
    a = [-1,2,-3,4,5]
    solution = Solution()
    print("输入 p,q,r 分别为:", p,q,r)
    print("输出最大计算结果:", solution.pickThreeNumbers(p, q, r, a))
```

4. 运行结果

```
输入 p, q, r 分别为: -1 -2 3
输出最大计算结果: 24
```

例 368 生成括号

1. 问题描述

给定 n 对括号，请写一个函数将其生成新的括号组合，并返回所有组合结果。

2. 问题示例

给定 $n=3$，可生成的组合如下："((()))""(()())""(())()""()(())""()()()"。

3. 代码实现

相关代码如下。

```
#采用 utf-8 编码格式
#参数 n: 一个整数
#返回值: 一个字符串列表
#当 n=2 时,可以画个决策树理解这个题目
class Solution:
```

```
    def helpler(self, l, r, item, res):
        if r < l:
            return
        if l == 0 and r == 0:
            res.append(item)
        if l > 0:
            self.helpler(l - 1, r, item + '(', res)
        if r > 0:
            self.helpler(l, r - 1, item + ')', res)
    def generateParenthesis(self, n):
        if n == 0:
            return []
        res = []
        self.helpler(n, n, '', res)
        return res
if __name__ == '__main__':
    temp = Solution()
    nums1 = 1
    nums2 = 2
    print(("输入:" + str(nums1)))
    print(("输出:" + str(temp.generateParenthesis(nums1))))
    print(("输入:" + str(nums2)))
    print(("输出:" + str(temp.generateParenthesis(nums2))))
```

4. 运行结果

```
输入: 1
输出: ['()']
输入: 2
输出: ['(())', '()()']
```

▶例 369　余积

1. 问题描述

输入整数数组 arr,返回结果数组 ans,使得 ans[i]为 arr 中除 arr[i]以外所有数的乘积。

2. 问题示例

输入 arr=[2,3,4,1],输出[12,8,6,24]。因为 ans[0]=3×4×1=12,ans[1]=2×4×1=8,ans[2]=2×3×1=6,ans[3]=2×3×4=24。

3. 代码实现

相关代码如下。

```
class Solution:
    def getProduct(self, arr):
```

```
        n = len(arr)
        ans = [0 for i in range(n)]
        if n == 1:
            ans[0] = 0
            return ans
        flag = 0
        for i in range(n):      #搜索 0 的个数
            if arr[i] == 0:
                flag += 1
        if flag == 0:
            p = 1
            for i in range(n):
                p * = arr[i]
            for i in range(n):
                ans[i] = p / arr[i]
        elif flag == 1:
            p = 1
            for i in range(n):
                if arr[i] != 0:
                    p * = arr[i]
            for i in range(n):
                if arr[i] == 0:
                    ans[i] = p
                else:
                    ans[i] = 0
        else:
            for i in range(n):
                ans[i] = 0
        return ans
if __name__ == '__main__':
    arr = [1,2,3,4,5,6,0]
    solution = Solution()
    print(" 输入序列:", arr)
    print(" 结果序列:", solution.getProduct(arr))
```

4. 运行结果

```
输入序列: [1, 2, 3, 4, 5, 6, 0]
结果序列: [0, 0, 0, 0, 0, 0, 720]
```

例 370 前一个数

1. 问题描述

给定一个数组,对于每个元素,找出之前第一个比它小的元素值。如果没有,则输出该元素本身。

2. 问题示例

输入 arr=[2,3,6,1,5,5],输出[2,2,3,1,1,1]。输入 arr=[6,3,1,2,5,10,9,15],输出[6,3,1,1,2,5,5,9]。

3. 代码实现

相关代码如下。

```
class Solution:
    def getPreviousNumber(self, num):
        stk = []
        n = len(num)
        ans = [0 for i in range(n)]
        for i in range(n):
            while len(stk) > 0 and stk[-1] >= num[i]:
                stk.pop()
            if len(stk) > 0:
                ans[i] = stk[-1]
            else:
                ans[i] = num[i]
            stk.append(num[i]) #push
        return ans
if __name__ == '__main__':
    num = [6,3,1,2,5,10,9,15]
    solution = Solution()
    print(" 输入序列:", num)
    print(" 结果序列:", solution.getPreviousNumber(num))
```

4. 运行结果

```
输入序列: [6, 3, 1, 2, 5, 10, 9, 15]
结果序列: [6, 3, 1, 1, 2, 5, 5, 9]
```

例 371 称重问题

1. 问题描述

给出 n 个金币,每个金币重 10g,但是有一个金币的重量是 11g。现在有一个能够精确称重的天平,问最少称几次,才能够确保找出重量为 11g 的金币?

2. 问题示例

输入 $n=3$,输出 1。可以先用天平称两个硬币,如果二者重量相等,则剩下一个是重量为 11g 的金币;如果不等则较重的那个是重量为 11g 的金币。输入 4,输出 2,可以先称两个硬币,如果二者重量相等,则重量不同的硬币在剩下两个中,再称一次即找出较重者,结果为 2 次。

3. 代码实现

相关代码如下。

```
class Solution:
    def minimumtimes(self, n):
        ans = 0
        if n % 3 ==0:
            n -= 1
        while not n <= 1:
            n /= 3
            ans += 1
        return ans
if __name__ == '__main__':
    n = 4
    solution = Solution()
    print(" 金币总数:", n)
    print(" 最少需要称重次数:", solution.minimumtimes(n))
```

4. 运行结果

```
金币总数: 4
最少需要称重次数: 2
```

例 372 树中距离的总和

1. 问题描述

给定一棵无向连接树，其中有 0～$N-1$ 个节点和 $N-1$ 条边。第 i 条边将节点 edges[i][0] 和 edges[i][1]连接在一起，每边长度为 1。返回一个结果列表 ans[i]，是节点 i 和所有其他节点之间距离的总和。

2. 问题示例

输入 $N=6$，edges=[[0,1],[0,2],[2,3],[2,4],[2,5]]，输出[8,12,6,10,10,10]，可以得到节点 0 对所有其他节点的距离和为 1+1+2+2+2=8，所以 ans[0]=8，依此类推。树结构如下：

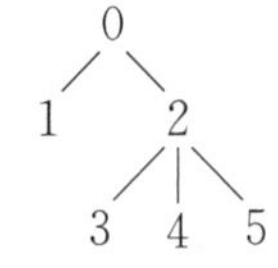

3. 代码实现

相关代码如下。

```
class Solution:
    def sumOfDistancesInTree(self, N, edges):
```

```
        distances = [0] * N
        counts = [1] * N
        neighbors = [[] for _ in range(N)]
        for e in edges:
            neighbors[e[0]].append(e[1])
            neighbors[e[1]].append(e[0])
        def dfsCountNode(parent, node):
            for nei in neighbors[node]:
                if nei == parent:
                    continue
                dfsCountNode(node, nei)
                counts[node] += counts[nei]
                distances[node] += distances[nei] + counts[nei]
        def dfs2(parent, node):
            if parent != -1:
                distances[node] = distances[parent] - counts[node] + N - counts[node]
            for nei in neighbors[node]:
                if nei == parent:
                    continue
                dfs2(node, nei)
        dfsCountNode(-1, 0)
        dfs2(-1, 0)
        return distances
if __name__ == '__main__':
    N = 6
    edges = [[0,1],[0,2],[2,3],[2,4],[2,5]]
    solution = Solution()
    print("总共有", N,"个节点,边对列表为:",edges)
    print("结果序列:", solution.sumOfDistancesInTree(N, edges))
```

4. 运行结果

```
总共有 6 个节点,边对列表为: [[0, 1], [0, 2], [2, 3], [2, 4], [2, 5]]
结果序列: [8, 12, 6, 10, 10, 10]
```

例 373 订单问题

1. 问题描述

假设有一个订单,对 n 种商品有需求,对第 i 种商品的需求为 order[i]个。工厂有 m 种生产模式,每种生产模式形如[p[1],p[2],…,p[n]],即同时生产第 1 种商品 p[1]个,第 2 种商品 p[2]个,…,可以使用多种生产模式,在不超过任意一种商品需求的情况下,未满足需求的商品最少有几个?

2. 问题示例

输入 order=[2,3,1],pattern=[[2,2,0],[0,1,1],[1,1,0]],输出 0,可以使用[0,1,1]一

次,[1,1,0]两次,余下[0,0,0]。

输入 order=[2,3,1],pattern=[[2,2,0]],使用[2,2,0]一次,剩余[0,1,1],故输出 2。

3. 代码实现

相关代码如下。

```
class Solution:
    #参数 order: 需求订单
    #参数 pattern: 生产模式的二维列表
    #返回值: 整数,是剩余需求的和
    def __init__(self):
        self.ans = 100000
    def dfs(self,now,order):                    #order 为剩余需求量的列表
        if now == self.m:
            sum = 0
            for i in range(0,self.n):
                sum += order[i]
            self.ans = min(sum, self.ans)
            return
        flag = 0
        for i in range(0, self.n):
            if self.arr[now][i] > 0:            #arr 等同于 pattern
                flag = 1
        tmp = []
        for i in range(0,self.n):
            tmp.append(order[i])
        if flag == 0:
            self.dfs(now + 1, tmp)
            return
        self.dfs(now + 1, tmp)
        while True:
            flag = 0
            for i in range(0,self.n):
                order[i] -= self.arr[now][i]
            for i in range(0, self.n):
                if order[i] < 0:
                    flag = 1
                    break
            if flag == 1:
                break
            for i in range(0, self.n):
                tmp[i] = (order[i])
            self.dfs(now + 1, tmp)
    def getMinRemaining(self, order, pattern):
        self.n = len(order)
        self.m = len(pattern)
        self.arr = pattern
```

```
        tmp = order
        self.dfs(0, tmp)
        return self.ans
if __name__ == '__main__':
    order = [2,3,1]
    pattern = [[2,2,0],[0,1,1],[1,1,0]]
    solution = Solution()
    print(" 有订单:", order,"有生产模式的列表:",pattern)
    print(" 剩余需求:", solution.getMinRemaining(order, pattern))
```

4. 运行结果

```
有订单: [2, 3, 1] ,生产模式的列表: [[2, 2, 0], [0, 1, 1], [1, 1, 0]]
剩余需求: 0
```

例 374　LFU 缓存

1. 问题描述

LFU()算法是一个不经常使用的缓存算法，对于容量为 k 的缓存，如果已满，访问数最低的条目首先被移出缓存。本例实现 LFU 中的 set()和 get()方法。

2. 问题示例

缓存条目由键值对< key,value >组成，key 是唯一的。所有 get(key)操作，都是直接查看 key 是否存在，如果不存在这个 key，直接返回−1；如果存在这个 key，则返回 key 的值，同时更新访问次数。

在 set(key,value)时，如果存在这个 key，使用次数直接加一次，更新成最新的 value；否则，创建一个新的键值对，赋予 value，调用时间，如果判断容量为 0，则不进行任何操作。如果容量未使用完，则直接插入，如果已满，要移除一个最不经常使用而且最久没使用的，再进行插入。调用次数只要 get()和 set()存在就会加一次。对于时间更新也如此。

例如，对于容量为 3 的缓存，set(2,2)，set(1,1)，get(2)则输出 key 的值 2，get(1)则输出 key 的值 1，get(2)输出 key 的值 2；set(3,3)，set(4,4)，get(3)则输出 key=−1，原因是 set(3,3)进入缓存后就到达容量，当 set(4,4)进行时，必须从缓存中删除一个最不常用的，也就是 key=3 的缓存条目被删除，而加入 key=4 的缓存；如果再进行 get(2)操作，则输出 key 的值 2；进行 get(1)操作，输出 key 的值 1；进行 get(4)操作，输出 key 的值 4。

3. 代码实现

相关代码如下。

```
from collections import OrderedDict
from collections import defaultdict
class LFUCache:
# 参数 capacity: 整数
    def __init__(self, capacity):
```

```
        self.mincount = 0
        self.capacity = capacity
        self.cache = {}
        self.visited = {}
    #默认字典嵌套有序字典,外层字典的键是访问次数,有序字典根据放入元素的先后顺序进行
排序
        self.key_list = defaultdict(OrderedDict)
    #参数 key: 整数
    #参数 value: 整数
    #返回值: 无
    def set(self, key, value):
        #如果该 key 已经存在,修改 value 并且次数 + 1
        if key in self.cache:
            self.cache[key] = value
            self.get(key)
            return
        #如果缓存已满,则删除最少访问次数
        if len(self.cache) == self.capacity:
            #找到最小访问次数
            temp_key, tmep_val = next(iter(self.key_list[self.mincount].items()))
            #min_visit = min(self.visited, key = lambda x: self.visited[x])
            del self.cache[temp_key]
            del self.visited[temp_key]
            del self.key_list[self.mincount][temp_key]
            self.cache[key] = value
            self.visited[key] = 0
        #添加时默认是 1,所以都放在访问次数为 1 的层中
        self.mincount = 1
        self.cache[key] = value
        self.visited[key] = 1
        #对记录字典进行赋值{1:{key:none, key1:none}}
        self.key_list[1][key] = None
    #参数 key: 整数
    #返回值: 整数
    def get(self, key):
        if key not in self.cache:
            return - 1
        #取出该 key 的访问次数
        count = self.visited[key]
        #对访问次数进行 + 1
        self.visited[key] += 1
        #对记录字典进行更新
        self.key_list[count].pop(key)
        self.key_list[count + 1][key] = None
        #等于最小访问次数,且该次数已经没有值,则最小访问次数 + 1,为下次加入做准备
        if count == self.mincount and len(self.key_list[count]) == 0:
            self.mincount += 1
```

```
            return self.cache[key]
#主函数
if __name__ == '__main__':
    LFU = LFUCache(3)
    LFU.set(2, 2)
    LFU.set(1, 1)
    res1 = LFU.get(2)
    res2 = LFU.get(1)
    res3 = LFU.get(2)
    LFU.set(3, 3)
    LFU.set(4, 4)
    res4 = LFU.get(3)
    res5 = LFU.get(2)
    res6 = LFU.get(1)
    res7 = LFU.get(4)
    a = [res1, res2, res3, res4, res5, res6, res7]
    print("输入:\n LFUCache(3) \n set(2, 2) \n set(1, 1) \n get(2) \n get(1) \n get(2) \n set(3, 3) \n set(4, 4) \n get(3) \n get(2) \n get(1) \n get(4)")
    print("输出:", a)
```

4. 运行结果

```
输入:
 LFUCache(3)
 set(2, 2)
 set(1, 1)
 get(2)
 get(1)
 get(2)
 set(3, 3)
 set(4, 4)
 get(3)
 get(2)
 get(1)
 get(4)
输出: [2, 1, 2, -1, 2, 1, 4]
```

例 375 音乐播放表

1. 问题描述

手机中有 n 首歌，选择听 p 首歌，产生一个播放表列出 p 首歌曲，规则如下：①每首歌至少被播放一次；②在两首一样的歌中，至少有 m 首其他歌。判断输出有多少种方案，结果对 109+7 取模。

2. 问题示例

给出 $n=2,m=0,p=3$，一共有两首歌，记为 A 和 B，两首一样的歌之间不需要其他歌曲，有 AAB、ABA、BAA、BBA、BAB、ABB 共 6 种方案，所以输出 6。

3. 代码实现

相关代码如下。

```
#参数n: 歌单里有 n 首歌
#参数m: 两首相同歌之间至少间隔 m 首歌
#参数p: 总共能听 p 首歌
#返回值: 整数,为方案的总和
mod = 1000000007
class Solution:
    def getAns(self, n, m, p):
        dp = [[0 for i in range(n+1)] for j in range(p+1)]
        for i in range(p+1):
            for j in range(n+1):
                dp[i][j] = 0
        dp[0][0] = 1;
        for i in range(1, p+1):
            for j in range(1, n+1):
                dp[i][j] += dp[i-1][j-1] * (n - j + 1);
                dp[i][j] % = mod;
                if (j > m):
                    dp[i][j] += dp[i-1][j] * (j - m)
                    dp[i][j] % = mod
        return dp[p][n]
if __name__ == '__main__':
    n = 2
    m = 0
    p = 3
    solution = Solution()
    print(" 歌单里有",n,"首歌,两首相同歌之间至少间隔",m,"首歌,总共能听",p,"首歌")
    print(" 可以生成:", solution.getAns(n, m, p),"个歌单")
```

4. 运行结果

```
歌单里有 2 首歌,两首相同歌之间至少间隔 0 首歌,总共能听 3 首歌
可以生成: 6 个歌单
```

例 376 阶乘

1. 问题描述

给定一个数字 n，以字符串的形式返回数字的阶乘。

2. 问题示例

输入 20，输出为"2432902008176640000"，即 20 的阶乘。

3. 代码实现

相关代码如下。

```
import math
class Solution:
    #参数 n: 整数
    #返回值: 字符串
    def factorial(self, n):
        return str(math.factorial(n))
if __name__ == '__main__':
    solution = Solution()
    n = 20
    print("输入:",n)
    print("输出:",solution.factorial(n))
```

4. 运行结果

```
输入: 20
输出: 2432902008176640000
```

例 377 解码方式

1. 问题描述

用以下映射方式将 A～Z 的消息编码为数字：

'A'→1

'B'→2

…

'Z'→26

除此之外，编码的字符串也可以包含字符"＊"，代表任意一个 1～9 的数字。给出包含数字和字符"＊"的编码消息，返回所有解码方式的数量，结果对 10^9+7 取模。

2. 问题示例

输入"1＊"，输出 18，可以译码为"AA"、"AB"、"AC"、"AD"、"AE"、"AF"、"AG"、"AH"、"AI"、"K"、"L"、"M"、"N"、"O"、"P"、"Q"、"R"、"S"。

3. 代码实现

相关代码如下。

```
class Solution(object):
    def numDecodings(self, s):
        #参数 s: 字符串
        #返回值: 整数
        if s == None:
            return 0
```

```
        mod = 1000000007
        n = len(s)
        f = [0] * (n + 1)
        f[0] = 1
        for i in range(1, n + 1):
            if s[i - 1] == '*':
                f[i] = (f[i] + 9 * f[i - 1]) % mod
                if i >= 2:
                    t = 0
                    if s[i - 2] == '*':
                        f[i] = (f[i] + 15 * f[i - 2]) % mod
                    elif s[i - 2] == '1':
                        f[i] = (f[i] + 9 * f[i - 2]) % mod
                    elif s[i - 2] == '2':
                        f[i] = (f[i] + 6 * f[i - 2]) % mod
            else:
                if s[i - 1] >= '1' and s[i - 1] <= '9':
                    f[i] = (f[i] + f[i - 1]) % mod
                if i >= 2:
                    if s[i - 2] == '*':
                        t = 0
                        if s[i - 1] >= '0' and s[i - 1] <= '6':
                            f[i] = (f[i] + 2 * f[i - 2]) % mod
                        elif s[i - 1] >= '7' and s[i - 1] <= '9':
                            f[i] = (f[i] + f[i - 2]) % mod
                    else:
                        twoDigits = int(s[i - 2 : i])
                        if twoDigits >= 10 and twoDigits <= 26:
                            f[i] = (f[i] + f[i - 2]) % mod
        return f[n]
#主函数
if __name__ == '__main__':
    solution = Solution()
    s = "1*"
    ans = solution.numDecodings(s)
    print("输入:", s)
    print("输出:", ans)
```

4. 运行结果

输入: 1*
输出: 18

▶例 378　最大树

1. 问题描述

给出一个没有重复的整数数组,在此数组上建立最大树的定义。例如:①根是数组中最大的数；②左子树和右子树元素分别是被父节点元素切分开的子数组中的最大值，利用给定的数组构造最大树。

2. 问题示例

输入[2,5,6,0,3,1]，输出{6,5,3,2,#,0,1}，这个数组构造的最大树是：

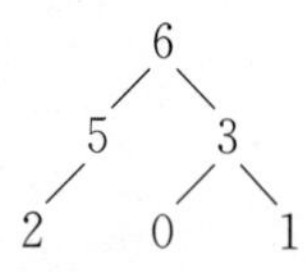

输入[6,4,20]，输出{20,6,#,#,4}，这个数组构造的最大树是：

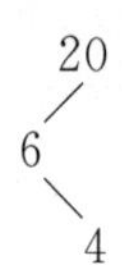

3. 代码实现

相关代码如下。

```
#定义树节点
class TreeNode:
    def __init__(self, val):
        self.val = val
        self.left, self.right = None, None
class Solution:
    #参数 A：给定没有重复项的整数数组
    #返回值：最大树的根
    def maxTree(self, A):
        stack = []
        for element in A:
            node = TreeNode(element)
            while len(stack) != 0 and element > stack[-1].val:
                node.left = stack.pop()
            if len(stack) != 0:
                stack[-1].right = node
            stack.append(node)
        return stack[0]
#主函数
if __name__ == '__main__':
    solution = Solution()
    A = [2,5,6,0,3,1]
    tree = solution.maxTree(A)
    t = [tree.val, tree.left.val, tree.right.val, tree.left.left.val,
         tree.right.left.val, tree.right.right.val]
    print("输入:", A)
    print("输出:", t)
```

4. 运行结果

```
输入: [2, 5, 6, 0, 3, 1]
输出: [6, 5, 3, 2, 0, 1]
```

例 379 单词搜索

1. 问题描述

给定一个由小写字母组成的矩阵和一个字典，找出所有同时在字典和矩阵中出现的单词。一个单词可以从矩阵中的任意位置开始，向左、右、上、下 4 个相邻方向移动。一个字母在一个单词中只能被使用一次，且字典中不存在重复单词。

2. 问题示例

给出矩阵[doaf agai dcan]和字典{"dog","dad","dgdg","can","again"}，通过矩阵的上下左右搜索，返回{"dog","dad","can","again"}。

3. 代码实现

相关代码如下。

```
DIRECTIONS = [(0, -1), (0, 1), (-1, 0), (1, 0)]
class TrieNode:                            #定义字典树的节点
    def __init__(self):
        self.children = {}
        self.is_word = False
        self.word = None
class Trie:
    def __init__(self):
        self.root = TrieNode()
    def add(self, word):                   #字典树插入单词
        node = self.root
        for c in word:
            if c not in node.children:
                node.children[c] = TrieNode()
            node = node.children[c]        #继续遍历
        node.is_word = True
        node.word = word                   #存入单词
    def find(self, word):
        node = self.root
        for c in word:
            node = node.children.get(c)
            if node is None:
                return None
        return node
class Solution:
    #参数 board: 二维字符串列表
```

```
    #参数 words: 字符串列表
    #返回值: 字符串列表
    def wordSearchII(self, board, words):
        if board is None or len(board) == 0:
            return []
        trie = Trie()
        for word in words:                    #插入单词
            trie.add(word)
        result = set()
        for i in range(len(board)):           #遍历字母矩阵,将每个字母作为单词首字母开始搜索
            for j in range(len(board[0])):
                c = board[i][j]
                self.search(
                    board,
                    i,
                    j,
                    trie.root.children.get(c),
                    set([(i, j)]),
                    result,
                )
        return list(result)
    def search(self, board, x, y, node, visited, result):      #在字典树上 dfs 查找
        if node is None:
            return
        if node.is_word:
            result.add(node.word)
        for delta_x, delta_y in DIRECTIONS:                    #向 4 个方向查找
            x_ = x + delta_x
            y_ = y + delta_y
            if not self.inside(board, x_, y_):
                continue
            if (x_, y_) in visited:
                continue
            visited.add((x_, y_))
            self.search(
                board,
                x_,
                y_,
                node.children.get(board[x_][y_]),
                visited,
                result,
            )
            visited.remove((x_, y_))
    def inside(self, board, x, y):
        return 0 <= x < len(board) and 0 <= y < len(board[0])
#主函数
if __name__ == '__main__':
```

```
    solution = Solution()
    board = [list("doaf"),list("agai"),list("dcan")]
    words = ["dog","dad","dgdg","can","again"]
    result = solution.wordSearchII(board, words)
    print('输入:["doaf","agai","dcan"], ["dog","dad","dgdg","can","again"]')
    print("输出:", result)
```

4. 运行结果

```
输入: ["doaf","agai","dcan"], ["dog","dad","dgdg","can","again"]
输出: ['dad', 'dog', 'can', 'again']
```

例 380 LRU 缓存策略

1. 问题描述

为近期最少使用(LRU)缓存策略设计一个数据结构,支持以下操作:获取数据(get)和写入数据(set)。①获取数据 get(key):如果缓存中存在 key,则获取其数据值(通常是正数),否则返回−1。②写入数据 set(key,value):如果 key 未在缓存中,则写入其数据值。当缓存达到上限,应在写入新数据之前删除近期最少使用的数据。

2. 问题示例

缓存容量为 2,LRUCache(2),set(2,1),set(1,1),此时缓存已满,get(2)得到 key=2 的数值为 1。然后 set(4,1),由于 key=1 的数据近期最少使用,故删除 key=1 的缓存,建立 key=4 的缓存,此时,由于不存在 key=1 的缓存,则 get(1)将返回−1;key=2 的缓存仍然存在,所以 get(2)将返回 key=2 的数值 1。

3. 代码实现

相关代码如下。

```
class LinkedNode:
    def __init__(self, key = None, value = None, next = None):
        self.key = key
        self.value = value
        self.next = next
class LRUCache:
    #参数 capacity: 整数
    def __init__(self, capacity):
        self.hash = {}
        self.head = LinkedNode()
        self.tail = self.head
        self.capacity = capacity
    def push_back(self, node):
        self.hash[node.key] = self.tail
        self.tail.next = node
```

```
            self.tail = node
        def pop_front(self):                              #删除头部
            del self.hash[self.head.next.key]
            self.head.next = self.head.next.next
            self.hash[self.head.next.key] = self.head
        def kick(self, prev):                             #将数据移动至尾部
            node = prev.next
            if node == self.tail:
                return
            prev.next = node.next
            if node.next is not None:
                self.hash[node.next.key] = prev
                node.next = None
            self.push_back(node)
        def get(self, key):                               #获取数据
            if key not in self.hash:
                return -1
            self.kick(self.hash[key])
            return self.hash[key].next.value
        #参数 key: 整数
        #参数 value: 整数
        #返回值:无
        def set(self, key, value):                        #数据放入缓存
            if key in self.hash:
                self.kick(self.hash[key])
                self.hash[key].next.value = value
            else:
                self.push_back(LinkedNode(key, value))    #如果 key 不存在,则存入新节点
                if len(self.hash) > self.capacity:        #如果缓存超出上限
                    self.pop_front()                      #删除头部
#主函数
if __name__ == '__main__':
    lru = LRUCache(2)
    lru.set(2, 1)
    lru.set(1, 1)
    ans1 = lru.get(2)
    lru.set(4, 1)
    ans2 = lru.get(1)
    ans3 = lru.get(2)
    a = [ans1, ans2, ans3]
    if a == [1, -1, 1]:
        print("输入:LRUCache(2), set(2, 1), set(1, 1), get(2), set(4, 1), get(1), get(2)")
        print("输出:", a)
```

4. 运行结果

输入: LRUCache(2), set(2, 1), set(1, 1), get(2), set(4, 1), get(1), get(2)
输出: [1, -1, 1]

例 381 图书复印

1. 问题描述

给定 n 本书,第 i 本书的页数为 $p[i]$。现在有 k 个人复印图书,每个人只能复印一段编号连续的书,例如一个人可以复印 $p[0]$、$p[1]$、$p[2]$,但是不可以只复印 $p[0]$、$p[2]$,而不复印 $p[1]$。所有人复印的速度相同,每分钟一页,且所有人同时开始复印。判断如何分配 k 个人的任务,使得 n 本书能够被尽快复印完。返回完成复印任务需要的最少时间。

2. 问题示例

$A=[3,2,4]$,$k=2$,返回 5,第 1 个人复印前两本书,耗时 5 分钟,第 2 个人复印第 3 本书,耗时 4 分钟,完成所有复印需要 5 分钟。

3. 代码实现

相关代码如下。

```
#参数 pages: 整型数数组
#参数 k: 一个整数,表示几个人复印书籍
#返回值: 一个整型数表示最少需要的时间
class Solution:
    def copyBooks(self, pages, k):
        if not pages:
            return 0
        start, end = max(pages), sum(pages)
        while start + 1 < end:
            mid = (start + end) // 2
            if self.get_least_people(pages, mid) <= k:
                end = mid
            else:
                start = mid
        if self.get_least_people(pages, start) <= k:
            return start
        return end
    def get_least_people(self, pages, time_limit):
        count = 0
        time_cost = 0
        for page in pages:
            if time_cost + page > time_limit:
                count += 1
                time_cost = 0
            time_cost += page
        return count + 1
#主函数
if __name__ == '__main__':
    generator = [3,2,4]
```

```
    k = 2
    solution = Solution()
    print("输入:", generator)
    print("输出:", solution.copyBooks(generator,k))
```

4. 运行结果

输入: [3, 2, 4]
输出: 5

例382 二进制表示

1. 问题描述

给定一个数,将其转换为二进制(均用字符串表示)。如果这个数的小数部分不能在32个字符之内精确表示,则返回"ERROR"。

2. 问题示例

输入"3.72",输出"ERROR",即$(3.72)_{10}=(11.10111000010100011111...)_2$,不能在32位以内表示它。输入"3.5",输出"11.1",即$(3.5)_{10}=(11.1)_2$。

3. 代码实现

相关代码如下。

```
from decimal import *
class Solution:
    #参数n: 给定作为字符串传入的十进制数
    #返回值: 字符串
    def binaryRepresentation(self, num):
        (a, b) = num.split('.')
        a = '{:b}'.format(int(a))
        b = self.frac_to_binary(b)
        if b is None:
            return 'ERROR'
        elif b == '':
            return a
        else:
            return a + '.' + b
    def frac_to_binary(self, num):
        if int(num) == 0:
            return ''
        if int(num) % 10 != 5:
            return None
        res = ''
        num = Decimal('0.' + str(num))
        while num:
            num * = 2
```

```
            if num >= 1:
                res += '1'
                num -= 1
            else:
                res += '0'
            num = num.normalize()
            if num and str(num)[-1] != '5':
                return None
        return res
#主函数
if __name__ == '__main__':
    solution = Solution()
    num = 3.5
    ans = solution.binaryRepresentation(str(num))
    print("输入:", num)
    print("输出:", ans)
```

4. 运行结果

```
输入: 3.5
输出: 11.1
```

例 383 解码方法

1. 问题描述

有一个消息包含 A～Z,通过以下规则编码,'A'->1,'B'->2,…,'Z'->26。现给出一个加密的消息,请问有几种解码的方式。

2. 问题示例

给定的消息为 12,有两种方式解码: AB(12)或 L(12),所以返回 2。

3. 代码实现

相关代码如下。

```
#采用 utf-8 编码格式
#参数 s: 一个字符串,代表编码信息
#返回值: 一个整数,代表解码的方式
class Solution:
    def numDecodings(self, s):
        if s == "" or s[0] == '0':
            return 0
        dp = [1,1]
        for i in range(2,len(s) + 1):
            if 10 <= int(s[i - 2 : i]) <= 26 and s[i - 1] != '0':
                dp.append(dp[i - 1] + dp[i - 2])
```

```
                elif int(s[i-2 : i]) == 10 or int(s[i - 2 : i]) == 20:
                    dp.append(dp[i - 2])
                elif s[i-1] != '0':
                    dp.append(dp[i-1])
                else:
                    return 0
            return dp[len(s)]
if __name__ == '__main__':
    temp = Solution()
    string1 = "1"
    string2 = "23"
    print(("输入:" + string1))
    print(("输出:" + str(temp.numDecodings(string1))))
    print(("输入:" + string2))
    print(("输出:" + str(temp.numDecodings(string2))))
```

4. 运行结果

```
输入: 1
输出: 1
输入: 23
输出: 2
```

例384　数组最大价值

1. 问题描述

给定一个包含 n 个正整数的数组 a，另外有一个长度为 n 的价值数组 b，表示第 i 个正整数的价值为 $b[i]$。选择任意不相交区间 $[i,j]$，需要满足 $i<j$ 且 $a[i]=a[j]$，获得区间 $[i,j]$ 所有数的价值，即 $b[i]+b[i+1]+\cdots+b[j]$，请输出可以获得的数组最大价值。

2. 问题示例

给出 $a=[1,2,3,4,5,6]$，$b=[1,1,1,1,1,1]$，返回为0。a 数组中不存在相等的两个数，故无法选择任何区间，所以获得的最大价值是0。

3. 代码实现

相关代码如下。

```
#参数a与b: 分别是匹配数组和价值数组
#返回值: 整数,代表选择区间的最大价值
class Solution:
    def getAnswer(self, a, b):
        ans = [-1 for i in range(len(a))]
        ans[0] = 0
        for i in range(1, len(a)):
            for j in range(i):
```

```
                if a[i] == a[j]:
                    temp = 0
                    for k in range(j, i + 1):
                        temp += b[k]
                    ans[i] = max(a[i - 1], temp)
                    break
            if ans[i] == -1:
                ans[i] = ans[i - 1]
        return ans[len(a) - 1]
if __name__ == '__main__':
    a = [1,2,3,4,2,6]
    b = [1,2,1,2,1,100]
    solution = Solution()
    print("输入 a 与 b:", a, b)
    print("输出最大价值:", solution.getAnswer(a, b))
```

4. 运行结果

```
输入 a 与 b: [1, 2, 3, 4, 2, 6] [1, 2, 1, 2, 1, 100]
输出最大价值: 6
```

例 385 最大字数组

1. 问题描述

给定一个整数数组，找到长度在 $k1$ 与 $k2$ 之间(包括 $k1$,$k2$)的子数组，并使它们的和最大，返回这个最大值。如果数组元素个数小于 $k1$，则返回 0。

2. 问题示例

给出一个数组[−2,2,−3,4,−1,2,1,−5,3]，$k1=2$，$k2=4$，连续子数组为[4,−1,2,1]时最大和为 6。

3. 代码实现

相关代码如下。

```
class Solution:
    #参数 nums: 整型数组
    #参数 k1: 整数
    #参数 k2: 整数
    #返回值: 最大和
    def maxSubarray5(self, nums, k1, k2):
        n = len(nums)
        if n < k1:
            return 0
        import sys
        result = - sys.maxsize
        sum = [0 for _ in range(n + 1)]
```

```
        from collections import deque
        queue = deque()
        for i in range(1, n + 1):
            sum[i] = sum[i - 1] + nums[i - 1]
            if len(queue) and queue[0] < i - k2:
                queue.popleft()
            if i >= k1:
                while len(queue) and sum[queue[-1]] > sum[i - k1]:
                    queue.pop()
                queue.append(i - k1)
            if len(queue) and sum[i] - sum[queue[0]] > result:
                result = max(result, sum[i] - sum[queue[0]])
        return result
#主函数
if __name__ == '__main__':
    inputnum = [-2,2,-3,4,-1,2,1,-5,3]
    k1 = 2
    k2 = 4
    solution = Solution()
    print("输入数组:",inputnum)
    print("输入 k1 = :",k1)
    print("输入 k2 = :",k2)
    print("输出 sum = :",solution.maxSubarray5(inputnum,k1,k2))
```

4. 运行结果

```
输入数组: [-2, 2, -3, 4, -1, 2, 1, -5, 3]
输入 k1 = : 2
输入 k2 = : 4
输出 sum = : 6
```

例 386 青蛙跳

1. 问题描述

一只青蛙要过河,这条河分成了 x 个单位,每个单位可能存在石头,青蛙可以跳到石头上,但不能跳进水里。按照顺序给出石头所在的位置,开始时青蛙在第 1 块石头上,假设青蛙第 1 次只能跳一个单位的长度。后续某一次如果青蛙跳 k 个单位,那么它下次只能跳 $k-1$、k 或 $k+1$ 个单位。注意青蛙只能向前跳。石头的个数≥2 且≤1100。每块石头的位置是一个非负数并且小于 2^{31}。第 1 块石头的位置总是 0,判断青蛙能否跳到最后一块石头上。

2. 问题示例

给出石头的位置为[0,1,3,5,6,8,12,17],共 8 块石头。第 1 块石头在 0 位置,第 2 块石头在 1 位置,第 3 块石头在 3 位置,最后一块石头在 17 位置,返回 True。青蛙可以通过跳 1 个单位到第 2 块石头，跳 2 个单位到第 3 块石头，跳 2 个单位到第 4 块石头，跳 3 个单位到第 6 块石头，跳 4 个单位到第 7 块石头，最后跳 5 个单位到第 8 块石头。

给出石头的位置为[0,1,2,3,4,8,9,11]，返回 False。青蛙没有办法跳到最后一块石头，因为第 5 块石头和第 6 块石头的距离太大。

3. 代码实现

相关代码如下。

```
class Solution:
    #参数 stones: 石头位置列表
    #返回值: 青蛙是否可以过河
    def canCross(self, stones):
        dp = {}
        for stone in stones:
            dp[stone] = set([])
        dp[0].add(0)
        for stone in stones:
            for k in dp[stone]:
                #k - 1
                if k - 1 > 0 and stone + k - 1 in dp:
                    dp[stone + k - 1].add(k - 1)
                #k
                if stone + k in dp:
                    dp[stone + k].add(k)
                #k + 1
                if stone + k + 1 in dp:
                    dp[stone + k + 1].add(k + 1)
        return len(dp[stones[-1]]) > 0
#主函数
if __name__ == '__main__':
    inputnum = [0,1,3,5,6,8,12,17]
    solution = Solution()
    print("输入:",inputnum)
    print("输出:",solution.canCross(inputnum))
```

4. 运行结果

```
输入: [0, 1, 3, 5, 6, 8, 12, 17]
输出: True
```

例 387 二叉搜索树中最接近的值

1. 问题描述

给定一棵非空二叉搜索树以及一个 target 值，找到最接近给定值的 k 个数。

2. 问题示例

给出二叉搜索树 root＝{1}，target＝0.000 000，$k=1$，返回[1]；给出二叉搜索树{1，#，2，#，3，#，4}，target＝0.275 000，$k=2$，输出[1，2]。

3. 代码实现

相关代码如下。

```
class TreeNode:
    def __init__(self, val):
        self.val = val
        self.left, self.right = None, None
class Solution:
    #参数 root: 二叉搜索树
    #参数 target: 给定目标值
    #参数 k: 整数
    #返回值: k 个数
    def closestKValues(self, root, target, k):
        if root is None or k == 0:
            return []
        lower_stack = self.get_stack(root, target)
        upper_stack = list(lower_stack)
        if lower_stack[-1].val < target:
            self.move_upper(upper_stack)
        else:
            self.move_lower(lower_stack)
        result = []
        for i in range(k):
            if self.is_lower_closer(lower_stack, upper_stack, target):
                result.append(lower_stack[-1].val)
                self.move_lower(lower_stack)
            else:
                result.append(upper_stack[-1].val)
                self.move_upper(upper_stack)
        return result
    def get_stack(self, root, target):
        stack = []
        while root:
            stack.append(root)
            if target < root.val:
                root = root.left
            else:
                root = root.right
        return stack
    def move_upper(self, stack):
        if stack[-1].right:
            node = stack[-1].right
```

```
                while node:
                    stack.append(node)
                    node = node.left
            else:
                node = stack.pop()
                while stack and stack[-1].right == node:
                    node = stack.pop()
        def move_lower(self, stack):
            if stack[-1].left:
                node = stack[-1].left
                while node:
                    stack.append(node)
                    node = node.right
            else:
                node = stack.pop()
                while stack and stack[-1].left == node:
                    node = stack.pop()
        def is_lower_closer(self, lower_stack, upper_stack, target):
            if not lower_stack:
                return False
            if not upper_stack:
                return True
            return target - lower_stack[-1].val < upper_stack[-1].val - target
if __name__ == '__main__':
    root = TreeNode(1)
    target = 0.000000
    k = 1
    solution = Solution()
    print("输入k:",k)
    print("输出:",solution.closestKValues(root, target, k))
```

4. 运行结果

```
输入k: 1
输出: [1]
```

例388 *k* 步编辑

1. 问题描述

给定一个只含有小写字母的字符串集合及目标字符串,输出所有可以经过不多于 *k* 次操作得到目标字符串的集合。对字符串进行3种操作,加入1个字母,删除1个字母,替换1个字母。

2. 问题示例

给出字符串["abc","abd","abcd","adc"],目标字符串为"ac",$k=1$,返回["abc","adc"]。

3. 代码实现

相关代码如下。

```
class TrieNode:
    def __init__(self):
        #定义数据结构
        self.children = [None for i in range(26)]
        self.hasWord = False
        self.str = None
    @classmethod
    def addWord(cls, root, word):
        node = root
        for letter in word:
            child = node.children[ord(letter) - ord('a')]
            if child is None:
                child = TrieNode()
                node.children[ord(letter) - ord('a')] = child
            node = child
        node.hasWord = True
        node.str = word
class Solution:
    #参数 words: 一组字符串
    #参数 target: 目标字符串
    #参数 k: 整数
    #返回值: 满足需求的字符串
    def kDistance(self, words, target, k):
        root = TrieNode()
        for word in words:
            TrieNode.addWord(root, word)
        result = []
        n = len(target)
        dp = [i for i in range(n + 1)]
        self.find(root, result, k, target, dp)
        return result
    def find(self, node, result, k, target, dp):
        n = len(target)
        if node.hasWord and dp[n] <= k:
            result.append(node.str)
        next = [0 for i in range(n + 1)]
        for i in range(26):
            if node.children[i] is not None:
                next[0] = dp[0] + 1
                for j in range(1, n + 1):
                    if ord(target[j - 1]) - ord('a') == i:
                      next[j] = min(dp[j - 1], min(next[j - 1] + 1, dp[j] + 1))
                    else:
```

```
                next[j] = min(dp[j - 1] + 1, min(next[j - 1] + 1, dp[j] + 1))
            self.find(node.children[i], result, k, target, next)
#主函数
if __name__ == '__main__':
    inputwords = ["abc","abd","abcd","adc"]
    target = "ac"
    k = 1
    solution = Solution()
    print("输入字符串:",inputwords)
    print("目标字符串:",target)
    print("输出字符串:",solution.kDistance(inputwords,target,k))
```

4. 运行结果

```
输入字符串: ['abc', 'abd', 'abcd', 'adc']
目标字符串: ac
输出字符串: ['abc', 'adc']
```

例 389　字符串生成器 I

1. 问题描述

一个授权密钥由字符串 S 表示,包含字母和横线,字符串 S 由 N 个短画线分为 $N+1$ 组。给定整数 K,重新对字符串 S 分组,使得每组恰好包含 K 个字符,第 1 组可以小于 K,但至少包含一个字符。两组之间需要有短画线分隔,所有小写字母变为大写字母。给定一个非空字符串 S 和整数 K,按照上述规则输出字符串。

2. 问题示例

输入 S="5F3Z-2e-9-w",$K=4$,输出"5F3Z-2E9W",字符串 S 切分为两部分,每部分有 4 个字符。原字符串中两个额外的短画线是多余的,可以删掉。

3. 代码实现

相关代码如下。

```
class Solution:
    #参数 S: 字符串
    #参数 K: 整数
    #返回值: 字符
    def licenseKeyFormatting(self, S, K):
        S = S.replace("-", "").upper()
        count = 0
        res = ""
        for c in S[::-1]:
            if count == K:
                res = "-" + res
                count = 0
```

```
                res = c + res
                count += 1
            return res
#主函数
if __name__ == '__main__':
    s = Solution()
    S = '5F3Z-2e-9-w'
    K = 4
    print("输入字符串:",S)
    print("输入分组长度:",K)
    print("输出:",s.licenseKeyFormatting(S,K))
```

4. 运行结果

```
输入字符串: 5F3Z-2e-9-w
输入分组长度: 4
输出: 5F3Z-2E9W
```

例 390　单词合成问题

1. 问题描述

给定一个目标单词 target 和 n 个单词组成的集合 words，判断能否从 words 中挑出一些单词，再从每个单词中选出一个字母组成目标单词 target。

2. 问题示例

给出 target=ally，words=["buy","discard","lip","yep"]，返回 False。因为 buy 可以匹配 y，discard 可以匹配 a，lip 可以匹配 l，yep 不能对应任何一个字母，所以 target 中还有一个 l 无法被匹配。给出 target=ray，words=["buy","discard","lip","rep"]，返回 True，因为 buy 可以匹配 y，discard 可以匹配 a，rep 可以匹配 r。

3. 代码实现

相关代码如下。

```
#参数 target: 代表目标被组合的单词
#参数 words: 可选单词集合
#返回值: 布尔类型,代表能否被合成这个目标单词
class Solution:
    arr = [[] for i in range(20)]
    belong = [-1 for i in range(20)]
    vis = [False for i in range(20)]
    def dfs(self, now):
        for i in range(len(self.arr[now])):
            v = self.arr[now][i]
            if self.vis[v]:
                continue
```

```
                self.vis[v] = True
                if self.belong[v] == -1 or self.dfs(self.belong[v]):
                    self.belong[v] = now
                    return True
            return False
        def matchFunction(self, target, words):
            lent = len(target)
            for i in range(lent):
                for j in range(len(words)):
                    if target[i] in words[j]:
                        self.arr[i].append(j)
            for i in range(lent):
                self.vis = [False for i in range(20)]
                if not self.dfs(i):
                    return False
            return True
if __name__ == '__main__':
    target = "ray"
    words = ["buy","discard","lip","rep"]
    solution = Solution()
    print(" 目标:", target)
    print(" 单词组:", words)
    print(" 能否组成:", solution.matchFunction(target, words))
```

4. 运行结果

```
目标: ray
单词组: ['buy', 'discard', 'lip', 'rep']
能否组成: True
```

例391 最长数列

1. 问题描述

给定一个包含 n 个正整数的数组 a，从中任意选择若干个数组成等差数列，请问能够组成等差数列的最大长度是多少？

2. 问题示例

给出 $a=[1,2,5,9,10]$，返回3，可以选择[1,5,9]构成等差数列，此时的长度是3，为最长。给出 $a=[1,3]$，返回2，选择数列[1,3]构成等差数列，长度是2。

3. 代码实现

相关代码如下。

```
#参数 a: 输入原始数组
#返回值: 整数,代表最大数组长度
class Solution:
```

```
    def getAnswer(self, a):
        dp = [[2 for i in range(5050)] for j in range(5050)]
        n = len(a)
        a.sort();
        ans = 2
        for i in range(0, n):
            l = i - 1;
            r = i + 1
            while (l >= 0 and r < n):
                if (a[l] + a[r] == a[i] * 2):
                    dp[i][r] = max(dp[i][r], dp[l][i] + 1)
                    ans = max(ans, dp[i][r])
                    r += 1;
                    l -= 1;
                elif (a[l] + a[r] < a[i] * 2):
                    r += 1;
                else:
                    l -= 1;
        return ans
if __name__ == '__main__':
    a = [1,2,5,9,10]
    solution = Solution()
    print(" 输入数组:", a)
    print(" 最大长度:", solution.getAnswer(a))
```

4. 运行结果

```
输入数组: [1,2,5,9,10]
最大长度: 3
```

例392 拆分子数组

1. 问题描述

给定一个由非负整数和整数 m 组成的数组，可以将数组拆分为 m 个非空连续子数组。编写算法以最小化 m 个子阵列中的最大和。

2. 问题示例

输入 nums=[7,2,5,10,8]，$m=2$，输出18，将nums拆分成子数组的方式有4种，分别是[7]和[2,5,10,8]、[7,2]和[5,10,8]、[7,2,5]和[10,8]、[7,2,5,10]和[8]，最好的选择是拆分成[7,2,5]和[10,8]，两个子数组中最大的和为18。

3. 代码实现

相关代码如下。

```
class Solution:
    #参数 nums: 整数列表
    #参数 m: 整数
    #返回值: 整数
    def splitArray(self, nums, m):
        if not nums:
            return 0
        n = len(nums)
        start = max(nums)
        end = sum(nums)
        while start + 1 < end:
            largest_sum = (start + end) // 2
            if self.largest_sum_satisfy_m( nums, m, largest_sum ):
                end = largest_sum
            else:
                start = largest_sum
        if self.largest_sum_satisfy_m( nums, m, start):
            return start
        return end
    def largest_sum_satisfy_m(self, nums, m, largest_sum):
        num_of_sub = 0
        curr_sum = 0
        for num in nums:
            if curr_sum + num <= largest_sum:
                curr_sum += num
            else:
                num_of_sub += 1
                curr_sum = num
        num_of_sub += 1
        return num_of_sub <= m
#主函数
if __name__ == '__main__':
    s = Solution()
    n = [7,2,5,10,8]
    m = 2
    print("输入数组:",n)
    print("输入分组:",m)
    print("输出结果:",s.splitArray(n,m))
```

4. 运行结果

```
输入数组: [7, 2, 5, 10, 8]
输入分组: 2
输出结果: 18
```

例 393 停车场

1. 问题描述

按照如下规则设计一个停车场：共有 n 层，每层 m 列，每列 k 个位置，所以每层有 $m\times k$ 个停车位置；停车场有摩托车位置、小汽车位置和大车位置；可以停放摩托车、汽车和公共汽车；每一列均有摩托车位编号范围。小汽车停车位编号范围为$[k/4,k/4\times3)$，大型车位编号范围为$[k/4\times3,k)$；一辆摩托车可以停在任何停车位；一辆小汽车可以停在一个小汽车位或者大型停车位；一辆公交车需要占用一列连续 5 个停车位(小汽车位置或大车位置)。其中“$k/4$”意为 k 除以 4 取整。

2. 问题示例

层为 level=1，列数为 num_rows=1，每列的停车位置为 spots_per_row=11。
parkVehicle("Motorcycle_1")，返回 True，在[0,11/4)，能够停摩托车；
parkVehicle("Car_1")，返回 True，在[11/4,33/4)，能够停小汽车；
parkVehicle("Car_2")，返回 True，在[11/4,33/4)，能够停小汽车；
parkVehicle("Car_3")，返回 True，在[11/4,33/4)，能够停小汽车；
parkVehicle("Car_4")，返回 True，在[11/4,33/4)，能够停小汽车；
parkVehicle("Car_5")，返回 True，在[11/4,33/4)，能够停小汽车；
parkVehicle("Bus_1")，返回 False，此时停车场只有 4 个连续停车位，不能停公交车；
unParkVehicle("Car_5")，开走一辆小汽车；
parkVehicle("Bus_1")，返回 True，在[33/4,11)且有 5 个连续位置，能停公交车。

3. 代码实现

相关代码如下。

```
#参数 n: 层数
#参数 num_rows: 每层停车的车位行数
#参数 spots_per_row: 每行停车位的车位数
#参数 vehicle: 需要停的车辆对象
#返回值: 布尔类型,停车成功返回 True,否则,False
class VehicleSize:
    Motorcycle = 1
    Compact = 2
    Large = 3
    Other = 99
class Vehicle:
    def __init__(self):
        self.parking_spots = []
        self.spots_needed = 0
        self.size = None
        self.license_plate = None
```

```
    def get_spots_needed(self):
        return self.spots_needed
    def get_size(self):
        return self.size
    def park_in_spot(self, spot):
        self.parking_spots.append(spot)
    def clear_spots(self):
        for spot in self.parking_spots:
            spot.remove_vehicle()
        self.park_sports = []
    def can_fit_in_spot(self, spot):
        raise NotImplementedError('This method should have implemented.')
class Motorcycle(Vehicle):
    def __init__(self):
        Vehicle.__init__(self)
        self.spots_needed = 1
        self.size = VehicleSize.Motorcycle
    def can_fit_in_spot(self, spot):
        return True
class Car(Vehicle):
    def __init__(self):
        Vehicle.__init__(self)
        self.spots_needed = 1
        self.size = VehicleSize.Compact
    def can_fit_in_spot(self, spot):
        return spot.get_size() == VehicleSize.Large or \
            spot.get_size() == VehicleSize.Compact
class Bus(Vehicle):
    def __init__(self):
        Vehicle.__init__(self)
        self.spots_needed = 5
        self.size = VehicleSize.Large
    def can_fit_in_spot(self, spot):
        return spot.get_size() == VehicleSize.Large
class ParkingSpot:
    def __init__(self, lvl, r, n, sz):
        self.level = lvl
        self.row = r
        self.spot_number = n
        self.spot_size = sz
        self.vehicle = None
    def is_available(self):
        return self.vehicle == None
    def can_fit_vehicle(self, vehicle):
        return self.is_available() and vehicle.can_fit_in_spot(self)
    def park(self, v):
        if not self.can_fit_vehicle(v):
```

```
            return False
        self.vehicle = v
        self.vehicle.park_in_spot(self)
        return True
    def remove_vehicle(self):
        self.level.spot_freed()
        self.vehicle = None
    def get_row(self):
        return self.row
    def get_spot_number(self):
        return self.spot_number
    def get_size(self):
        return self.spot_size
class Level:
    def __init__(self, flr, num_rows, spots_per_row):
        self.floor = flr
        self.spots_per_row = spots_per_row
        self.number_spots = 0
        self.available_spots = 0;
        self.spots = []
        for row in range(num_rows):
            for spot in range(0, spots_per_row // 4):
                sz = VehicleSize.Motorcycle
                self.spots.append(ParkingSpot(self, row, self.number_spots, sz))
                self.number_spots += 1
            for spot in range(spots_per_row // 4, spots_per_row // 4 * 3):
                sz = VehicleSize.Compact
                self.spots.append(ParkingSpot(self, row, self.number_spots, sz))
                self.number_spots += 1
            for spot in range(spots_per_row // 4 * 3, spots_per_row):
                sz = VehicleSize.Large
                self.spots.append(ParkingSpot(self, row, self.number_spots, sz))
                self.number_spots += 1
        self.available_spots = self.number_spots
    def park_vehicle(self, vehicle):
        if self.get_available_spots() < vehicle.get_spots_needed():
            return False
        spot_num = self.find_available_spots(vehicle)
        if spot_num < 0:
            return False
        return self.park_starting_at_spot(spot_num, vehicle)
    def find_available_spots(self, vehicle):
        spots_needed = vehicle.get_spots_needed()
        last_row = -1
        spots_found = 0
        for i in range(len(self.spots)):
            spot = self.spots[i]
```

```
                if last_row != spot.get_row():
                    spots_found = 0
                    last_row = spot.get_row()
                if spot.can_fit_vehicle(vehicle):
                    spots_found += 1
                else:
                    spots_found = 0
                if spots_found == spots_needed:
                    return i - (spots_needed - 1)
            return -1
    def park_starting_at_spot(self, spot_num, vehicle):
        vehicle.clear_spots()
        success = True
        for i in range(spot_num, spot_num + vehicle.get_spots_needed()):
            success = success and self.spots[i].park(vehicle)
        self.available_spots -= vehicle.get_spots_needed()
        return success
    def spot_freed(self):
            self.available_spots += 1
    def get_available_spots(self):
            return self.available_spots
class ParkingLot:
    def __init__(self, n, num_rows, spots_per_row):
        self.levels = []
        for i in range(n):
            self.levels.append(Level(i, num_rows, spots_per_row))
    #在停车位上停车,不成功返回 False
    def park_vehicle(self, vehicle):
        for level in self.levels:
            if level.park_vehicle(vehicle):
                return True
            return False
    #车辆开出停车位
    def unpark_vehicle(self, vehicle):
        vehicle.clear_spots()
#主函数
if __name__ == '__main__':
    level = 1
    num_rows = 1
    spots_per_row = 11
    pl = ParkingLot(level,num_rows,spots_per_row)
    Car_1 = Car()
    Car_2 = Car()
    Car_3 = Car()
    Car_4 = Car()
    Car_5 = Car()
    Bus_1 = Bus()
```

```
    print('停第 1 辆小汽车:',pl.park_vehicle(Car_1))
    print('停第 2 辆小汽车:',pl.park_vehicle(Car_2))
    print('停第 3 辆小汽车:',pl.park_vehicle(Car_3))
    print('停第 4 辆小汽车:',pl.park_vehicle(Car_4))
    print('停第 5 辆小汽车:',pl.park_vehicle(Car_5))
    print('停第 1 辆公交车:',pl.park_vehicle(Bus_1))
    pl.unpark_vehicle(Car_5)
    print('开出一辆小汽车,停公交车:',pl.park_vehicle(Bus_1))
```

4. 运行结果

```
停第 1 辆小汽车: True
停第 2 辆小汽车: True
停第 3 辆小汽车: True
停第 4 辆小汽车: True
停第 5 辆小汽车: True
停第 1 辆公交车: False
开出一辆小汽车,停公交车: True
```

例 394 摆动排序问题 I

1. 问题描述

给定一个数组 nums,将其排列为形式：nums[0] < nums[1] > nums[2] < nums[3]<…,计算可以有多种实现方案。

2. 问题示例

给出 nums=[1,5,1,1,6,4],一种方案为[1,4,1,5,1,6]。给出 nums=[1,2,3,4,5,6],一种方案为[1,4,3,5,2,6]。

3. 代码实现

相关代码如下。

```
class Solution(object):
    #参数 nums: 整数列表
    #返回值: 一种排列方案
    def wiggleSort( self, nums):
        temp = list( sorted(nums))
        if len(temp) <= 2:
            return temp
        count = 1
        for i in range(int((len(temp) + 1)/2),len(temp)):
            temp[2 * count - 1],temp[i] = temp[i],temp[2 * count - 1]
            count = count + 1
        return temp
#主函数
if __name__ == '__main__':
```

```
generator = [1,5,1,1,6,4]
solution = Solution()
print("输入:",generator)
print("输出:",solution.wiggleSort(generator))
```

4. 运行结果

```
输入: [1, 5, 1, 1, 6, 4]
输出: [1, 4, 1, 5, 1, 6]
```

例 395 实现前缀树(Trie)

1. 问题描述

前缀树又称单词查找树,是一种树形结构,用于存储大量的字符串。它的优点主要为利用字符串的公共前缀节约存储空间。Trie 树主要利用单词的公共前缀缩小查词范围,通过状态间的映射关系避免了字符的遍历,从而达到高效检索的目的。实现一个 Trie 树,包含 insert、search 和 startsWith 3 种方法。

2. 问题示例

输入 progcode,返回 None; 如果使用 search() 方法搜索 prog,则返回 False; 如果用 startsWith()方法搜索,则返回 True。

3. 代码实现

相关代码如下。

```
#参数 word: 输入的一个字符串
#参数 prefix: 需要查询 word 的前缀
#返回值: 布尔类型,表示功能是否执行成功
class TrieNode:
    def __init__(self):
        self.children = {}
        self.is_word = False
class Trie:
    def __init__(self):
        self.root = TrieNode()
    def insert(self, word):
        node = self.root
        for c in word:
            if c not in node.children:
                node.children[c] = TrieNode()
            node = node.children[c]
        node.is_word = True
    def find(self, word):
        node = self.root
        for c in word:
```

```
                node = node.children.get(c)
                if node is None:
                    return None
            return node
        def search(self, word):
            node = self.find(word)
            return node is not None and node.is_word
        def startsWith(self, prefix):
            return self.find(prefix) is not None
#主函数
if __name__ == '__main__':
    solution = Trie()
    print('输入: insert("progcode")')
    print('输入: search("prog")')
    print('输入: startsWith("prog")')
    print("输出:", solution.insert("progcode"))
    print("输出:", solution.search("prog"))
    print("输出:", solution.startsWith("prog"))
```

4. 运行结果

```
输入: insert("progcode")
输入: search("prog")
输入: startsWith("prog")
输出: None
输出: False
输出: True
```

例 396 Geo 哈希 I

1. 问题描述

Geo 哈希是一个著名的哈希算法。将坐标用哈希方法表示成一个 32 位字符串,精度为 $1\leqslant precision\leqslant 12$。

2. 问题示例

输入 lat=39.92816697,lng=116.38954991,precision=12,输出 wx4g0s8q3jf9。输入 lat=−90,lng=180,precision=12,输出 pbpbpbpbpbpb。

3. 代码实现

相关代码如下。

```
#参数 latitude、longitude: 一个坐标对
#参数 precision: 一个整数从 1~12
#返回值: 字符串,坐标对所对应的字符串
class GeoHash:
    def encode(self, latitude, longitude, precision):
```

```
        _base32 = "0123456789bcdefghjkmnpqrstuvwxyz"
        lat_bin = self.get_bin(latitude, -90, 90)
        lng_bin = self.get_bin(longitude, -180, 180)
        hash_code, b = '', ''
        for i in range(30):
            b += lng_bin[i] + lat_bin[i]
        for i in range(0, 60, 5):
            hash_code += _base32[int(b[i:i + 5], 2)]
        return hash_code[:precision]
    def get_bin(self, value, left, right):
        b = ''
        for i in range(30):
            mid = (left + right) / 2.0
            if value > mid:
                left = mid
                b += '1'
            else:
                right = mid
                b += '0'
        return b
#主函数
if __name__ == '__main__':
    solution = GeoHash()
    lat = -90
    lng = 180
    precision = 12
    print("输入:lat = ",lat,"lng = ",lng,"precision = ",precision)
    print("输出:",solution.encode(lat,lng,precision))
```

4. 运行结果

```
输入: lat = -90 lng = 180 precision = 12
输出: pbpbpbpbpbpb
```

例397　Geo哈希Ⅱ

1. 问题描述

本示例将一个字符串用Geo哈希的逆运算求出对应的坐标。

2. 问题示例

输入wx4g0s(输入哈希字符串),输出lat=39.92706298828125 and lng=116.3946533203125(输出经纬度)。

3. 代码实现

相关代码如下。

```
#参数 geohash: 一个 32 位字符串的哈希坐标
#返回值: 对应的坐标
class GeoHash:
    def decode(self, geohash):
        _base32 = "0123456789bcdefghjkmnpqrstuvwxyz"
        b = ""
        for c in geohash:
            b += self.i2b(_base32.find(c))
        odd = ''.join([b[i] for i in range(0, len(b), 2)])
        even = ''.join([b[i] for i in range(1, len(b), 2)])
        location = []
        location.append(self.get_location(-90.0, 90.0, even))
        location.append(self.get_location(-180.0, 180.0, odd))
        return location
    def i2b(self, val):
        b = ""
        for i in range(5):
            if val % 2:
                b = '1' + b
            else:
                b = '0' + b
            val //= 2
        return b
    def get_location(self, start, end, string):
        for c in string:
            mid = (start + end) / 2.0
            if c == '1':
                start = mid
            else:
                end = mid
        return (start + end) / 2.0
#主函数
if __name__ == '__main__':
    solution = GeoHash()
    generator = "wx4g0s"
    print("输入 :",generator)
    print("输出 :",solution.decode(generator))
```

4. 运行结果

```
输入: wx4g0s
输出: [39.92706298828125, 116.3946533203125]
```

▶例 398 友谊服务

1. 问题描述

本示例实现支持跟随(follow)与不跟随(unfollow)的友谊服务，获取跟随者(getFollowers)

方法,所跟随的 getFollowings 方法。

2. 问题示例

主要问题示例如下。

follow(1,3):用户 3 跟随用户 1。

getFollowers(1):获取用户 1 的跟随者,返回[3]。

getFollowings(3):获取用户 3 所跟随的用户,返回[1]。

follow(2,3):用户 3 跟随用户 2。

getFollowings(3):获取用户 3 所跟随的用户,返回[1,2]。

unfollow(1,3):用户 3 解除跟随用户 1。

getFollowings(3):获取用户 3 所跟随的用户,返回[2]。

3. 代码实现

相关代码如下。

```
#参数 user_id: 整数,用户 ID
#返回值: 整数数组,由该用户所有的 followers 组成
class FriendshipService:
    def __init__(self):
        self.followers = dict()
        self.followings = dict()
    def getFollowers(self, user_id):
        if user_id not in self.followers:
            return []
        results = list(self.followers[user_id])
        results.sort()
        return results
    def getFollowings(self, user_id):
        if user_id not in self.followings:
            return []
        results = list(self.followings[user_id])
        results.sort()
        return results
    def follow(self, to_user_id, from_user_id):
        if to_user_id not in self.followers:
            self.followers[to_user_id] = set()
        self.followers[to_user_id].add(from_user_id)
        if from_user_id not in self.followings:
            self.followings[from_user_id] = set()
        self.followings[from_user_id].add(to_user_id)
    def unfollow(self, to_user_id, from_user_id):
        if to_user_id in self.followers:
            if from_user_id in self.followers[to_user_id]:
                self.followers[to_user_id].remove(from_user_id)
            if from_user_id in self.followings:
```

```
                if to_user_id in self.followings[from_user_id]:
                    self.followings[from_user_id].remove(to_user_id)
#主函数
if __name__ == '__main__':
    solution = FriendshipService()
    solution.follow(1,3)
    solution.getFollowers(1)
    print('输入:\nsolution.follow(1, 3)\n'
    'solution.getFollowers(1)\nsolution.getFollowings(3)')
    print('solution.follow(2, 3)\nsolution.getFollowing(3)')
    print('solution.unfollow(1, 3)\nsolution.getFollowings(3)')
    print("输出:")
    print('3跟随1后,1的跟随者:',solution.getFollowers(1))
    solution.getFollowings(3)
    print('3跟随1后,3所跟随的:',solution.getFollowings(3))
    solution.follow(2, 3)
    solution.getFollowings(3)
    print('3跟随2后, 3所跟随的:',solution.getFollowings(3))
    solution.unfollow(1, 3)
    solution.getFollowings(3)
    print('3解除跟随1后, 3所跟随的:',solution.getFollowings(3))
```

4. 运行结果

```
输入:
solution.follow(1, 3)
solution.getFollowers(1)
solution.getFollowings(3)
solution.follow(2, 3)
solution.getFollowing(3)
solution.unfollow(1, 3)
solution.getFollowings(3)
输出:
3跟随1后,1的跟随者: [3]
3跟随1后,3所跟随的: [1]
3跟随2后,3所跟随的: [1, 2]
3解除跟随1后,3所跟随的: [2]
```

例399 DNA重复问题

1. 问题描述

所有的DNA由一系列缩写的核苷酸A、C、G和T组成,如ACGAATTCCG。在研究DNA时,有时鉴别出DNA中的重复序列是很有价值的。请写一个函数找到所有在DNA中出现超过一次且长度为10个字母的序列(子串)。

2. 问题示例

给出 S="AAAAACCCCCAAAAACCCCCCAAAAAGGGTTT",返回["AAAAACCCCC","CCCCCAAAAA"]。

3. 代码实现

相关代码如下。

```
#参数 s: 一个字符串,代表 DNA 序列
#返回值: 所有 10 个字母长的序列
class Solution:
    def findRepeatedDna(self, s):
        dict = {}
        for i in range(len(s) - 9):
            key = s[i:i + 10]
            if key not in dict:
                dict[key] = 1
            else:
                dict[key] += 1
        result = []
        for element in dict:
            if dict[element] > 1:
                result.append(element)
        return result
#主函数
if __name__ == "__main__":
    s = "AAAAACCCCCAAAAACCCCCCAAAAAGGGTTT"
    #创建对象
    solution = Solution()
    print("输入字符串:", s)
    print("输出结果:", solution.findRepeatedDna(s))
```

4. 运行结果

```
输入字符串: AAAAACCCCCAAAAACCCCCCAAAAAGGGTTT
输出结果: ['AAAAACCCCC', 'CCCCCAAAAA']
```

例 400 字模式

1. 问题描述

给定一个模式和一个字符串 str,查找 str 是否遵循相同的模式。这里遵循的意思是一个完整的匹配,在一个字母的模式和一个非空的单词 str 之间有一个双向连接的模式对应。

2. 问题示例

给定模式"abba",str="dog cat cat dog",返回 True; 给定模式"abba",str ="dog cat cat fish",返回 False; 给定模式"aaaa",str="dog cat cat dog",返回 False; 给定模式

"abba",str="dog dog dog dog",返回 False。假设模式只包含小写字母,而 str 包含由单个空间分隔的小写字母。

3. 代码实现

相关代码如下。

```
#参数 pattern: 一个字符串,代表了给定模式的字符串
#参数 teststr: 一个字符串,代表了匹配的字符串
#返回值: 布尔类型,代表了给定模式的字符串和匹配的字符串是否匹配
class Solution:
    def wordPattern(self, pattern, teststr):
        map = {}
        myset = set()                    #set 用来预防 ab = "cat cat"这种情况
        teststr = teststr.split(' ')
        if len(pattern) != len(teststr):   #如果长度不相等直接返回 False
            return False
        for i in range(len(pattern)):
            if pattern[i] not in map:
                if teststr[i] not in myset:
#如果 set 中没有,表示此时的 pattern 和 teststr 都是新的,添加
                    map[pattern[i]] = teststr[i]
                    myset.add(teststr[i])
                else:  #如果 set 中存在,代表之前有的 pattern 已经表示了 teststr,返回 False
                    return False
            if teststr[i] != map[pattern[i]]:
                return False
        return True
#主函数
if __name__ == "__main__":
    pattern = "abba"
    str = "dog cat cat dog"
    #创建对象
    solution = Solution()
    print("输入模式",pattern,",字符串 str = ", str)
    print("输出结果:",solution.wordPattern(pattern, str))
```

4. 运行结果

```
输入模式: abba,字符串 str = dog cat cat dog
输出结果: True
```

▶例 401 字符同构

1. 问题描述

给定两个字符串 s 和 t,确定它们是否是同构的。如果是,s 中的字符可以被替换得到 t。所有出现的字符必须用另一个字符代替,同时保留字符串的顺序。没有两个字符可以映射

到同一个字符，但一个字符可以映射到自己。

2. 问题示例

给出 s="egg"，t="add"，返回 True；给出 s="foo"，t="bar"，返回 False；给出 s="paper"，t="title"，返回 True。注意假定两个字符串 s 和 t 长度相同。

3. 代码实现

相关代码如下。

```
#参数 s: 一个字符串
#参数 t: 一个字符串
#返回值: 布尔类型,如果 s 中的字符可以被取代就返回 True
class Solution:
    def isUniqueMapping(self, s, t):
        if len(s) != len(t):
            return False
        charMap = dict()
        for i in range(len(s)):
            if s[i] not in charMap:
                charMap[s[i]] = t[i]
            else:
                if t[i] != charMap[s[i]]:
                    return False
        return True
    def isIsomorphic(self, s, t):
        return self.isUniqueMapping(s, t) and self.isUniqueMapping(t, s)
#主函数
if __name__ == "__main__":
    s = "paper"
    t = "title"
    #创建对象
    solution = Solution()
    print("初始两个字符串:s = ", s, ",t = ", t)
    print("输出结果:", solution.isIsomorphic(s, t))
```

4. 运行结果

```
初始两个字符串: s = paper ,t = title
输出结果: True
```

例 402　课程表Ⅱ

1. 问题描述

假如有 n 门不同的线上课程，编号为 1～n。每节课都有持续时间(课程长度)t 和在第 d 天关闭。课程持续 t 天，必须在第 d 天或之前完成，从第一天开始给出 n 门线上课程用

pairs(t,d)来表示,任务是找到可以上课的最大数量。

2. 问题示例

给出[[100,200]、[200,1300]、[1000,1250]、[2000,3200]],返回 3。这里总共有 4 节课,但是最多可以上 3 节课。第 1,上第 1 节课需要 100 天,所以会在第 100 天完成这个课程,并且在第 101 天准备上下一节课;第 2,上第 3 节课需要 1000 天,所以会在第 1100 天完成这门课,并且在第 1101 天准备上下一节课;第 3,上第 2 节课需要 200 天,所以会在第 1300 天完成这门课。现在不能上第 4 节课,因为会在第 3300 天完成这门课,但是已经超过关闭日期了。

3. 代码实现

相关代码如下。

```
#采用 utf-8 编码格式
#参数 courses: 课程持续时间和结束时间
#返回值: 可以上的最大数量课程数
import heapq
class Solution:
    def scheduleCourse(self, courses):
        if courses == None or len(courses) == 0:
            return 0
        courses.sort(key = lambda x : x[1])
        queue = []
        time = 0
        for i in range(len(courses)):
            if time + courses[i][0] <= courses[i][1]:
                time += courses[i][0]
                heapq.heappush(queue, -courses[i][0])
            elif queue and courses[i][0] < (-queue[0]):
                time += courses[i][0] - (-queue[0])
                heapq.heapreplace(queue, -courses[i][0])
        return len(queue)
if __name__ == '__main__':
    temp = Solution()
    List1 = [[300, 100],[100, 100],[500, 800]]
    List2 = [[100, 200],[200, 1300],[1000, 1250],[2000, 3200]]
    print("输入:" + str(List1))
    print("输出:" + str(temp.scheduleCourse(List1)))
    print("输入:" + str(List2))
    print("输出:" + str(temp.scheduleCourse(List2)))
```

4. 运行结果

```
输入: [[300, 100], [100, 100], [500, 800]]
输出: 2
输入: [[100, 200], [200, 1300], [1000, 1250], [2000, 3200]]
输出: 3
```

例 403 吹气球

1. 问题描述

有 n 个气球，编号为 0～$(n-1)$。每个气球都有一个分数，存在数组 nums 中。每次吹气球 i 可以得到的分数为 nums[left]×nums[i]×nums[right]，left 和 right 分别表示气球 i 相邻的两个气球。当气球 i 被吹爆后，其左右两气球即变为相邻。要求吹爆所有气球，求可以得到的最多的分数。

2. 问题示例

给出[4,1,5,10]，返回 270。nums=[4,1,5,10]，吹爆 1 得分 4×1×5=20；nums=[4,5,10]，吹爆 5，得分 4×5×10=200；nums=[4,10]，吹爆 4，得分 1×4×10=40；nums=[10]，吹爆 10，得分 1×10×1=10；总分数为 20+200+40+10=270。

3. 代码实现

相关代码如下。

```
#参数 nums: 整数序列
#返回值: 最大得分
class Solution:
    def maxCoins(self, nums):
        if not nums:
            return 0
        nums = [1, *nums, 1]
        n = len(nums)
        dp = [[0] * n for _ in range(n)]
        for i in range(n - 1, -1, -1):
            for j in range(i + 2, n):
                for k in range(i + 1, j):
                    dp[i][j] = max(dp[i][j], dp[i][k] + dp[k][j] + nums[i] * nums[k] *
nums[j])
        return dp[0][n - 1]
#主函数
if __name__ == '__main__':
    nums = [4, 1, 5, 10]
    print("初始数组:", nums)
    solution = Solution()
    print("最多分数:", solution.maxCoins(nums))
```

4. 运行结果

```
初始数组: [4, 1, 5, 10]
最多分数: 270
```

例 404 k 个空的位置

1. 问题描述

花园有 N 个位置，每个位置上有一朵花。这 N 朵花会在 N 天内逐一盛开，每天都有且只有一朵花盛开，从这天起，这朵花将一直处于盛开的状态。给定一个由数字 $1\sim N$ 组成的数组 flowers。数组中的每个数字表示那一天花开的位置，如 flowers[i]=x 表示在位置 x 上的花会在第 i 天盛开，其中 i 和 x 都在 $1\sim N$ 的范围内；给出一个整数 k，需要返回在哪一天，恰好有两朵花处于盛开的状态，并且两朵花位置之间恰好有 k 朵花没有盛开。如果不存在这样一天，则返回-1。

2. 问题示例

给定 flowers=[1,3,2]，k=1，返回 2，在第 2 天，第 1 朵和第 3 朵花会开。给定 flowers=[1,2,3]，k=1，返回-1。注意给定数组在[1,20000]的范围内。

3. 代码实现

相关代码如下。

```python
#参数 flowers: 哪一天将要开放的位置
#参数 k: 一个整数
#返回值: 刚好有两朵花开放的那一天
import queue
class Solution:
    def kEmptySlots(self, flowers, k):
        if flowers is None or len(flowers) <= 1:
            return -1
        q = queue.Queue()
        min_val, max_val = min(flowers[0], flowers[1]), max(flowers[0], flowers[1])
        q.put((min_val, max_val))
        n = len(flowers)
        day = 2
        for i in range(2, n):
            new_flower = flowers[i]
            for j in range(q.qsize()):
                left, right = q.get()
                if right - left == k + 1:
                    return day
                if new_flower > left and new_flower < right:
                    q.put((left, new_flower))
                    q.put((new_flower, right))
                elif right - left > k + 1:
                    q.put((left, right))
            if new_flower < min_val:
                q.put((new_flower, min_val))
```

```
                min_val = new_flower
            if new_flower > max_val:
                q.put((max_val, new_flower))
                max_val = new_flower
            day += 1
        while not q.empty():
            left, right = q.get()
            if left - right == k:
                return day
        return -1
#主函数
if __name__ == "__main__":
    flowers = [1,3,2]
    k = 1
    #创建对象
    solution = Solution()
    print("输入:flowers = ",flowers,"k = ",k )
    print("输出:恰好有两朵花处于盛开的状态是第 %d 天" % solution.kEmptySlots(flowers,k))
```

4. 运行结果

输入: flowers = [1, 3, 2] k = 1
输出: 恰好有两朵花处于盛开的状态是第 2 天

例 405 逆序对

1. 问题描述

在数组中的两个数字中,如果前面一个数字大于后面的数字,则这两个数字组成一个逆序对。给出一个数组,求这个数组中逆序对的总数。如果 $a[i] > a[j]$ 且 $i < j$,$a[i]$和 $a[j]$构成一个逆序对。

2. 问题示例

序列[2,4,1,3,5]中,有 3 个逆序对(2,1)、(4,1)、(4,3),则返回 3。

3. 代码实现

相关代码如下。

```
#参数 A: 数组
#返回值: 逆序对的总数
class Solution:
    def reversePairs(self, A):
        self.tmp = [0] * len(A)
        return self.mergeSort(A, 0, len(A) - 1)
    def mergeSort(self, A, l, r):
        if l >= r:
            return 0
```

```
            m = (l + r) >> 1
            ans = self.mergeSort(A, l, m) + self.mergeSort(A, m + 1, r)
            i, j, k = l, m + 1, l
            while i <= m and j <= r:
                if A[i] > A[j]:
                    self.tmp[k] = A[j]
                    j += 1
                    ans += m - i + 1
                else:
                    self.tmp[k] = A[i]
                    i += 1
                k += 1
            while i <= m:
                self.tmp[k] = A[i]
                k += 1
                i += 1
            while j <= r:
                self.tmp[k] = A[j]
                k += 1
                j += 1
            for i in range(l, r + 1):
                A[i] = self.tmp[i]
            return ans
#主函数
if __name__ == "__main__":
    arr = [2, 4, 1, 3, 5]
    #创建对象
    solution = Solution()
    print("输入数组顺序:",arr)
    print("逆序对总数:",solution.reversePairs(arr))
```

4. 运行结果

```
输入数组顺序: [2, 4, 1, 3, 5]
逆序对总数: 3
```

例 406 任务调度器

1. 问题描述

给定一个数组代表CPU需要完成的任务,包含字母A～Z,不同的字母代表不同的任务。任务完成可以没有原始顺序,每个任务在一个间隔完成。对于每个时间间隔,CPU可以完成一个任务或处于空闲状态。然而,有一个非负的冷却间隔n,两个相同的任务之间必须有至少n个CPU间隔(做不同的任务或空闲),需要返回CPU完成所有任务的最小间隔数。

2. 问题示例

tasks=['A','A','A','B','B','B']，n=2，返回 8。过程如下：A→B→空闲→A→B→空闲→A→B。任务在 1～10000，n 在 0～100。

3. 代码实现

相关代码如下。

```
#参数 tasks: 一个给定的字符数组,表示 CPU 需要执行的任务
#参数 n: 一个非负冷却间隔
#返回值: CPU 完成所有给定任务所需的最小间隔时间
from collections import Counter
class Solution:
    def leastInterval(self, tasks, n):
        ct = Counter(tasks)
        max_ct = max(ct.values())
        top_freq_task = [t for t in ct if ct[t] == max_ct]
#步骤 1:计数最大频率任务的循环次数为 max_ct
#步骤 2:计数间隔总和为(max_ct - 1) * n
#步骤 3:如果有绑定最高频率的任务,那么在步骤 1 的最后一个循环后,为每个
#额外的绑定最高频率的任务添加一个尾循环
        return max_ct + (max_ct - 1) * n + len(top_freq_task) - 1
#主函数
if __name__ == "__main__":
    tasks = ['A', 'A', 'A', 'B', 'B', 'B']
    n = 2
    #创建对象
    solution = Solution()
    print("初始任务:", tasks, ",给定 n = ", n)
    print("最小间隔数:", solution.leastInterval(tasks, n))
```

4. 运行结果

```
初始任务: ['A', 'A', 'A', 'B', 'B', 'B'] ,给定 n = 2
最小间隔数: 8
```

例 407　下一个排列Ⅱ

1. 问题描述

给定一个若干整数的排列，按正数大小进行字典序从小到大排序后的下一个排列。如果没有下一个排列，则输出字典序最小的序列。

2. 问题示例

左边是原始排列，右边是对应的下一个排列。

1,2,3→1,3,2

3,2,1→1,2,3

1,1,5→1,5,1

3. 代码实现

相关代码如下。

```
#参数 nums: 一个整数数组
#返回值: 下一个排列
class Solution:
    def nextPermutation(self, nums):
        #倒序遍历
        for i in range(len(nums) - 1, - 1, - 1):
#找到第一个数值变小的点,这样右边有数值较大的点可以与其交换,而且可以保证是下一个排列
            if i > 0 and nums[i] > nums[i - 1]:
#找到后再次倒序遍历,找到第1个比刚才那个数值大的点,互相交换
                for j in range(len(nums) - 1, i - 1, - 1):
                    if nums[j] > nums[i - 1]:
                        nums[j], nums[i - 1] = nums[i - 1], nums[j]
#因为之前的步骤保证了右边这段数从右到左是一直变大的,所以直接双指针反转
                        left, right = i, len(nums) - 1
                        while left <= right:
                            nums[left], nums[right] = nums[right], nums[left]
                            left += 1
                            right -= 1
                        return nums
        #如果循环结束未找到能替换的数,表示序列已经是最大的
        nums.reverse()
        return nums
#主函数
if __name__ == "__main__":
    nums = [1,2,3]
    #创建对象
    solution = Solution()
    print("输入数组:",nums)
    print("下一个排列:",solution.nextPermutation(nums))
```

4. 运行结果

```
输入数组: [1, 2, 3]
下一个排列: [1, 3, 2]
```

▶例 408 范围加法

1. 问题描述

假设有一个长度为 n 的数组,数组的所有元素初始化为 0,并给定 k 个更新操作。每个更新操作表示为一个三元组:[startIndex,endIndex,inc],该操作给子数组[startIndex...

endIndex](包括 startIndex 和 endIndex)中的每一个元素增加 inc,返回执行 k 个更新操作后的新数组。

2. 问题示例

给定长度 $n=5$,更新操作[[1,3,2]、[2,4,3]、[0,2,-2]],返回[-2,0,3,5,3]。初始状态[0,0,0,0,0],完成[1,3,2]操作后变为[0,2,2,2,0],完成[2,4,3]操作后变为[0,2,5,5,3],完成[0,2,-2]操作后变为[-2,0,3,5,3]。

3. 代码实现

相关代码如下。

```
#参数 length: 数组的长度
#参数 updates: 更新操作
#返回值: 执行 k 个更新操作后的新数组
class Solution:
    def getModifiedArray(self, length, updates):
        result = [0 for i in range(length)]
        operation = result + [0]
        for start, end, val in updates:
            operation[start] += val
            operation[end + 1] -= val
        for index in range(len(result)):
            if index == 0:
                result[index] = operation[index]
                continue
            result[index] = operation[index] + result[index - 1]
        return result
#主函数
if __name__ == "__main__":
    length = 5
    updates = [[1, 3, 2],[2, 4, 3],[0, 2, -2]]
    #创建对象
    solution = Solution()
    print("输入长度:",length,",更新数组:",updates)
    print("输出结果:",solution.getModifiedArray(length,updates))
```

4. 运行结果

```
输入长度: 5,更新数组:[[1, 3, 2], [2, 4, 3], [0, 2, -2]]
输出结果: [-2, 0, 3, 5, 3]
```

例 409 n 皇后问题 Ⅱ

1. 问题描述

n 皇后问题是将 n 个皇后放置在 n 行列的棋盘上,皇后彼此之间不能相互攻击。给定

一个整数 n，返回所有不同 n 皇后问题的解决方案。每个解决方案包含一个明确的 n 皇后放置布局，其中 Q 和“.”分别表示一个女王和一个空位置。

2. 问题示例

对于 4 皇后问题存在两种解决方案：[[".Q..","...Q","Q...","..Q."],["..Q.","Q...","...Q",".Q.."]]。

3. 代码实现

相关代码如下。

```
#参数n：皇后的数量
#返回值：所有不同的解决方法
class Solution:
    def solveNQueens(self, n):
        results = []
        self.search(n, [], results)
        return results
    def search(self, n, cols, results):
        row = len(cols)
        if row == n:
            results.append(self.draw_chessboard(cols))
            return
        for col in range(n):
            if not self.is_valid(cols, row, col):
                continue
            cols.append(col)
            self.search(n, cols, results)
            cols.pop()
    def draw_chessboard(self, cols):
        n = len(cols)
        board = []
        for i in range(n):
            row = ['Q' if j == cols[i] else '.' for j in range(n)]
            board.append(''.join(row))
        return board
    def is_valid(self, cols, row, col):
        for r, c in enumerate(cols):
            if c == col:
                return False
            if r - c == row - col or r + c == row + col:
                return False
        return True
#主函数
if __name__ == '__main__':
    n = int(input("请输入一个正整数:"))
    solution = Solution()
```

```
    print(n, "皇后问题的解:", solution.solveNQueens(n))
```

4. 运行结果

```
请输入一个正整数: 4
4 皇后问题的解: [['.Q..', '...Q', 'Q...', '..Q.'], ['..Q.', 'Q...', '...Q', '.Q..']]
```

例 410 用递归打印数字

1. 问题描述

用递归的方法找到从 1 到最大的 n 位整数。

2. 问题示例

给出 $n=1$，返回[1,2,3,4,5,6,7,8,9]。

3. 代码实现

相关代码如下。

```
#参数 n: 一个整数
#返回值: 一个整数数组,存储了从 1 到最大的 n 位整数
class Solution:
    def numbersByRecursion(self, n):
        top = pow(10, n)
        rt = []
        for i in range(1, top):
            rt.append(i)
        return rt
#主函数
if __name__ == '__main__':
    n = int(input("请输入一个正整数:"))
    solution = Solution()
    print("从 1 到最大的", n, "位数:", solution.numbersByRecursion(n))
```

4. 运行结果

```
请输入一个正整数: 1
从 1 到最大的 1 位数: [1, 2, 3, 4, 5, 6, 7, 8, 9]
```

例 411 推荐朋友

1. 问题描述

给出 n 个人的名单，告诉用户，请找出用户最可能认识的人（该人和用户有最多的共同好友，且不是用户的朋友）。

2. 问题示例

给出朋友名单，list=[[1,2,3],[0,4],[0,4],[0,4],[1,2,3]]，user=0，返回 4。0 和 4

不是朋友，并且他们有 3 个共同好友，所以 4 是 0 最可能认识的人。

给出朋友名单，list=[[1,2,3,5]、[0,4,5]、[0,4,5]、[0,5]、[1,2]、[0,1,2,3]]，user=0，返回 4。虽然 5 和 0 有 3 个共同好友，4 和 0 只有 2 个共同好友，但是 5 是 0 的好友，所以 4 是 0 最可能认识的人。

注意 $n \leqslant 500$；好友关系是相互的（b 若出现在 a 的好友名单中，a 一定出现在 b 的好友名单中），每个人的好友关系不超过 m 条，$m \leqslant 3000$；如果有两个人和用户的共同好友数目一样，编号更小的那个被认为是最可能认识的人；如果用户和所有陌生人都没有共同好友，则输出-1。

3. 代码实现

相关代码如下。

```
#参数 friends: 朋友列表
#参数 user: 用户的 ID
#返回值: 最可能认识的人
class Solution:
    def recommendFriends(self, friends, user):
        n = len(friends)
        userSet = {}
        ans = 0
        idx = -1
        for i in friends[user]:
            userSet[i] = i
        for i in range(n):
            if i == user or i in userSet:
                continue
            t = 0
            for j in friends[i]:
                if j in userSet:
                    t = t + 1
            if t > ans:
                ans = t
                idx = i
        return idx
#主函数
if __name__ == "__main__":
    friends = [[1, 2, 3], [0, 4], [0, 4], [0, 4], [1, 2, 3]]
    user = 0
    #创建对象
    solution = Solution()
    print("初始朋友列表:", friends, ",给定初始的 user 为", user)
    print("user 最可能认识的人:", solution.recommendFriends(friends, user))
```

4. 运行结果

```
初始朋友列表: [[1, 2, 3], [0, 4], [0, 4], [0, 4], [1, 2, 3]] ,给定初始的 user 为 0
user 最可能认识的人: 4
```

例 412　螺母(Nuts)和螺栓(Bolts)的问题

1. 问题描述

给定一组 n 个不同大小的螺母(nuts)和 n 个不同大小的螺栓(bolts)。nuts 和 bolts 逐一匹配。不允许对 nuts 元素之间互相比较,也不允许对 bolts 元素之间互相比较。只允许对 nuts 与 bolts 的元素进行比较,或对 bolts 与 nuts 的元素进行比较。

2. 问题示例

给出 nuts=['ab','bc','dd','gg']、bolts=['AB','GG','DD','BC'],能够找出 bolts 和 nuts 的匹配关系。返回的结果可能是：nuts=['ab','bc','dd','gg']、bolts=['AB','BC','DD','GG'];如果使用其他比较函数,返回的结果可能是：nuts=['ab','bc','dd','gg'],bolts=['BC','AB','DD','GG']。

3. 代码实现

相关代码如下。

```
#参数 nuts: 整数数组
#参数 bolts: 整数数组
#参数 compare: 一个比较器的实例
#返回值: 比较后的数组
class Comparator:
    def cmp(self, a, b):
        if a > b:
            return 1
        elif a == b:
            return 0
        elif a < b:
            return -1
        else:
            return 2
class Solution:
    def sortNutsAndBolts(self, nuts, bolts, compare):
        self.quick_sort(nuts, bolts, 0, len(nuts) - 1, compare.cmp)
    def quick_sort(self, nuts, bolts, start, end, cmp):
        if start >= end:
            return
        left, right = start, end
        index = self.partition(bolts, left, right, nuts[(left + right) // 2], cmp)
        self.partition(nuts, left, right, bolts[index], cmp)
        self.quick_sort(nuts, bolts, start, index - 1, cmp)
        self.quick_sort(nuts, bolts, index + 1, end, cmp)
    def partition(self, arr, start, end, pivot, cmp):
        left, right = start, end
```

```
        for i in range(left, right + 1):
            if cmp(arr[i], pivot) == 0 or cmp(pivot, arr[i]) == 0:
                arr[i], arr[left] = arr[left], arr[i]
                left += 1
                break
        while left <= right:
            while left <= right and (cmp(arr[left], pivot) == -1 or cmp(pivot, arr[left]) == 1):
                left += 1
            while left <= right and (cmp(arr[right], pivot) == 1 or cmp(pivot, arr[right]) == -1):
                right -= 1
            if left <= right:
                arr[left], arr[right] = arr[right], arr[left]
                left, right = left + 1, right - 1
        arr[start], arr[right] = arr[right], arr[start]
        return right
#主函数
if __name__ == '__main__':
    nuts = ['ab', 'bc', 'dd', 'gg']
    bolts = ['AB', 'GG', 'DD', 'BC']
    compare = Comparator()
    print("初始数组:")
    print("nuts = {}".format(nuts))
    print("bolts = {}".format(bolts))
    solution = Solution()
    solution.sortNutsAndBolts(nuts, bolts, compare)
    print("结果:")
    print("nuts = {}".format(nuts))
    print("bolts = {}".format(bolts))
```

4. 运行结果

```
初始数组:
nuts = ['ab', 'bc', 'dd', 'gg']
bolts = ['AB', 'GG', 'DD', 'BC']
结果:
nuts = ['gg', 'bc', 'dd', 'ab']
bolts = ['GG', 'DD', 'BC', 'AB']
```

例 413 Fizz Buzz 问题

1. 问题描述

给定一个整数 n，从 $1 \sim n$ 按照下面的规则打印每个数：如果这个数能被 3 整除，打印 fizz；如果能被 5 整除，打印 buzz；如果能同时被 3 和 5 整除，则打印 fizz buzz。

2. 问题示例

例如，$n=15$，返回一个字符串数组：

```
[
"1", "2", "fizz",
"4", "buzz", "fizz",
"7", "8", "fizz",
"buzz", "11", "fizz",
"13", "14", "fizz buzz"
]
```

3. 代码实现

相关代码如下。

```
#采用 utf-8 编码格式
#参数 n: 描述中的一个整数
#返回值: 一个字符列表
#如果 n=7,代码应该返回["1", "2", "fizz", "4", "buzz", "fizz", "7"]
class Solution:
    def fizzBuzz(self, n):
        results = []
        for i in range(1, n+1):
            if i % 15 == 0:
                results.append("fizz buzz")
            elif i % 5 == 0:
                results.append("buzz")
            elif i % 3 == 0:
                results.append("fizz")
            else:
                results.append(str(i))
        return results
if __name__ == '__main__':
    temp = Solution()
    nums1 = 10
    nums2 = 13
    print ("输入:" + str(nums1))
    print ("输出:" + str(temp.fizzBuzz(nums1)))
    print ("输入:" + str(nums2))
    print ("输出:" + str(temp.fizzBuzz(nums2)))
```

4. 运行结果

```
输入: 10
输出: ['1', '2', 'fizz', '4', 'buzz', 'fizz', '7', '8', 'fizz', 'buzz']
输入: 13
输出: ['1', '2', 'fizz', '4', 'buzz', 'fizz', '7', '8', 'fizz', 'buzz', '11', 'fizz', '13']
```

例 414　通配符匹配

1. 问题描述

判断两个可能包含通配符“?”和“*”的字符串是否匹配。规则如下：①'?'可以匹配任意单个字符；②'*'可以匹配任意字符串(包括空字符串)；③两个串完全匹配才算成功。

2. 问题示例

isMatch("aa","a")→False,不匹配,返回 False; isMatch("aa","aa")→True,匹配,返回 True; isMatch("aaa","aa")→False,不匹配,返回 False; isMatch("aa","*")→True,匹配,返回 True。

3. 代码实现

相关代码如下。

```
#采用 utf-8 编码格式
#参数 s: 一个字符串
#参数 p: 一个包含"?" 和"*"的字符串
#返回值: 布尔类型
class Solution:
    def isMatch(self, s, p):
        n = len(s)
        m = len(p)
        f = [[False] * (m + 1) for i in range(n + 1)]
        f[0][0] = True
        if n == 0 and p.count('*') == m:
            return True
        for i in range(0, n + 1):
            for j in range(0, m + 1):
                if i > 0 and j > 0:
                    f[i][j] |= f[i-1][j-1] and (s[i-1] == p[j-1] or p[j - 1] in ['?', '*'])
                if i > 0 and j > 0:
                    f[i][j] |= f[i - 1][j] and p[j - 1] == '*'
                if j > 0:
                    f[i][j] |= f[i][j - 1] and p[j - 1] == '*'
        return f[n][m]
if __name__ == '__main__':
    temp = Solution()
    string1 = "bb"
    string2 = "b"
    print(("输入:" + string1 + " " + string2))
    print(("输出:" + str(temp.isMatch(string1,string2))))
```

4. 运行结果

```
输入: bb b
输出: False
```

例 415 最大子矩阵

1. 问题描述

给定 n 维矩阵,矩阵中有正整数和负整数,找到具有最大可能总和的子矩阵,并输出最大可能的总和值。

2. 问题示例

矩阵如下：

matrix=[
[1,3,-1],
[2,3,-2],
[-1,-2,-3]
]

返回 9,最大和子矩阵为：

[
[1,3],
[2,3]
]

3. 代码实现

相关代码如下。

```
#参数 matrix: 一个给定的矩阵
#返回值: 最大可能总和值
class Solution:
    def maxSubmatrix(self, matrix):
        if matrix is None or len(matrix) == 0:
            return 0
        m, n = len(matrix), len(matrix[0])
        max_sum = 0
        for i in range(n):
            for j in range(i, n):
                temp_array = [sum(matrix[k][i:j+1]) for k in range(m)]
                max_sum = max(self.maxSubarray(temp_array), max_sum)
        return max_sum
    def maxSubarray(self, array):
        running_sum = 0
        max_sum = 0
        for a in array:
            running_sum = max(running_sum + a, a)
            max_sum = max(running_sum, max_sum)
        max_sum = max(running_sum, max_sum)
        return max_sum
#主函数
if __name__ == "__main__":
    matrix = [[1, 3, -1], [2, 3, -2], [-1, -2, -3]]
    #创建对象
    solution = Solution()
```

```
    print("输入数组:",matrix)
    print("子矩阵组成最大可能的和:",solution.maxSubmatrix(matrix))
```

4. 运行结果

```
输入数组: [[1, 3, -1], [2, 3, -2], [-1, -2, -3]]
子矩阵组成最大可能的和: 9
```

例 416 更新二进制位

1. 问题描述

给定两个 32 位的二进制整数 N、M 及两个二进制位的位置 i 和 j。写一个方法，使 N 中的第 $i \sim j$ 位等于 M(M 是 N 中从第 i 位开始到第 j 位的子串)。

2. 问题示例

给出 $N=(10000000000)_2$，$M=(10101)_2$，$i=2$，$j=6$，返回 $N=(10001010100)_2$。

3. 代码实现

相关代码如下。

```
#参数 N、M: 两个整数
#参数 i、j: 两个二进制位的位置
#返回值: 一个整数
class Solution:
    def updateBits(self, n, m, i, j):
        a = list()
        for k in range(32):
            a.append(n % 2)
            n //= 2
        for k in range(i, j + 1):
            a[k] = m % 2
            m //= 2
        n = 0
        for k in range(31):
            if a[k] == 1:
                n |= (1 << k)
        if a[31] == 1:
            n -= 1 << 31
        return n
if __name__ == '__main__':
    temp = Solution()
    n = 1024; m = 21
    i = 2; j = 6
    print(("输入:n = " + str(n) + ", m = " + str(m) + ", i = " + str(i) + ", j = " + str(j)))
    print(("输出:" + str(temp.updateBits(n,m,i,j))))
```

4. 运行结果

```
输入: n = 1024, m = 21, i = 2, j = 6
输出: 1108
```

例 417　两个数组最小差问题

1. 问题描述

给定两个整数数组(第 1 个是数组 A,第 2 个是数组 B),在数组 A 中取 $A[i]$,数组 B 中取 $B[j]$,$A[i]$和 $B[j]$的差的绝对值($|A[i]-B[j]|$)越小越好,返回最小的差的绝对值。

2. 问题示例

给定数组 $A=[3,4,6,7]$,$B=[2,3,8,9]$,返回 0。

3. 代码实现

相关代码如下。

```python
#参数 A、B: 两个整数数组
#返回值: 整数
class Solution:
    def smallestDifference(self, A, B):
        C = []
        for x in A:
            C.append((x, 'A'))
        for x in B:
            C.append((x, 'B'))
        C.sort()
        diff = 0x7fffffff
        cnt = len(C)
        for i in range(cnt - 1):
            if C[i][1] != C[i + 1][1]:
                diff = min(diff, C[i + 1][0] - C[i][0])
        return diff
#主函数
if __name__ == "__main__":
    A = [3,4,6,7]
    B = [2,3,8,9]
    #创建对象
    solution = Solution()
    print("输入数组分别是:",A,B )
    print("两个数组之间最小差:", solution.smallestDifference(A,B))
```

4. 运行结果

```
输入数组分别是: [3, 4, 6, 7] [2, 3, 8, 9]
两个数组之间最小差: 0
```

例 418　单词反转

1. 问题描述

给定一个输入字符串 *s*，颠倒单词的顺序。单词定义为一系列非空格字符。*s* 中的单词将被至少一个空格隔开。返回由单个空格按相反顺序连接的字符串。请注意，*s* 可能包含前导空格、尾随空格或两个单词之间的多个空格，返回的字符串应该只有一个空格分隔单词，不包括任何额外的空格。

2. 问题示例

输入：s="hello world"

输出："world hello"

3. 代码实现

相关代码如下。

```
#采用 utf-8 编码格式
#参数 A: 一个字符串
#返回值: 一个字符串
class Solution:
    def reverseWords(self, s):
        return ' '.join(reversed(s.strip().split()))
if __name__ == '__main__':
    temp = Solution()
    string1 = "hello world"
    string2 = "python learning"
    print(("输入:" + string1))
    print(("输出:" + temp.reverseWords(string1)))
    print(("输入:" + string2))
    print(("输出:" + temp.reverseWords(string2)))
```

4. 运行结果

```
输入: hello world
输出: world hello
输入: python learning
输出: learning python
```

例 419　4 的幂

1. 问题描述

给定一个整数(32 位有符号整数)，写一个方法判断该整数是否为 4 的幂。

2. 问题示例

输入 num=16，输出 True。

3. 代码实现

相关代码如下。

```
class Solution:
    #参数 num: 整数
    #返回值: 布尔类型
    def isPowerOfFour(self, num):
        basic = 4
        i = 0
        while basic ** i <= num:
            if basic ** i == num:
                return True
            i += 1
        return False
#主函数
if __name__ == '__main__':
    solution = Solution()
    Test_in = 16
    print("输入:",Test_in)
    print("输出:",solution.isPowerOfFour(Test_in))
```

4. 运行结果

```
输入: 16
输出: True
```

例 420 $a+b$ 问题

1. 问题描述

给定两个整数 a 和 b,求他们的和并以整数(int)的形式返回。

2. 问题示例

输入: $a=1,b=2$

输出: 3

因为 $a+b=1+2=3$。

3. 代码实现

相关代码如下。

```
class Solution:
    #参数 a: 整数
    #参数 b: 整数
    #返回值: 整数
    def aplusb(self, a, b):
        return a + b
```

```
if __name__ == '__main__':
    temp = Solution()
    a = 1
    b = 2
    print('输入:a = ',a,'b = ',b)
    print('输出:a + b = ',temp.aplusb(a,b))
```

4. 运行结果

输入: a = 1　b = 2
输出: a + b = 3

▶例 421　尾部的零

1. 问题描述

给定一个整数 n,计算出 n! 中尾部零的个数。

2. 问题示例

输入：$n=5$
输出：1
因为 5!=120,尾部的 0 有 1 个。

3. 代码实现

相关代码如下。

```
class Solution:
    #参数 n: 整数
    #返回值: 整数
    def trailingZeros(self, n: int) -> int:
        x = n//5
        count = 0
        while x > 0:
            count  = x + count
            x = x//5
        return count
if __name__ == '__main__':
    temp = Solution()
    a = 100
    print('输入:a = ',a)
    print('输出:',temp.trailingZeros(a))
```

4. 运行结果

输入: a = 100
输出: 24

例 422 移动的圆

1. 问题描述

A 和 B 两个圆，圆心坐标为(x,y)，半径为 r，现给一个点 P，使圆 A 的圆心沿直线运动至点 P。请问圆 A 在运动过程中是否会与圆 B 相交(运动过程包括起点和终点)？若相交返回 1，否则返回－1。两个圆的半径均不超过 10 000。横纵坐标值的绝对值均不超过 10 000。输入数组的意义为[X_A,Y_A,R_A,X_B,Y_B,R_B,X_P,Y_P,R_P]。

2. 问题示例

输入：[XA,YA,RA,XB,YB,RB,XP,YP]=[0,0,2.5,3,2,0.5,0,2]

输出：1

因为圆 A 的圆心(0,0)，半径 2.5，圆 B 的圆心(3,2)，半径 0.5，点 P(0,2)，故运动过程中两圆相交。

3. 代码实现

相关代码如下。

```
import math
class Solution:
    #参数 position: 圆 A、B 和点 P 的值
    #返回值: 1 或 - 1
    #叉积 AB×AC
    def xmult(self, B, C, A):
        return (B[0] - A[0]) * (C[1] - A[1]) - (C[0] - A[0]) * (B[1] - A[1])
    #两点间距离
    def distance(self, A, B):
        return math.sqrt((A[0] - B[0]) * (A[0] - B[0]) + (A[1] - B[1]) * (A[1] - B[1]))
    #点 A 到直线 BC 距离
    def dis_ptoline(self, A, B, C):
        return abs(self.xmult(A,B,C))/self.distance(B,C)
    def IfIntersect(self, position):
        A = [position[0], position[1]]
        ra = position[2]
        B = [position[3], position[4]]
        rb = position[5]
        P = [position[6], position[7]]
        #过点 B 作直线 AP 的垂线,M 为该垂线上一点(A 和 P 不重合时 M 点不与 B 重合)
        M = [B[0] - (P[1] - A[1]), B[1] + (P[0] - A[0])]
        dmin = 0.0
        dmax = 0.0
        #若圆 A 移动过程中会经过 B 点到直线 AP 垂线的交点
        if self.xmult(A, B, M) * self.xmult(B, P, M) > 0 :
            dmin = self.dis_ptoline(B, A, P)
```

```
        else:
            dmin = min(self.distance(A, B), self.distance(P, B))
        dmax = max(self.distance(A, B), self.distance(P, B))
        if dmin > ra + rb or dmax < abs(ra - rb):
            return -1
        return 1
if __name__ == '__main__':
    temp = Solution()
    a = [0,0,2.5,3,2,0.5,0,2]
    print('输入:a = ',a)
    print('输出:',temp.IfIntersect(a))
```

4. 运行结果

```
输入: a = [0, 0, 2.5, 3, 2, 0.5, 0, 2]
输出: 1
```

例 423 列表扁平化

1. 问题描述

给定一个列表,该列表中的每个元素要么是列表,要么是整数。将其变成一个只包含整数的简单列表。如果给定列表中的要素本身也是一个列表,那么它也可以包含列表。

2. 问题示例

输入：列表=[[1,1],2,[1,1]]

输出：[1,1,2,1,1]

3. 代码实现

相关代码如下。

```
class Solution(object):
    #参数 nestedList: 列表
    #返回值: 整数列表
    def flatten(self, nestedList):
        stack = [nestedList]
        flatten_list = []
        while stack:
            top = stack.pop()
            if isinstance(top, list):
                for elem in reversed(top):
                    stack.append(elem)
            else:
                flatten_list.append(top)
        return flatten_list
if __name__ == '__main__':
    temp = Solution()
```

```
    a = [[1,1],2,[1,1]]
    print('输入:a = ',a)
    print('输出:',temp.flatten(a))
```

4. 运行结果

```
输入: a = [[1, 1], 2, [1, 1]]
输出: [1, 1, 2, 1, 1]
```

例 424 判断数字与字母字符

1. 问题描述

给出一个字符 c,如果它是一个数字或字母,返回 True,否则返回 False。注意,输入一个长度为 1 的字符串,'1'属于数字。

2. 问题示例

输入: c='1'

输出: True

3. 代码实现

相关代码如下。

```
class Solution:
    #参数 c: 字符型
    #返回值: 布尔类型
    ''' if c.isalpha() or c.isdigit():
        或者
        if c.isalnum():
        注意字符编码应为 utf-8 否则某些特殊情况下函数失效'''
    def isAlphanumeric(self, c):
        if c.isalnum():
            return True
        else:
            return False
if __name__ == '__main__':
    temp = Solution()
    c = '1'
    print('输入:c = ',c)
    print('输出:',temp.isAlphanumeric(c))
```

4. 运行结果

```
输入: c = 1
输出: True
```

例 425　打印 X

1. 问题描述

输入一个正整数 n，需要按样例的方式返回一个字符串列表，$1 \leqslant n \leqslant 15$。

2. 问题示例

样例 1：

输入：$n=1$

输出：["X"]

列表图形如下：

X

样例 2：

输入：$n=2$

输出：["XX","XX"]

列表图形如下：

XX

XX

样例 3：

输入：$n=3$

输出：["X X","X","X X"]

列表图形如下：

X X

 X

X X

样例 4：

输入：$n=4$

输出：["X X","XX","XX","X X"]

列表图形如下：

X X

 XX

 XX

X X

样例 5：

输入：$n=5$

输出：["X   X","X X"," X ","X X","X   X"]

列表图形如下：

X　X
 X X
  X
 X X
X　X

3. 代码实现

相关代码如下。

```
class Solution:
    #参数 n: 整数
    #返回值: 字符串列表
    def printX(self, n):
        A = []
        for i in range(n):
            lin_n = ""
            for j in range(n):
                if j == i or j == n - i - 1:
                    lin_n = lin_n + "X"
                else:
                    lin_n = lin_n + " "
            A.insert(i + j,lin_n)
        return A
if __name__ == '__main__':
    temp = Solution()
    n = 3
    print('输入: n = ',n)
    print('输出:',temp.printX(n))
```

4. 运行结果

```
输入: n = 3
输出: ['X X', ' X ', 'X X']
```

例 426　内积

1. 问题描述

给定长度为 N 的 A 数组和长度为 K 的 B 数组，可以从 A 数组里取 K 个数，规则如下：每个 A_i 只能被取出一次；$i=1$ 或 $i=N$，可以直接取出 A_i；$2\leqslant i\leqslant N-1$ 若 A_{i-1} 或者 A_{i+1} 已经取出，则可以取出 A_i；要取出正好 K 个数。即每次可以从 A 数组的最左边或者最右边取走一个数，取走的数从数组中移除将取出的 A_i 按取出的顺序组成 C 数组，求 B 与 C 的内积最大值，B 与 C 内积为 $\sum_{i=0}^{K-1} B_i \times C_i$，$1\leqslant K\leqslant N\leqslant 2000$，$1\leqslant A_i,B_i\leqslant 100\ 000$。

2. 问题示例

输入：$A=[2,3,5,1]$ $B=[2,1]$

输出：7

$K=2$，取出 A_0，C=[2]，不能直接取出 A_2 的原因是 A_0、A_1 和 A_3 都未取出。取出 A_1、$C=[2,3]$，$B \cdot C=2\times2+1\times3=7$。

3. 代码实现

相关代码如下。

```
class Solution:
    #参数 A: 数组
    #参数 B: 数组
    #返回值: 整数
    def getMaxInnerProduct(self, A, B):
        # A 长度
        n = len(A)
        # B 长度
        K = len(B)
        #初始化 dp 数组
        # dp[i][j]表示从左边取 i 个数,从右边取 j 个数的最大内积
        dp = [[0] * (K + 1) for i in range(K + 1)]
        #枚举 dp[i][j]
        for i in range(K + 1):
            for j in range(K + 1):
                #从左边和右边取数总数不超过 K 个
                if i + j > K or i + j > n:
                    continue
                # dp 数组边界条件,从左右都不取数时,dp[0][0] = 0
                if i == 0 and j == 0:
                    dp[i][j] = 0
                    continue
                #从左边取的 i 更新 dp[i][j]
                if i != 0:
                    dp[i][j] = max(dp[i][j], dp[i - 1][j] + A[i - 1] * B[i + j - 1])
                #从右边取的 j,更新 dp[i][j]
                if j != 0:
                    dp[i][j] = max(dp[i][j], dp[i][j - 1] + A[n - j] * B[i + j - 1])
                #枚举从左边取了多少,找最大的内积
        ans = 0
        for i in range(K + 1):
            ans = max(ans, dp[i][K - i])
        return ans
if __name__ == '__main__':
    temp = Solution()
```

```
A=[2,3,5,1]
B=[2,1]
print('输入:',A,B)
print('输出:',temp.getMaxInnerProduct(A,B))
```

4. 运行结果

输入: [2, 3, 5, 1] [2, 1]
输出: 7

例 427 abc 串

1. 问题描述

给定一个字符串集合,所有字符串的长为 n,只由 a、b、c 3 种字符组成,且每个字符串中所有相邻字符均不同。请编写一个程序,返回这个字符串集合中,字典序第 k 小的字符串。$1 \leqslant n \leqslant 10^5$,$1 \leqslant k \leqslant 10^{18}$,如果所有可组成的字符串个数小于 k,返回一个空字符串。

2. 问题示例

输入:$n=3,k=6$

输出:bac

解释:长为 3 的字符串集合如下:["aba","abc","aca","acb","bab","bac","bca","bcb","cab","cac","cba","cbc"],所以字典序第 6 小的字符串为"bac"。

3. 代码实现

相关代码如下。

```
class Solution:
    #参数 n: 整数
    #参数 k: 整数
    #返回值: 字符串
    def kthString(self, n, k):
        #判断 k 是否超出不同字符串的个数
        #长为 n 的字符串长度应等于 3 * (2 ^(n - 1))
        # n 控制在 62 以内是因为计算 2 的幂可能会溢出和时间超限
        if n <= 62 and 3 * (2 ** (n - 1)) < k:
            return ""
        result = ""
        #计算第一个字符
        if n >= 62:
            result += 'a'
        elif k <= 2 ** (n - 1):
            result += 'a'
        elif k <= 2 * (2 ** (n - 1)):
            result += 'b'
            k -= 2 ** (n - 1)
```

```
        else:
            result += 'c'
            k -= 2 * (2 ** (n - 1))
        #计算后续字符
        for i in range(1, n):
            # position = 0 代表这个位置填较小的字符,1 填较大的
            position = 0
            exponent = n - i
            if exponent < 62 and k > 2 ** (exponent - 1):
                position = 1
                k -= 2 ** (exponent - 1)
            temp = "abc"
            temp = temp.replace(result[i - 1], '', 1)
            result += temp[position]
        return result
if __name__ == '__main__':
    temp = Solution()
    n = 3
    k = 6
    print('输入:',n,k)
    print('输出:',temp.kthString(n,k))
```

4. 运行结果

输入: 3 6
输出: bac

例 428 最大子数组 I

1. 问题描述

给定一个整数数组,找出两个不重叠子数组,使它们的和最大。每个子数组的数字在数组中的位置应该是连续的,返回最大的和,子数组最少包含一个数。

2. 问题示例

输入: nums=[1,3,−1,2,−1,2]
输出: 7
因为最大的子数组为[1,3]和[2,−1,2]或者[1,3,−1,2]和[2]。

3. 代码实现

相关代码如下。

```
class Solution:
    #参数 nums: 整数数组
    #返回值: 整数
    def maxTwoSubArrays(self, nums):
```

```
        n = len(nums)
        a = nums[:]
        aa = nums[:]
        for i in range(1, n):
            a[i] = max(nums[i], a[i-1] + nums[i])
            aa[i] = max(a[i], aa[i-1])
        b = nums[:]
        bb = nums[:]
        for i in range(n-2, -1, -1):
            b[i] = max(b[i+1] + nums[i], nums[i])
            bb[i] = max(b[i], bb[i+1])
        mx = -65535
        for i in range(n - 1):
            mx = max(aa[i]+b[i+1], mx)
        return mx
if __name__ == '__main__':
    temp = Solution()
    nums=[1,3,-1,2,-1,2]
    print('输入:',nums)
    print('输出:',temp.maxTwoSubArrays(nums))
```

4. 运行结果

```
输入: [1, 3, -1, 2, -1, 2]
输出: 7
```

例 429　最大子数组 Ⅱ

1. 问题描述

给定一个整数数组和一个整数 k,找出 k 个不重叠子数组使得它们的和最大。每个子数组的数字在数组中的位置应该是连续的,返回最大的和。子数组最少包含一个数。

2. 问题示例

输入：nums=[1,2,3],$k=1$

输出：6

因为 $1+2+3=6$。

3. 代码实现

相关代码如下。

```
class Solution:
    #参数 nums: 整数数组
    #参数 k: 整数
    #返回值: 整数
    def maxKSubArrays(self, nums, K):
```

```
        dp = [[[ - float('inf')] * 2 for _ in range(K + 1)] for __ in range(len(nums) + 1)]
        dp[0][0][0] = 0
        dp[0][0][1] = 0
        for i in range(1, len(nums) + 1):
            dp[i][0][0] = 0
            for j in range(1, K + 1):
                dp[i][j][0] = max(dp[i - 1][j][0], dp[i - 1][j][1])
                dp[i][j][1] = max(dp[i - 1][j - 1][0] + nums[i - 1], dp[i - 1][j - 1][1] +
nums[i - 1], dp[i - 1][j][1] + nums[i - 1])
        return max(dp[len(nums)][K][0], dp[len(nums)][K][1])
if __name__ == '__main__':
    temp = Solution()
    nums = [1,2,3]
    k = 1
    print('输入:nmms = ',nums,',k = ',k)
    print('输出:',temp.maxKSubArrays(nums,k))
```

4. 运行结果

```
输入: nmms = [1, 2, 3], k = 1
输出: 6
```

▶例 430　最小子数组

1. 问题描述

给定一个整数数组,找到一个具有最小和的连续子数组,返回其最小和。子数组最少包含一个数字。

2. 问题示例

输入：数组=[1,－1,－2,1]

输出：－3

因为子数组[－1,－2]的和是最小值－3。

3. 代码实现

相关代码如下。

```
class Solution:
    #参数 nums: 整数数组
    #返回值: 整数
    def minSubArray(self, nums):
        sum = 0
        minSum = nums[0]
        maxSum = 0
        for num in nums:
            sum += num
```

```
            if sum - maxSum < minSum:
                minSum = sum - maxSum
            if sum > maxSum:
                maxSum = sum
        return minSum
if __name__ == '__main__':
    temp = Solution()
    nums = [1, -1, -2,1]
    print('输入:nmms = ',nums)
    print('输出:',temp.minSubArray(nums))
```

4. 运行结果

输入: nmms = [1, -1, -2, 1]
输出: -3

例431 最大子数组差

1. 问题描述

给定一个整数数组,找出两个不重叠的子数组 A 和 B,使两个子数组和的差的绝对值 $|\mathrm{SUM}(A)-\mathrm{SUM}(B)|$ 最大。返回这个最大的差值,子数组最少包含一个数。

2. 问题示例

输入: 数组=[1,2,-3,1]
输出: 6
解释: 子数组是[1,2]和[-3],所以答案是6。

3. 代码实现

相关代码如下。

```
class Solution:
    #参数 nums: 整数数组
    #返回值: 整数
    def maxDiffSubArrays(self, nums):
        n = len(nums)
        mx1 = [0] * n
        mx1[0] = nums[0]
        mn1 = [0] * n
        mn1[0] = nums[0]
        forward = [mn1[0], mx1[0]]
        array_f = [0] * n
        array_f[0] = forward[:]
        for i in range(1, n):
            mx1[i] = max(mx1[i-1] + nums[i], nums[i])
            mn1[i] = min(mn1[i-1] + nums[i], nums[i])
```

```
            forward = [min(mn1[i], forward[0]), max(mx1[i], forward[1])]
            array_f[i] = forward[:]
        mx2 = [0] * n
        mx2[n-1] = nums[n-1]
        mn2 = [0] * n
        mn2[n-1] = nums[n-1]
        backward = [mn2[n-1], mx2[n-1]]
        array_b = [0] * n
        array_b[n-1] = backward[:]
        for i in range(n-2, -1, -1):
            mx2[i] = max(mx2[i+1] + nums[i], nums[i])
            mn2[i] = min(mn2[i+1] + nums[i], nums[i])
            backward = [min(mn2[i], backward[0]), max(mx2[i], backward[1])]
            array_b[i] = backward[:]
        result = -65535
        for i in range(n-1):
            result = max(result, abs(array_f[i][0] - array_b[i+1][1]), abs(array_f[i][1] -
array_b[i+1][0]))
        return result
if __name__ == '__main__':
    temp = Solution()
    nums = [1,2,-3,1]
    print('输入:nmms = ',nums)
    print('输出:',temp.maxDiffSubArrays(nums))
```

4. 运行结果

```
输入: nmms = [1, 2, -3, 1]
输出: 6
```

例 432　*k* 数之和

1. 问题描述

给定 n 个不同的正整数，整数 k($1 \leqslant k \leqslant n 1 \leqslant k \leqslant n$)以及一个目标数字。在 n 个数里面找出 k 个数，使得这 k 个数的和等于目标数字，找出所有满足要求的方案。

2. 问题示例

输入：数组=[1,2,3,4],$k=2$,target=5

输出：[[1,4],[2,3]]

解释：1+4=5,2+3=5。

3. 代码实现

相关代码如下。

```
class Solution:
```

```
    #参数 A: 整数数组
    #参数 k: 整数
    #参数 target: 整数
    #返回值: 整数
    def kSumII(self, A, k, target):
        A = sorted(A)
        subsets = []
        self.dfs(A, 0, k, target, [], subsets)
        return subsets
    def dfs(self, A, index, k, target, subset, subsets):
        if k == 0 and target == 0:
            subsets.append(list(subset))
            return
        if k == 0 or target <= 0:
            return
        for i in range(index, len(A)):
            subset.append(A[i])
            self.dfs(A, i + 1, k - 1, target - A[i], subset, subsets)
            subset.pop()
if __name__ == '__main__':
    temp = Solution()
    A = [1,2,3,4]
    k = 2
    target = 5
    print('输入:A = ',A,',k = ',k,',target = ',target)
    print('输出:',temp.kSumII(A, k, target))
```

4. 运行结果

输入: A = [1, 2, 3, 4], k = 2, target = 5
输出: [[1, 4], [2, 3]]

例 433　用 $O(1)$时间检测整数 n 是否为 2 的幂

1. 问题描述

用 $O(1)$时间检测整数 n 是否为 2 的幂。

2. 问题示例

输入 $n=4$,返回 True。

3. 代码实现

相关代码如下。

```
class Solution:
    #参数 n: 整数
    #返回 True 或 False
```

```
    def checkPowerOf2(self, n):
        ans = 1
        for i in range(31):
            if ans == n:
                return True
            ans = ans << 1
        return False
if __name__ == '__main__':
    temp = Solution()
    n = 4
    print('输入: n = ',n)
    print('输出:',temp.checkPowerOf2(n))
```

4. 运行结果

输入: n = 4
输出: True

例 434 最大数

1. 问题描述

给出一组非负整数,重新排列顺序,使其组成一个最大的整数。最后的结果可能很大,所以返回一个字符串代替整数。

2. 问题示例

输入:[1,20,23,4,8]
输出:"8423201"

3. 代码实现

相关代码如下。

```
import functools
class Solution:
    #参数 nums: 整数数组
    #返回值: 字符串
    #比较函数
    def compare(self, a, b):
        if a + b > b + a:
            return -1
        return 1
    def largestNumber(self, nums):
        string = []
        #把整型转换成字符串
        for i in nums:
            string.append(str(i))
```

```
        #按最优策略排序
        string.sort(key = functools.cmp_to_key(self.compare))
        ans = ""
        for i in string:
            ans += i
        #除去有多余前导 0 的情况
        if ans[0] == '0':
            return "0"
        return ans
if __name__ == '__main__':
    temp = Solution()
    nums = [1,20,23,4,8]
    print('输入: nums = ',nums)
print('输出:',temp.largestNumber(nums))
```

4. 运行结果

```
输入: nums = [1, 20, 23, 4, 8]
输出: 8423201
```

例 435 插入 5

1. 问题描述

给定一个数字,在数字的任意位置插入一个 5,使得插入后的数字最大。$|a| \leqslant 106$。

2. 问题示例

输入 $a=234$,输出 5234。

3. 代码实现

相关代码如下。

```
class Solution:
    #参数 a: 整数
    #返回值: 整数
    def InsertFive(self, a):
        string = ''
        ans = 0
        n = 0
        flag = False
        if a >= 0:
            string = str(a)
            n = len(string)
            for i in range(n):
                if (ord(string[i]) - ord('0')) < 5 and flag == False:
                    ans = ans * 10 + 5
                    flag = True
```

```
                ans = ans * 10 + ord(string[i]) - ord('0')
            if flag == False:
                ans = ans * 10 + 5
        else:
            a = -a
            string = str(a)
            n = len(string)
            for i in range(n):
                if ord(string[i]) - ord('0') > 5 and flag == False:
                    ans = ans * 10 + 5
                    flag = True
                ans = ans * 10 + ord(string[i]) - ord('0')
            if flag == False:
                ans = ans * 10 + 5
            ans = -ans
        return ans
if __name__ == '__main__':
    temp = Solution()
    a = 234
    print('输入：a=',a)
    print('输出：',temp.InsertFive(a))
```

4. 运行结果

```
输入：a=234
输出：5234
```

▶例 436 寻找单词

1. 问题描述

给定一个字符串 str 和一个字典 dict，需要找出字典里的哪些单词是字符串的子序列，返回这些单词，顺序应与词典中的顺序相同。字典中所有单词长度小于 1000，所有字母均为小写。

2. 问题示例

输入：str="bcogtadsjofisdhklasdj"，dict=["book","code","tag"]
输出：["book"]
因为只有 book 是 str 的子序列
输入：str="nmownhiterer"，dict=["nowhere","monitor","moniter"]
输出：["nowhere","moniter"]

3. 代码实现

相关代码如下。

```
class Solution:
```

```
        #参数 s: 字符串
        #参数 d: 字典
        #返回值: 字符串
    def is_subsequence(self, s, t):
        i, j = 0, 0
        while i < len(s) and j < len(t):
            if (s[i] == t[j]):
                i += 1
                j += 1
            else:
                i += 1
        return j == len(t)
    def findWords(self, s, d):
        result = []
        for word in d:
            if self.is_subsequence(s, word):
                result.append(word)
        return result
if __name__ == '__main__':
    temp = Solution()
    s = "bcogtadsjofisdhklasdj"
    d = ["book","code","tag"]
    print('输入: s = ',s,',d = ',d)
print('输出:',temp.findWords(s,d))
```

4. 运行结果

输入: s = bcogtadsjofisdhklasdj ,d = ['book', 'code', 'tag']
输出: ['book']

例 437　判断连接

1. 问题描述

给定整数矩阵 arr 以及整数 k，确定 arr 中值为 k 的所有单元是否连接在一起。如果矩阵中的两个单元在水平或垂直方向上相邻且具有相同的值，则视为连接。其中，$|arr| \leqslant 500$，$|arr[i]| \leqslant 500$，$0 \leqslant arr[i][j] \leqslant 10\,000$。

2. 问题示例

例 1：

输入：arr=[
[2,2,2,0],
[0,0,0,2],
[0,1,0,2],
[1,1,1,2]]

$k=2$

输出：false

因为不是所有的 2 都相互连接。

例 2：

输入：arr=[

[2,2,2,0],

[0,0,0,2],

[0,1,0,2],

[1,1,1,2]]

$k=1$

输出：True

因为所有的 1 都相互连接。

3. 代码实现

相关代码如下。

```
class Solution:
    #参数 arr: 矩阵
    #参数 k: 整数
    #返回值: 布尔类型
    def dfs(self, arr, x, y, k):
        arr[x][y] = -1;
        dx = [0, 0, 1, -1]
        dy = [1, -1, 0, 0]
        for i in range(0,4):
            x1 = x + dx[i]
            y1 = y + dy[i]
            if x1 >= 0 and y1 >= 0 and x1 < len(arr) and y1 < len(arr[0]) and arr[x1][y1] == k:
                self.dfs(arr, x1, y1, k);
    def judgeConnection(self, arr, k):
        sum = 0;
        for i in range(0,len(arr)):
            for j in range(0,len(arr[0])):
                if arr[i][j] == k:
                    self.dfs(arr, i, j, k)
                    sum += 1
                    if sum >= 2:
                        return False
        return True
if __name__ == '__main__':
    temp = Solution()
    arr = [[2,2,2,0],[0,0,0,2],[0,1,0,2],[1,1,1,2]]
    k = 1
```

```
    print('输入: arr = ',arr,',k = ',k)
    print('输出:',temp.judgeConnection(arr,k))
```

4. 运行结果

```
输入: arr = [[2, 2, 2, 0], [0, 0, 0, 2], [0, 1, 0, 2], [1, 1, 1, 2]], k = 1
输出: True
```

例 438 冰雹猜想

1. 问题描述

数学家们曾提出一个著名的猜想——冰雹猜想。对于任意一个自然数 N,如果 N 是偶数,就把它变成 $N/2$;如果 N 是奇数,就把它变成 $3\times N+1$。按照这个法则运算,最终必然得 1。试问,该数通过几轮变换,会变成 1? $1\leqslant N\leqslant 1000$。

2. 问题示例

输入:4

输出:2

因为第 1 轮变换后为 4/2=2,第 2 轮变换后为 2/2=1,故答案为 2。

3. 代码实现

相关代码如下。

```
class Solution:
    #参数 num: 整数
    #返回值: 整数
    def getAnswer(self, num):
        count = 0
        while num != 1:
            if num % 2 == 1:
                num = num * 3 + 1
            else:
                num /= 2
            count += 1
        return count
if __name__ == '__main__':
    temp = Solution()
    num = 4
    print('输入: num = ',num)
    print('输出:',temp.getAnswer(num))
```

4. 运行结果

```
输入: num = 4
输出: 2
```

例439 链表求和Ⅱ

1. 问题描述

假定用链表表示两个数，其中每个节点仅包含一个数字，这两个数顺序排列。请设计一种方法将两个数相加，并将其结果表现为链表的形式。

2. 问题示例

输入：6→1→7 2→9→5

输出：9→1→2

3. 代码实现

相关代码如下。

```
class ListNode(object):
    def __init__(self, val, next = None):
        self.val = val
        self.next = next
class Solution:
    #参数l1: 第1个链表
    #参数l2: 第2个链表
    #返回值: 链表
    #反转链表
    def reverse(self, l):
        # pre->cur反转为cur→pre,next用于遍历原链表
        pre = None
        cur = l
        next = cur.next
        while next:
            cur.next = pre
            pre = cur
            cur = next
            next = next.next
        cur.next = pre
        return cur
    def addLists2(self, l1, l2):
        l1 = self.reverse(l1)
        l2 = self.reverse(l2)
        ans = ListNode(0)
        cur = ans
        # pre用于最后删去最高位为0的节点
        pre = None
        # l1和l2从低位到高位逐位相加,直到l1或l2到最高位
        while l1 and l2:
            # sum = 进位+二者之和
```

```
            sum = cur.val + l1.val + l2.val
            cur.val = sum % 10
            cur.next = ListNode(sum // 10)
            l1 = l1.next
            l2 = l2.next
            pre = cur
            cur = cur.next
        #如果 l1 或 l2 还有更高位,继续加到答案链表
        while l1:
            sum = cur.val + l1.val
            cur.val = sum % 10
            cur.next = ListNode(sum // 10)
            l1 = l1.next
            pre = cur
            cur = cur.next
        while l2:
            sum = cur.val + l2.val
            cur.val = sum % 10;
            cur.next = ListNode(sum // 10)
            l2 = l2.next
            pre = cur
            cur = cur.next
        if cur.val == 0:
            pre.next = cur.next
        return self.reverse(ans)
def getLinkedList(head):
    list = []
    while head is not None:
        list += [str(head.val)]
        head = head.next
    s = '->'.join(list)
    return s
if __name__ == '__main__':
    temp = Solution()
    head1 = ListNode(6, ListNode(1, ListNode(7)))
    head2 = ListNode(2, ListNode(9, ListNode(5)))
    print('输入数字 1: ' + getLinkedList(head1))
    print('输入数字 2: ' + getLinkedList(head2))
    print('输出二者和: ' + getLinkedList(temp.addLists2(head1,head2)))
```

4. 运行结果

输入数字 1: 6→1→7
输入数字 2: 2→9→5
输出二者和: 9→1→2

例 440 程序检查

1. 问题描述

有一种编程语言，只有以下 5 种命令，每种命令最多有两个参数，请检查给定的程序是否可能无限循环。这些命令分别如下。

label <string>：声明一个标签，参数是一个字符串，且每个标签只声明一次。

goto <string>：跳转到一个标签，并从该标签处开始按顺序执行程序。

halt：停机，程序终止。

print <string>：打印一个字符串，并执行下一个命令。

gotorand <label1> <label2>：随机跳转到两个标签中的一个，并从该标签处开始按顺序执行程序。当程序执行完最后一句，且未跳转，程序终止。

设给定程序的命令条数为 $1\leqslant n\leqslant 1000$，所有标签中只含有英文字符，且长度 $1\leqslant m\leqslant 5$。输出命令的字符串长度 $1\leqslant l\leqslant 20$。

2. 问题示例

输入：

label start

print"hello world!"

gotorand start end

print"good bye"

halt

label end

输出：true

每当程序执行到第 3 句"gotorand start end"后，都有可能回到第 1 句，从头执行，也可能跳到最后一句。第 4、第 5 句将不会被执行。

3. 代码实现

相关代码如下。

```
import collections
class Solution:
    #参数 commands: 字符串
    #返回值: 布尔类型
    def check(self, commands):
        n = len(commands)
        #标签对应的行数
        labelIdx = collections.defaultdict(int)
        #每个节点的访问状态
        visitState = collections.defaultdict(int)
```

```
        for i in range(n):
            if commands[i][0] == 'l':
                labelIdx[commands[i][6:]] = i
        return self.dfs(0, visitState, labelIdx, commands)
    def dfs(self, idx, visitState, labelIdx, commands):
        #程序结束
        if idx == len(commands):
            return False
        #程序中有环,可能会死循环
        if visitState[idx] == 1:
            return True
        # visitState = 2, 代表都不会有死循环
        if visitState[idx] == 2:
            return False
        #将 idx 节点加入栈中
        visitState[idx] = 1
        flag = False
        #停机
        if commands[idx][0] == 'h':
            visitState[idx] = 2
            return False
        #跳转
        if commands[idx][0] == 'g':
            parameters = commands[idx].split()
            if len(parameters) == 2:
                flag |= self.dfs(labelIdx[parameters[1]], visitState, labelIdx, commands)
            else:
                flag |= self.dfs(labelIdx[parameters[1]], visitState, labelIdx, commands)
                flag |= self.dfs(labelIdx[parameters[2]], visitState, labelIdx, commands)
        else:
            flag |= self.dfs(idx + 1, visitState, labelIdx, commands)
        visitState[idx] = 2
        return flag
if __name__ == '__main__':
    temp = Solution()
    com = ["label start","print \"hello world!\"","gotorand start end","print \"good bye\"",
"halt","label end"]
    print('输入命令:',com)
    print('输出是否可能无限循环:',temp.check(com))
```

4. 运行结果

输入命令: ['label start', 'print "hello world!"', 'gotorand start end', 'print "good bye"', 'halt', 'label end']
输出是否可能无限循环: True

▶例 441 特殊回文字符串

1. 问题描述

有一个双向配对的字母列表，如 a↔t、b↔y、y↔h、h↔n、m↔w、w↔w，表示字母之间可以互换。给定一个字符串，如果它是回文字符串，返回 True。其中的字母可以被另一个对应的字母替换，但不允许嵌套替换，即 a↔b，b↔c，但不能 a←/→c。

2. 问题示例

输入：ambigram=["at","by","yh","hn","mw","ww"]，word="swims"

输出：True

列表 ambigram 中的每一位均为 2 个字母，代表其可以相互转换。列表 ambigram 的长度不超过 10 000，字符串 word 的长度不超过 1000，数据保证均为小写字母。w 可以被 m 代替，代替后字符串变成了 smims，为回文字符串，因此返回 True。

3. 代码实现

相关代码如下。

```
class Solution:
    def getpair(self, data):
        keywd = {}
        for letter in data:
            a = letter[0]
            b = letter[1]
            if a not in keywd.keys():
                keywd[a] = []
            keywd[a].append(b)
            if b not in keywd.keys():
                keywd[b] = []
            keywd[b].append(a)
        return keywd
    #参数 ambigram: 字符串列表
    #参数 word: 字符串
    #返回值: 布尔类型
    def ispalindrome(self, ambigram, word):
        isFalse = True
        length = (int)(len(word)/2)
        pairkey = self.getpair(ambigram)
        for i in range(length):
            lst = -1 * (i+1)
            substr = word[i]
            substr2 = word[lst]
            if substr == substr2:
                continue
```

```
            if substr not in pairkey.keys():
                return False
            if substr2 not in pairkey.keys():
                return False
            if (substr in pairkey[substr2]):
                continue
            for key1 in pairkey[substr2]:
                if (substr in pairkey[key1]):
                    isFalse = False
                    break
            if isFalse:
                return False
        return True
if __name__ == '__main__':
    temp = Solution()
    ambigram = ["at", "by", "yh", "hn", "mw", "ww"]
    word = 'swims'
    print('输入交换字母:',ambigram,',输入字符串:',word)
print('输出:',temp.ispalindrome(ambigram,word))
```

4. 运行结果

```
输入交换字母: ['at', 'by', 'yh', 'hn', 'mw', 'ww'] ,输入字符串:swims
输出: True
```

例 442 数组压缩

1. 问题描述

给一个 3 行 N 列的二维数组,将其压缩成一个一维数组。压缩的方法是从原数组 $A[3][N]$每列中取一个数,得到一个大小为 N 的一维数组 $B[N]$。这样的一维数组很多,求出其中的最小值。$0 < N < 10\,000$,数组中的元素均为小于 10 000 的正数。

2. 问题示例

输入:[[1,2,3],[4,5,6],[7,8,9]]

输出:2

得到一维数组[1,2,3]、[4,5,6]或[7,8,9]。

3. 代码实现

相关代码如下。

```
class Solution:
    #参数 A: 数组
    #返回值: 整数
    def CompressArray(self, A):
        leng = len(A[0])
```

```
        dp = [[] for i in range(leng)]
        dp[0] += [0,0,0]
        for i in range(1,leng) :
            for j in range(3) :
                tmp = min(dp[i-1][0] + abs(A[j][i] - A[0][i-1]), dp[i-1][1] + abs
(A[j][i] - A[1][i-1]))
                tmp = min(tmp, dp[i-1][2] + abs(A[j][i] - A[2][i-1]))
                dp[i] += [tmp]
        ans = min(dp[leng - 1][0], min(dp[leng - 1][1], dp[leng - 1][2]))
        return ans
if __name__ == '__main__':
    temp = Solution()
    A = [[1,2,3],[4,5,6],[7,8,9]]
    print('输入数组:',A)
    print('输出最小值:',temp.CompressArray(A))
```

4. 运行结果

```
输入数组: [[1, 2, 3], [4, 5, 6], [7, 8, 9]]
输出最小值: 2
```

例443 等差矩阵

1. 问题描述

给定一个N行M列的矩阵$\mathbf{A}$,矩阵$\mathbf{A}$的每行每列都是公差为整数的等差数列。通过长度为K矩阵元素位置的二元组(矩阵的行和列)查询矩阵元素值。$A[i][j]=0$的位置表示不知道数值,可以根据等差数列确定,也可能不确定具体值,如果该位置的值不能确定,输出-1;否则输出该位置的实际值。最后返回一个长度为K的答案数组,$1\leqslant N,M\leqslant 1500$,$1\leqslant K\leqslant 105$。

2. 问题示例

输入[[1,0,3],[0,4,0],[0,0,0]](矩阵**A**)、[[0,1],[0,0],[1,0],[2,1],[2,2]](矩阵元素坐标位置,如确定0行1列的值等),输出[2,1,−1,6,−1](确定给出坐标位置的值,如果不能确定输出−1)。

整个矩阵为[[1,2,3],[0,4,0],[0,6,0]]。

3. 代码实现

相关代码如下。

```
class Solution:
    def fill(self,i,j,B,row,row_ok,col,col_ok):
        INF = 0x3f3f3f3f
        #如果所在行列都已确定,返回即可
        if col_ok[j] and row_ok[i]:
```

```
            return
        else:
            # 如果列没有全部确认
            if col_ok[j] == False:
            # 如果第 j 列首次确定的数是在 i 行,或尚未出现,此时不能计算公差
                if col[j] == -1 or col[j] == i:
                    col[j] = i
                else:
                    # 确定第 j 列
                    col_ok[j] = True
                    # 计算出公差
                    diff = (int)((B[i][j] - B[col[j]][j]) // (i - col[j]))
                    for r in range(i - 1, -1, -1):
                        if B[r][j] == INF:
                            B[r][j] = B[r + 1][j] - diff
                        self.fill(r,j,B,row,row_ok,col,col_ok)
                    for r in range(i + 1,len(row)):
                        if B[r][j] == INF:
                            B[r][j] = B[r - 1][j] + diff
                        self.fill(r,j,B,row,row_ok,col,col_ok)
            # 如果该行尚未全部确认
            if row_ok[i] == False:
             # 如果 i 行首次确定数的位置是在 j 列或尚未出现,此时不能计算公差
                if row[i] == -1 or row[i] == j:
                    row[i] = j
                # 否则在 i 行有两个位置已经确定,一个是 A[i][j] 一个是 A[i][row[i]]
                else:
                    # 第 i 行都可以确定
                    row_ok[i] = True
                    # 计算公差
                    diff = (int)((B[i][j] - B[i][row[i]]) // (j - row[i]))
                    for c in range(j - 1, -1, -1):
                        if B[i][c] == INF:
                            B[i][c] = B[i][c + 1] - diff
                        self.fill(i,c,B,row,row_ok,col,col_ok)
                    for c in range(j + 1,len(col)):
                        if B[i][c] == INF:
                            B[i][c] = B[i][c - 1] + diff
                        self.fill(i,c,B,row,row_ok,col,col_ok)
# 参数 A: 矩阵
# 参数 ask: 数组
# 返回值: 数组
def getDetermine(self, A, ask):
    INF = 0x3f3f3f3f
    # A 矩阵行数
    n = len(A)
    # A 矩阵列数
```

```
        m = len(A[0])
        B = [[INF] * m for i in range(n)]
        #row[i] = j 表示第 i 行里第 1 次确定的数是在第 j 列
        row = [ - 1 for i in range(n)]
        #row_ok[i] = true 表示第 i 行的数据全部确定
        row_ok = [False for i in range(n)]
        #col[j] = i 表示第 j 列里第 1 次确定的数是在第 i 行
        col = [ - 1 for i in range(m)]
        #col_ok[j] = true 表示第 j 列的数据全部确定
        col_ok = [False for i in range(m)]
        for i in range(n):
            for j in range(m):
                if(A[i][j]!= 0):
                    B[i][j] = A[i][j]
                    self.fill(i,j,B,row,row_ok,col,col_ok)
        ans = []
        for i in range(len(ask)):
            if B[ask[i][0]][ask[i][1]]!= INF:
                ans.append((int)(B[ask[i][0]][ask[i][1]]))
            else:
                ans.append( - 1)
        return ans
if __name__ == '__main__':
    temp = Solution()
    A = [[1,0,3],[0,4,0],[0,0,0]]
    ask = [[0,1],[0,0],[1,0],[2,1],[2,2]]
    print('输入矩阵:',A)
    print('输入位置:',ask)
    print('输出位置值:',temp.getDetermine(A,ask))
```

4. 运行结果

```
输入矩阵: [[1, 0, 3], [0, 4, 0], [0, 0, 0]]
输入位置: [[0, 1], [0, 0], [1, 0], [2, 1], [2, 2]]
输出位置值: [2, 1, -1, 6, -1]
```

例444 堆化操作

1. 问题描述

给出一个整数数组，把它变成一个最小堆数组。对于堆数组 A，$A[0]$是堆的根；对于每个 $A[i]$、$A[i*2+1]$是 $A[i]$的左子树，且 $A[i*2+2]$是 $A[i]$的右子树。

2. 问题示例

给出[3,2,1,4,5]，返回[1,2,3,4,5]或任何一个合法的堆数组。

3. 代码实现

相关代码如下。

```
#参数 A 是一个给定的整数数组
#返回堆化后的数组
import heapq
class Solution:
    def heapify(self, A):
        heapq.heapify(A)
if __name__ == '__main__':
    A = [3, 2, 1, 4, 5]
    print("输入的堆数组:", A)
    solution = Solution()
    solution.heapify(A)
    print("堆化后的数组:", A)
```

4. 运行结果

```
输入的堆数组: [3, 2, 1, 4, 5]
堆化后的数组: [1, 2, 3, 4, 5]
```

例 445 颜色分类

1. 问题描述

给定一个有 n 个对象(包括 k 种不同颜色,并按照 1～k 进行编号)的数组,$k \leqslant n$。将对象进行分类,使相同颜色的对象相邻,并按照 $1,2,\cdots,k$ 的顺序进行排序。不能使用代码库中的排序函数解决这个问题。

2. 问题示例

输入:[3,2,2,1,4],$k=4$

输出:[1,2,2,3,4]

3. 代码实现

相关代码如下。

```
class Solution:
    #参数 colors: 整数数组
    #参数 k: 整数
    #返回值: 整数数组
    def sortColors2(self, colors, k):
        self.sort(colors, 1, k, 0, len(colors) - 1)
        return colors
    def sort(self, colors, color_from, color_to, index_from, index_to):
        if color_from == color_to or index_from == index_to:
            return
        color = (color_from + color_to) // 2
        left, right = index_from, index_to
        while left <= right:
```

```
            while left <= right and colors[left] <= color:
                left += 1
            while left <= right and colors[right] > color:
                right -= 1
            if left <= right:
                colors[left], colors[right] = colors[right], colors[left]
                left += 1
                right -= 1
        self.sort(colors, color_from, color, index_from, right)
        self.sort(colors, color + 1, color_to, left, index_to)
if __name__ == '__main__':
    temp = Solution()
    A = [3,2,2,1,4]
    k = 4
    print('输入: A = ',A,',k = ',k)
    print('输出:',temp.sortColors2(A,k))
```

4. 运行结果

```
输入: A = [3, 2, 2, 1, 4], k = 4
输出: [1, 2, 2, 3, 4]
```

例 446 最长有效括号

1. 问题描述

给出一个只包含'('和')'的字符串,找出其中最长的左右括号正确匹配的合法子串。

2. 问题示例

输入"(()",输出 2,最长有效括号子串为"()"。

输入")()())",输出 4,最长有效括号子串为"()()"。

3. 代码实现

相关代码如下。

```
class Solution:
    #参数 s: 字符串
    #返回值: 整数
    def longestValidParentheses(self, s):
        if len(s) <= 1 :
            return 0
        res = 0
        dp = [0 for i in range(len(s))]          #初始化
        for i in range(len(s) - 2, -1, -1) :
            if s[i] == '(' :                     #如果 s[i] = '(',则需要找到右括号和它匹配
                j = i + dp[i + 1] + 1
                if j < len(s) and s[j] == ')' : #如果没越界且为右括号,则有 dp[i] = dp[i + 1] + 2
```

```
                dp[i] = dp[i + 1] + 2
                if j + 1 < len(s):        #将 j + 1 开头的子串加进来
                    dp[i] += dp[j + 1]
            res = max(res, dp[i])
        return res
if __name__ == '__main__':
    temp = Solution()
    s = ')()())'
    print('输入: s = ',s)
    print('输出:',temp.longestValidParentheses(s))
```

4. 运行结果

```
输入: s = )()())
输出: 4
```

例 447 分糖果

1. 问题描述

N 个小孩站成一列,每个小孩有一个评级。按照以下要求给小孩分糖果:(1)每个小孩至少得到一颗;(2)评级越高的小孩,其相邻的两个小孩得到的糖越多。求出需要准备的最小糖果数。

2. 问题示例

给定评级 ratings=[1,2],返回 3;给定评级 ratings=[1,1,1],返回 3;给定评级 ratings=[1,2,2],返回 4([1,2,1])。

3. 代码实现

相关代码如下。

```
#采用 utf-8 编码格式
#参数 ratings: 一个整数数组
#返回值: 整数
class Solution:
    def candy(self, ratings):
        candynum = [1 for i in range(len(ratings))]
        for i in range(1, len(ratings)):
            if ratings[i] > ratings[i-1]:
                candynum[i] = candynum[i-1] + 1
        for i in range(len(ratings) - 2, -1, -1):
            if ratings[i+1] < ratings[i] and candynum[i+1] >= candynum[i]:
                candynum[i] = candynum[i+1] + 1
        return sum(candynum)
if __name__ == '__main__':
    temp = Solution()
```

```
List1 = [2,3,1,1,4]
List2 = [1,4,2,2,3]
print(("输入:" + str(List1)))
print(("输出:" + str(temp.candy(List1))))
print(("输入:" + str(str(List2))))
print(("输出:" + str(temp.candy(List2))))
```

4. 运行结果

```
输入: [2, 3, 1, 1, 4]
输出: 7
输入: [1, 4, 2, 2, 3]
输出: 7
```

例 448 URL 编码

1. 问题描述

给定一个代表网址主机的字符串 base_url 和代表查询参数的数组 query_params，查询参数由一些包含两个元素的数组组成，第 1 个元素代表参数，第 2 个元素代表该参数对应的值。拼接两部分得到完整的 URL(Uniform Resource Locator，统一资源定位器)。base_url 和查询参数字符串之间使用"?"连接，在查询参数和值之间通过"="连接，各查询参数之间使用"&"连接。查询参数需要根据字典序排序。代表查询参数的数组 query_params 长度在 100 以内，数组中不会包含特殊的需要转义的字符。

2. 问题示例

输入: "https://translate. google. cn/"[["sl","en"],["tl","zh-CN"],["text","Hello"],["op","translate"]]

输出: "https://translate. google. cn/?op=translate&sl=en&text=Hello&tl=zh-CN"

参数需要按照字典序拼接，所以首先拼接 op，其次拼接 sl，再次拼接 text，最后拼接 tl 。

3. 代码实现

相关代码如下。

```
from urllib.parse import urlencode as urllib_urlencode
class Solution:
    #参数 base_url: 字符串
    #参数 query_params: 查询参数的元组序列
    #返回值: 字符串
    def urlencode(self, base_url, query_params):
        if not query_params:
            return base_url
        query_params.sort()
        query_params = tuple((key, val) for key, val in query_params)
        return base_url + '?' + urllib_urlencode(query_params)
```

```
if __name__ == '__main__':
    temp = Solution()
    base_url = "https://translate.google.cn/"
    query_params = [["sl","en"],["tl","zh-CN"],["text","Hello"],["op","translate"]]
    print('输入主机地址:',base_url)
    print('输入查询参数:',query_params)
    print('输出完整的 URL:',temp.urlencode(base_url,query_params))
```

4. 运行结果

```
输入主机地址: https://translate.google.cn/
输入查询参数: [['sl', 'en'], ['tl', 'zh-CN'], ['text', 'Hello'], ['op', 'translate']]
输出完整的 URL: https://translate.google.cn/?op=translate&sl=en&text=Hello&tl=zh-CN
```

例449 多字符串查找

1. 问题描述

给出一个源字符串 sourceString 和一个目标字符串数组 targetStrings，判断目标字符串数组中的每一个字符串是否为源字符串的子串。len(sourceString)≤1000，sum(len(targetStrings[i]))≤1000。

2. 问题示例

输入：sourceString="abc"，targetStrings=["ab","cd"]

输出：[true,false]

3. 代码实现

相关代码如下。

```
class Solution:
    #参数 sourceString: 字符串
    #参数 targetStrings: 字符串数组
    #返回值: 布尔类型数组
    def whetherStringsAreSubstrings(self, sourceString, targetStrings):
        listin = []
        for sr in targetStrings:
            index = sourceString.find(sr)
            if index != -1:
                listin.append(True)
            else:
                listin.append(False)
        return listin
if __name__ == '__main__':
    temp = Solution()
    sourceString = "abc"
    targetStrings = ["ab","cd"]
```

```
    print('输入源字符串:',sourceString)
    print('输入目标字符串:',targetStrings)
    print('输出是否为子串:',temp.whetherStringsAreSubstrings(sourceString,targetStrings))
```

4. 运行结果

输入源字符串: abc
输入目标字符串: ['ab', 'cd']
输出是否为子串: [True, False]

例 450 最大订单

1. 问题描述

一名经理被指派去处理公司休息室的食物浪费现象。休息室里有几包奶精，每包都有有效期，奶精必须在有效期内使用。经理还可以选择从杂货店订购额外的奶精，每包奶精都有不同的有效期。给定每日对奶精的最大需求量，求出在不浪费的情况下可以订购的最大奶精数量。输入以下 3 个参数：

onHand[]，一个整数数组表示已有奶精的保质期；

supplier[]，一个整数数组表示可以选择订购奶精的保质期；

demand，每天最多可以消耗的奶精数量。

请返回在没有浪费的情况下可以订购的最大奶精数量，如果一定会有浪费则返回－1。

2. 问题示例

输入：[0,2,2]，[2,0,0]，2

输出：2

休息室中有 3 个奶精保质期分别为[0,2,2]天；杂货店里有 3 个奶精，保质期分别为[2,0,0]天；职员每天最多消耗 2 个奶精。

3. 代码实现

相关代码如下。

```
class Solution:
    #参数 onHand: 已有奶精保质期天数,整数数组
    #参数 supplier: 可提供的奶精保质期天数,整数数组
    #参数 demand: 职员最大每日奶精需求量,整数
    #返回值: 需要订购的数量,整数
    def check(self, onHand, supplier, demand, order):
        m = len(onHand)
        n = len(supplier)
        onHandIndex = 0
        supplierIndex = n - order
        for i in range(m + order):
            if supplierIndex < n and ( supplier[supplierIndex] <= onHand[onHandIndex] or
```

```
onHandIndex == m):
                if supplier[supplierIndex] < i // demand:
                    return 0
                supplierIndex += 1
            else:
                if onHand[onHandIndex] < i // demand:
                    return 0
                onHandIndex += 1
        return 1
    def stockLounge(self, onHand, supplier, demand):
        m = len(onHand)
        n = len(supplier)
        onHand = sorted(onHand)
        supplier = sorted(supplier)
        for i in range(m):
            if onHand[i] < i // demand:
                return -1
        left = 0
        right = n
        while left + 1 < right:
            mid = left + (right - left) // 2
            if self.check(onHand, supplier, demand, mid):
                left = mid
            else:
                right = mid - 1
        if self.check(onHand, supplier, demand, right):
            return right
        else:
            return left
if __name__ == '__main__':
    temp = Solution()
    onHand = [0,2,2]
    supplier = [2,0,0]
    demand = 2
    print('输入:',onHand,',',supplier,',',demand)
    print('输出:',temp.stockLounge(onHand, supplier, demand))
```

4. 运行结果

输入: [0, 2, 2] , [2, 0, 0] , 2
输出: 2

例 451 最长字符串链

1. 问题描述

给出一个单词列表,其中每个单词都由小写英文字母组成。如果可以在 word1 的任何地方添加一个字母使其变成 word2,则认为 word1 是 word2 的前身,如"abc"是"abac"的前身。词链是单词[word_1,word_2,...,word_k]组成的序列,$k \geq 1$,其中 word_1 是 word_2 的前身,word_2 是 word_3 的前身,依此类推。从给定单词列表 words 中选择单词组成词链,返回词链的最长长度,1≤words.length≤1000,1≤words[i].length≤16,words[i]仅由小写英文字母组成。

2. 问题示例

输入:["ba","a","b","bca","bda","bdca"]

输出:4

解释:最长单词链之一为"a","ba","bda","bdca"。

3. 代码实现

相关代码如下。

```
class Solution:
    #参数 words: 单词列表
    #返回值: 整数
    def pre_word(self, a, b):
        if len(a) + 1 != len(b):
            return False
        i = 0
        j = 0
            while i < len(a) and j < len(b):
                if a[i] == b[j]:
                    i += 1
                j += 1
        if(i == len(a)):
            return True
        return False
    def longestStrChain(self, words):
        dp = [0 for i in range(len(words))]
        ans = 0
        words = sorted(words, key = lambda x: len(x))
        for i in range(len(words)):
            for j in range(i):
                if self.pre_word(words[j], words[i]):
                    dp[i] = int(max(dp[i], dp[j] + 1))
                    ans = int(max(ans, dp[i]))
        return ans + 1
if __name__ == '__main__':
    temp = Solution()
    words = ["a","b","ba","bca","bda","bdca"]
    print('输入:',words)
    print('输出:',temp.longestStrChain(words))
```

4. 运行结果

```
输入: ['a', 'b', 'ba', 'bca', 'bda', 'bdca']
输出: 4
```

例 452 地图跳跃

1. 问题描述

给定由 n 行 n 列格子组成的"地图",每个格子都有一个高度。每次只能向相邻的格子移动,并且要求这两个格子的高度差不超过目标(target),不能走出地图之外。求出满足从左上角(0,0)走到右下角($n-1$,$n-1$)最小的 target。$n \leqslant 100$,$0 \leqslant arr[i][j] \leqslant 100\,000$。

2. 问题示例

输入:[[1,5],[6,2]]

输出:4

有两条路线:1→5→2 这条路线上 target 为 4,1→6→2 这条路线上 target 为 5,所以结果为 4。

3. 代码实现

相关代码如下。

```
class Solution:
    #参数 arr: 地图矩阵
    #返回值: 整数
    def __init__(self):
        self.vis = [[0 for i in range(108)] for i in range(105)];
        self.m = 0;
    def mapJump(self, arr):
        n = len(arr);
        l = 0;
        r = 100000;
        while l <= r:
            self.m = (l + r) >> 1;
            for i in range(0,len(arr)):
                for j in range(0,len(arr)):
                    self.vis[i][j] = 0;
            self.dfs(0, 0, arr);
            if self.vis[n - 1][n - 1] == 1:
                ans = self.m;
                r = self.m - 1;
            else:
                l = self.m + 1;
        return ans;
    def dfs(self, x, y, arr):
```

```
            dx = [0, 0, 1, -1];
            dy = [1, -1, 0, 0];
            self.vis[x][y] = 1;
            for i in range(0, 4):
                sx = x + dx[i];
                sy = y + dy[i];
                if sx >= len(arr) or sy >= len(arr) or sx < 0 or sy < 0:
                    continue;
                if abs(arr[x][y] - arr[sx][sy]) > self.m or self.vis[sx][sy] == 1:
                    continue;
                self.dfs(sx, sy, arr);
if __name__ == '__main__':
    temp = Solution()
    arr = [[1,5],[6,2]]
    print('输入:',arr)
    print('输出:',temp.mapJump(arr))
```

4. 运行结果

```
输入: [[1, 5], [6, 2]]
输出: 4
```

例 453 查找最大因子

1. 问题描述

给定一个正整数数组 A 和一个正整数 k。求出最大的因数 d，满足 upper(a_0/d)+upper(a_1/d)+…+upper(a_{n-1}/d)≥k，其中 upper()是向上取整，且题目有解。$0<|A|\leqslant 1000$；$0<A[i],k\leqslant 1e9$；d 为整数且不超过数组 A 中的最大值。

2. 问题示例

输入：[1,2,3,4,5] 6

输出：4

解释：upper(1/4)=1，upper(2/4)=1，upper(3/4)=1，upper(4/4)=1，upper(5/4)=2，1+1+1+1+2=6。

3. 代码实现

相关代码如下。

```
class Solution:
    #参数 A: 数组
    #参数 k: 整数
    #返回值: 整数
    def FindDivisor(self, A, k):
        n = len(A)
        left = 1
```

```
        right = 1
        d = 0
        for i in range(n):
            right = int(max(right, A[i]))
        while (left < right) :
            mid = int((left + right) / 2)
            sum_d = 0
            for i in range(n):
                sum_d = sum_d + int(A[i] / mid)
                if A[i] % mid != 0:
                    sum_d += 1
            if sum_d >= k :
                d = mid
                left = mid + 1
            else:
                right = mid
        return d
if __name__ == '__main__':
    temp = Solution()
    A = [1,2,3,4,5]
    k = 6
    print('输入:A = ',A,',k = ',k)
    print('输出:',temp.FindDivisor(A,k))
```

4. 运行结果

```
输入: A = [1, 2, 3, 4, 5], k = 6
输出: 4
```

例 454 矩阵斜线上元素相同

1. 问题描述

给定一个 n 行 n 列的矩阵，如果每一条从左上到右下斜线上的数值相同，返回 True，否则返回 False。

2. 问题示例

如输入：

1,2,3

5,1,2

6,5,1

则返回 True。

如输入：

1,2,3

2,1,5

6,5,1

则返回 False。

3. 代码实现

相关代码如下。

```
class Solution:
    #参数 matrix: 矩阵
    #返回值: 布尔类型
    def judgeSame(self, matrix):
        n = len(matrix)
        for i in range(1, n):
            for j in range(1, n):
                if (matrix[i][j] != matrix[i - 1][j - 1]):
                    return False
        return True
if __name__ == '__main__':
    temp = Solution()
    matrix = [[1,2,3],[5,1,2], [6,5,1]]
    print('输入:A = ',matrix)
    print('输出:',temp.judgeSame(matrix))
```

4. 运行结果

```
输入: A = [[1, 2, 3], [5, 1, 2], [6, 5, 1]]
输出: True
```

▶例 455　最大连通面积

1. 问题描述

有一个二维数组,数组中元素只有 0 和 1。最多能将 1 个 0 变成 1,求出由 1 组成最大的连通块面积。如果在二维数组中有两个 1 上下或左右相邻,可以视作它们是连通的。二维数组有 n 行 m 列,满足 $1\leqslant n,m\leqslant 500$。

2. 问题示例

输入:[[0,1],[1,0]]

输出:3

将其中一个 0 变为 1,都可以得到一个面积为 3 的连通块。

3. 代码实现

相关代码如下。

```
from collections import deque
class Solution:
    #参数 matrix: 矩阵
```

```
    #返回值: 整数
    def maxArea(self, matrix):
        m, n = len(matrix), len(matrix[0])
        res = float('-inf')
        size = {}
        index = 0
        #1 连通索引和的面积
        for i in range(m):
            for j in range(n):
                if matrix[i][j] == 1 and (i, j) not in size:
                    index += 1
                    count = self.bfs(matrix, size, index, i, j)
        #遍历每个 0 以找到最大连接区域
        for i in range(m):
            for j in range(n):
                if matrix[i][j] == 0:
                    area = 1
                    seenIsland = set()
                    for dx, dy in [(0, 1), (1, 0), (-1, 0), (0, -1)]:
                        nx = i + dx
                        ny = j + dy
                        if not 0 <= nx < m or not 0 <= ny < n:
                            continue
                        if (nx, ny) not in size:
                            continue
                        index, count = size[(nx, ny)]
                        if index in seenIsland:
                            continue
                        seenIsland.add(index)
                        area += count
                    res = max(res, area)
        return res if res != float('-inf') else m * n
    def bfs(self, matrix, size, index, x, y):
        m, n = len(matrix), len(matrix[0])
        q = deque([(x, y)])
        vis = set([(x, y)])
        count = 0
        while q:
            x, y = q.popleft()
            count += 1
            for dx, dy in [(1, 0), (0, 1), (-1, 0), (0, -1)]:
                nx = x + dx
                ny = y + dy
                if not 0 <= nx < m or not 0 <= ny < n:
                    continue
                if (nx, ny) in vis:
                    continue
```

```
                if matrix[nx][ny] == 1:
                    q.append((nx, ny))
                    vis.add((nx, ny))
        for x, y in vis:
            size[(x, y)] = (index, count)
        return count
if __name__ == '__main__':
    temp = Solution()
    matrix=[[0,1],[1,0]]
    print('输入:A=',matrix)
    print('输出:',temp.maxArea(matrix))
```

4. 运行结果

输入：A= [[0, 1], [1, 0]]
输出：3

▶例 456　小括号匹配

1. 问题描述

给定一个字符串所表示的括号序列，包含字符'('和')'，判定是否为有效的括号序列。括号必须依照"()"顺序表示——"()"是有效的括号，")("则是无效的括号。

2. 问题示例

输入：")("
输出：False
输入："()"
输出：True

3. 代码实现

相关代码如下。

```
class Solution:
    #参数 string: 字符串
    #返回值: 布尔类型
    def matchParentheses(self, string):
        stack = []
        for c in string:
            if c == '(':
                stack.append(c)
            else:
                if not stack:
                    return False
                if stack[-1] == '(':
                    stack.pop()
```

```
        return True
if __name__ == '__main__':
    temp = Solution()
    string = '()'
    print('输入:string = ',string)
    print('输出:',temp.matchParentheses(string))
```

4. 运行结果

```
输入: string = ()
输出: True
```

例 457 通用子数组个数

1. 问题描述

给定一个由 2 或 4 组成的数组。如果一个数组的子数组(数组中相邻的一组元素且不能为空)符合以下条件,则称为通用:2 和 4 被连续分组(如[4,2]、[2,4]、[4,4,2,2]、[2,2,4,4]、[4,4,4,2,2,2]等);子数组中 4 的个数等于子数组中 2 的个数。元素相同但位置不同的子数组视为不同,如数组[4,2,4,2]中有两个[4,2]子数组。需要返回一个整数值,即给定数组中通用子数组的数量。$1 \leqslant |\text{array}| \leqslant 10^5$,array[$i$]$\in(2,4)$。

2. 问题示例

输入:array=[4,4,2,2,4,2]

输出:4

匹配这两个条件的 4 个子数组包括[4,4,2,2]、[4,2]、[2,4]、[4,2]。注意有两个子数组[4,2],分别在索引 1~2 和 4~5 中。

3. 代码实现

相关代码如下。

```
class Solution:
    #参数 array: 数组
    #返回值: 整数
    def subarrays(self, array):
        size = len(array)
        #记录当前连续 2,4 的个数
        count_2 = 0
        count_4 = 0
        #存放连续 2,4 个数的数组
        queue = []
        for i in range(size):
            if array[i] == 4:
                if i > 0 and array[i - 1] == 2:
                    queue.append(count_2)
```

```
                    count_2 = 0
                count_4 += 1
            if array[i] == 2:
                if i > 0 and array[i - 1] == 4:
                    queue.append(count_4)
                    count_4 = 0
                count_2 += 1
        #处理最后一段连续 2 或 4
        if array[size - 1] == 4:
            queue.append(count_4)
        else:
            queue.append(count_2)
        #相邻的两个数取最小值累加到结果
        result = 0
        for i in range(1, len(queue)):
            result += min(queue[i], queue[i - 1])
        return result
if __name__ == '__main__':
    temp = Solution()
    array = [4,4,2,2,4,2]
    print('输入: array = ',array)
    print('输出:',temp.subarrays(array))
```

4. 运行结果

```
输入: array = [4, 4, 2, 2, 4, 2]
输出: 4
```

▶例 458　最大非负子序和

1. 问题描述

给定一个整数数组 A,找到一个具有最大和的连续子数组(子数组最少包含一个元素,且每个元素都必须是非负整数),返回其最大和。如果 A 数组每个元素都是负值,则返回 -1。$1 \leqslant A.\mathrm{length} \leqslant 10^5, 0 \leqslant |A| \leqslant 1000$。

2. 问题示例

输入:[1,2,−3,4,5,−6]

输出:9

解释:$A[0]=1, A[1]=2, A[0]+A[1]=3$; $A[3]=4, A[4]=5, A[3]+A[4]=9$,即 9 为最大值。

3. 代码实现

相关代码如下。

```
class Solution:
```

```
    # 参数 A: 数组
    # 返回值: 整数
    def maxNonNegativeSubArray(self, A):
        # A 数组长度
        n = len(A)
        # maxSubArraySum[i] 表示以 A[i]结尾的最大非负子序和
        # 若 maxSubArraySum[i]为 - 1 ,表示 A[i]为负值
        # 因为 maxSubArraySum[i]只与 maxSubArraySum[i - 1],A[i]有关,可以只使用一个变量
lastIndexSubArraySum 记录 maxSubArraySum[i - 1]
        lastIndexSubArraySum = - 1
        # 初始化边界条件
        # 记录 0 位置的答案
        if A[0] >= 0:
            lastIndexSubArraySum = A[0]
        maxSubArraySumAnswer = - 1
        maxSubArraySumAnswer = lastIndexSubArraySum
        for i in range(1, n):
            # 用 nowIndexSubArraySum 来代替 maxSubArraySum[i]
            nowIndexSubArraySum = - 1
            # 如果 A[i]为非负整数,计算 A[i]结尾的最大非负子序和
            if A[i] >= 0:
                # maxSubArraySum[i - 1]为 - 1,表明 A[i - 1]为负数,从 i 位置重新开始一段新的
子数组
                # 用 lastIndexSubArraySum 记录 maxSubArraySum[i - 1]
                # 只用 maxSubArraySum[i - 1]即可判断
                if lastIndexSubArraySum == - 1:
                    nowIndexSubArraySum = A[i]
                # maxSubArraySum[i - 1]不是 - 1 表明 A[i - 1]为非负整数,将 A[i]接在 A[i - 1]
的子数组的后面
                # 用 lastIndexSubArraySum 记录 maxSubArraySum[i - 1]
                # 只用 maxSubArraySum[i - 1]即可判断
                else:
                    nowIndexSubArraySum = lastIndexSubArraySum + A[i] # 更新
            maxSubArraySumAnswer = max(maxSubArraySumAnswer, nowIndexSubArraySum)
            # 更新 lastIndexSubArraySum
            lastIndexSubArraySum = nowIndexSubArraySum
            # 如果 maxSubArraySumAnswer 还是 - 1,说明整个 A 数组都是负数
        return maxSubArraySumAnswer
if __name__ == '__main__':
    temp = Solution()
    A = [1,2, - 3,4,5, - 6]
    print('输入: A = ',A)
    print('输出:',temp.maxNonNegativeSubArray(A))
```

4. 运行结果

```
输入: A = [1, 2, - 3, 4, 5, - 6]
输出: 9
```

例 459 最短休息日

1. 问题描述

由于业绩优秀，公司给小 Q 放了 n 天假，身为工作狂的小 Q 打算在假期中工作、锻炼或者休息。他有个习惯：不会连续两天工作或锻炼。小 Q 一天只能干一件事，只有当公司营业时，小 Q 才能去工作，当健身房营业时，小 Q 才能去健身。给出假期中公司、健身房的营业情况，其中，1 为营业，0 为不营业，求小 Q 最少需要休息几天。

2. 问题示例

输入：company=[1,1,0,0],gym=[0,1,1,0]

输出：2

解释：小 Q 可以在第 1 天工作，第 2 天或第 3 天健身，最少休息 2 天。

3. 代码实现

相关代码如下。

```
class Solution:
    #参数 company: 数组
    #参数 gym: 数组
    #返回值: 整数
    def minimumRestDays(self, company, gym):
        dp = [[float('inf')] * 3 for _ in range(len(company))]
        dp[0][0] = 1
        if company[0]:
            dp[0][1] = 0
        if gym[0]:
            dp[0][2] = 0
        for i in range(1, len(company)):
            dp[i][0] = min(dp[i - 1][0], dp[i - 1][1], dp[i - 1][2]) + 1
            if company[i]:
                dp[i][1] = min(dp[i - 1][0], dp[i - 1][2])
            if gym[i]:
                dp[i][2] = min(dp[i - 1][0], dp[i - 1][1])
        return min(dp[len(company) - 1][0], dp[len(company) - 1][1], dp[len(company) - 1][2])
if __name__ == '__main__':
    temp = Solution()
    company = [1,1,0,0]
    gym = [0,1,1,0]
    print('输入: company = ',company,', gym = ',gym)
    print('输出:',temp.minimumRestDays(company,gym))
```

4. 运行结果

```
输入: company = [1, 1, 0, 0], gym = [0, 1, 1, 0]
输出: 2
```

例 460 括号得分

1. 问题描述

给定一个平衡括号字符串 S，按以下规则计算该字符串的分数："()"得 1 分；AB 得 $A+B$ 分，其中 A 和 B 是平衡括号字符串；"(A)"得 $2\times A$ 分，其中 A 是平衡括号字符串。S 是平衡括号字符串，且只含有"("和")"。$2\leqslant S.\text{length}\leqslant 50$。

2. 问题示例

输入："(())"

输出：2

解释：中间的一对()为 A，得 1 分，(A)得 $2\times 1=2$ 分。

3. 代码实现

相关代码如下。

```
class Solution:
    #参数 S: 字符串,包括"("和")"
    #返回值: 整数
    def ParenthesesScore(self, S):
        stack = []
        answer = 0
        for i, c in enumerate(S):
            if c == '(':
                stack.append([i, 0])
            elif c == ')':
                _, value = stack.pop()
                if value == 0:
                    value += 1
                else:
                    value *= 2
                if stack:
                    stack[-1][1] += value
                else:
                    answer += value
        return answer
if __name__ == '__main__':
    temp = Solution()
    S = "(())"
    print('输入: S = ',S)
    print('输出:',temp.ParenthesesScore(S))
```

4. 运行结果

```
输入: S = (())
输出: 2
```

例 461 双色塔

1. 问题描述

有红、绿两种颜色的石头，需要用这两种石头搭建一个塔，塔需要满足如下条件：第 i 层需要包含 i 块石头；同一层的石头应该是同一个颜色(红或绿)；塔的层数尽可能多。在满足上面 3 个条件的前提下，有多少种不同建造塔的方案？当塔中任意一个对应位置的石头颜色不同，则认为这两个方案不相同。由于答案可能会很大，请对 10^9+7 取模。参数 red 为红色石头数，参数 green 为绿色石头数，red+green≥1，0≤red，green≤6×10^4。

2. 问题示例

输入：4 6

输出：2

输入 4 块红色石头，6 块绿色石头，有两种方案：[红 1，绿 2，红 3，绿 4]，[绿 1，绿 2，绿 3，红 4]。

3. 代码实现

相关代码如下。

```
import math
class Solution:
    #参数 red: 红色石头数量
    #参数 green: 绿色石头数量
    #返回值: 整数
    def twoColorsTower(self, red, green):
        MOD = int(1e9) + 7
        dp = [[0] * (red + 1) for _ in range(2)]
        dp[0][0] = 1
        answer = 0
        for i in range(1, int(math.ceil(math.sqrt(red + green) * 2)) + 1):
            for j in range(red + 1):
                dp[i % 2][j] = 0
                if j - i >= 0 and red - j >= 0:
                    dp[i % 2][j] += dp[(i - 1) % 2][j - i]
                    dp[i % 2][j] % = MOD
                num_green_used = (i + 1) * i // 2 - j
                if green - num_green_used >= 0:
                    dp[i % 2][j] += dp[(i - 1) % 2][j]
                    dp[i % 2][j] % = MOD
            if sum(dp[i % 2]) > 0:
                answer = sum(dp[i % 2]) % MOD
        return answer
if __name__ == '__main__':
    temp = Solution()
```

```
    red = 4
    green = 6
    print('输入: red = ',red,',green = ',green)
    print('输出:',temp.twoColorsTower(red,green))
```

4. 运行结果

输入: red = 4, green = 6
输出: 2

例 462 考试策略

1. 问题描述

假如有一场考试时间为 120 分钟，试卷有多道题目，作答顺序不受限制。对于第 i 道题目，有 3 种不同的策略可以选择：直接跳过这道题目，不花费时间，本题得 0 分；只做这道题目一部分，花费 $p[i]$分钟的时间，本题可以得到 part[i]分；做完整题目，花费 $f[i]$分钟的时间，本题可以得到 full[i]分。依次给定 4 个数组：p、part、f、full，请计算最多能得多少分。其中，1≤考试题目数量≤200，每道题目的花费时间 $1 \leqslant p[i] \leqslant f[i] \leqslant 120$，每道题目的分数 1≤part[$i$]≤full[$i$]≤100。

2. 问题示例

输入：p=[20,50,100,5]，part=[20,30,60,3]，f=[100,80,110,10]，full=[60,55,88,6]
输出：94

在所有题中，选择完成整道第 3 题和整道第 4 题的得分最高。整道第 3 题耗时 110 分钟得 88 分，整道第 4 题耗时 10 分钟得 6 分，共耗时 120 分钟得 94 分。

3. 代码实现

相关代码如下。

```
class Solution:
    #参数 p: 部分花费时间数组
    #参数 part: 部分得分数组
    #参数 f: 全部花费时间数组
    #参数 full: 全部得分数组
    #返回值: 整数得分
    def exam(self, p, part, f, full):
        dp = [0 for j in range(120 + 1)]
        dp[0] = 0
        for i in range(len(part)):
            for j in range(120, -1, -1):
                if j - p[i] >= 0:
                    dp[j] = max(dp[j], dp[j - p[i]] + part[i])
                if j - f[i] >= 0:
```

```
                    dp[j] = max(dp[j], dp[j - f[i]] + full[i])
        return max(dp)
if __name__ == '__main__':
    temp = Solution()
    p = [20,50,100,5]
    part = [20,30,60,3]
    f = [100,80,110,10]
    full = [60,55,88,6]
    print('输入:p = ',p,',part = ',part,',f = ',f,',full = ',full)
    print('输出:',temp.exam(p, part, f, full))
```

4. 运行结果

```
输入: p = [20,50,100,5],part = [20,30,60,3],f = [100,80,110,10],full = [60,55,88,6]
输出: 94
```

例 463　移动车棚

1. 问题描述

有一些车辆处于停放状态。给定一个整数数组 stops，代表每辆停车的位置。给定一个整数 k，建造一个移动车棚，使其在任意位置均能成功覆盖 k 辆车（车棚的最前端不超过最前面的车，车棚的最后端不超过最后面的车）。请求出能满足要求的最短车棚的长度。

2. 问题示例

输入：stops=[7,3,6,1,8]，$k=3$

输出：6

这 5 辆车分别在 1,3,6,7,8 位置。车棚需要至少覆盖 3 辆车，长度最少为 6，因为建在[1,6]，[2,7]，[3,8]均能覆盖 3 辆及以上车辆。若长度为 5，则建在[1,5]和[2,6]时只覆盖 2 辆车，不满足条件。

3. 代码实现

相关代码如下。

```
class Solution:
    #参数 stops: 停车位置数组
    #参数 k: 车棚需要覆盖的大小
    #返回值: 整数最小值
    def calculate(self, stops, k):
        #车的总数
        n = len(stops)
        #对停车的位置进行升排序
        stops = sorted(stops)
        #车棚要覆盖所有的车
        if (n == k):
```

```
            return stops[n - 1] - stops[0] + 1
        #将车棚长度初始化为第 1 辆车和第 k+1 辆车 - 1 的距离长度
        shed = stops[k] - stops[0]
        #利用双指针代表车棚的左部和右部
        left = 1
        right = k + 1
        #移动车棚,找到满足条件的车棚长度
        while right < n:
            shed = max(stops[right] - stops[left], shed)
            left += 1
            right += 1
        return shed
if __name__ == '__main__':
    temp = Solution()
    stops = [7,3,6,1,8]
    k = 3
    print('输入: stops = ',stops,',k = ',k)
    print('输出:',temp.calculate(stops,k))
```

4. 运行结果

```
输入: stops = [7, 3, 6, 1, 8], k = 3
输出: 6
```

例 464　另一个祖玛游戏

1. 问题描述

玩一个祖玛游戏,规则如下:有一个珍珠序列,每个珍珠上都有一个英文字符;每 k 个有相同字符的珍珠排列在一起,就会被消除,消除后被这部分珍珠分开的两部分序列会合并在一起。求出不断消除后,剩下的珍珠序列。所有字符都是英文小写字符,保证答案唯一。

2. 问题示例

输入:"abbaca",k=2

输出:"ca"

每 2 个相同字母就会消除,过程如下:"abbaca"→"aaca"→"ca"。

3. 代码实现

相关代码如下。

```
class Solution:
    #参数 s: 输入序列
    #参数 k: 相邻个数
    #返回值: 消融后序列
    def zumaGaming(self, s, k):
        stack = []
```

```
        pairs = []
        for c in s:
            if pairs and pairs[-1][0] == c:
                pairs[-1][1] += 1
            else:
                pairs.append([c, 1])
        for c, num in pairs:
            if stack and stack[-1][0] == c:
                stack[-1][1] += num
            else:
                stack.append([c, num])
            if stack and stack[-1][1] >= k:
                stack[-1][1] %= k
                if stack[-1][1] == 0:
                    stack.pop()
        answer = []
        for c, num in stack:
            answer.extend([c] * num)
        return ''.join(answer)
if __name__ == '__main__':
    temp = Solution()
    s = "abbaca"
    k = 2
    print('输入: s = ',s,',k = ',k)
    print('输出:',temp.zumaGaming(s,k))
```

4. 运行结果

```
输入: s = abbaca, k = 2
输出: ca
```

例 465 罗马数字转整数

1. 问题描述

给定一个罗马数字，将其转换成整数，返回的结果要求在 1～3999 的范围内。

2. 问题示例

将 IV 转换成 4，XII 转换成 12，XXI 转换成 21，XCIX 转换成 99。

3. 代码实现

相关代码如下。

```
#采用 utf-8 编码格式
#参数 s: 一个字符串
#返回值: 整数
class Solution:
```

```
    def romanToInt(self, s):
        ROMAN = {
            'I': 1,
            'V': 5,
            'X': 10,
            'L': 50,
            'C': 100,
            'D': 500,
            'M': 1000
        }
        if s == "":
            return 0
           index = len(s) - 2
            sum = ROMAN[s[-1]]
        while index >= 0:
            if ROMAN[s[index]] < ROMAN[s[index + 1]]:
                sum -= ROMAN[s[index]]
            else:
                sum += ROMAN[s[index]]
            index -= 1
        return sum
if __name__ == '__main__':
    temp = Solution()
    string1 = "DCXXI"
    string2 = "XX"
    print(("输入:" + string1))
    print(("输出:" + str(temp.romanToInt(string1))))
    print(("输入:" + string2))
    print(("输出:" + str(temp.romanToInt(string2))))
```

4. 运行结果

```
输入: DCXXI
输出: 621
输入: XX
输出: 20
```

例 466 两个整数相除

1. 问题描述

要求不使用乘法、除法和 mod 运算符，实现将两个整数相除。如果溢出，返回 2147483647。

2. 问题示例

给定被除数 100，除数 9，返回 11。

3. 代码实现

相关代码如下。

```
#采用 utf-8 编码格式
class Solution(object):
    def divide(self, dividend, divisor):
        INT_MAX = 2147483647
        if divisor == 0:
            return INT_MAX
        neg = dividend > 0 and divisor < 0 or dividend < 0 and divisor > 0
        a, b = abs(dividend), abs(divisor)
        ans, shift = 0, 31
        while shift >= 0:
            if a >= b << shift:
                a -= b << shift
                ans += 1 << shift
            shift -= 1
        if neg:
            ans = - ans
        if ans > INT_MAX:
            return INT_MAX
        return ans
if __name__ == '__main__':
    temp = Solution()
    x1 = 100
    x2 = 10
    print(("输入:" + str(x1) + " " + str(x2)))
    print(("输出:" + str(temp.divide(x1,x2))))
```

4. 运行结果

```
输入:100  10
输出:10
```

例 467 滑动窗口的最大值

1. 问题描述

给定一个可能包含重复整数的数组和一个大小为 k 的滑动窗口,从左到右在数组中滑动,找到数组中每个窗口内的最大值。

2. 问题示例

给出数组[1,2,7,7,8],滑动窗口大小为 $k=3$,返回[7,7,8]。

3. 代码实现

相关代码如下。

```
#采用 utf-8 编码格式
#参数 nums: 一个整数数组
#参数 k: 一个整数
```

```
#返回值: 数组中每个窗口内的最大值
from collections import deque
class Solution:
    def maxSlidingWindow(self, nums, k):
        if not nums or not k:
            return []
        dq = deque([])
        for i in range(k - 1):
            self.push(dq, nums, i)
        result = []
        for i in range(k - 1, len(nums)):
            self.push(dq, nums, i)
            result.append(nums[dq[0]])
            if dq[0] == i - k + 1:
                dq.popleft()
        return result
    def push(self, dq, nums, i):
        while dq and nums[dq[-1]] < nums[i]:
            dq.pop()
        dq.append(i)
if __name__ == '__main__':
    temp = Solution()
    List1 = [2,6,5,3,1,8]
    nums1 = 2
    print(("输入:" + str(List1) + " " + str(nums1)))
    print(("输出:" + str(temp.maxSlidingWindow(List1,nums1))))
```

4. 运行结果

```
输入: [2, 6, 5, 3, 1, 8]  2
输出: [6, 6, 5, 3, 8]
```

例 468 镜像数字

1. 问题描述

镜像数字是指一个数字旋转180°以后和原来一样，如数字69、88和818都是镜像数字。判断数字是否为镜像数字，数字用字符串表示。

2. 问题示例

给出数字 num="69"，返回 True；给出数字 num="68"，返回 False。

3. 代码实现

相关代码如下。

```
#参数 num: 一个字符串
#返回值: 布尔类型，判断这个数字是否是镜像的
```

```
class Solution:
    def isStrobogrammatic(self, num):
        map = {'0': '0', '1': '1', '6': '9', '8': '8', '9': '6'}
        i, j = 0, len(num) - 1
        while i <= j:
            if not num[i] in map or map[num[i]] != num[j]:
                return False
            i, j = i + 1, j - 1
        return True
#主函数
if __name__ == "__main__":
    num = "68"
    #创建对象
    solution = Solution()
    print("输入:", num)
    print("输出:", solution.isStrobogrammatic(num))
```

4. 运行结果

```
输入: 68
输出: False
```

例 469 直方图中最大矩形面积

1. 问题描述

给定 n 个非负整数表示每个直方图的高度，每个直方图的宽均为 1，在直方图中找到最大的矩形面积。

2. 问题示例

给出宽度为 1、高度为[2,1,5,6,2,3]的直方图，如图 3-2 所示。其中的最大矩形面积如图 3-3 中阴影部分所示，含有 10 单位，故返回 10。

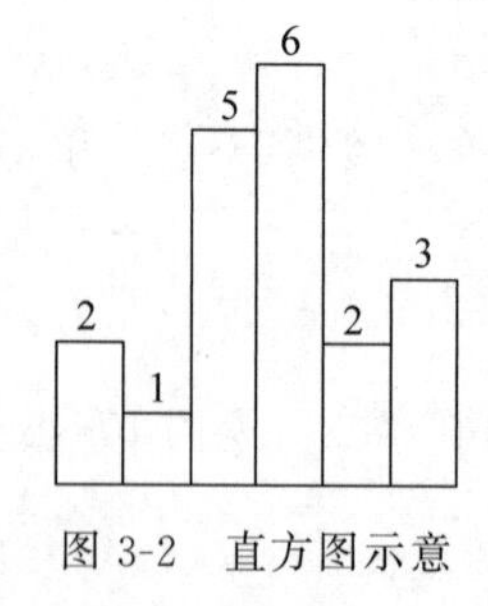

图 3-2 直方图示意

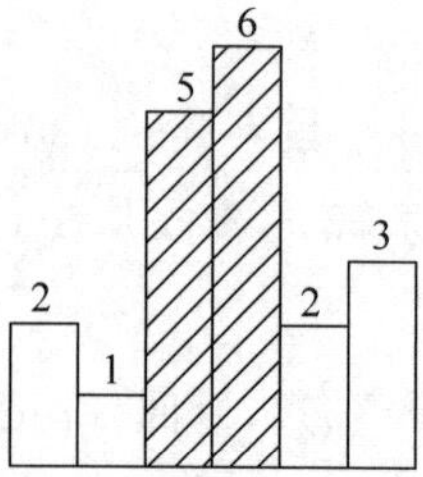

图 3-3 最大矩形面积

3. 代码实现

相关代码如下。

```
#参数 heights: 一个整数列表
#返回值: 在柱状图中长方形的最大面积
class Solution:
    def largestRectangleArea(self, heights):
        indices_stack = []
        area = 0
        for index, height in enumerate(heights + [0]):
            while indices_stack and heights[indices_stack[-1]] >= height:
                popped_index = indices_stack.pop()
                left_index = indices_stack[-1] if indices_stack else -1
                width = index - left_index - 1
                area = max(area, width * heights[popped_index])
            indices_stack.append(index)
        return area
#主函数
if __name__ == "__main__":
    heights = [2,1,5,6,2,3]
    #创建对象
    solution = Solution()
    print("输入每个直方图高度:",heights)
    print("找到直方图最大面积:",solution.largestRectangleArea(heights))
```

4. 运行结果

```
输入每个直方图高度: [2,1,5,6,2,3]
找到直方图最大面积: 10
```

例 470　最长回文子串

1. 问题描述

给定一个字符串(假设长度最长为 1000),求出最长回文子串。假设只有一个满足条件的最长回文子串。

2. 问题示例

给出字符串"abcdzdcab",它的最长回文子串为"cdzdc"。

3. 代码实现

相关代码如下。

```
#采用 utf-8 编码格式
#参数 s: 一个输入的字符串
#返回值: 最长的回文子串
class Solution:
    def longestPalindrome(self, s):
        if not s:
            return ""
```

```
        longest = ""
        for middle in range(len(s)):
            sub = self.find_palindrome_from(s, middle, middle)
            if len(sub) > len(longest):
                longest = sub
            sub = self.find_palindrome_from(s, middle, middle + 1)
            if len(sub) > len(longest):
                longest = sub
        return longest
    def find_palindrome_from(self, string, left, right):
        while left >= 0 and right < len(string) and string[left] == string[right]:
            left -= 1
            right += 1
        return string[left + 1:right]
if __name__ == '__main__':
    temp = Solution()
    string1 = "abcdedcb"
    string2 = "qwerfdfdfg"
    print(("输入:" + string1))
    print(("输出:" + str(temp.longestPalindrome(string1))))
    print(("输入:" + string2))
    print(("输出:" + str(temp.longestPalindrome(string2))))
```

4. 运行结果

```
输入: abcdedcb
输出: bcdedcb
输入: qwerfdfdfg
输出: fdfdf
```

▶例 471　乱序字符串

1. 问题描述

给定一个字符串数组 s,找到其中所有的乱序字符串。如果一个字符串是乱序的,则存在与其字母集合相同,但排序顺序不同的字符串。

2. 问题示例

对于字符串数组["abcd","acdb","bcda","qwe"],返回["abcd","acdb","bcda"]。

3. 代码实现

相关代码如下。

```
#采用 utf-8 编码格式
#参数 strs: 一个字符串
#返回值: 字符串
class Solution:
```

```
    def anagrams(self, strs):
        dict = {}
        for word in strs:
            sortedword = ''.join(sorted(word))
            if sortedword not in dict:
                dict[sortedword] = [word]
            else:
                dict[sortedword] += [word]
        res = []
        for item in dict:
            if len(dict[item]) >= 2:
                res += dict[item]
        return res
if __name__ == '__main__':
    temp = Solution()
    List1 = ["abcd","bcad","dabc","etc"]
    List2 = ["mkji","ijkm","kjim","imjk"]
    print(("输入:" + str(List1)))
    print(("输出:" + str(temp.anagrams(List1))))
    print(("输入:" + str(List2)))
    print(("输出:" + str(temp.anagrams(List2))))
```

4. 运行结果

```
输入: ['abcd','bcad','dabc','etc']
输出: ['abcd','bcad','dabc']
输入: ['mkji','ijkm','kjim','imjk']
输出: ['mkji','ijkm','kjim','imjk']
```

例 472　交叉字符串

1. 问题描述

给出 3 个字符串 $s1$、$s2$、$s3$，判断 $s3$ 是否由 $s1$ 和 $s2$ 交叉构成。如是返回 True；如果不是，则返回 False。

2. 问题示例

$s1$="aabcc"，$s2$="dbbca"，当 $s3$="aadbbcbcac"时，返回 True；当 $s3$="aadbbbaccc"时，返回 False。

3. 代码实现

相关代码如下。

```
#参数 s1、s2、s3: 3 个描述中提到的字符串
#返回值:如果 s3 是由 s1 和 s2 的交叉形成的,则返回 True;如果不是,则返回 False
class Solution:
    def isInterleave(self, s1, s2, s3):
```

```
        if s1 is None or s2 is None or s3 is None:
            return False
        if len(s1) + len(s2) != len(s3):
            return False
        interleave = [[False] * (len(s2) + 1) for i in range(len(s1) + 1)]
        interleave[0][0] = True
        for i in range(len(s1)):
            interleave[i + 1][0] = s1[:i + 1] == s3[:i + 1]
        for i in range(len(s2)):
            interleave[0][i + 1] = s2[:i + 1] == s3[:i + 1]
        for i in range(len(s1)):
            for j in range(len(s2)):
                interleave[i + 1][j + 1] = False
                if s1[i] == s3[i + j + 1]:
                    interleave[i + 1][j + 1] = interleave[i][j + 1]
                if s2[j] == s3[i + j + 1]:
                    interleave[i + 1][j + 1] |= interleave[i + 1][j]
        return interleave[len(s1)][len(s2)]
#主函数
if __name__ == '__main__':
    s1 = "aabcc"
    s2 = "dbbca"
    s3 = "aadbbcbcac"
    print("数组 s1:", s1)
    print("数组 s2:", s2)
    print("数组 s3:", s3)
    solution = Solution()
    print("数组是否交叉:", solution.isInterleave(s1, s2, s3))
```

4. 运行结果

```
数组 s1: aabcc
数组 s2: dbbca
数组 s3: aadbbcbcac
数组是否交叉: True
```

▶例 473 回文链表

1. 问题描述

设计一种方式检查一个链表是否为回文链表。

2. 问题示例

1→2→1 就是一个回文链表。

3. 代码实现

相关代码如下。

```
#创建链表
#参数 head: 一个链表节点
#返回值: 布尔类型
class ListNode(object):
    def __init__(self, val, next = None):
        self.val = val
        self.next = next
class Solution:
    def isPalindrome(self, head):
        if head is None:
            return True
        fast = slow = head
        while fast.next and fast.next.next:
            slow = slow.next
            fast = fast.next.next
        p, last = slow.next, None
        while p:
            next = p.next
            p.next = last
            last, p = p, next
        p1, p2 = last, head
        while p1 and p1.val == p2.val:
            p1, p2 = p1.next, p2.next
        p, last = last, None
        while p:
            next = p.next
            p.next = last
            last, p = p, next
            slow.next = last
        return p1 is None
#主函数
if __name__ == "__main__":
    node1 = ListNode(1)
    node2 = ListNode(2)
    node3 = ListNode(1)
    node1.next = node2
    node2.next = node3
    #创建对象
    solution = Solution()
    print("初始链表:", [node1.val, node2.val, node3.val])
    print("最终结果:", solution.isPalindrome(node1))
```

4. 运行结果

```
初始链表: [1,2,1]
最终结果: True
```

例 474 链表插入排序

1. 问题描述

用插入排序对链表排序。

2. 问题示例

给定 1→3→2→0→null,返回 0→1→2→3→null。

3. 代码实现

相关代码如下。

```
#定义链表
#参数 head: 连接链表的第一个节点
#返回值: 连接链表的头节点
class ListNode(object):
    def __init__(self, val, next = None):
        self.val = val
        self.next = next
class Solution:
    def insertionSortList(self, head):
        dummy = ListNode(0)
        while head:
            temp = dummy
            next = head.next
            while temp.next and temp.next.val < head.val:
                temp = temp.next
            head.next = temp.next
            temp.next = head
            head = next
        return dummy.next
#主函数
if __name__ == "__main__":
    node1 = ListNode(1)
    node2 = ListNode(3)
    node3 = ListNode(2)
    node4 = ListNode(0)
    node1.next = node2
    node2.next = node3
    node3.next = node4
    list1 = []
    #创建对象
    solution = Solution()
    print("初始链表:", [node1.val, node2.val, node3.val, node4.val])
    newlist = solution.insertionSortList(node1)
    while (newlist):
```

```
        list1.append(newlist.val)
        newlist = newlist.next
    print("插入排序后的链表:", list1)
```

4. 运行结果

```
初始链表: [1, 3, 2, 0]
插入排序后的链表: [0, 1, 2, 3]
```

例475　具有最大平均数的子树

1. 问题描述

给定一棵二叉树，找到有最大平均值的子树，返回子树的根节点，并输出子树。

2. 问题示例

二叉树结果：

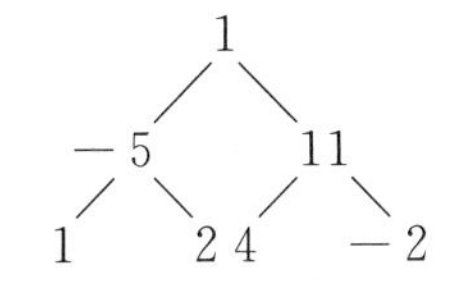

返回节点11。

3. 代码实现

相关代码如下。

```
#树的定义
class TreeNode:
    def __init__(self, val):
        self.val = val
        self.left, self.right = None, None
class Solution:
#参数 root: 一个二叉树的根节点
#返回值: 最大平均值子树的根节点
    average, node = 0, None
    def findSubtree2(self, root):
        self.helper(root)
        return self.node
    def helper(self, root):
        if root is None:
            return 0, 0
        left_sum, left_size = self.helper(root.left)
        right_sum, right_size = self.helper(root.right)
        sum, size = left_sum + right_sum + root.val, left_size + right_size + 1
        if self.node is None or sum * 1.0 / size > self.average:
            self.node = root
```

```
            self.average = sum * 1.0 / size
        return sum, size
def printTree(root):
    res = []
    if root is None:
        print(res)
    queue = []
    queue.append(root)
    while len(queue) != 0:
        tmp = []
        length = len(queue)
        for i in range(length):
            r = queue.pop(0)
            if r.left is not None:
                queue.append(r.left)
            if r.right is not None:
                queue.append(r.right)
            tmp.append(r.val)
        res.append(tmp)
    return (res)
#主函数
if __name__ == '__main__':
    root = TreeNode(1)
    root.left = TreeNode(-5)
    root.right = TreeNode(11)
    root.left.left = TreeNode(1)
    root.left.right = TreeNode(2)
    root.right.left = TreeNode(4)
    root.right.right = TreeNode(-2)
    solution = Solution()
    print("给定二叉树:", printTree(root))
    print("最大平均值的子树:", printTree(solution.findSubtree2(root)))
```

4. 运行结果

```
给定二叉树:[[1], [-5, 11], [1, 2, 4, -2]]
最大平均值的子树:[[11], [4, -2]]
```

例476 高度平衡二叉树

1. 问题描述

高度平衡的二叉树定义是：一棵二叉树中每个节点两个子树的深度相差不会超过1。给定一棵二叉树，请确定高度是否平衡。

2. 问题示例

给出如下所示的二叉树 A={3,9,20,x,x,15,7}，B={3,x,20,15,7}，x表示空。A是

高度平衡的二叉树，但B不是高度平衡的二叉树。

3. 代码实现

相关代码如下。

```
#树的定义
#参数 root：二叉树的根节点
#返回值：一个布尔类型，如果二叉树是平衡树则返回 True，否则返回 False
class TreeNode:
    def __init__(self, val):
        self.val = val
        self.left, self.right = None, None
class Solution:
    def isBalanced(self, root):
        balanced, _ = self.validate(root)
        return balanced
    def validate(self, root):
        if root is None:
            return True, 0
        balanced, leftHeight = self.validate(root.left)
        if not balanced:
            return False, 0
        balanced, rightHeight = self.validate(root.right)
        if not balanced:
            return False, 0
        return abs(leftHeight - rightHeight) <= 1, max(leftHeight, rightHeight) + 1
#主函数
if __name__ == '__main__':
    #树 A
    root = TreeNode(3)
    root.left = TreeNode(9)
    root.right = TreeNode(20)
    root.right.left = TreeNode(15)
    root.right.right = TreeNode(7)
    #树 B
    root1 = TreeNode(3)
    root1.right = TreeNode(20)
    root1.right.left = TreeNode(15)
    root1.right.right = TreeNode(7)
    solution = Solution()
    print("树 A 是否平衡：", solution.isBalanced(root))
    print("树 B 是否平衡：", solution.isBalanced(root1))
```

4. 运行结果

```
树 A 是否平衡: True
树 B 是否平衡: False
```

例 477 主元素 Ⅱ

1. 问题描述

给定一个整型数组，找出主元素，要求该主元素在数组中出现次数大于数组元素个数的 1/2。注意：数组中只有唯一的主元素。

2. 问题示例

给出数组[1,1,1,1,2,2,2]，返回 1。

3. 代码实现

相关代码如下。

```
#参数 nums: 一个整数数组
#返回值: 整数,找到一个主元素
class Solution:
    def majorityNumber(self, nums):
        key, count = None, 0
        for num in nums:
            if key is None:
                key, count = num, 1
            else:
                if key == num:
                    count += 1
                else:
                    count -= 1
            if count == 0:
                key = None
        return key
if __name__ == '__main__':
    temp = Solution()
    nums1 = [2,2,2,3,3,3,3]
    nums2 = [1,2,3,4]
    print ("输入数组:" + "[2,2,2,3,3,3,3]" + "\n 输出:" + str(temp.majorityNumber(nums1)))
print ("输入数组:" + "[1,2,3,4]" + "\n 输出:" + str(temp.majorityNumber(nums2)))
```

4. 运行结果

```
输入数组: [2,2,2,3,3,3,3]
输出: 3
输入数组: [1,2,3,4]
输出: None
```

例 478　单词矩阵

1. 问题描述

给出一系列不重复的单词，找出所有能构成的单词矩阵。如果从第 k 行读出来的单词和第 k 列读出来的单词相同（$0 \leqslant k < \max(\text{numRows}, \text{numColumns})$），则其构成一个单词矩阵。

2. 问题示例

给出["area","lead","wall","lady","ball"]，单词序列为 ["ball","area","lead","lady"]，构成一个单词矩阵。因为对于每一行和每一列，读出来的单词都是相同的，单词矩阵如下：

b a l l

a r e a

l e a d

l a d y

返回[["wall","area","lead","lady"],["ball","area","lead","lady"]]，输出包含两个单词矩阵，这两个矩阵输出的顺序没有影响（只要求矩阵内部有序）。

3. 代码实现

相关代码如下。

```
class TrieNode:
    def __init__(self):
        self.children = {}
        self.is_word = False
        self.word_list = []
class Trie:
    def __init__(self):
        self.root = TrieNode()
    def add(self, word):
        node = self.root
        for c in word:
            if c not in node.children:
                node.children[c] = TrieNode()
            node = node.children[c]
            node.word_list.append(word)
        node.is_word = True
    def find(self, word):
        node = self.root
        for c in word:
            node = node.children.get(c)
            if node is None:
```

```
                return None
            return node
        def get_words_with_prefix(self, prefix):
            node = self.find(prefix)
            return [] if node is None else node.word_list
        def contains(self, word):
            node = self.find(word)
            return node is not None and node.is_word
class Solution:
#参数words:没有重复的一系列单词集合
#返回值:所有单词矩阵
        def wordSquares(self, words):
            trie = Trie()
            for word in words:
                trie.add(word)
            squares = []
            for word in words:
                self.search(trie, [word], squares)
            return squares
        def search(self, trie, square, squares):
            n = len(square[0])
            curt_index = len(square)
            if curt_index == n:
                squares.append(list(square))
                return
#修剪,可以删除该部分代码,但会导致运行速度变慢
            for row_index in range(curt_index, n):
                prefix = ''.join([square[i][row_index] for i in range(curt_index)])
                if trie.find(prefix) is None:
                    return
            prefix = ''.join([square[i][curt_index] for i in range(curt_index)])
            for word in trie.get_words_with_prefix(prefix):
                square.append(word)
                self.search(trie, square, squares)
                square.pop()
#主函数
if __name__ == '__main__':
    word = ["area", "lead", "wall", "lady", "ball"]
    print("单词序列:", word)
    solution = Solution()
    print("构成的单词矩阵:", solution.wordSquares(word))
```

4. 运行结果

```
单词序列: ['area', 'lead', 'wall', 'lady', 'ball']
构成的单词矩阵: [['wall', 'area', 'lead', 'lady'], ['ball', 'area', 'lead', 'lady']]
```

例 479　电话号码的字母组合

1. 问题描述

传统的电话号码拨号盘如图 3-4 所示，2～9 数字键盘上的每个数字可以代表 3 个字母之一，如数字 2 可以代表 A、B 和 C。输入任何 2～9 的数字组合，返回所有可能的字母组合。

2. 问题示例

给定“23”，返回["ad","ae","af","bd","be","bf","cd","ce","cf"]。

图 3-4　传统电话号码拨号盘

3. 代码实现

相关代码如下。

```
#采用 utf-8 编码格式
#输出给定数字对应所有可能的字符串
#可以递归或直接模拟
import copy
class Solution(object):
    def letterCombinations(self, digits):
        chr = ["", "", "abc", "def", "ghi", "jkl", "mno", "pqrs", "tuv", "wxyz"]
        res = []
        for i in range(0, len(digits)):
            num = int(digits[i])
            tmp = []
            for j in range(0, len(chr[num])):
                if len(res):
                    for k in range(0, len(res)):
                        tmp.append(res[k] + chr[num][j])
                else:
                    tmp.append(str(chr[num][j]))
            res = copy.copy(tmp)
        return res
if __name__ == '__main__':
    temp = Solution()
    string1 = "3"
    string2 = "5"
    print(("输入:" + string1))
    print(("输出:" + str(temp.letterCombinations(string1))))
    print(("输入:" + string2))
    print(("输出:" + str(temp.letterCombinations(string2))))
```

4. 运行结果

```
输入: 3
```

```
输出: ['d', 'e', 'f']
输入: 5
输出: ['j', 'k', 'l']
```

例 480 会议室

1. 问题描述

给定一系列会议时间间隔的数组 intervals,包括起始和结束时间[[s1,e1],[s2,e2],...]($si < ei$),找到所需的最小会议室数量。

2. 问题示例

给出 intervals=[(0,30),(5,10),(15,20)],返回 2。

3. 代码实现

相关代码如下。

```
#参数 intervals: 一个会议室时间间隔的数组
#返回值: 所需的最小会议室数量
class Interval(object):
    def __init__(self, start, end):
        self.start = start
        self.end = end
class Solution:
    def minMeetingRooms(self, intervals):
        points = []
        for interval in intervals:
            points.append((interval.start, 1))
            points.append((interval.end, -1))
        meeting_rooms = 0
        ongoing_meetings = 0
        for _, delta in sorted(points):
            ongoing_meetings += delta
            meeting_rooms = max(meeting_rooms, ongoing_meetings)
        return meeting_rooms
#主函数
if __name__ == '__main__':
    node1 = Interval(0, 30)
    node2 = Interval(5, 10)
    node3 = Interval(15, 20)
    print("会议时间间隔:", [[node1.start, node1.end], [node2.start, node2.end], [node3.
start, node3.end]])
    intervals = [node1, node2, node3]
    solution = Solution()
    print("最小的会议室数量:", solution.minMeetingRooms(intervals))
```

4. 运行结果

```
会议时间间隔：[[0, 30]、[5, 10]、[15, 20]]
最小的会议室数量：2
```

例 481 无重叠区间

1. 问题描述

给定一些区间，找到需要移除的最小区间数，使其余的区间不重叠。

2. 问题示例

输入[[1,2],[2,3],[3,4],[1,3]]，输出 1，[1,3]被移除后，剩下的区间将不再重叠。输入[[1,2],[1,2],[1,2]]，输出 2，需要将两个[1,2]移除，使剩下的区间不重合。输入[[1,2],[2,3]]，输出 0。

3. 代码实现

相关代码如下。

```
#采用 utf-8 编码格式
import sys
class Solution:
    def eraseOverlapIntervals(self, intervals):
        ans = 0
        end = -sys.maxsize
        for i in sorted(intervals, key=lambda i: i[-1]):
            if i[0] >= end:
                end = i[-1]
            else:
                ans += 1
        return ans
if __name__ == '__main__':
    temp = Solution()
    List1 = [ [1,2], [2,3], [3,4], [1,3] ]
    List2 = [ [1,2], [1,2], [1,2] ]
    print(("输入:" + str(List1)))
    print(("输出:" + str(temp.eraseOverlapIntervals(List1))))
    print(("输入:" + str(str(List2))))
    print(("输出:" + str(temp.eraseOverlapIntervals(List2))))
```

4. 运行结果

```
输入：[[1, 2], [2, 3], [3, 4], [1, 3]]
输出：1
输入：[[1, 2], [1, 2], [1, 2]]
输出：2
```

例 482 表达式求值

1. 问题描述

给一个用字符串表示的数组，求出该表达式的值。注意：表达式只包含整数和“+”“-”“*”“/”“(,)”等符号。

2. 问题示例

对于表达式(2×6-(23+7)/(1+2))，对应数组如下：

```
[
  "2","*","6","-","(",
  "23","+","7",")","/",
  "(","1","+","2",")"
]
```

3. 代码实现

相关代码如下。

```
#参数 expression: 字符串列表
#返回值: 整数
class Solution:
    def evaluateExpression(self, expression):
        if expression is None or len(expression) == 0:
            return 0
        integers = []
        symbols = []
        for c in expression:
            if c.isdigit():
                integers.append(int(c))
            elif c == "(":
                symbols.append(c)
            elif c == ")":
                while symbols[-1] != "(":
                    self.calculate(integers, symbols)
                symbols.pop()
            else:
                if symbols and symbols[-1] != "(" and self.get_level(c) >= self.get_level
(symbols[-1]):
                    self.calculate(integers, symbols)
                symbols.append(c)
        while symbols:
            print(integers, symbols)
            self.calculate(integers, symbols)
        if len(integers) == 0:
```

```
            return 0
        return integers[0]
    def get_level(self, c):
        if c == "+" or c == "-":
            return 2
        if c == "*" or c == "/":
            return 1
        return sys.maxsize
    def calculate(self, integers, symbols):
        if integers is None or len(integers) < 2:
            return False
        after = integers.pop()
        before = integers.pop()
        symbol = symbols.pop()
        if symbol == "-":
            integers.append(before - after)
        elif symbol == "+":
            integers.append(before + after)
        elif symbol == "*":
            integers.append(before * after)
        elif symbol == "/":
            integers.append(before // after)
        return True
#主函数
if __name__ == "__main__":
    str = "(2 * 6 - (23 + 7)/(1 + 2))"
    num = ["2", "*", "6", "-", "(", "23", "+", "7", ")", "/","(", "1", "+", "2", ")"]
    #创建对象
    solution = Solution()
    print("输入表达式:", str)
    print("其表达式对应的数组:", num)
    print("表达式的值:",solution.evaluateExpression(num))
```

4. 运行结果

```
输入表达式: (2 * 6 - (23 + 7)/(1 + 2))
其表达式对应的数组: ['2', '*', '6', '-', '(', '23', '+', '7', ')', '/', '(', '1', '+', '2', ')']
[12, 30, 3] ['-', '/']
[12, 10] ['-']
表达式的值: 2
```

例483　翻转游戏

1. 问题描述

给定一个只包含两种字符(+和-)的字符串,两个人轮流翻转"++"变成"--"。当一个人无法采取行动时游戏结束,另一个人将是赢家。判断能否保证先手胜利。

2. 问题示例

给定 s="++++",先手可以通过翻转中间的"++"使字符串变成"+−−+"来保证胜利,返回 True。

3. 代码实现

相关代码如下。

```
#参数 s: 一个给定的字符串
#返回值: 一个布尔值,如果能够保证先手胜利则返回 True
class Solution:
    memo = {}
    def canWin(self, s):
        if s in self.memo:
            return self.memo[s]
        for i in range(len(s) - 1):
            if s[i:i + 2] == '++':
                tmp = s[:i] + '--' + s[i + 2:]
                flag = self.canWin(tmp)
                self.memo[tmp] = flag
                if not flag:
                    return True
        return False
#主函数
if __name__ == '__main__':
    s = "++++"
    print("s 是:", s)
    solution = Solution()
    print("是否可以赢:", solution.canWin(s))
```

4. 运行结果

```
s 是: ++++
是否可以赢: True
```

例 484　迷宫

1. 问题描述

在迷宫中有一个球,球可以上、下、左、右滚动,只有撞到墙上才会停止滚动。当球停止时,可以选择下一个方向。迷宫由二维数组表示,1 表示墙,0 表示空的空间,并假设迷宫的边界都是墙,开始和目标坐标用行和列索引表示。给定球的起始位置、目的地和迷宫,确定球是否可以停在终点。

2. 问题示例

给定如下由二维数组表示的迷宫:

0 0 1 0 0

0 0 0 0 0

0 0 0 1 0

1 1 0 1 1

0 0 0 0 0

开始坐标(rowStart,colStart)=(0,4),目的坐标(rowDest,colDest)=(4,4),返回 True。

3. 代码实现

相关代码如下。

```
DIRECTIONS = [(1, 0), (-1, 0), (0, -1), (0, 1)]
class Solution(object):
    def hasPath(self, maze, start, destination):
        if not maze:
            return False
        visited, self.ans = {(start[0], start[1])}, False
        self.dfs_helper(maze, start[0], start[1], destination, visited)
        return self.ans
    def dfs_helper(self, maze, x, y, destination, visited):
        if self.ans or self.is_des(x, y, destination):
            self.ans = True
            return
        for dx, dy in DIRECTIONS:
            new_x, new_y = x, y
            while self.is_valid(maze, new_x + dx, new_y + dy):
                new_x += dx
                new_y += dy
            coor = (new_x, new_y)
            if coor not in visited:
                visited.add(coor)
                self.dfs_helper(maze, new_x, new_y, destination, visited)
    def is_valid(self, maze, x, y):
        row, col = len(maze), len(maze[0])
        return 0 <= x < row and 0 <= y < col and maze[x][y] == 0
    def is_des(self, x, y, destination):
        return x == destination[0] and y == destination[1]
#主函数
if __name__ == '__main__':
    maze = [[0, 0, 1, 0, 0], [0, 0, 0, 0, 0], [0, 0, 0, 1, 0], [1, 1, 0, 1, 1], [0, 0, 0, 0, 0]]
    start = [0, 4]
    destination = [4, 4]
    print("迷宫:", maze)
    print("初始地点:", start)
    print("终点:", destination)
    solution = Solution()
    print("是否可以走出迷宫:", solution.hasPath(maze, start, destination))
```

4. 运行结果

```
迷宫: [[0, 0, 1, 0, 0], [0, 0, 0, 0, 0], [0, 0, 0, 1, 0], [1, 1, 0, 1, 1], [0, 0, 0, 0, 0]]
初始地点: [0, 4]
终点: [4, 4]
是否可以走出迷宫: True
```

例485 摆动排序问题Ⅱ

1. 问题描述

给出没有排序的数组，本例将重新排列原数组，满足 nums[0]≤nums[1]≥nums[2]≤nums[3]…，即按照低、高、低……的规律排序。

2. 问题示例

给出数组为 nums=[3,5,2,1,6,4]，输出方案为[1,6,2,5,3,4]。

3. 代码实现

相关代码如下。

```python
#参数 nums: 一个整数数组
#返回值: 整数数组
class Solution:
    def wiggleSort(self, nums):
        if not nums:
            return
        for i in range(1, len(nums)):
            should_swap = nums[i] < nums[i - 1] if i % 2 else nums[i] > nums[i - 1]
            if should_swap:
                nums[i], nums[i - 1] = nums[i - 1], nums[i]
#主函数
if __name__ == '__main__':
    nums = [3, 5, 2, 1, 6, 4]
    print("初始数组:", nums)
    solution = Solution()
    solution.wiggleSort(nums)
    print("结果:", nums)
```

4. 运行结果

```
初始数组: [3,5,2,1,6,4]
结果: [3,5,1,6,2,4]
```

例486 排颜色

1. 问题描述

给出 n 个元素(包括 k 种不同颜色，并按照 $1 \sim k$ 进行编号)的数组，将其中元素进行分类，使相同颜色的元素相邻，并按照 1，2，…，k 的顺序进行排序。注意：数组应原地排序。

2. 问题示例

给出 colors=[3,2,2,1,4]，k=4，使得数组变成[1,2,2,3,4]。

3. 代码实现

相关代码如下。

```
#参数 colors：一个整数数组
#参数 k：一个整数
#返回值：排序后的数组
class Solution:
    def sortColors2(self, colors, k):
        self.sort(colors, 1, k, 0, len(colors) - 1)
    def sort(self, colors, color_from, color_to, index_from, index_to):
        if color_from == color_to or index_from == index_to:
            return
        color = (color_from + color_to) // 2
        left, right = index_from, index_to
        while left <= right:
            while left <= right and colors[left] <= color:
                left += 1
            while left <= right and colors[right] > color:
                right -= 1
            if left <= right:
                colors[left], colors[right] = colors[right], colors[left]
                left += 1
                right -= 1
        self.sort(colors, color_from, color, index_from, right)
        self.sort(colors, color + 1, color_to, left, index_to)
#主函数
if __name__ == '__main__':
    colors = [3, 2, 2, 1, 4]
    k = 4
    print("初始对象和颜色种类:", colors,k)
    solution = Solution()
    solution.sortColors2(colors, k)
    print("结果:", colors)
```

4. 运行结果

```
初始对象和颜色种类：[3, 2, 2, 1, 4] 4
结果：[1, 2, 2, 3, 4]
```

例 487　按照颜色对数组排序

1. 问题描述

给定一个包含红、白、蓝 3 种元素且长度为 n 的数组，将数组元素进行分类，使相同颜色的元素相邻，并按照红、白、蓝的顺序进行排序。可以使用整数 0、1、2 分别代表红、白、蓝。注意，数组应原地排序。

2. 问题示例

给出数组[1,0,1,2]，该数组排序后为[0,1,1,2]。

3. 代码实现

相关代码如下。

```
#参数 nums: 一个整数数组,包括 0、1、2
#返回值: 排序后的数组
class Solution:
    def sortColors(self, A):
        left, index, right = 0, 0, len(A) - 1
        #注意 index < right 不正确
        while index <= right:
            if A[index] == 0:
                A[left], A[index] = A[index], A[left]
                left += 1
                index += 1
            elif A[index] == 1:
                index += 1
            else:
                A[right], A[index] = A[index], A[right]
                right -= 1
#主函数
if __name__ == '__main__':
    A = [1, 0, 1, 2]
    print("初始数组:", A)
    solution = Solution()
    solution.sortColors(A)
    print("结果:", A)
```

4. 运行结果

```
初始数组: [1, 0, 1, 2]
结果: [0, 1, 1, 2]
```

例 488 简化路径

1. 问题描述

给定一个文档(Unix-style)的完全路径，本例将进行路径简化。

2. 问题示例

"/home/"=>"/home"; "/a/./b/../../c/",=>"/c"

3. 代码实现

相关代码如下。

```
#参数 path: 字符串
#返回值: 一个字符串
class Solution:
    def simplifyPath(self, path):
        stack = []
        i = 0
        res = ''
        while i < len(path):
            end = i+1
            while end < len(path) and path[end] != "/":
                end += 1
            sub = path[i+1:end]
            if len(sub) > 0:
                if sub == "..":
                    if stack != []: stack.pop()
                elif sub != ".":
                    stack.append(sub)
            i = end
        if stack == []: return "/"
        for i in stack:
            res += "/" + i
        return res
#主函数
if __name__ == "__main__":
    path = "/home/"
    #创建对象
    solution = Solution()
    print("输入路径:",path)
    print("路径简化后的结果:",solution.simplifyPath(path))
```

4. 运行结果

```
输入路径: /home/
路径简化后的结果: /home
```

例 489　换硬币

1. 问题描述

给出不同面额的硬币及总金额，本例将计算给出的总金额可以换取的最小硬币数量。如果已有硬币的任意组合都无法与总金额面额相等，则返回−1。

2. 问题示例

给出 coins=[1,2,5]，amount=11，返回 3(11=5+5+1)。

给出 coins=[2],amount=3,返回−1。

3. 代码实现

相关代码如下。

```
#参数 coins: 一个整数数组
#参数 amount: 硬币数的总金额
#返回值: 可以换取的最少硬币数量
class Solution:
    def coinChange(self, coins, amount):
        import math
        dp = [math.inf] * (amount + 1)
        dp[0] = 0
        for i in range(amount + 1):
            for j in range(len(coins)):
                if i >= coins[j] and dp[i - coins[j]] < math.inf:
                    dp[i] = min(dp[i], dp[i - coins[j]] + 1)
        if dp[amount] == math.inf:
            return -1
        else:
            return dp[amount]
#主函数
if __name__ == '__main__':
    coins = [1, 2, 5]
    amount = 11
    print("硬币面额:", coins)
    print("总硬币:", amount)
    solution = Solution()
    print("换取的最小硬币数量:", solution.coinChange(coins, amount))
```

4. 运行结果

```
硬币面额: [1, 2, 5]
总硬币: 11
换取的最小硬币数量: 3
```

例 490　俄罗斯套娃信封

1. 问题描述

给出一定数量的信封,使用整数对(w,h)分别代表信封的宽度和高度,一个信封的宽、高均大于另一个信封时,可以将另一个信封嵌套在内,求最大的信封嵌套层数。

2. 问题示例

给定一些信封[[5,4],[6,4],[6,7],[2,3]],最大的信封嵌套层数是 3,即([2,3]≥[5,4]≥[6,7])。

3. 代码实现

相关代码如下。

```
#采用 utf-8 编码格式
#参数 envelopes: 一个整数对(w,h),分别代表信封宽度和长度
#返回值: 整数,代表最大的信封嵌套层数
class Solution:
    def maxEnvelopes(self, envelopes):
        height = [a[1] for a in sorted(envelopes, key = lambda x: (x[0], -x[1]))]
        dp, length = [0] * len(height), 0
        import bisect
        for h in height:
            i = bisect.bisect_left(dp, h, 0, length)
            dp[i] = h
            if i == length:
                length += 1
        return length
if __name__ == '__main__':
    temp = Solution()
    List = [[1,3],[8,5],[6,2]]
    print(("输入:" + str(List)))
    print(("输出:" + str(temp.maxEnvelopes(List))))
```

4. 运行结果

```
输入: [[1, 3], [8, 5], [6, 2]]
输出: 2
```

例 491　木材加工

1. 问题描述

给定一些原木,把它们切割成一些长度相同的小段木头。需要得到小段的数量至少为 k,但是希望得到的小段越长越好。本例将计算能够得到的小段木头的最大长度。

2. 问题示例

有 3 根木头[232,124,456],$k=7$,最大长度为 114。

3. 代码实现

相关代码如下。

```
#采用 utf-8 编码格式
#参数 L: 一个给定的 n 块木材的长度 L[i]
#参数 k: 一个整数
#返回值: 最小块的最大长度
class Solution:
    def woodCut(self, L, k):
```

```
            if not L:
                return 0
            start, end = 1, max(L)
            while start + 1 < end:
                mid = (start + end) // 2
                if self.get_pieces(L, mid) >= k:
                    start = mid
                else:
                    end = mid
            if self.get_pieces(L, end) >= k:
                return end
            if self.get_pieces(L, start) >= k:
                return start
            return 0
        def get_pieces(self, L, length):
            pieces = 0
            for l in L:
                pieces += l // length
            return pieces
if __name__ == '__main__':
    temp = Solution()
    L = [123,456,789]
    k = 10
    print("输入:" + str(L))
    print("输入:" + str(k))
    print("输出:" + str(temp.woodCut(L,k)))
```

4. 运行结果

```
输入: [123, 456, 789]
输入: 10
输出: 123
```

例 492 判断数独是否合法

1. 问题描述

本例将判断一个数独是否有效。该数独可能只填充了部分数字,其中缺少的数字用空格表示。

2. 问题示例

一个合法的数独(仅部分填充)只需将填充的空格有效即可,并不一定是可解的。合法的数独如图 3-5 所示。

5	3			7				
6			1	9	5			
	9	8					6	
8				6				3
4			8		3			1
7				2				6
	6					2	8	
			4	1	9			5
				8			7	9

图 3-5 合法的数独

3. 代码实现

相关代码如下。

```
#参数 board: 一个 9 行 9 列的二维数组
```

```
#返回值: 布尔类型
class Solution:
    def isValidSudoku(self, board):
        row = [set([]) for i in range(9)]
        col = [set([]) for i in range(9)]
        grid = [set([]) for i in range(9)]
        for r in range(9):
            for c in range(9):
                if board[r][c] == '.':
                    continue
                if board[r][c] in row[r]:
                    return False
                if board[r][c] in col[c]:
                    return False
                g = r // 3 * 3 + c // 3
                if board[r][c] in grid[g]:
                    return False
                grid[g].add(board[r][c])
                row[r].add(board[r][c])
                col[c].add(board[r][c])
        return True
#主函数
if __name__ == "__main__":
    board = [".87654321", "2........", "3........", "4........", "5........", "6........", "7........",
             "8........", "9........"]
    #创建对象
    solution = Solution()
    print("初始值:", board)
    print("结果:", solution.isValidSudoku(board))
```

4. 运行结果

```
初始值: [".87654321", "2........", "3........", "4........", "5........", "6........", "7........",
"8........","9........"]
结果: True
```

例 493 斐波那契数列

1. 问题描述

斐波那契数列前 2 个数是 0 和 1,第 i 个数是第 $i-1$ 和第 $i-2$ 个数的和。斐波那契数列的前 10 个数字为 0、1、1、2、3、5、8、13、21、34。本例将查找斐波那契数列中的第 N 个数。

2. 问题示例

输入 1,输出 0,斐波那契的第 1 个数字是 0;输入 2,输出 1,斐波那契的第 2 个数字是 1。

3. 代码实现

相关代码如下。

```
#采用 utf-8 编码格式
class Solution:
    def fibonacci(self, n):
        a = 0
        b = 1
        for i in range(n - 1):
            a, b = b, a + b
        return a
if __name__ == '__main__':
    temp = Solution()
    nums1 = 5
    nums2 = 15
    print ("输入:" + str(nums1))
    print ("输出:" + str(temp.fibonacci(nums1)))
    print ("输入:" + str(nums2))
    print ("输出:" + str(temp.fibonacci(nums2)))
```

4. 运行结果

```
输入: 5
输出: 3
输入: 15
输出: 377
```

例 494 用栈模拟汉诺塔问题

1. 问题描述

在经典的汉诺塔问题中，有 3 个塔和 N 个可用来堆砌成塔、大小不同的盘子。要求盘子必须按照从小到大的顺序从上往下堆(任意一个盘子，必须堆在比它大的盘子上面)。同时必须满足以下 3 个条件：①每次只能移动一个盘子；②每个盘子从堆的顶部被移动后，只能置放于下一堆中；③每个盘子只能放在比它大的盘子上面。请写一段程序，将第 1 堆的盘子移动到最后一堆中。

2. 问题示例

输入：3

输出：

towers[0]：[]

towers[1]：[]

towers[2]：[2,1,0]

3. 代码实现

相关代码如下。

```
class Tower():
    #创建3个汉诺塔,索引i为0~2
    def __init__(self, i):
        self.disks = []
    #在汉诺塔上增加一个圆盘
    def add(self, d):
        if len(self.disks) > 0 and self.disks[-1] <= d:
            print("Error placing disk %s" % d)
        else:
            self.disks.append(d)
    #参数t: 一个汉诺塔
    #将塔最上面的一个圆盘移动到t的顶部
    def move_top_to(self, t):
        t.add(self.disks.pop())
    #参数n: 整数
    #参数destination: 汉诺塔
    #参数buffer: 汉诺塔
    #将n个圆盘从此塔通过buffer塔移动到destination塔
    def move_disks(self, n, destination, buffer):
        if n > 0:
            self.move_disks(n - 1, buffer, destination)
            self.move_top_to(destination)
            buffer.move_disks(n - 1, destination, self)
    def get_disks(self):
        return self.disks
#主函数
if __name__ == "__main__":
    towers = [Tower(0), Tower(1), Tower(2)]
    n = 3
    for i in range(n - 1, -1, -1):
        towers[0].add(i)
    towers[0].move_disks(n, towers[2], towers[1])
    print("初始盘子个数:", n)
    print("输出结果:", "towers[0]:", towers[0].disks, "towers[1]:", towers[1].disks,
"towers[2]:", towers[2].disks)
```

4. 运行结果

```
初始盘子个数: 3
输出结果: towers[0]: [] towers[1]: [] towers[2]: [2,1,0]
```

例495 字符串生成器Ⅱ

1. 问题描述

字符串生成器由开始符号和生成规则集合两部分组成。对于以下字符串生成器,起始字符为"S",生成规则集合为["S→abc","S→aA","A→b","A→c"],那么字符串"abc"可以被生成,因为"S"→"abc";字符串"ab"可以被生成,因为"S"→"aA"→"ab";字符串"ac"可以被生成,因为"S"→"aA"→"ac"。在本例中,给出一个字符串生成器和一个字符串,若该字符串可以被生成则返回 True,否则返回 False。

2. 问题示例

给定 generator=["S→abc","S→aA","A→b","A→c"],起始字符 S,生成字符串为"ac",返回 True,即"S"→"aA"→"ac"。

3. 代码实现

相关代码如下。

```
#参数 generator: 生成规则集合
#参数 startSymbol: 开始标志
#参数 symbolString: 标志字符串
#返回值: 布尔类型,如果可以生成符号字符串,则返回 True,否则返回 False
class Solution:
    def getIdx(self, c):
        return ord(c) - ord('A')
    def nonTerminal(self, c):
        return ord(c) >= ord('A') and ord(c) <= ord('Z')
    def isMatched(self, s, pos, gen, sym):
        if pos == len(s):
            if len(gen) == 0:
                return True
            else:
                return False
        else:
            if len(gen) == 0:
                return False
            elif self.nonTerminal(gen[0]):
                idx = self.getIdx(gen[0])
                for i in sym[idx]:
                    if self.isMatched(s, pos, i + gen[1:], sym):
                        return True
            elif gen[0] == s[pos]:
                if self.isMatched(s, pos + 1, gen[1:], sym):
                    return True
            else:
                return False
        return False
    def canBeGenerated(self, generator, startSymbol, symbolString):
        sym = [[] for i in range(26)]
        for i in generator:
            sym[self.getIdx(i[0])].append(i[5:])
        idx = self.getIdx(startSymbol)
```

```
        for i in sym[idx]:
            if self.isMatched(symbolString, 0, i, sym):
                return True
        return False
#主函数
if __name__ == '__main__':
    generator = ["S -> abc", "S -> aA", "A -> b", "A -> c"]
    startSymbol = "S"
    symbolString = "ac"
    solution = Solution()
    print("generator:", generator, ",startSymbol:", startSymbol, ",symbolString:", symbolString)
    print("是否可以被生成", solution.canBeGenerated(generator, startSymbol, symbolString))
```

4. 运行结果

```
generator:['S -> abc', 'S -> aA', 'A -> b', 'A -> c'], startSymbol:S, symbolString:ac
是否可以被生成: True
```

例 496　移动零问题

1. 问题描述

给定一个数组，本例将实现 0 移动到数组的最后面，非零元素保持原数组的顺序。注意必须在原数组上操作，并最小化操作数。

2. 问题示例

给出 nums=[0,1,0,3,12]，调用函数之后 nums=[1,3,12,0,0]。

3. 代码实现

相关代码如下。

```
#参数 nums: 一个整数数组
#返回值: 排列后的数组
class Solution:
    def moveZeroes(self, nums):
        left, right = 0, 0
        while right < len(nums):
            if nums[right] != 0:
                if left != right:
                    nums[left] = nums[right]
                left += 1
            right += 1
        while left < len(nums):
            if nums[left] != 0:
                nums[left] = 0
            left += 1
        return nums
```

```
#主函数
if __name__ == "__main__":
    nums = [0, 1, 0, 3, 12]
    #创建对象
    solution = Solution()
    print("输入的整数数组 :", nums)
    nums = solution.moveZeroes(nums)
    print("移动零后的数组:", nums)
```

4. 运行结果

```
输入的整数数组: [0, 1, 0, 3, 12]
移动零后的数组: [1, 3, 12, 0, 0]
```

例 497　寻找数据错误

1. 问题描述

集合 S 原本包含数字 $1\sim n$。但由于数据错误,集合中的一个数与另一个数重复。给定数组 nums,表示发生错误后的数组,以数组的形式返回重复的数值和缺失的数值。注意数组的大小范围为[2,10000],数组元素是无序的。

2. 问题示例

输入 nums=[1,2,2,4],输出[2,3]。

3. 代码实现

相关代码如下。

```
#参数 nums: 一个数组
#返回值: 重复的数值和确实的数值
class Solution:
    def findErrorNums(self, nums):
        n = len(nums)
        hash = {}
        result = []
        sum = 0
        for num in nums:
            if num in hash:
                result.append(num)
            else:
                hash[num] = 1
                sum += num
        result.append(int(n * (n + 1) / 2) - sum)
        return result
#主函数
if __name__ == "__main__":
    nums = [1, 2, 2, 4]
```

```
    #创建对象
    solution = Solution()
    print("输入初始数组:", nums)
    print("输出结果:", solution.findErrorNums(nums))
```

4. 运行结果

```
输入初始数组: [1, 2, 2, 4]
输出结果: [2, 3]
```

例 498 找到映射序列

1. 问题描述

给出数组 A 和 B,从 A 映射到 B,B 是通过随机化 A 中元素的顺序实现的。找到一个从 A 到 B 的指数映射 P,映射 $P[i]=j$ 表示 A 中的第 i 个元素,出现在 B 中为第 j 个元素。数组 A 和 B 可能包含重复,如果有多个答案,输出任意一个即可。

2. 问题示例

给定 $A=[12,28,46,32,50]$和 $B=[50,12,32,46,28]$,返回[1,4,3,2,0]。$P[0]=1$,因为 A 的第 0 个元素出现在 $B[1]$,$P[1]=4$,A 的第 1 个元素出现在 $B[4]$,依此类推。注意:A、B 的数组长度相等,范围是[1,100],$A[i]$,$B[i]$是整数范围$[0,10^5]$。

3. 代码实现

相关代码如下。

```
#A的类型: 整数数组
#B的类型: 整数数组
#返回值: 整数数组
class Solution:
    def anagramMappings(self, A, B):
        mapping = {v: k for k, v in enumerate(B)}
        return [mapping[value] for value in A]
#主函数
if __name__ == "__main__":
    A = [12, 28, 46, 32, 50]
    B = [50, 12, 32, 46, 28]
    #创建对象
    solution = Solution()
    print("输入两个列表 A= ", A, "B= ", B)
    print("输出结果:", solution.anagramMappings(A, B))
```

4. 运行结果

```
输入两个列表: [12, 28, 46, 32, 50],[50, 12, 32, 46, 28]
输出结果: [1, 4, 3, 2, 0]
```

▶例 499 旋转图像

1. 问题描述

给定一个 n 行 n 列的二维矩阵表示图像，本例将90°顺时针旋转图像。

2. 问题示例

给出一个矩阵[[1,2],[3,4]]，90°顺时针旋转后，返回[[3,1],[4,2]]。

3. 代码实现

相关代码如下。

```
#参数 matrix: 整数数组的列表
#返回值: 无
class Solution:
    def rotate(self, matrix):
        n = len(matrix)
        for i in range(n):
            for j in range(i + 1, n):
                matrix[i][j], matrix[j][i] = matrix[j][i], matrix[i][j]
        for i in range(n):
            matrix[i].reverse()
        return matrix
#主函数
if __name__ == "__main__":
    arr = [[1, 2], [3, 4]]
    #创建对象
    solution = Solution()
    print("输入数组:", arr)
    print("旋转后矩阵:", solution.rotate(arr))
```

4. 运行结果

```
输入数组: [[1, 2], [3, 4]]
旋转后矩阵: [[3, 1], [4, 2]]
```

▶例 500 太平洋和大西洋的水流

1. 问题描述

给定一个 m 行 n 列的非负矩阵代表一个大洲，矩阵中每个单元格的值代表此处的地形高度，矩阵的左边缘和上边缘是太平洋(用"～"表示)，下边缘和右边缘是大西洋(用"*"表示)。

水流只能在4个方向(上、下、左、右)从一个单元格流向另一个海拔和自己相等或比自己低的单元格。本例将找到那些从此处出发的水既可以流到太平洋，又可以流向大西洋单元格的坐标。

2. 问题示例

给出 5 行 5 列的矩阵，返回满足条件的点坐标[[0,4],[1,3],[1,4],[2,2],[3,0],[3,1],[4,0]]。

太平洋	～	～	～	～	～	
～	1	2	2	3	(5)	*
～	3	2	3	(4)	(4)	*
～	2	4	(5)	3	1	*
～	(6)	(7)	1	4	5	*
～	(5)	1	1	2	4	*
	*	*	*	*	*	大西洋

3. 代码实现

相关代码如下。

```
#参数matrix：给定的矩阵
#返回值：网格坐标列表
def inbound(x, y, n, m):
    return 0 <= x < n and 0 <= y < m
class Solution:
    def pacificAtlantic(self, matrix):
        if not matrix or not matrix[0]:
            return []
        n, m = len(matrix), len(matrix[0])
        p_visited = [[False] * m for _ in range(n)]
        a_visited = [[False] * m for _ in range(n)]
        for i in range(n):
            self.dfs(matrix, i, 0, p_visited)
            self.dfs(matrix, i, m - 1, a_visited)
        for j in range(m):
            self.dfs(matrix, 0, j, p_visited)
            self.dfs(matrix, n - 1, j, a_visited)
        res = []
        for i in range(n):
            for j in range(m):
                if p_visited[i][j] and a_visited[i][j]:
                    res.append([i, j])
        return res
    def dfs(self, matrix, x, y, visited):
        visited[x][y] = True
        dx = [0, 1, 0, -1]
        dy = [1, 0, -1, 0]
        for i in range(4):
            n_x = dx[i] + x
            n_y = dy[i] + y
```

```
            if not inbound(n_x, n_y, len(matrix), len(matrix[0])) or visited[n_x][n_y] or
matrix[n_x][n_y] < matrix[x][
                y]:
                continue
            self.dfs(matrix, n_x, n_y, visited)
#主函数
if __name__ == '__main__':
    matrix = [[1, 2, 2, 3, 5], [3, 2, 3, 4, 4], [2, 4, 5, 3, 1], [6, 7, 1, 4, 5], [5, 1, 1, 2, 4]]
    solution = Solution()
    print("给定矩阵:", matrix)
    print("满足条件的点坐标:", solution.pacificAtlantic(matrix))
```

4. 运行结果

```
给定矩阵: [[1, 2, 2, 3, 5]、[3, 2, 3, 4, 4]、[2, 4, 5, 3, 1]、[6, 7, 1, 4, 5]、[5, 1, 1, 2, 4]]
满足条件的点坐标: [[0, 4],[1, 3],[1, 4],[2, 2],[3, 0], [3, 1],[4, 0]]
```